Wolfgang Osterhage
Sterngucker

Weitere Titel aus der Reihe

Können Hunde rechnen?
Norbert Herrmann, 2021
ISBN 978-3-11-073836-0, e-ISBN 978-3-11-073395-2

Der fliegende Zirkus der Physik.
Fragen und Antworten
Jearl Walker, 2021
ISBN 978-3-11-076055-2, e-ISBN 978-3-11-076063-7

Wie alles anfing.
Von Molekülen über Einzeller zum Menschen
Manfred Bühner, 2022
ISBN 978-3-11-078304-9, e-ISBN 978-3-11-078315-5

Zeit (t) – Die Sphinx der Physik.
Lag der Ursprung des Kosmos in der Zukunft?
Jörg Karl Siegfried Schmitz-Gielsdorf, 2022
ISBN 978-3-11-078927-0, e-ISBN 978-3-11-078935-5

Einstein über Einstein.
Autobiographische und wissenschaftliche Reflexionen
Jürgen Renn, Hanoch Gutfreund, 2022
ISBN 978-3-11-074468-2, e-ISBN 978-3-11-074481-1

Lila macht kleine Füße.
Können wir unseren Augen trauen?
Werner Rudolf Cramer, 2022
ISBN 978-3-11-079390-1, e-ISBN 978-3-11-079391-8

Unterwegs im Cyber-Camper.
Annas Reise in die digitale Welt
Magdalena Kayser-Meiller, Dieter Meiller, 2023
ISBN 978-3-11-073821-6, e-ISBN 978-3-11-073339-6

Wolfgang Osterhage

Sterngucker

Wie Galileo Galilei, Johannes Kepler und Simon Marius
die Weltbilder veränderten

DE GRUYTER
OLDENBOURG

Autor
Dr. Wolfgang Osterhage
Finkenweg 5
53343 Wachtberg
wwost@web.de

ISBN 978-3-11-076267-9
e-ISBN (PDF) 978-3-11-076277-8
e-ISBN (EPUB) 978-3-11-076278-5
ISSN 2749-9553

Library of Congress Control Number: 2023931566

Bibliographic information published by the Deutsche Nationalbibliothek
Die Deutsche Nationalbibliothek verzeichnet diese Publikation in der DeutschenNationalbibliografie;
detaillierte bibliografische Daten sind im Internet über http://dnb.dnb.de abrufbar.

© 2023 Walter de Gruyter GmbH, Berlin/München/Boston
Coverabbildung: ma_rish/iStock/Getty Images Plus und duncan1890/DigitalVision Vectors/Getty Images
Satz: Integra Software Services Pvt. Ltd.
Druck und Bindung: CPI books GmbH, Leck

www.degruyter.com

Vorwort

In diesem Buch werden drei Astronomen zusammengeführt, die etwa zur selben Zeit lebten und wirkten – freilich jeder auf seine ihm eigene Weise, unter unterschiedlichen Lebensumständen und an ungleichen Orten zu unruhigen Zeiten. Biografien über Galileo Galilei, Johannes Kepler und Simon Marius gibt es zuhauf. Teile dieses Buches sind auch von mir bereits in englischer Sprache veröffentlicht worden [1, 2]. Dieses Buch geht aber über das rein Biografische hinaus.

Die Kapitel – abgesehen von den Berichten aus der Jugendzeit und dem historischen Rahmen – sind thematisch geordnet, wobei je nach Thema die Gewichtung des einen oder anderen Protagonisten unterschiedlich ausfällt. So finden wir Galileis Ringen mit der Antike, seine mechanischen Experimente und zugehörigen Weltbilder. Bei der Entwicklung und Anwendung des Teleskops kommen alle drei gleichermaßen zu Wort, ebenso in dem Kapitel über Entdeckungen und Beobachtungen. Galilei und Marius geraten im Prioritätenstreit über die Jupitermonde aneinander, und alle drei wiederum kommunizieren auf die eine oder andere Art miteinander. Das Thema Astrologie spielt sowohl bei Marius als auch bei Kepler eine wichtige Rolle. Galilei und Kepler werden beide Opfer der Glaubenskämpfe der Gegenreformation, während Marius weitgehend von ihnen verschont bleibt. Keplers Weltharmonie ist ein ganzes Kapitel gewidmet. Die Themenbereiche stehen historisch gesehen nicht je für sich, sondern sind immer auch eingebettet in Bezüge zur Antike und zur modernen Physik, Astronomie und Weltanschauung.

Ich danke dem Verlag de Gruyter für die Möglichkeit der Veröffentlichung dieses Werkes, und insbesondere Kerstin Berber-Nerlinger und Ute Skambraks für die Förderung und Unterstützung bei der Entstehung des Werkes.

Mai 2023
Dr. Wolfgang Osterhage

https://doi.org/10.1515/9783110762778-202

Inhaltsverzeichnis

1 Einleitung

In diesem Buch kommen drei Astronomen – auch Sterngucker – zu Wort durch eigene Aussagen, ihre Werke und Entdeckungen, die ursächlich dazu beigetragen haben, das bis und zu ihren Lebzeiten und teilweise darüber hinaus dominierende Weltbild in Denken, Glauben und Selbstverständnis der Menschen zumindest in Europa komplett neu auszurichten: Galileo Galilei, Johannes Kepler und Simon Marius. Aber Wissenschaftler sind auch Menschen, und ihr Leben wird nicht nur von Instrumenten und Theorien bestimmt, sondern insbesondere auch von existentiellen Beschwernissen und Zweifeln.

Nehmen wir das Leben von Galilei, der mit Fug und Recht als einer der Gründerväter moderner Wissenschaft bezeichnet werden kann. Sein Leben ist voller Genie, aber auch Widersprüche, Inkonsistenzen und Verleugnung, die allesamt von seinen Zeitgenossen erkannt und dokumentiert worden sind. Trotz der Bezeichnung „Kolumbus des Himmels", war allgemein bekannt, dass er sein ganzes Leben lang ein treuer Katholik war. Und damit stand er nicht allein da. In Italien und auch in Deutschland waren mehr als ein Gelehrter gezwungen, eine Maske zu tragen, um ihre wahre Überzeugung vor der Öffentlichkeit zu verbergen.

Der deutsche Physiker Carl Friedrich von Weizsäcker (1912–2007) verstand Johannes Kepler als Genie in seinem Buch „Große Physiker" [3] mit folgenden Überlegungen:

Wenn man wollte, könnte man darüber streiten, dass die wahre revolutionäre Entdeckung mit dem Einsetzen der modernen theoretischen Astronomie nicht das Kopernikanische System sondern Keplers erstes Gesetz war, das besagt, dass die Planeten sich auf elliptischen statt kreisförmigen Bahnen bewegen. Kepler war in der Lage, es auf Basis der sorgfältigen Beobachtungen von Tycho Brahe zu formulieren. Somit dachte von Weizsäcker, dass es sich um einen seltenen Glücksfall in der Naturgeschichte handelte, dass Tychos voluminöse Datensammlung in den Händen eines wissenschaftlichen Genies wie Kepler gelangte, der sowohl kreative Fantasie als auch eine Nähe zu gewissenhafter Genauigkeit besaß. Kepler glaubte mehr als jeder andere an die mathematische Perfektion von Himmelssphären. Darum weigerte er sich anfänglich, eine Aberration von acht Winkelminuten zwischen beobachteten und berechneten Bewegungen des Mars zu akzeptieren. Am Ende gab er die Kreisbahn auf, nachdem er mehr als 40 verschiedene Marsbahnen, die nicht mit den Beobachtungen übereinstimmten, versucht hatte. Es war die Ellipse, die sein Weltbild erschütterte. Aber er war weiterhin davon überzeugt, dass sogar Ellipsen genauso wie Kreise Teile eines harmonischen Weltmodells sein könnten.

Pierre Leich, Präsident der Simon Marius Gesellschaft, schreibt in der Einleitung zu seinem Essai „Priorität, Rezeption und Rehabilitation von Simon Marius" [4]:

Obwohl Simon Marius der erste Berufsastronom außerhalb der Niederlande gewesen sein dürfte, der vom 1608 vorgestellten Fernrohr erfahren hat, er für sich beanspruchte, das tychonische Weltsystem gefunden zu haben, und er zeitgleich mit Galilei die Jupitermonde beobachtete, hat ihm die

https://doi.org/10.1515/9783110762778-001

Wissenschaftsgeschichte nur geringe Aufmerksamkeit gewidmet. Dafür gibt es freilich Gründe: Aus dem Wissen um das Fernrohr konnte er erst Kapital schlagen, als sein Förderer ein Instrument erwerben konnte; das geoheliozentrische System hatte Jahre früher Tycho Brahe veröffentlicht, und über Jupitermonde hatte als Erster Galileo Galilei berichtet. Dessen Plagiatsvorwurf wurde von den zeitgenössischen Astronomen überwiegend akzeptiert, sodass Marius bis Anfang des 20sten Jahrhunderts warten musste, bis die Unabhängigkeit und Qualität seiner teleskopischen Beobachtungen erwiesen wurden. Sein Hauptwerk wurde daher vergleichsweise spät in wenige Sprachen übersetzt und viele seiner weiteren Schriften und Kalender sind schwer verfügbar geblieben

Über dieses Buch

Das vorliegende Buch versucht, vom klassischen Pfad, der den Lebensweg einer prominenten Persönlichkeit von historischer Bedeutung im akribischen Detail ihre Existenz nachzeichnet, abzuweichen. Tatsächlich ist dies nicht die eigentliche Zielsetzung, obwohl es durch Biografie als solche katalysiert wird, aber es handelt sich dabei eher um eine Biografie der Wissenschaft oder besser von spezifischen Feldern der Naturwissenschaft, besonders der Physik. Aber im Laufe ihrer Erzählung wird sichtbar, dass sogar solche Spezialgebiete wie die Astronomie ihre Tentakel nach anderen verwandten Gegenständen von Interesse, wie Mechanik oder Thermodynamik, ausstrecken.

Natürlich gibt es Meilensteine im Leben unserer drei Protagonisten, was persönliche Daten und Erfolge angeht, deren akademische Karrieren, ihre wissenschaftlichen Reflexionen und Streitereien mit Kollegen. Wichtige Ereignisse umfassen die Hauptveröffentlichungen, Erfindungen und Entdeckungen, die die Welt nicht nur ihrer Zeitgenossen bereicherten. Legendenbildungen begannen schon während ihrer Lebzeiten, und Ruhm umgab ihre Namen schon vor ihrem Tod.

Die Grundlagen für diesen Ruhm bauten nicht nur auf die nüchternen Ergebnisse ihres wissenschaftlichen Werkes auf – das trifft besonders auf Galilei zu, aber auch teilweise auf Kepler. Der Konflikt mit der Kirche, die Zugehörigkeit zu Konfessionen spielten eine wesentliche, wenn auch nicht die einzige Rolle.

Die griechische Sprache kennt zwei verschiedene Übersetzungen für unser Wort für „Zeit": Chronos und Kairos: Chronos bezieht sich auf unser gewöhnliches Zeitverständnis, welches aus einer Folge von fortlaufenden Ereignissen besteht, die man mit Hilfe von Uhren messen kann. Kairos bedeutet erfüllte Zeit, vollendet, vollzogen. Zeit war reif an der Schwelle zur Neuzeit: Kairos. Tatsächlich erzeugte das ganze spirituelle und philosophische (im weitesten Sinne die Naturphilosophie umfassende) Klima diese „Schwelle", und Galilei, Kepler und Marius stehen für Symbolfiguren, die sie überschritten.

Wenn wir in den Spiegel der Zeit damals schauen, dann war jene Zeit geprägt vom Asynchronen. Die Kirche war der eigentliche Referenzpunkt: sie kontrollierte das Leben eines Individuums von der Geburt durch die Taufe über die Heirat bis zum Tod. Gleichzeitig übte sie weltliche Macht aus. Die Menschen im ausgehenden 16ten

Jahrhundert waren so fromm wie nie zuvor oder danach. Damals war es Gemeingut, dass der Mensch sich im Zentrum des Kosmos befand.

Die Zeit war reif. Die Zentralfrage, die sich stellte, und die danach die Gelehrtendiskussion bis heute nie mehr verlies, handelte um unsere Stellung in der Welt, und zwar nicht nur im Kosmos als solchen. Sind wir Kopernikanisch, d. h. glauben wir, dass der Mensch letztendlich keine bevorzugte Stellung, in jedem Bedeutungssinn, in der Welt besetzt? Oder gibt es immer noch etwas Nicht-Kopernikanisches, das ihn einen besonderen Platz im Universum zuweist? Das war kurz und bündig die Frage, vor die unsere drei Sterngucker gestellt waren, und sie ist auch noch heute relevant.

Biografien lassen sich, wie im letzten Kapitel „Zeitleiste", auf wenigen Seiten zusammenfassen. Dafür benötigt man kein ganzes Buch. Deshalb folgt dieses Buch einer anderen Gliederung:

Wir beginnen mit der zuletzt gestellten Frage und einer allgemeinen Betrachtung der Ordnung der Dinge und dem Anthropischen Prinzip der Stellung des Menschen im Kosmos, um dann die historische Situation der damaligen Zeit in Gänze auszuleuchten. Was Kindheit und jugendliche Entwicklung unserer Sterngucker angeht, so lassen sich in der Tat die üblichen Abfolgen wichtiger Ereignisse nicht vermeiden.

In den dann folgenden Kapiteln liegen die thematischen Schwerpunkte mal auf der einen, mal auf einer anderen Persönlichkeit. Im Ringen mit der Antike, mechanischen Experimenten und Theorien spielt Galilei eine wichtige Rolle, bei der Geschichte des Teleskops alle drei. Letzteres trifft natürlich bei den astronomischen Entdeckungen ganz besonders zu. Der Prioritätenstreit um die Erstentdeckung der Jupitermonde betrifft im Wesentlichen Galilei und Marius.

Alle drei haben auf die eine oder andere Weise miteinander korrespondiert. Dem ist ein eigenes Kapitel gewidmet. Schließlich gewinnen wir einen Ausblick über die antiken und frühneuzeitlichen Kosmologien bis nach heute hinaus. Die Astrologie hat im Leben Keplers eine wichtige Rolle gespielt. Während Simon Marius von den Glaubenskämpfen zur Zeit der Gegenreformation weitgehend verschont geblieben ist, bedeuteten sie für Kepler Anlass für sein unstetes Leben und für Galilei bekanntermaßen das Ende seiner wissenschaftlichen Karriere – zumindest offiziell. Ein besonderes Kapitel ist schließlich Keplers Weltharmonie gewidmet.

Es folgen die Gesamtdarstellung der Veröffentlichungen aller drei und ein Schlusskapitel über deren Wirkgeschichte bis heute, gefolgt von der bereits erwähnten Zeitleiste.

2 Die Ordnung der Dinge und das Anthropische Prinzip

Sterngucker sind Beobachter, Astronomen, deren Name aus den griechischen Wörtern für Stern und Gesetz schon darauf hinweist, dass sie die Gesetze der Sterne durch Beobachtung erschließen wollen. Damit tun sich zwei Fragen auf:
– Gibt es solche Gesetze?
– Gibt es Grenzen der Beobachtung?

Die erste Frage impliziert eine vermutete kosmische Ordnung, eine Ordnung der Dinge. Das führt zu der Anschlussfrage: Warum hat der Mensch das Verlangen nach Ordnung im Kosmos? Was treibt ihn überhaupt dazu, Gesetze in der Natur zu suchen?

Die zweite Frage bezieht sich nicht auf die Grenzen technischer Möglichkeiten. Die sind im Laufe der Wissenschaftsgeschichte immer wieder verbessert und verfeinert worden. Gemeint ist die grundsätzliche Erkenntnisfähigkeit des Menschen. Ist er überhaupt in der Lage, in seiner Stellung im Kosmos letztgültige Aussagen zu treffen?

Bevor wir in die Details der Lebensleistungen von Galileo Galilei, Johannes Kepler und Simon Marius einsteigen, bedarf es einer weiteren Erörterung dieser beiden eingangs gestellten Fragen. Es geht um die Ordnung der Dinge und um das anthropische Prinzip, die Stellung des Menschen im Kosmos.

Die Ordnung der Dinge

Vor einigen Jahren habe ich eine Vorlesung mit dem Titel „Ordnung und Chaos in den Naturwissenschaften am Beispiel der Physikgeschichte" gehalten. In diesem Zusammenhang stellte ich die wichtigsten zentralen Gestalten kosmologischer Weltbilder vor, angefangen bei Anaximander, dann Eratosthenes, Aristarch, Aristoteles und Ptolemäus bis hin zu Copernicus, Galilei und Kepler, gefolgt von Newton. Irgendwann trat eine Studentin auf mich zu und bat mich um meine Meinung, wen ich wohl für den wichtigsten Vertreter im Hinblick auf meinen Vorlesungsgegenstand halten würde. Ihrer Meinung nach müsste das sicherlich Kepler sein. Ich antwortete damals mit einem vorsichtigen Nicken.

Als ich später über diese Frage nachdachte, kam ich zu dem Schluss, dass sie so, wie sie gestellt worden war, wenig Sinn machte, und nur bedeutsam bezogen auf eine allseits vereinbarte Messlatte sein könnte, z. B. bezogen auf bestimmte Leistungen in Astronomie oder Physik ganz allgemein oder Kosmologie im Besonderen oder gar bei der Suche nach einer harmonischen Beschreibung der Welt – ein Weltmodell, welches viele beobachtete Erscheinungen abdeckt. Bezogen auf Letzteres, würde Kepler sicher als einer der Größten gelten.

https://doi.org/10.1515/9783110762778-002

Im Gegensatz zu Galilei ging es Kepler nicht um eine weitere Auseinandersetzung mit der Antike; sein Endziel war es, die Geheimnisse einer angenommenen Weltharmonie auszuloten. Auf diese Weise wurde die Suche nach Harmonie ein weiterer Anreiz, der wissenschaftliche Geister beschäftigte. Es war also auch Kepler und er im Besonderen, der eine andere Wirklichkeit hinter den Dingen suchte, die er durch Beobachtungen und mit verstandesmäßigen Mitteln entziffern wollte. Außerdem beschäftigte er sich sein Leben lang mit einer zweiten Disziplin, die mit Sternen zu tun hatte – Astrologie, die er nicht als etwas Gegensätzliches im Verhältnis zur eigentlichen Astronomie betrachtete. Damit befand er sich allerdings im Mainstream seiner Zeit.

Im Gegensatz zu Galilei und Copernicus, die aus ästhetischen Gründen für die Planeten Kreisbahnen annahmen, entwickelte Kepler eindeutige Gesetze, die auf detaillierten Beobachtungen durch ihn selbst und Tycho Brahe beruhten und zu elliptischen Bahnen führten. Vor diesem Hintergrund suchte Kepler nach besonderen Kommensurabilitäten. Sein Hauptwerk beschäftigte sich demnach nicht so sehr mit mathematischen und physikalischen Formeln, sondern mit der Suche nach einer perfekten Harmonie, ausgedrückt durch Planetenbahnen, der Harmonie von Tonintervallen und dem Verhältnis geometrischer Körper untereinander. Kepler glaubte, diese Harmonie beweisen zu können, indem er allerdings ziemlich großzügig mit seinen Daten umging.

Wenn man sich Keplers Lebenswerk annähert und seinen lebenslangen Absichten, stößt man auf dieses eine Leitmotiv, dass ihn von Jugend an bis zu seinem Ende antrieb: die Suche nach Ordnung – oder anders: eine einzige allumfassende Ordnung, auf der alle Dinge basieren, zu entdecken. Obwohl er vielleicht der gründlichste Naturwissenschaftler auf dieser Entdeckungsreise gewesen sein mag, befand er sich nicht allein auf diesem Weg. Warum ist das so? Welches sind die eigentlichen Gründe, weshalb Menschen diesem Kurs folgen? Dazu einige Überlegungen:

Der französische Mathematiker Henri Poincaré (1854–1912, Abb. 2.1) sagte einmal: „Wir sind in der glücklichen Lage, in einer Welt geboren zu sein, in der Ereignisse stattfinden, die wiederkehren. Stellen Sie sich vor, dass wir es, anstatt mit achtzig chemischen Elementen, mit achtzig Millionen zu tun hätten, und dass von diesen nicht einige alltäglich und andere selten wären, sondern alle gleichmäßig verteilt. Dann gäbe es jedes Mal, wenn wir irgendeinen Stein aufnehmen würden, eine große Wahrscheinlichkeit, dass dieser sich aus einer unbekannten Substanz zusammensetzen würde. In solch einer Welt würde es keine Wissenschaft geben. Dank der Vorsehung ist das nicht so." [5]

Man könnte jedoch einwenden, dass Wissenschaft auch in so einer Welt existieren könnte. Die Menschen würden sicherlich einen Weg finden, Objekte zu systematisieren, genauso wie es in der Botanik geschehen ist, indem man durch geeignete Klassifikationsschemata die große Anzahl und Vielfalt von Pflanzenblättern reduziert hat. In diesem Zusammenhang sind die Ansichten eines weiteren Franzosen, des Post-Strukturalisten Michel Foucault, der später lebte und wirkte (1926–1984) von einigem Interesse: In seinem Werk „Les Mots et les Choses" („Die Ordnung der Dinge") [6] ging

Abb. 2.1: Henri Poincaré.

er diesem Problem auf den Grund. Er behauptete, dass die Objektivität einer jeglichen Wissenschaft nicht darin bestünde, objektive Erkenntnisse zu beschreiben, sondern eher abstrakte Konzepte zu entwerfen, die allgemein diskutierbar wären. Damit wäre der so genannte wissenschaftliche Fortschritt lediglich ein kontinuierlicher Wechsel von Formen, die im Lauf der Geschichte mutieren würden. Vielleicht ist das so. Andererseits würde diese Art Fortschritt dann die Geschichte selbst mutieren! Keplers Beschreibung der Wirklichkeit, jedoch, deckte sich mit der Beschreibung von Wahrheit selbst. Sein Anspruch war absolut ohne auch nur einen Hauch von Relativismus.

In diesem Zusammenhang taucht die Frage auf, warum Wissenschaft denn überhaupt praktiziert wird, und worin der Ursprung wissenschaftlichen Denkens und insbesondere Dokumentierens zu finden ist. Natürlich haben sich Generationen von Philosophen und Historikern mit dieser Frage beschäftigt. Sie wird hier nicht beantwortet werden. Aber bezüglich dieses Problems gibt es einen verwandten Gesichtspunkt: Welches sind die zusätzlichen Motive, die die Wissenschaft antreiben und ihr ihren Rahmen geben – neben der reinen Suche nach Erkenntnis? Warum haben bestimmte Bemühungen gerade diese oder jene Richtung eingeschlagen? Oder, anders ausgedrückt: warum scheuen sich die Menschen davor, einfach 80 Millionen Elemente als gegeben anzunehmen und es dabei zu belassen?

Ein wesentlicher Antrieb für wissenschaftliche Forschung scheint darin zu liegen, irgendeine Art von Ordnung in dem Chaos, in dem die Menschheit sich wähnte, zu entdecken. Das setzt zunächst die subjektive Vorstellung von Chaos selbst voraus. Um nicht darin unterzugehen, ergab sich die Notwendigkeit, das Chaos in einer Weise zu beschreiben, dass es wie Ordnung aussah, obwohl der beobachtete Zustand selbst sich durch eine solche Beschreibung ja nicht ändern würde: die Formulierung von

Ordnung als ein Instrument, mit dem Chaos zu existieren und es auf diese Weise sozusagen zu domestizieren.

Die Beordnung des Chaos legte einen langen Weg zurück und erreichte ihren Höhepunkt in der kosmischen Harmonie von Johannes Kepler. Unabhängig davon, welche anderen eigentlichen Antriebskräfte es für ihn auch gegeben haben könnte, bezog er seine Motivation aus seiner Religion, aus seinem persönlichen Glauben, der sich nicht in irgendein formales Schema der zu seiner Zeit existierenden Konfessionen einpassen ließ. Er benötigte keinen anderen Antrieb. Aber nach Kepler, und besonders in der Moderne, stieg die Wissenschaft wieder von diesem hohen Gipfel herab, indem sie Konzepte vorlegte, die den absoluten Raum und die absolute Zeit verneinten und Gewissheit durch Wahrscheinlichkeit ersetzten. Und wiederum hat die Physik auch heute immer noch nicht irgendeinen Endpunkt erreicht, und somit gehen die Bemühungen weiter, neue Vereinigungstheorien zu entwickeln, um vom gegenwärtigen Zwischenstadium die Dinge wieder neu zu ordnen. Das geht immer so weiter, um Poincarés befürchteten Zustand zu vermeiden und die berühmten 80 Millionen Elemente auf so wenige wie möglich zu reduzieren. Die Beherrschung des Chaos ist dann „nur noch" ein semantisches Problem.

Wir könnten jetzt mit unseren Überlegungen auf einer rein philosophischen Ebene fortfahren, da diese für jegliche Art von Wissenschaft interessant sind, aber wir wollen uns nunmehr auf die Ausrichtung dieses Buches, die ja in der Physik zu suchen ist, beschränken.

Die erste Frage, die sich stellte, als der Mensch seine Augen auf den Himmel über ihm richtet, lautete: wie können diese Phänomene in Raum und Zeit verstanden werden? Daraufhin wurde angenommen, dass sich hinter diesen Phänomenen irgendein System verbergen müsste, das vielleicht entschlüsselt werden konnte. Aber bevor die Gelehrten die eigentlichen Ursachen ins Visier nahmen, gaben sie sich Jahrhunderte lang lediglich mit der Beschreibung der Dinge, die sie sahen, zufrieden, und dabei blieb es für lange Zeit. Auch das war Keplers eigentliches Ziel. Er begnügte sich mit der Schönheit von Harmonie, ohne sich weiter mit den dahinterliegenden Ursachen zu beschäftigen – außer, wenn diese auf Gottes Plan selbst zurückzuführen waren.

Trotzdem hat es immer den Wunsch gegeben, möglichst einfache Zusammenhänge zu entdecken, die zum Beispiel Vorhersagen ermöglichen würden. Max Born (1882–1970) schrieb an Albert Einstein im Jahre 1948: „Über die Einfachheit gibt es unterschiedliche Meinungen. Ist Einsteins Gravitationsgesetz einfacher als das von Newton? Professionelle Mathematiker würden sagen: ja; und würden sich dabei auf die logische Einfachheit seiner Grundlagen beziehen. Andere würden das ausdrücklich zurückweisen wegen der hässlichen Komplexität des Algorithmus." Einstein antwortete: „Es kommt doch nur auf die Einfachheit logischer Grundlagen an." [7]

Die Suche nach Einfachheit schloss die Suche nach Kommensurabilitäten ein – also zum Beispiel vorzugsweise ganzzahlige Verhältnisse zwischen den Umlaufbahnen von Planeten zu finden, wenn möglich. Man nahm an, dass solche Kommensurabilitäten den Schlüssel zur kosmischen Harmonie beinhalteten, einschließlich der Sphärenmusik, mit der sich schon die Pythagoreer beschäftigten. Um so weit zu kommen, scheute Kepler keine Mühe. Wie wir sehen werden, untersuchte er 120 Permutationen möglicher Kombinationen von platonischen geometrischen Körpern, um seine Lösung zu finden – wobei er natürlich alle Berechnungen per Hand, ohne Computerunterstützung, machen musste.

Trotz aller relativierender Erkenntnis im Laufe der Physikgeschichte existieren weiterhin Auffassungen, dass im Kosmos tatsächlich einige sehr genaue Harmonien aufscheinen, die sich einer Erklärung durch moderne kosmologische Modelle entziehen. Dazu gehört z. B. die gebundene Rotation vieler Monde auf engen Umlaufbahnen um deren Mutterplaneten, also in einer 1:1 Rhythmik. Bei dieser Art von Rotation ist die Rotationsdauer so mit der Umlaufzeit verbunden, dass der Mond dem Mutterplaneten immer dieselbe Seite zeigt – so wie bei unserem Mond. Betrachtet man die Umlaufzeiten von einigen Planeten um die Sonne, so fällt das exakte Verhältnis einer 2:3 Rhythmik zwischen Umlaufzeit und Rotation des Merkurs auf. Dasselbe Verhältnis besteht zwischen den Umlaufzeiten von Neptun und Pluto. Weitere unerklärte Beispiele sind die Verhältnisse zwischen den Umlaufzeiten der Saturnmonde und den zugeordneten Lücken in den Saturnringen; das trifft ebenso zu für Keplers Abfolge der Planetenbahnen mit der Verschachtelung platonischer Körper – seine Kommensurabilitäten.

Wenn man aber das Osterdatum berechnen möchte, findet man keine Kommensurabilitäten – erstaunlicherweise basiert dieses nicht auf irgendeine kabbalistische Interpretation der Heiligen Schrift, was die Kosmologie angeht, sondern auf die Transkription des jüdischen Lunisolar-Kalenders auf den julianischen, und indem man die historische Überlieferung des Todes- und Auferstehungstages Christi zugrunde legt. So wurde es festgelegt (auf theologischen Überlegungen basierend) auf dem Konzil von Nicäa im Jahre 325: Ostern sollte immer am ersten Sonntag nach dem ersten Vollmond nach der Frühjahrs-Tag-und-Nachtgleiche gefeiert werden. Dabei fallen zwei astronomische Parameter ins Gewicht:
– das Datum des Vollmondes und
– die Frühjahrs-Tag-und Nachtgleiche.

Hinzu kommt die Sieben-Tage-Woche als Bezugspunkt, die aber keine astronomische Grundlage hat. Die Geschichte, immer genauere passende Algorithmen, die dieses Problem lösen sollte, zu finden, ist lang. Ihr Höhepunkt wurde durch einen Korrektur-Algorithmus von Carl Friedrich Gauß im Jahre 1816 erreicht. Zusammenfassend lässt sich festhalten, dass die Entwicklung der erforderlichen numerischer Methoden ein direktes Nebenprodukt astronomischer Komputistik seit Kepler gewesen ist – einschließlich der Erfindung der Logarithmen.

Ein weiterer Gesichtspunkt im Zusammenhang mit der Astronomie bestand in der Voraussage der Zukunft auf Basis der Positionen von Himmelskörpern, und somit den Willen der Götter zu erschließen – ein Phänomen, das bis heute als Astrologie andauert. Dieses uralte Verlangen der Menschheit ist nach wie vor nicht erfüllt und lebt fort. Für Kepler bedeutete Astrologie eine zusätzliche Einkommensquelle. Schon als Student erwarb er sich Ruhm durch seine „Prognostica". Sein berühmtestes Horoskop sollte jenes für Wallenstein werden (Kap. 12).

Ich möchte jetzt einige zusätzliche Aspekte beleuchten, die sozusagen als Motivationsquellen für die Suche nach Ordnung selbst in Frage kommen – wenn wir das Bedürfnis nach Erkenntnis als solches einmal zur Seite stellen. Vielleicht sind es ja gerade diese Aspekte, die sich letztendlich zu diesem Bedürfnis verdichten und ihm irgendwann eine Eigenständigkeit verliehen haben. Ich werde nacheinander kurz die folgenden Gesichtspunkte streifen:
- Ästhetik
- Homöostase
- Gestalt
- Mythologie
- Kommunikation
- Macht und
- Nutzen.

Ästhetik

Ich habe mir sagen lassen, dass vor einiger Zeit eine Müllkippe im Raume Frankfurt einen Preis für die schönste Müllhalde in Hessen erhalten hat. Das bezog sich nicht auf die Anordnung der Abfallgegenstände, sondern auf die äußere Gestaltung von Zufahrt, generellem Aufbau, Überdachungen und Wirtschaftsgebäuden. Die Anordnung von Müll erzeugt generell keinen harmonischen Reflex bei dessen Anblick. Wir alle kennen das von Autobahnbaustellen, wenn am Rande aufgetürmte Betonbruchstücke des vorherigen alten, abgetragenen Straßenbelags auf einem Haufen liegen. Wir wissen instinktiv, dass eine solche An-„Ordnung" nichts mit Ordnung zu tun hat – deshalb „Unordnung".

Auf der anderen Seite erkennen wir einen wohl beordneten Zustand ohne weiteres: eine gepflegte Parkanlage oder eine Lagerhalle, in der alles an seinem festen Platz in den Regalen liegt. Dem möchte ich in der Parenthese entgegenhalten, dass in vielen Fällen eine chaotische Lagerhaltung mit dynamischer Platzverwaltung wirtschaftlicher sein kann als ein geordnetes Festplatzlager. Das nur am Rande.

Ein treibendes Motiv wissenschaftlicher Beschreibung ist es demnach, einen möglichst ästhetischen Algorithmus zu finden, der nicht nur seinen wissenschaftlichen Zweck erfüllt, sondern gleichzeitig eine gewisse Schönheit repräsentiert. Man kann das wortwörtlich nachlesen in Büchern, die sich mit den Leistungen von großen Mathematikern beschäftigen. Als der russische Mathematiker Grigori Perelmann vor wenigen Jahren die Poincaré-Annahme über geschlossene Oberflächen innerhalb einer topologischen Mannigfaltigkeit bewies, sprach man von einer Herleitung, die „beautiful", also bewundernswert, schön sei. Im Hintergrund spielte dabei die Tatsache mit, dass sie eben auch nicht auf einhundert, sondern auf wenigen Seiten erfolgte. Also:

schön = kurz in diesem Falle [8]. Ein anderes Beispiel war die Äußerung von Enrico Fermi (1901–1954) gegenüber seinem später verschollenen Assistenten Ettore Majorana (1906–1938), als dieser ihm seine Theorie des Positrons zeigte, die in Konkurrenz zu der von Paul Dirac (1902–1984) stand, dass sie schon deshalb der Veröffentlichung würdig wäre, weil sie äußerlich so wunderbar hergeleitet worden war. Majorana hat trotzdem auf eine Veröffentlichung verzichtet [9]. Und schließlich habe ich früher einmal in einer Vorlesung über Konstruktionslehre einen Professor sagen hören, dass, wenn ein Maschinenteil oder eine Konstruktion der Ästhetik Genüge täte, Berechnungen ergeben würden, dass der Entwurf auch technisch haltbar sein würde.

Keplers ästhetischer Jubelruf des „Mysterium cosmographicum", sein erstes großes Werk, gipfelte in einen Psalm ähnlichen Hymnus zum Lobpreis des Schöpfers mit einigen charakteristischen Versen wie folgt:

> ....
> Ich aber suche die Spur deines Geistes draußen im Weltall,
> Schaue verzückt die Pracht des Himmelsgebäudes,
> Dieses kunstvolle Werk, deiner Allmacht herrliche Wunder.
> Schaue, wie du nach fünffacher Norm die Bahnen gesetzt hast,
> Mittendrin, um Leben und Licht zu spenden, die Sonne,
> Schaue, nach welchem Gesetz sie regelt den Umlauf der Sterne,
> Wie der Mond seine Wechsel vollzieht, Verfinsterung erleidet,
> Wie du Millionen von Sternen streust auf des Himmels Gefilde
> ....

Ganz ähnlich wie mit der eigentlichen Ästhetik verhält es sich mit dem Prinzip der Ausgewogenheit, der Balance. In der darstellenden Kunst hat das Prinzip der Symmetrie oder gewichteten Ausgewogenheit seit frühesten Zeiten eine wichtige Rolle gespielt, die erst in der Moderne durch bewusste Verfremdung aufgegeben wurde. Ungestörte Symmetrie erzeugt ein Gefühl der Entspannung und wird generell mit Harmonie assoziiert. Die Bedeutung von Symmetrie in der modernen Physik ist heute fast zu einem unumstößlichen Prinzip erhoben worden. Als Stützpfeiler spielt sie eine gewichtige Rolle im Standardmodell der Elementarteilchen. Symmetriebrechung ist eines der schlimmsten Vergehen, das sich ein physikalisches Experiment erlauben kann. Sie wird unweigerlich dazu führen, Parameter im Modell zu ergänzen, die trotz allem die Wahrung der Symmetrie ermöglichen. Bei der Suche nach der GUT (Grand Unified Theory) spielt die Symmetrie zwischen den Gruppen von Hadronen und Leptonen eine fundamentale Rolle.

Homöostase

In eine ähnliche Richtung weist das Konzept der Homöostase. Die Homöostase beschreibt ein Modell, nachdem ein Mensch nach optimalen Bedingungen sucht, die ein gewisses Gleichgewicht zwischen inneren und äußeren Prozessen herstellen, das man dann auch erhalten bzw. im Falle von Abweichungen wieder herstellen möchte. Johannes Kepler musste lange mit sich selbst ringen, bevor er schließlich zähneknirschend akzeptierte, dass die Umlaufbahnen der Planeten nicht der Idealgestalt eines Kreises folgten, sondern tatsächlich elliptisch waren. In der Antike und zu der Zeit von Galilei und Kepler, aber auch noch heute, wurde der Kreis als die vollkommenste geometrische Gestalt betrachtet.

Im Falle wissenschaftlichen Erkenntnisgewinns handelt es sich aber auch um die Beschreibung und Vergewisserung des Lebensraumes, innerhalb dessen sich das menschliche Leben selbst abspielt.

Bei Abweichungen wird gegengesteuert, so wie man ein Schiff wieder auf Kurs bringt, wenn es in einen Sturm oder eine Strömung gerät. Das beste Beispiel dafür ist die Einführung von Farbladungen bei den Quarks, die man eingeführt hatte, um einen zusätzlichen Freiheitsgrad zu bekommen, da ansonsten das Pauli-Prinzip gefährdet war. Hintergrund ist folgender:

Quarks in den Hyperonen-Zuständen der Baryonen müssen aus energetischen Gründen den Bahndrehimpuls 0 haben. Spin und Wellenfunktionen sind aber symmetrisch gegen Vertauschung von identischen Quarks. Somit ist die Gesamtwellenfunktion wegen Bahndrehimpuls 0 ebenfalls symmetrisch. Dies ist unzulässig, weil Quarks als Fermionen mit Spin ½ eine antisymmetrische Wellenfunktion haben sollten. Jetzt kommt die Lösung: die Quarks bekommen einen weiteren Freiheitsgrad dazu, der drei verschiedene Werte annehmen kann, die man Farbe nennt: rot, grün und blau. Damit erhalten wir statt sechs jetzt sechsmal drei Quarkzustände, sodass jedes Quark in drei Farben vorkommen kann [10].

Auch hier spielen wieder die oben genannten Symmetrieverhältnisse eine entscheidende Rolle, nur dass zu ihrer Erhaltung gegengesteuert werden musste. Ich will damit nicht unterstellen, dass das homöostatische Bedürfnis Ursache für die Weiterentwicklung der Hochenergiephysik gewesen sei. Der eigentliche Grund für die Farbergänzung im Quarkmodell ist sicherlich darin zu finden, dass die bisherige Theorie in einzigartiger Weise die zugehörigen Beobachtungen zum größten Teil hervorragend beschrieben hatte, und es deshalb keinen Grund gab, sie aufzugeben, wenn solche Modifikationen genügten, um auch Abweichungen zu beschreiben. Schließlich hat sich aus den Farbladungen die gesamte Quantenchromodynamik entwickelt, die die Grundlage des heute bestehenden Quarkmodells geworden ist.

Gestalt

Wir sind auf der Suche nach Motivationen für das Bestreben, naturwissenschaftliche – und hier physikalische – Erkenntnisse in ganz bestimmter Weise zu systematisieren, in eine allgemein akzeptable Ordnung zu bringen. An dieser Stelle möchte ich eine Anleihe an die Gestaltpsychologie machen.

Empirische Untersuchungen haben ergeben, dass bei der Betrachtung bestimmter Formen bzw. Formkompositionen unterschiedliche Reizreaktionen beim Betrachter entstehen, die von der visuellen Beschaffenheit solcher Bilder abhängen – insbesondere, wenn es sich um abstrakte Formen handelt. Ähnliche Beobachtungen findet man auch für akustische Töne oder Akkorde. Ein weiteres Ergebnis solcher Studien war, dass es zwischen den Beobachtern häufig Übereinstimmungen bei der Bewertung ihrer Empfindungen gab. Beispielhaft sei hier der rechte Winkel in einer Figur genannt gegenüber einem um 10 Grad abweichenden Winkel in einer ähnlichen Figur. Während im ersten Fall im Gesamtzusammenhang eine gewisse Harmonie spürbar war, wurde die Abweichung als Störung empfunden. Ähnliches gilt für sich überschneidende Linien usw. Und wir haben bereits die Kreisfigur erwähnt und Johannes Keplers Problem mit den Ellipsen.

Zur Deutung solcher Reaktionen, die ja rational zunächst nicht erklärbar sind (warum sollen Räume in einem Haus unbedingt immer rechtwinklig vertikale Wände haben – von praktischen Überlegungen einmal abgesehen?), hat die Gestaltpsychologie beigetragen. Gestalt meint in diesem Falle eine Eigenschaft, die man einer Beobachtung zuschreibt: etwas hat eine Gestalt, vereinfacht ausgedrückt: etwas ist gehalt- oder sinnvoll. Demnach gibt es anscheinend „gute" Gestalten, nach denen man strebt – wiederum unter den Gesichtspunkten der Homöostase und des Gleichgewichts. Schlechte Gestalten rufen den Drang hervor, etwas korrigieren zu wollen. Da bezüglich guter Gestalten eine hohe Übereinstimmung bei Probanden vorliegt, nimmt man an, dass es sich bei der Gestaltwahrnehmung um angeborene Reflexe handelt. Das hängt auch mit der menschlichen Fähigkeit zusammen, aus bruchstückhaften Wahrnehmungen ein sinnvolles Ganzes zusammenzusetzen. Dass dennoch auch ein Element der Übung hinzukommen kann, wird aus der Anwendung künstlicher neuronaler Netze in der Informationsverarbeitung ersichtlich, wo man solch einem Netz zum Beispiel Mustererkennung antrainiert.

Ich hatte bereits erwähnt, welche gestaltpsychologische Wirkung die Schönheit einer mathematischen Gleichung oder einer mechanischen Konstruktion hervorrufen kann. Bleibt zu überlegen, welchen Einfluss die Gestalt von Objekten bei der Entwicklung der Geometrie selbst a priori gehabt hat – bis hin zur Topologie des Riemannschen Raumzeit-Kontinuums in der allgemeinen Relativitätstheorie.

Mythologie

Wenn wir zu den Ursprüngen antiker Kosmologie zurückgehen, werden wir unweigerlich bei den mythologischen Erklärungsversuchen über die Entstehung und Bedeutung der Welt landen. Ich möchte hier jedoch einige grundsätzliche Unterscheidungen treffen:

(a) Die mythologischen Weltbilder erheben nicht den Anspruch der Wissenschaftlichkeit im Sinne heutiger Naturwissenschaft, sondern beinhalten theologische Aussagen, die von anderen Voraussetzungen ausgehen.

(b) Die mythologischen Weltbilder sind nicht notwendige Voraussetzungen für die spätere Entwicklung rationaler Modelle.

Es ist sicher so, dass es religiöse und dichterische Versuche gegeben hat, dem Menschen in seiner Welt Orientierung anzubieten [11]. Man spricht in diesem Zusammenhang auch vom kosmogonisch-theogonischem Schema: aus einem unbestimmten Anfangszustand geht in einer Folge von Generationen persönlich-göttlicher Mächte die gegenwärtige Welt von Göttern und Menschen, von Himmel, Meer und Erde hervor. Dichtung und Mythologie haben möglicherweise einen Beitrag für das Entstehen einer philosophischen Haltung geschaffen. Aus uns bekannten Aufzeichnungen geht hervor, dass die vorsokratischen Philosophen die ersten waren, die kosmologische Theorien jenseits eines mythologischen Kontextes entwickelten. Und Anaximander war derjenige, der ein bündiges Modell der Entstehung der Welt vorlegte. Er lebte von etwa 490 bis etwa 550 vor Christus. Obwohl kein einziges ursprüngliches Dokument von ihm selbst erhalten ist, haben andere Philosophen und Historiker seine Ideen nachfolgenden Generationen überliefert. Die Entstehung der eigentlichen Naturwissenschaft selbst hat demnach damals wie heute die Beobachtung von Erscheinungen und deren Zusammenhänge untereinander zur Bedingung.

In diesem Kontext noch einige Bemerkungen zu der viel zitierten Schöpfungsgeschichte im Alten Testament. Hier haben wir es eigentlich nicht mit einem konkurrierenden mythologischen Schema gegenüber anderen Schöpfungsmythen zu tun, sondern eher mit einer für damalige Verhältnisse aufklärerischen Schrift.

Im landläufigen Verständnis hat vielleicht ein nomadischer Kleinviehhirte in einer Oase gesessen und während einer längeren Rast sein Erstaunen über die Schönheit der Welt so zum Ausdruck gebracht, wie manche Passagen der Genesis es beschreiben. Insofern könnte man behaupten, es sei ein eher poetisches Werk. Zu bedenken gilt aber, dass die Endredaktion dieses Buches während des Exils der jüdischen Oberschicht in Babylonien stattfand. Die Gefangenen waren von den überwältigenden Umzügen zu heidnischen Festen und der Präsentation der babylonischen Götter beeindruckt und erschüttert von der Macht, die davon ausging. Im Gegenzug stellten sie ihre eigene Sicht von Gott und Welt zusammen, die mit dem ersten Buch Mose beginnt. Auf diese Weise wird der Schöpfungsbericht zu einer politischen Positionsbestimmung, die die Glaubenswelt der Babylonier entmythologisiert: die Sterne sind keine Götter, sondern nichts anderes als Lampen, die sich gut zur Zeitmessung eignen. Dies war der erste Schritt zur Entgöttlichung der Natur, die in anderen Kulturen ja bevölkert war von allen möglichen Göttern und Geistern.

Andererseits hat dieses Modell nicht als Grundlage für eine rationale Weiterentwicklung hin zu echten naturwissenschaftlichen Theorien gedient. Es blieb, zu was es bestimmt war: eine theologische Basis hin zum Monotheismus, aber ohne Anspruch darauf, ein naturwissenschaftliches oder geschichtliches Werk zu sein.

Kommunikation

Der bereits erwähnte ästhetische Gesichtspunkt bei der Verfassung von Formalismen tritt natürlich zurück gegenüber der grundsätzlichen Notwendigkeit, Erkenntnisse so weit zu abstrahieren, dass man nicht gezwungen sein muss, einem Gesprächspartner einzeln 80 Millionen verschiedene Elemente aufzuzählen, um sein Weltbild zu erläutern. Das bedeutet, dass aus Gründen der Kommunikation Sprache gefunden werden musste, die wissenschaftliche Sachverhalte in verkürzter Form, aber eindeutig beschreibt. Diese Sprache wurde in der Mathematik entwickelt. Ich möchte hier nicht auf das Henne-Ei-Problem eingehen, was zuerst war: die Mathematik oder die formelmäßige Beschreibung von beobachteten Sachverhalten, aus denen die Mathematik dann hervorging. Verfolgt man die Entwicklung von Rechenmaschinen beziehungsweise rechnerischen Hilfsmitteln bis in die Antike zurück, so scheint sich die Mathematik eher einer kaufmännischen Grundlage als einer rein naturwissenschaftlichen zu verdanken. Fakt ist, dass Mathematik und Physik sich ständig gegenseitig befruchtet haben und es auch heute noch tun. Ich hatte weiter oben das Beispiel der Logarithmen und die frühneuzeitliche Komputistik der Himmelskunde erwähnt. Ganz ähnlich verhält es sich mit der gegenseitigen Beeinflussung der Raumtopologie und der allgemeinen Relativitätstheorie bzw. der daraus abgeleiteten Kosmologie.

So ist das Bedürfnis der Kommunikation von Sachverhalten eine weitere Voraussetzung für strukturelle Beschreibung im naturwissenschaftlichen Sinne. Bei der Re-Lektüre von Copernicus zeigt sich, wie sehr sich die wissenschaftliche Sprache seit damals gewandelt hat, sodass zu ihrem Verständnis im Grunde genommen Übersetzungen notwendig wären – und zwar nicht nur, was den Duktus selbst, sondern besonders auch, was die fachliche Beschreibung der Beobachtungsmethoden an sich angeht.

Heute erleben wir zwar eine weitgehende Popularisierung physikalischer Sachverhalte. Deren tiefere Begründung kann aber nur von immer weniger Menschen nachvollzogen werden. Das liegt nicht nur an den Denkkonzepten, die sich dahinter verbergen, sondern auch an Formalismen, die zu ihrer Beschreibung entwickelt wurden. In dem bereits erwähnten Briefwechsel zwischen Einstein und Born, der sich immerhin über fast vierzig Jahre hinzog, wird fleißig über das gesamte Spektrum der Physik diskutiert: Quantenphysik, Relativitätstheorie, Festkörperphysik, Strömungsmechanik, Atomphysik usw. – und zwar mit Tiefgang. Heute ist es so, dass einzelne Physiker nur begrenzt Verständnis für die Fachfragen von Kollegen eines ihnen fremden, aber durchaus schon benachbarten Spezialgebiets haben.

Macht

Wie bereits erwähnt, gab es ein sehr starkes Motiv für eine wie auch immer geartete verständnismäßige Beherrschung der Wirklichkeit: der Wunsch nach Voraussage von Ereignissen. Wer den Willen der Götter oder das zukünftige Verhalten der Gestirne ermitteln konnte, brachte nicht nur einen entsprechenden Nutzen für das Gemeinwesen oder die Herrscher mit, sondern wurde selbst in eine Position von Macht befördert. Wenn dann nur Einzelne diese Fähigkeiten beherrschten, entstand wiederum eine Abhängigkeit der Übrigen von deren Künsten. Das muss man auf jeden Fall für die Frühzeit der Himmelsbeobachtungen annehmen.

Die Frage von Macht und Einfluss geht allerdings über astrologische und astronomische Gegenstände hinaus. In der Neuzeit und insbesondere in der Moderne haben Wissenschaftler Einfluss ausgeübt, der weit über den eigentlichen Gegenstand ihres wissenschaftlichen Interesses hinausging. Das wird besonders deutlich an der Rolle, die Physiker für den Ausgang des zweiten Weltkriegs gespielt haben, in der Atombombenproblematik, während im ersten Weltkrieg noch die Chemiker durch den Gaskrieg dominierten. Danach ist für mindestens eine Generation die Physik Leitwissenschaft geblieben, bevor sie durch die biologischen Wissenschaften wie Genetik in dieser Eigenschaft abgelöst wurde. Deren gesellschaftspolitische Relevanz ist gegenwärtig deutlich sichtbar zum Beispiel in der Stammzellenforschung oder der Präimplantationsdiagnostik. Augenblicklich findet aber möglicherweise schon ein Ablösungsprozess in Richtung Neurowissenschaften als Leitwissenschaft statt. Die Machtproblematik stellte sich dabei immer auf zwei Ebenen: zum einen der bereits genannte gesellschaftliche Einfluss, zum anderen im Wettbewerb um Pfründe, d. h. Forschungsgelder.

Bei Kepler stellte sich die Machtfrage zum ersten Mal bei seinem Kampf mit Tycho Brahe, der – als titulierter Erster Mathematiker – ihn zu seinem Assistenten am Hofe Kaiser Rudolphs II. in Prag machte. Um seine eigene Position zu sichern, hielt Brahe Kepler soweit es ging von seinen eigenen Erkenntnissen aus den Geheimnissen von Planetendaten fern, und machte Keplers Leben und Aufgabe dadurch unerträglich. Nach Brahes Tod setzte sich der Kampf mit den Erben der Daten für die Tabulae Rudolphinae fort. Und schließlich, nachdem Keplers letzter Sponsor, Wallenstein, in Ungnade gefallen war, stand Kepler da ohne jede materielle Ressource.

Nutzen und Werte

Eng verbunden mit ihrem machtpolitischen Einfluss war der Nutzen der wissenschaftlichen Ergebnisse. Neben der Entmythologisierung des Himmels lag ein Hauptmotiv der Sternbeobachtung darin, ein System zu finden, welches es ermöglichte, wiederkehrende Konstellationen mit der sonstigen Natur in Einklang zu bringen. Hintergrund war sicherlich die Herleitung eines Erntekalenders, um zum Beispiel die Zeiten für Aussaat berechnen zu können. Die Folgen dieser frühen Einteilung des Jahres erleben wir nach wie vor noch in unserem jetzigen Kalender. Die Datierung des Osterfestes habe ich bereits angesprochen. Das christliche Osterfest entspricht zeitlich dem jüdischen Pessach, das wiederum auf ein Fruchtbarkeitsdatum der kanaanitischen Urbevölkerung von vor der Landnahme zurückgeht.

Hinter der Nutzenfrage steht aber noch eine andere – die nach der Wertfreiheit. Im Jahre 1904 formulierte Max Weber (1864–1920) seine These von der Wertfreiheit der Wissenschaft. Sie lautete etwa folgendermaßen: keine Erfahrungswissenschaft kann Wertvorgaben bindend festlegen, wenn sie auch Folgen bestimmter Werthaltungen ermitteln könnte. Man hat daraufhin diese These so verstanden, dass naturwissenschaftliche Erkenntnis nichts mit Werten zu tun, und Werte im Labor nichts zu suchen hätten. Der Wissenschaftler sollte lediglich Sachzusammenhänge aufdecken, während Werten immer etwas Subjektives anhaften würde, wodurch der Wissenschaft ihre Objektivität genommen würde. Auch der englische Philosoph Francis Bacon (1561–1626) hatte schon viel früher verlangt, dass wissenschaftliche Objektivität ohne subjektive Perspektiven auskommen müsste, um den Forschungsgegenstand uneingeschränkt zur Geltung bringen zu können. In diesem Zusammenhang sei kurz von zwei unterschiedlichen Wertvorstellungen die Rede:

(a) kognitive Werte, also Erkenntnis bezogene. Sie bestimmen den Erkenntnisanspruch der Wissenschaft und damit die Natur von Wissenschaft selbst. Dahinter steckt das Bedürfnis, z. B. Theorien mit hoher Erklärungskraft zu finden, bei denen wenige Kernsätze eine Vielzahl von Phänomenen beschreiben können. Denn würde man zur Erklärung von zehn Phänomenen zehn einzelne Hypothesen benötigen, würde wohl keine dieser Hypothesen für akzeptabel gehalten werden. Man würde immer entsprechend den bereits genannten ästhetischen Bedürfnissen bestrebt sein, Hypothesen aufzustellen, bei denen eine geringere Zahl genügt, eine Vielzahl von Phänomenen zu erklären (Occams Rasiermesser).

(b) schließlich – und damit wären wir wieder beim Nutzen: utilitäre Werte: wissenschaftliche Forschung leistet einen Beitrag zur Volkswirtschaft.

Häufig wird allerdings die Suche nach Wahrheit im Gegensatz zum Nutzen als Triebfeder genannt. Das entspricht in vielen Fällen den tatsächlichen Intentionen, ist aber nur bedingt richtig. In Wirklichkeit findet immer schon eine Selektion des Forschungsgegenstandes statt, da Wissenschaftler niemals alles untersuchen können. So gibt es Wahrheiten, die sogleich als unwichtig klassifiziert werden können: niemand interessiert sich für die tatsächliche Anzahl von Sandkörnern an einem Meeresstrand. Das bedeutet, dass Wahrheit eine dahinterliegende Bedeutung haben muss. Und so folgen in der Praxis häufig Zielsetzungen, die den Wünschen von Wirtschaft und Politik genügen. Die Gefahr besteht dabei darin, dass eine Forschung, die sich lediglich auf den praktischen Bedarf des Alltags konzentriert, letztendlich bezogen auf grundlegende Erkenntnis stagnieren wird. Für Johannes Kepler war das keine Option. Seine Suche nach Wahrheit war an sein Unternehmen gebunden, den Beweis zu erbringen, dass die Wahrheit, die er aus seinen astronomischen Beobachtungen entzifferte and die daraus resultierende Weltharmonie gleichzeitig mit der Struktur von Gottes Masterplan, der bereits vor der Schöpfung selbst bestand, übereinstimmte.

Demgegenüber steht eine Forschung, die sich Aufgaben vornimmt, die zunächst einfach nur faszinieren. Häufig handelt es sich dabei um Forschungsprobleme im Zusammenhang mit bereits gelösten Rätseln, die eine erneute Bearbeitung erfahren [12].

Wir haben bereits Anaximander erwähnt. Später schrieb Platon, dass die Welt auf eine Weise geschaffen war, dass menschlicher Verstand in der Lage sein würde, sie zu verstehen. Und diese Welt würde für immer in ihrem ursprünglichen Zustand verharren. Sie wäre ein lebendiges Wesen mit Seele und Verstand. Die Sonne, der Mond und einige Sterne wären lediglich für die Zeitmessung geschaffen worden.

Auch Aristoteles behauptete, dass es niemals einen Beweis dafür gegeben hätte, dass die Welt sich verändern würde. Er nahm an, dass die Erde das Zentrum der Welt sei und um sie herum der Rest der Welt auf Sphären erhalten wäre. Zu seiner Zeit berechnete man den Umfang der Erde mit einer Genauigkeit von 85% des heute akzeptierten Wertes. Diesen älteren Wert nutze noch Kolumbus für seine Berechnungen. als er seine Entdeckungsreisen vorbereitete.

Der muslimische Philosoph Avicenna, der von 980 bis 1037 nach Christus lebte, behauptete, dass
– Zeit ein Maß für Bewegung sei und
– Raum nur als Einbildung des menschlichen Bewusstseins existiere und als eine von Materie unabhängige Entität betrachtet werden müsste.

Gegen Ende des Mittelalters stellte Nikolaus Cusanus (1401–1464) fest, dass alle Gegenstände des Himmels, die Erde eingeschlossen, sich in immerwährender Bewegung befänden. Kurz danach entschieden Copernicus und Galilei die Diskussion zu Gunsten ihres heliozentrischen Weltmodells. Ungefähr zur gleichen Zeit theoretisierte Giordano Bruno (1548–1600) darüber, dass das Universum voll von unzählbaren Sonnen und unzählbaren Erden sein müsste.

Dann trat Johannes Kepler auf. Zusätzlich zu den Motiven, die oben aufgeführt worden sind, und die ihn möglicherweise unbewusst beeinflusst haben mögen, brachte er seinen eigenen Ansporn mit, der sich in seiner ureigenen Theologie wiederfindet. Die Abbildung seiner Theologie auf seine Naturbeobachtungen ist der Schlüssel zu seinen außergewöhnlichen wissenschaftlichen Ergebnissen: kosmische Harmonie oder die Ordnung der Dinge.

Das Anthropische Prinzip

Im Dialog der Naturwissenschaften mit der Schöpfungstheologie wurde unter anderem die so genannte Feinabstimmung immer wieder ins Gespräch gebracht, d. h. die Idealbedingungen, unter denen sich menschliches Leben überhaupt entwickeln konnte. Die Feinabstimmung unseres Lebensraumes ist in der Tat auch Gegenstand innerwissenschaftlicher Diskussion, da sie die rein statistische Argumentation bezüglich unendlich vieler Lebenswelten im Kosmos relativiert. In diesem Zusammenhang ist innerhalb der Naturwissenschaften und im Gespräch mit der Theologie vor einiger Zeit eine erkenntnistheoretische Grundsatzdebatte losgetreten worden.

Es geht letztendlich darum, eine Antwort zu geben, warum wir überhaupt in der Lage sind, die Welt so wahrzunehmen, wie sie ist, und sie auch noch im Rahmen einer geschlossenen Theorie beschreiben können.

Wäre z. B. die Neutron-Proton Massendifferenz nur um ein weniges anders, dann gäbe es keine Kernphysik im herkömmlichen Sinne, auch keine Elemente und keine Sterne. Oder: entspräche das Energieniveau im C^{12}–Kern nicht 7,65 MeV, gäbe es kein Leben, das auf der Kohlenstoff-Chemie beruht.

Es sieht so aus, als ob viele Naturkonstanten innerhalb ziemlich enger Grenzen gerade so sind, dass menschliches Leben möglich ist. Man nennt dies das Anthropische Prinzip. Über die Bedeutung gehen die Meinungen auseinander. Hier einige dazu:
– Da wir da sind und das alles beobachten, müssen ja die Parameter so sein, andernfalls wären wir nicht da und könnten uns nicht darüber wundern.
– Das Leben ist also extrem unwahrscheinlich und etwas Besonderes.
– Das Universum wurde gerade so geschaffen, dass es Leben ermöglicht.
– Alles Unsinn.

Um diesen Fragenkomplex noch etwas zu vertiefen, stütze ich mich dabei auf die Ergebnisse einer Diskussion zwischen dem Physiker Hans Peter Dürr (1929–2014) und dem Theologen Wolfhardt Pannenberg (1928–2014) [13]. Beginnen wir mit den drei erlittenen Kränkungen der Menschheit (nach Freud (1856–1939)).
(1) Übergang vom geozentrischen zum heliozentrischen Weltbild; Erde und Mensch sind nicht mehr Mittelpunkt der Welt (Copernicus (1473–1543), Galilei): wir haben es also mit einer fortschreitenden Dezentrierung und Entanthropomorphisierung zu tun. Die Sonne ist ein Stern unter vielen, unsere Milchstraße eine Galaxie unter vielen, unser Kosmos – wer weiß – vielleicht ein (Teil)-Kosmos unter vielen.
(2) Die Sonderstellung des Menschen unter den Lebewesen ist fraglich; anstelle von Zwecken sind Mechanismen getreten (Charles Darwin (1809–1882), Jacques Monod (1910–1976)).
(3) Der Mensch ist nicht mehr „Herr im Hause": das Unbewusste bestimmt ihn in hohem Maße (Freud). Neuerdings gehören dazu die evolutionäre Erkenntnistheorie, die künstliche Intelligenz und die Robotertechnik.

Vor diesem Hintergrund aber nun folgende Überlegungen:

Auf der Erde gibt es eine Lebensform mit Bewusstsein, eine beobachtende Intelligenz. Wie muss das dazu gehörige Universum aussehen? Diese Frage kann nicht beantwortet werden ohne die folgenden logischen Schritte:

- Bewusstsein setzt voraus, dass es Leben gibt.
- Leben braucht als Grundlage seines Entstehens chemische Elemente, vor allem auch solche, die schwerer sind als Wasserstoff und Helium.
- Schwere Elemente entstehen aber nur durch thermonukleare Verbrennung der leichten Elemente, also durch Atomkernverschmelzung.
- Atomkernverschmelzungen laufen jedoch nur im Innern der Sterne ab und benötigen wenigstens einige Milliarden Jahre, um größere Mengen an schweren Elementen zu produzieren.
- Eine Zeitspanne von mehreren Milliarden Jahren steht aber nur in einem Universum zur Verfügung, das selbst wenigstens einige Milliarden Jahre alt und damit einige Milliarden Lichtjahre ausgedehnt ist.
- In späteren kosmischen Epochen würden andererseits kaum mehr sonnenähnliche Sterne existieren, sondern hauptsächlich nur mehr energieschwache Weiße Zwerge, die eine planetare, langsam biologisch evolvierende Lebensform nicht mit ausreichender Energie versorgen könnten.

Daher kann die Antwort auf die Frage, warum das heute von uns beobachtete Universum so alt und so groß ist, nur lauten: weil sonst die Menschheit gar nicht hier wäre. Daraus ergibt sich ein erstes Schwaches Anthropisches Prinzip – **W**eak **A**nthropic **P**rinciple (**WAP**). Es lautet:

> Das physikalische Universum, das wir beobachten, hat eine Struktur, welche die Existenz von uns als Beobachtern zulässt.

Ist dieses aber ein Prinzip? Prinzipien werden eingeführt, um etwas zu erklären, z. B.:
- Warum ist das Universum so strukturiert wie es ist?
- Warum ist es so, dass sich Leben entwickeln konnte?

Diesen Erklärungswert hat das schwache Anthropische Prinzip aber nicht. Ist es vielleicht tautologisch, entsprechend der Aussage: Beobachter beobachten ein Beobachterermöglichendes Universum. Also: *was* sollte man auch sonst beobachten? Nein. Das schwache Anthropische Prinzip lenkt die Aufmerksamkeit darauf, dass die Möglichkeit von Leben eng mit der gesamtkosmischen Entwicklung verknüpft ist. Steht deshalb aber der Mensch wieder im „Mittelpunkt"? Auch nein. Das schwache Anthropische Prinzip erinnert lediglich daran, Beobachter in die Theoriebildung mit einzubeziehen.

Ein weiterer Fehlschluss daraus ist folgender: die grundlegenden Eigenschaften des Universums müssen so sein, dass sich Beobachter entwickeln können. Das ist aber weder logisch noch naturgesetzlich notwendig. Es gilt nur: wenn das Universum beobachtet wird, dann müssen seine grundlegenden Eigenschaften so sein, dass sie Beobachter ermöglichen.

Jetzt gibt es eine Reihe von Gegenargumenten. Das erste lautet: die Feinabstimmung auf Leben hin wird bestritten. Denn, vielleicht kann Leben auch auf einer anderen Basis als Kohlenstoff entstehen. Dann wäre bei anderen Eigenschaften des Universums eben auch eine andere Art von Leben entstanden. Das ist natürlich hoch spekulativ. Es gibt keine empirischen Anhaltspunkte für eine andere Chemie des Lebens.

Ein anderer Einwand lautet: die Feinabstimmung wird als notwendig vorkommend erwiesen. Begründung: es gibt unendlich viele Kosmen in einem Multiversum. In diesem sind alle möglichen Gesetze, Konstanten, Rand- und Anfangsbedingungen realisiert. Dann gibt es auch unseren Kosmos mit Notwendigkeit – und nichts zu verwundern und nichts zu erklären. Nur, wie sollen diese Vielwelten-Szenarien aussehen? Dafür gibt es prinzipiell zwei Modelle:

– das inflationäre mit vielen gleichzeitigen Kosmen oder
– das oszillierende Universum.

Die wahrscheinlich niemals nachzuweisende Idee eines Multiversums wird teilweise auch herangezogen, um gewisse kosmologische Eigenarten zu erklären, die mit dem herkömmlichen Standardmodell nicht vereinbar sind: anisotrope Struktur, fehlende (dunkle) Materie, Anfangsphase usw. Am weitesten geht die Vorstellung einer unendlichen Anzahl von Universen aller denkbaren Ausprägungen, sodass eben auch das unsere zwangsläufig so entstehen musste, wie es entstanden ist, und wie wir es vorfinden. Ja, unser Universum müsste danach sogar unendlich oft vorkommen – und damit jede einzelne Person auch!

Oder: die Feinabstimmung ist lediglich ein Hinweis auf noch unbekannte gesetzmäßige Zusammenhänge. Das Zufällige soll durch Auffinden von weiteren, tiefer liegenden Gesetzmäßigkeiten eliminiert werden.

Und schließlich: die Feinabstimmung wird als zufällig angesehen. Aber auch das Unwahrscheinliche, Zufälle passiert gelegentlich.

Weiterführend gibt es – wie sollte es anders sein – dann das Starke Anthropische Prinzip – **S**trong **A**nthropic **P**rinciple (**SAP**). Es lautet:

> Das Universum muss in seinen Gesetzen und in seinem speziellen Aufbau so beschaffen sein, dass es irgendwann unweigerlich einen Beobachter hervorbringt.

Diese weiterreichende Formulierung ist logisch möglich, folgt aber nicht aus dem Schwachen Anthropischen Prinzip und ist prinzipiell teleologisch, d. h. zweck- und zielgerichtet. Das Entstehen des Lebens wird zur notwendigen Eigenschaft des Universums erklärt. Und somit wird das, was man erklären möchte, nämlich das Leben, einfach postuliert. Dadurch verschiebt sich der Begründungsbedarf. Die Gegenfrage stellt sich: warum soll das Starke Anthropische Prinzip gelten? Bisher wurden doch immer Zwecke durch Mechanismen ersetzt. Zudem sind teleologische Aussagen schlecht falsifizierbar.

Und schließlich haben wir das Finale Anthropische Prinzip – **F**inal **A**nthropic **P**rinciple (**FAP**). Es lautet:

> Im Universum muss intelligentes, informationsverarbeitendes
> Leben entstehen, evolvieren und für immer existieren.

Zusammenfassend lässt sich sagen, dass, so wenig diese Thesen einen spezifisch physikalischen Erklärungswert beanspruchen können, so eindrucksvoll haben sie doch herausgearbeitet, dass das Universum de facto so eingerichtet ist, dass es den Bedingungen für die Hervorbringung intelligenter Wesen genügt.

Keines dieser Prinzipien macht jedoch eine Aussage darüber, auf welche Weise es zu einem beobachtenden Leben kommen soll – ein Leben, das eine exponierte Stellung im Kosmos hat. Und andererseits wird keine Aussage darüber gemacht, ob diese Intelligenz ausgestattet ist, objektive Beobachtungen überhaupt vornehmen zu können. Der ganzen Fragestellung des Anthropischen Prinzips liegt die Behauptung zu Grunde, dass unsere Beobachtungen so richtig sind, dass das Anthropische Prinzip überhaupt Sinn macht.

Die Quantenmechanik hat das allgemeine Messproblem ins Spiel gebracht, das jeder Beobachtung zugrunde liegt. Das hat zu der allgemein akzeptierten These geführt, dass der Beobachter immer auch selbst Teil des Beobachteten ist. Daraus folgen einige epistemologische Feinheiten, die an dieser Stelle nicht weiter diskutiert werden sollen, aber sie stellen die Aussagekraft des anthropischen Prinzips in noch eine andere Perspektive.

3 Zeitenwende

Zeit und Raum sind fundamentale Konstrukte, die unabdingbar sind für eine mathematische Beschreibung physikalischer Modelle unserer Welt, wie wir sie mit unseren Sinnen wahrnehmen. Aber Zeit und Raum sind gleichzeitig Alltagskonzepte in den Köpfen gewöhnlicher Menschen, notwendig um deren Erfahrungen anzusammeln und in ihren Erinnerungen zu konsolidieren. In diesem Sinne werden wir Zeit und Raum entlang den Weltlinien unserer drei Protagonisten, Galilei, Kepler und Marius, betrachten, und zwar immer dann, wenn bestimmte Ereignisse Einfluss auf deren berufliches Fortkommen gehabt haben. Zeit und Raum in einem engeren Sinne umschließen natürlich jeweils die ganze persönliche Weltlinie dieser drei Menschen selbst und sind damit für jeden Biografen wichtig. Die Raumzeit ihres Lebens ist angefüllt mit der allgemeinen Geschichte, die sich zeitgleich und an den Orten, an denen sie lebten, abgespielt hat – in Italien, Deutschland, in Europa insgesamt und auch weiter entfernt. Simon Marius lebte von 1573 bis 1625, Galileo Galilei von 1564 bis 1642 und Johannes Kepler von 1571 bis 1630, sodass unsere zu betrachtende Zeitspanne insgesamt von 1564 bis 1642 reicht.

Ereignisse, die in diesem Zeitraum stattgefunden haben, und deren Umstände hatten tiefgreifenden Einfluss auf deren Gedankenwelt und somit auf Urteilskraft und Glauben ihrer Zeitgenossen, die ihren Weg kreuzten, wie es sich mit jedem sich entwickelnden Individuum zu jeder Zeit verhält, ob zur Zeit des vergehenden Mittelalters und beim Anbruch der Neuzeit für Galilei, Kepler und Marius oder heute für dich und mich. Da wir uns aber mit dem Leben und den wissenschaftlichen Beiträgen dieser drei Männer beschäftigen wollen, soll in diesem Kapitel der Kontext dargestellt werden, in dem sie gelebt haben (Abb. 3.1) – getrieben von der ewigen Suche des Menschen, mit seiner Umgebung, in die er sich geworfen fühlt, zurecht zu kommen, indem er versucht, die Dinge in Raum und Zeit so zu ordnen, dass sie am Ende einen Sinn ergeben.

Abbildung 3.1 verdeutlicht den geschichtlichen Kontext grafisch.

Die Zeit der Hexenverfolgung

Es hat immer schon Instrumente und Methoden gegeben, um die Menschen, von denen man annahm, dass sie von der allgemein akzeptierten Normalität abwichen, wieder in die Reihe zu bringen. Im ersten Schritt mussten diese angenommenen Abweichungen zunächst identifiziert werden. Irgendwann bereits in der Antike tauchte dann die Idee der Hexerei auf. Sie wurde weiter entwickelt während des Mittelalters, systematisiert zu einem wirksamen Instrument sozialer Kontrolle. Hexenprozesse folgten in verschiedenen Wellen mit zeitweiligen Unterbrechungen (Abb. 3.2). Es gab Höhepunkte im 15ten und 16ten Jahrhundert – während der Zeit unserer drei Forscher. Die Gewichtung

https://doi.org/10.1515/9783110762778-003

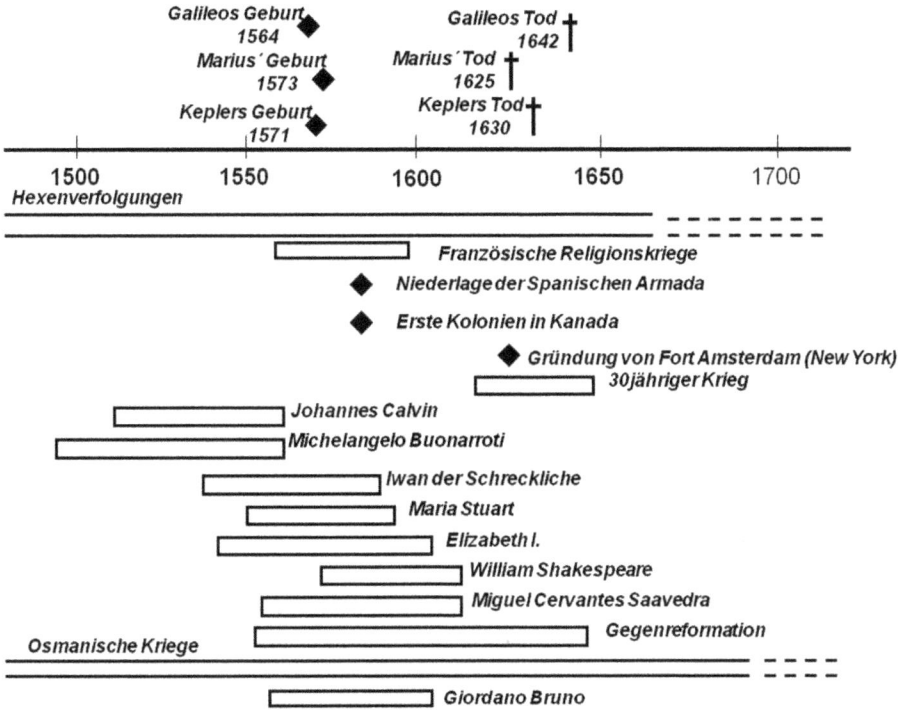

Abb. 3.1: Zeitrahmen für das Leben von Galilei, Kepler und Marius.

verschob sich von der Behauptung, lediglich Hexerei als solche durch Inanspruchnahme übernatürlicher Kräfte zu betreiben, auf den Vorwurf einer direkten Vereinigung mit dem Teufel selbst. Hexen und der Teufel wurden in Zusammenhang gebracht mit ausschweifenden Orgien, in denen der Satan statt Gott angebetet wurde.

Im Jahre 1615 informierte Keplers Schwester Margarethe, die mit dem Pastor Georg Binder verheiratet war und in Heumagen, in der Nähe von Stuttgart lebte, ihren Bruder, dass deren 70jährige Mutter Katharina Kepler wegen Hexerei angeklagt wäre. Es bestand die Gefahr, dass sie auf dem Scheiterhaufen verbrannt werden würde. Die Gerichtsverhandlungen zogen sich über sechs Jahre hin – von 1615, als die Anklage erhoben wurde, bis 1621, das Jahr, in dem sie am 28. September freigelassen wurde. Das Ganze geschah vor dem Hintergrund, dass in der Nachbarschaft, in der Keplers Mutter lebte, eine erhebliche Anzahl von Exekutionen stattfand: 6 in Leonberg und 38 in Weil der Stadt zwischen 1615 und 1629. Unter den Opfern befand sich auch die ehemalige Pflegemutter von Keplers Mutter, Renate Streicher.

Kepler persönliches Einschreiten vermied das Schlimmste für seine Mutter, auch die Folter. Zweimal musste er auf eigene Kosten von Linz aus anreisen, da sein persönliches Erscheinen von Oktober bis Dezember 1617 und von September bis Oktober 1621 erforderlich war.

Abb. 3.2: Verhör einer Hexe (Hans Ueli (1577): „Folter von Frau und Tochter eines Fuhrmanns in Mellingen").

Keplers Mutter erfüllte die gängigen Eigenschaften, die die Menschen mit Hexen verbanden: sie hatte einen dunklen Teint, war mager und klein. Außerdem war sie bekannt als zänkisches Weib und interessiert an Naturheilkunde. Zu Beginn des Verfahrens wurde sie für allerlei Unglücksfälle, die in der jüngeren Geschichte von Leonberg stattgefunden hatten, verantwortlich gemacht: Viehkrankheiten, den Tod eines Familienvaters, die Lähmung des Dorfschneiders und ähnlicher Dinge. Es gab Zeugen, die angaben, sie könne durch verschlossene Türen gehen und hätte Gott gelästert, indem sie die Auferstehung leugnete.

Der Vorfall, der ursächlich für das Verfahren gegen sie war, begann mit den Leibschmerzen der Frau eines Glasers in Leonberg, Ursula Reinbold, die zufällig auch die Schwester des Baders von Prinz Achilles von Württemberg war. Dieser Bader war nicht in der Lage gewesen, diese Leibschmerzen zu heilen. Seine Erklärung dafür war, dass die Krankheit das Ergebnis von Zauberei gewesen sein musste und nur durch diejenige Person, die die arme Frau zuerst verhext hatte, wieder geheilt werden konnte. Also suchten sie Keplers Mutter auf, die als Heilerin bekannt war, und die der Frau schon einmal vor zwei Jahren einen Heiltrank verabreicht hatte. Das eigentliche Motiv bestand jetzt natürlich darin, sie als Hexe zu überführen. sollte ihre neuerliche Medizin erfolgreich sein. Außerdem erinnerte man sich an ihre Beziehung zu der überführten Hexe Renate Streicher. Aber Keplers Sohn Christoph reichte eine Verleumdungsklage ein, die jedoch abgelehnt wurde, und der verantwortliche Richter folgte der Frau des Glasers und strebte den Hexenprozess gegen die Beschuldigte an. In dem Prozess forderten die Reinbolds von Katharina Kepler eine Wiedergutma-

chung von 1000 Gulden wegen der von Ursula erlittenen Schmerzen. Um ihre Forderungen zu unterstützen, legten sie Beweise vor, dass auch andere Personen Opfer
ihrer Zauberei geworden waren, die nach deren Aussage durch bloße Berührung mit
Katharina gestorben waren. Zu den weiteren Opfern zählten ein gelähmter Schul-
meister, ein Metzger, der unter unerklärbaren Schmerzen litt, ein totes Schwein und
eine verrückte Kuh. Insgesamt bestand die Anklage gegen sie aus 49 Punkten, und bis
zu 40 Zeugen wurden bis zum Ende des Verfahrens vernommen.

Dann intervenierte Johannes Kepler mit seiner gesamten Autorität als kaiserlicher Astronom. Zunächst bat er seine Mutter nach Linz, wo sie etwa neun Monate
blieb, bevor sie mit ihm nach Leonberg zurückkehrte. Dann erbat er sich alle relevanten Gerichtsakten, und damit war das Verfahren zunächst ausgesetzt, aber die Suche
nach neuen Beweisen gegen sie ging weiter, die Kepler alle anfocht. Der Prozess zog
sich bis 1520 hin, als Katharina Kepler plötzlich verhaftet wurde, damit der Fall in
einem beschleunigten Verfahren zu Ende gebracht werden konnte. Der Tag für die
Folter wurde festgesetzt, was dazu führte, dass ihr Sohn eiligst nach Leonberg reiste,
um zu intervenieren. Kepler erreichte, dass sämtliche Fallakten der juristischen Fakultät der Universität Tübingen zur Verfügung gestellt und geprüft wurden. Der Fakultät gehörte unter anderem auch ein persönlicher Freund Keplers an: Christoph
Besold. Die Fakultät empfahl, der Angeklagten die Folterinstrumente zu zeigen. Er
selbst hatte eine Verteidigungsschrift von 128 Seiten entworfen. Für den Fall, dass sie
weiterhin bei der Ablehnung der Vorwürfe bleiben sollte, sollte sie freigelassen werden, aber die gesamten Kosten des Verfahrens tragen. Katharina Kepler starb am
13. April 1622, ein halbes Jahr nach ihrer Freilassung.

Galilei blieb ein solches Verfahren erspart, aber man identifizierte ihn mit einer
anderen Kategorie von Abweichlern: Häretiker. Die Verfahren gegen solche unterschieden sich von denen gegen Hexen. Darauf kommen wir später noch zu sprechen. Der
Großteil der Hexenverfolgung fand in Deutschland statt, obwohl sie dort später eingesetzt hatte als in anderen europäischen Ländern. Während des Zeitraums, den wir betrachten, fand sie ihren Höhepunkt. Insgesamt dauerten die Hexenverfolgungen etwa
300 Jahre an. Während dieses Zeitraumes wurden etwa zehntausend Hexen, Frauen und
Männer, im südlichen Europa, inklusive Italien, allein, verurteilt, wovon tausend
tatsächlich hingerichtet wurden – gewöhnlich auf dem Scheiterhaufen verbrannt.

Die französischen Religionskriege

Weitere ziemlich turbulente Ereignisse in Europe zur Zeit unserer drei Sterngucker,
obwohl sie nicht in unmittelbarer Nachbarschaft von deren Lebensräumen stattfan-
den, fanden sich in den so genannten französischen Religionskriegen. Diese historischen Ereignisse beziehen sich auf eine Anzahl von insgesamt acht verschiedenen
aufeinander folgenden Kriegen über einen Zeitraum von 36 Jahren. Begonnen hatten
sie knapp zwei Jahre vor Galileis Geburt. Bei den kriegführenden Parteien fanden

sich auf der einen Seite Protestanten, vertreten durch die Hugenotten, England und Schottland, auf der anderen Seite Katholiken, vertreten durch die Katholische Liga, Spanien und das Herzogtum von Savoyen. Diese Kriege wurden jeweils unterbrochen durch unterschiedliche Friedensbemühungen, wie der Friede von Lonjumeau (1568), der Friede von Saint-Germain-en-Laye (1570), das Edikt von Boulogne (1573), das Edikt von Beaulieu (1576), der Vertrag von Bergerac (1577), der Vertrag von Fleix (1580), der Friede von Vervins und das Edikt von Nantes (1598). Letzteres brachte ein gewisses Ende zu den Kämpfen, einschließlich des Streits zwischen einigen opponierenden Fraktionen in Frankreich selbst. Ein unglücklicher Höhepunkt dieser Konflikte war das Massaker in der Bartholomäusnacht im Jahre 1572. Obwohl das Leben unserer drei Astronomen durch diese Ereignisse nicht direkt betroffen war, hatten sie zumindest für Galilei indirekte Auswirkungen, da Rom und der Papst Interesse an einem für sie günstigen Endergebnis hatten. Das religiöse und politische Klima in ganz Europa wurde durch diese Ereignisse stark beeinflusst, ebenso die Einstellung der Persönlichkeiten, mit denen die Wissenschaftler in den kritischen Phasen ihrer Existenz zu verhandeln hatten.

Die Spanische Armada

Bei den französischen Religionskriegen handelte es sich keinesfalls um die einzigen Kriege, die sich zu den Lebzeiten von Galilei, Kepler und Marius abspielten. Als Galilei 28 Jahre alt war, also im Jahre 1588, fand ein Ereignis von geschichtlicher Tragweite statt, das auch heute noch durch zwei Worte charakterisiert wird: die „Spanische Armada", oder besser: die Niederlage der Spanischen Armada. Bei dieser Schlacht handelte es sich um einen Teil des nicht-erklärten anglo-spanischen Krieges, der von 1585 bis 1604 wütete. Zu den kriegführenden Parteien gehörten das Königreich von England und die Holländische Republik auf der einen Seite und die Iberische Union mit dem Haus von Habsburg auf der anderen.

Der vorgebliche Grund für diesen Konflikt fand sich wiederum in religiösen Querelen. Tatsächlich wurde er aber ausgelöst durch den Wunsch Heinrich VIII. (1491–1547), sich von seiner ersten Frau, Katharina von Aragon (1485–1536), scheiden zu lassen. Diese Scheidung wurde aber vom Papst verweigert, und Heinrich VIII. entschied sich für den Bruch mit der katholischen Kirche. Nach einigen weiteren Jahren schloss sich die englische Reformation den Reformationsbestrebungen in anderen Teilen Europas an. Im Gegenzug setzten gegenreformatorische Bemühungen ein, aber es war Elisabeth I., die den Protestantismus in England endgültig festigen konnte. In der Folge organisierte König Philip II. (1527–1598) mit Unterstützung des Papstes Sixtus V. (1521–1590) einen Feldzug, um England dem Katholizismus zurückzugewinnen, und dafür wurde die Spanische Armada aufgestellt – mit dem Ziel einer Invasion von England. Wie allgemein bekannt ist, endete dieser Angriff in einem vollständigen Fehlschlag. Durch eine Kombination der Gefechtsführung von Sir Francis Drake auf der englischen Seite, Navigationsfehlern der Spanier und stürmischem Wetter wurde die Spanische Armada gründlich geschlagen. 35 der 130 spanischen Schiffe gingen verloren, und etwa 20 000 Männer starben.

Die Kolonisierung von Kanada

Für die meisten Gelehrten fällt der Beginn der Neuzeit mit der Entdeckung Amerikas im Jahre 1492 zusammen – lange vor dem Leben unserer Astronomen. Weit vor den geografischen Grenzen von Europa hatten sich neue Horizonte eröffnet. Das führte zu einer Erweiterung von intellektuellen Perspektiven und hatte weit reichende Bedeutung für menschliches Denken und Urteilskraft bezogen auf die Welt, in der man sich fand. Später, während des Lebens unserer Sterngucker, befand sich die Kolonisierung in vollem Schwung – abgesehen von anderen Orten, besonders auch in Kanada, wo sie mit der Gründung von St. Johns durch Sir Humphrey Gilbert in Neufundland begann. Dabei handelte es sich um die erste englische Kolonie auf dem amerikanischen Kontinent. Sie wurde später gefolgt von Siedlungen bei Port Royal und Quebec zu Beginn des 17ten Jahrhunderts. Neufrankreich, wie Kanada zuerst genannt wurde, wurde relativ schnell entlang des St. Lawrence-Stroms und den großen Seen durch Missionare und Trapper kolonisiert.

New York

Weitere bekannte Siedlungsaktivitäten begannen im Jahre 1609 weiter südlich: die Niederländer unter Kapitän Hudson fingen an, die Gegend in der Nähe der Bucht, an der heute New York liegt, zu erkunden. Der Antrieb für diese Bemühungen war ein rein kommerzieller in Zusammenhang mit dem lohnenswerten Biberfellhandel. Es folgte eine Anzahl unterschiedlicher Expeditionen, die letztendlich zur Gründung von Neu-Niederlanden im Jahre 1614 führten. Im selben Jahr kamen die ersten europäischen Händler in Manhattan an. Und im Jahre 1624 schifften sich dauerhaft Siedler mit ihren Familien ein, und ein Jahr später wurde Fort Amsterdam gegründet. Die ganze Gegend wurde durch Peter Minuit (1580–1638), dem Direktor der Niederländischen Westindien-Kompanie in Neu Amsterdam, heute New York, von einem ansässigen Indianerstamm gegen europäische Waren im damaligen Wert von etwa 24 $, was einem heutigen Wert von 1100 $ entspricht, eingetauscht.

Johannes Calvin

Es gab eine Reihe von berühmten und glänzenden Zeitgenossen, deren kultureller Einfluss bis heute fortdauert. Einer von ihnen war Johannes Calvin, der französische

Theologe und Reformator, Gründer einer Bewegung, die heute als Calvinismus bekannt ist. Calvin wurde im Jahre 1509 geboren und starb in Galileis Geburtsjahr 1564. Obwohl also die vollen Auswirkungen von Calvins Rolle in einer sich verändernden Welt von unseren Wissenschaftlern nicht persönlich empfunden wurden, haben die Nachwirkungen seiner Doktrinen, insbesondere zur Prädestinationslehre, die theologische Diskussion und insbesondere Keplers Denken nachhaltig beeinflusst.

Michelangelo Buonarotti

Ein weiterer berühmter Italiener, der die Welt in Galileis Geburtsjahr verließ, aber ein Vermächtnis hinterließ, das weit über sein eigenes Leben hinauswirkte, und dessen Werke möglicherweise von Galilei bewundert werden konnten, war Michelangelo Buonarotti. Er wurde im Jahre 1475 geboren. Sein Einfluss als Renaissance-Maler, Bildhauer und Ingenieur auf westliche Kunst und Architektur ist nur vergleichbar mit dem seines Zeitgenossen Leonardo da Vinci (1542–1519). Schon während seines Lebens wurde er als der größte lebende Künstler auf Erden verehrt. Zu seinen bekanntesten Leistungen gehören die Skulpturen Pieta und David, und natürlich die Deckengemälde der Sixtinischen Kapelle. Er übernahm auch die Rolle als Architekt für den Petersdom, von dem Teile noch während seines Direktorats fertig gestellt wurden, andere nach seinem Tod, aber nach seinen Originalentwürfen.

Iwan der Schreckliche

Als Galilei 20, Johannes Kepler 13 und Simon Marius 11 Jahre alt waren, starb fern ihrer Heimat in dem Land, das heute als Russland bekannt ist, Iwan der Schreckliche. Von 1547 bis dahin war er Zar gewesen. Seine größte Leistung bestand in der Gründung eines Imperiums, in dem solche Regionen wie Kasachstan, Astrachan und Teile von Sibirien vereinigt wurden. Gleichzeitig gelang ihm der Übergang von einem kleinen mittelalterlichen Staatengebilde zu einem echten Imperium an der Schwelle zur Neuzeit. Es gab einige kulturelle Leistungen, wie z. B. der Moskauer Druckhof, und seine Popularität beim einfachen Volk, die bei einigen seiner Untertanen positive Erinnerungen hinterließen. Ansonsten scheint es, als hätte er an Paranoia gelitten, die als Ursache für seine äußerst grausame Behandlung seiner vermeintlichen Feinde gelten muss.

Maria Stuart, Königin der Schotten

Maria Stuart, bekannt als Königin der Schotten, wurde im Jahre 1542 geboren und im Jahre 1587 enthauptet, als Galilei 23, Kepler 16 und Marius 14 Jahre alt waren. Ihre Herrschaft dauerte von 1542 (als sie sechs Jahre alt war) bis 1567. Während dieser Zeit lebte sie überwiegend in Frankreich, und Schottland, und ihre Geschäfte wurden von ihren Stellvertretern verwaltet. Nachdem sie im Jahre 1559 den Dauphin von Frankreich geheiratet hate, war sie für kurze Zeit bis zum Tode ihres Gatten im Jahre 1560 auch Königin von Frankreich. Nachdem sie nach Schottland zurückgekehrt war, wurde sie einige Jahre später zur Abdankung gezwungen und floh nach England. Anstatt ihr Schutz zu gewähren, bewirkte Königin Elisabeth I. letztendlich die Hinrichtung ihrer Thronrivalin. Gleichzeitig spiegelte sich der Konflikt zwischen jenen beiden Kusinen in der Eskalation des katholischen Aufstands, die Reformation in England rückgängig zu machen, wider.

Elisabeth I

Wir haben uns bereits mit Ereignissen der Elisabethanischen Ära beschäftigt, die Zeit, während der Elisabeth I. in England herrschte, von 1558 bis 1603, ihrem Todesjahr. Im Jahre 1533 wurde sie als Tochter Heinrich VIII. und Anne Boleyn, die hingerichtet wurde, als Elisabeth zwei Jahre alt war, geboren. Es war Elisabeth, die nach ihrer Thronbesteigung die protestantische Church of England gründete.

William Shakespeare

Eine der prominentesten Figuren der Elisabethanischen Ära war ein Dichter und Dramatiker, geboren in Stratford-upon-Aven im selben Jahre 1564 wie Galilei: William Shakespeare. Er starb im Jahre 1616. Seine 38 Theaterstücke gehören bis zum heutigen Tag zu den weltweit am meisten gespielten. Er heiratete früh im Alter von 18 Jahren und hatte drei Kinder. Seine Karriere begann er als Schauspieler, aber schon bald schrieb er eigene Stücke für seine eigene Schauspieltruppe. Zu seinem Repertoire gehörten Komödien, historische Dramen und Tragödien. Schon zu seinen Lebzeiten wurden seine Werke veröffentlicht und fanden damals eine weite Verbreitung.

Miguel Cervantes Saavedra

Ein weitere bekannter Schriftseller jener Zeit kam aus Spanien: Miguel des Cervantes Saavedra, der Autor des Don Quixote, geboren im Jahre 1547. Einen Teil seiner frühen Jahre verbrachte er in Rom im Exil, zwischen 1569 und 1571, danach, zwischen 1575 und 1580 in der Gefangenschaft von osmanischen Piraten, nachdem er von ihnen gefangen genommen worden war, als sich Cervantes der spanischen Marine und ihren Operationen im Mittelmeer angeschlossen hatte. Die Veröffentlichung des Don Quixote im Jahre 1605 war ein unmittelbarer Erfolg. Cervantes starb in Madrid im Jahre 1616.

Die Gegenreformation

Während Copernicus zu seiner Zeit eine einigermaßen friedvolle Existenz genießen konnte – als Diener seiner Kirche bis zu seinem Tode – hatten sich die Zeiten deutlich gewandelt, als Galilei ein halbes Jahrhundert später dessen Theorie in „De revolutionibus coelestium" kennen lernte. Die Gegenreformation hatte Fahrt aufgenommen und eine Lage heraufbeschworen, die für Leute, die im Verdacht der Häresie standen, erheblich gefährlicher geworden war als in der Vergangenheit. Die Gegenreformation, mit dem Ziel die protestantische Reformation rückgängig zu machen, begann mit dem Konzil von Trient, das von 1545 bis 1563, ein Jahr vor Galileis Geburt, andauerte und wurde gewissermaßen gleichzeitig mit dem 30jährigen Krieg beendet. Die Gegenreformation war nicht nur eine konstruktive Antwort auf protestantische Kritik an vergangenen Exzessen der alten Kirche einschließlich struktureller Reformen und einer neuen Spiritualität, sondern außerdem hochpolitisch wegen ihrer Machtinteressen in Europa und in den neuen Kolonien. Eines ihrer effektivsten Instrumente war die Heilige Inquisition, unter der Galilei leiden musste, als seine Zeit gekommen war.

Die Osmanischen Kriege

Weitere militärische Entwicklungen, die zum politischen Klima der damaligen Zeit beitrugen, waren die Osmanischen Kriege, die im späten Mittelalter begannen und zu einem Gefühl ultimativer existentieller Bedrohung in den herrschenden Kreisen, aber auch in der allgemeinen Bevölkerung führten (die türkischen Kriege dauerten bis weit ins frühe 20ste Jahrhundert an). Bei diesen Kriegen handeltes es sich jeweils um Konflikte zwischen dem Osmanischen Reich und diversen europäischen Staaten. Sie fanden auf dem Balkan statt und zogen sich von dort weit nach Zentraleuropa hinein. Der Höhepunkt war die Belagerung von Wien im Jahre 1529, 35 Jahre vor Galilei, 42 Jahre vor Kepler und 44 Jahre vor Marius. Während deren Leben versuchten die europäischen Zentralmächte, die Gewinne der Osmanen rückgängig zu machen und verlorenes Terrain zurück zu gewinnen.

Giordano Bruno

Ein weiterer prominenter Zeitgenosse, der der neuen Unnachgiebigkeit der Heiligen Inquisition zum Opfer fiel, war Giordano Bruno (Abb. 3.3), geboren im Jahre 1548. Seine Vorstellungen gingen weit über das kopernikanische Modell des Universums hinaus. Bruno schlug tatsächlich vor, dass entfernte Sterne von derselben Natur wären wie unsere Sonne. Sein Modell des Universums war sehr modern und beinhaltet bereits Facetten, die erst im 20sten Jahrhundert entwickelt und verfeinert wurden. Bruno glaubte – aber er konnte es damals nicht beweisen – dass das Universum unendlich und ohne Zentrum wäre. Diese letztere Erkenntnis wurde erst in unseren Zeiten als eine Folgerung aus der Allgemeinen Relativitätstheorie akzeptiert. Bruno wurde als Häretiker verurteilt und im Jahre 1600 auf dem Scheiterhaufen verbrannt, als Galilei 36, Kepler 29 und Marius 27 Jahre alt waren.

Italien

Italien war zu der Zeit keinesfalls ein Nationalstaat so wie Frankreich oder England. Schon vor Galileis Geburt wurde das Land von fremden Mächten dominiert, besonders von Spanien unter dem Habsburger Kaiser, und interne Streitigkeiten tobten ungezügelt. Die europäischen Großmächte, unter ihnen das aufsteigende Frankreich, befanden sich in einem bitteren Wettbewerb um Einfluss. Der Papst und die katholische Kirche verließen sich hauptsächlich auf ein Feudalsystem, um ihre eigene Machtpolitik durchzusetzen, zogen es vor, unabhängig von anderen großen katholischen Mächten zu bleiben, und neigten dazu, mal die und mal eine andere Großmacht zu unterstützen. Die Lebensbedingungen hatten sich verschlechtert. Durch die Entdeckung Amerikas verloren die italienischen Häfen an Bedeutung gegenüber denen von Spanien und Portugal, die Zugang zum Atlantik hatten. Im Jahre 1630 verwüstete die Pest das Land, der fast 25% der Bevölkerung zum Opfer fielen. Seit der zweiten Hälfte des 16ten Jahrhunderts neigte das Bürgertum dazu, eher in Ländereien zu investieren als in andere Geschäfte, weil die meisten wegen der Neuausrichtung von Handelswegen stagnierten.

Abb. 3.3: Giordano Bruno.

Das Heilige Römische Reich

Das Heilige Römische Reich war eine Art Dachorganisation, die viele Gebiete in Mittel-
europa einschloss und einen Rechtsrahmen für die Koexistenz zwischen verschiedenen
Fürsten aufrecht erhielt. Diese Fürstentümer waren nur teilweise autonom und akzeptierten den Kaiser als eine Art idealisiertes Oberhaupt. Sie waren den Gesetzen des
Reichs unterworfen sowie dessen Gerichtsbarkeit und Beschlüssen des Reichstags.
Gleichzeitig nahmen sie an der Wahl des Kaisers und den Verhandlungen des Reichtags
teil und konnten so die Politik des Kaiserreichs durch ständige Repräsentanten beeinflussen. Im Gegensatz zu den Gewohnheiten in anderen Ländern, waren normale Bür-
ger keine Untertanen des Kaisers, sondern Untertanen der einzelnen Fürsten in deren
Gebieten.

In der frühen Neuzeit bestand das Reich aus Gebieten, die eng angebunden
waren, anderen in denen es weniger präsent war und Gegenden am Rande, die zwar
zum Reich hinzugezählt wurden, aber am politischen System nicht teilhatten. Insgesamt leitete sich die jeweilige Zugehörigkeit zum Kaiser immer noch aus dem mittelalterlichen Lehenssystem und seinen rechtlichen Konsequenzen ab.

Die Grenzen des Heiligen Römischen Reiches waren die folgenden: im Norden
das Herzogtum Holstein, das an Dänemark grenzte, im Süden die Grenzen zu den österreichischen Ländern Steiermark, Krain und Tirol, im Osten Pommern und Brandenburg, das an das Gebiet des Deutschen Ordens grenzte; im Westen waren die
Grenzen umstritten, besonders zu den Niederlanden und Frankreich.

Karl V. (1500–1558) war der letzte mächtige Kaiser des Heiligen Römischen Reiches.
Er bekämpfte Luther und die Reformation. Aus seiner Perspektive war Deutschland le-
diglich ein Nebenkriegsschauplatz in seinem burgundisch-spanischen Weltreich. Durch
den Augsburger Friedensvertrag im Jahre 1555 verlor Karl V. seinen Kampf gegen die
Protestanten. Er musste den deutschen Fürsten das Recht lassen, sich in ihrem eigenen
Gebiet zwischen Protestantismus und Katholizismus zu entscheiden.

Seit 1583 residierte in Prag Kaiser Rudolph II. (1552–1612), da Böhmen zum Reich
gehörte.

Der 30jährige Krieg

Eine der verheerendsten und alles dominierenden Katastrophen in Europa im Leben
unserer Himmelsbeobachter war natürlich der 30jährige Krieg, der auch nach Galileis
Tod im Jahre 1642 noch weiter ging. Bei diesem Krieg ging es angeblich auch um Religion – in vielerlei Hinsicht der letzte in einer langen Reihe vorhergehender Auseinandersetzungen. Alle Akteure in Wissenschaft, Politik und Kirchen, die eine Rolle bei
den Auseinandersetzungen, die später in diesem Buch behandelt werden, spielten,
wurden auf die eine oder andere Art durch die Entwicklung dieses Konflikts beeinflusst. Nichts im Leben gewöhnlicher und mächtiger Leute blieb unberührt in dieser

lang andauernden Angelegenheit: Wirtschaft, persönliche Stellung, Glaube, Arbeit und die Art und Weise, wie die Welt und ihr Schicksal reflektiert wurden. Was Europa betrifft, so wurde die Zerstörung durch den 30jährigen Krieg nur durch die beiden Weltkriege einige hundert Jahre später in der ersten Hälfte des 20sten Jahrhunderts übertroffen – wenn man die Anzahl von direkten und indirekten Verlusten durch Schwert, Hunger und Krankheit als Maß nimmt.

Anfänglich begann der Konflikt zwischen protestantischen und katholischen Staaten und Allianzen, ausgelöst durch die Religionspolitik des frommen Ferdinand II. (1578–1637), Kaiser des Heiligen Römischen Reiches, aber schon bald eskalierte er in die schon schwelende Rivalität zwischen Habsburg und Frankreich, wodurch sieben Söldnerarmeen in ganz Europa eingebunden wurden, sodass am Ende das katholische Frankreich sich sogar der Protestantische Union in ihrem Kampf gegen die Katholische Liga anschloss. Der Krieg strebte seinem Höhepunkt zu, nachdem der protestantische König von Schweden, Gustav Adolf II. (1594–1632), den schwankenden Protestanten in Deutschland zur Hilfe kam. Der Krieg endete mit dem Westfälischen Frieden in Münster und Osnabrück, wodurch die politische Landschaft ganz Europas zum Vorteil von Frankreich und Schweden neu definiert wurde. Frankreich wurde dadurch zum mächtigsten Land in Europa. Weitere Ergebnisse waren: Religionsfreiheit und die Zerstörung und Verarmung der deutschen Länder. Das Heilige Römische Reich wurde auf eine bedeutungslose Formalie reduziert.

Weltbilder

Als unsere Sterngucker geboren wurden, standen die meisten Menschen immer noch unter dem Einfluss eines Konzeptes, das die Welt in drei hierarchische Ebenen aufteilte. Am besten kann man das durch den Bühnenaufbau eines öffentlichen Freilufttheater illustrieren (Abb. 3.4).

In diesen Mysteriendramen wurden die Zuschauer mit einbezogen. Der gesamte Bühnenaufbau stellte die Welt so dar, wie jedermann sie in seinem täglichen Leben wahrnahm. Die Wirklichkeit unterteilte sich in die Hierarchieebenen Himmel, Erde und Hölle. Das Theaterstück und somit das Leben selbst wickelte sich dazwischen ab. Und dazwischen und darunter wurde von Astronomen wie Johannes Kepler, Simon Marius oder Galileo Galilei verlangt, das, was sie durch das Vergrößerungsglas ihres Teleskops sahen, so zu interpretieren, das es mit dieser Welt widerspruchsfrei zusammen passte.

Die Naturwissenschaften hatten allmählich den Weg beschritten, ihre Erkenntnisse aus objektiven Beobachtungen statt aus der altgriechischen Literatur oder ähnlichen Quellen herzuleiten, und sich so aus der Subjektivität gelöst, aber der Wunsch nach Harmonie verlangte immer noch die Notwendigkeit, spirituelle Konzepte, die die Gesellschaft und das tägliche Leben zu jener Zeit dominierten, in die Weltmodelle, die ersonnen wurden, mit einzubinden. Dieses waren die Randbedingungen, aus denen sich die Astronomen im Laufe ihrer Unternehmungen befreien mussten. Natürlich war ihnen Copernicus' Werk bekannt, aber für Kepler z. B. reichten die Wurzeln,

Abb. 3.4: Freilichtbühne im ausgehenden Mittelalter.

aus denen er sich speiste, tiefer – bis hinunter zu Nicolaus Cusanus, der von 1401 bis 1464 lebte und eine mystische Geometrie entwickelt hatte.

Die Zeit war eindeutig reif für Veränderungen. Einfache Leute, Gelehrte und die Mächtigen in Staat und Kirche mussten sich mit einer Welt, die – während einer relativ kurzen Zeitspanne – große Turbulenzen durchlebt hatte und jetzt völlig neue Aussichten auf eine unberechenbare Zukunft vorstellte, arrangieren. Nichts würde mehr so sein, wie es vorher war, aber – wie es immer so ist bei geschichtlichen Umwälzungen – die meisten Menschen neigten dazu, dem weiterhin anzuhängen, was für sie ihre spirituell sichere Vergangenheit war. Das war die Zeit, in der Galilei, Kepler und Marius hineingeboren wurden und in der sie lebten. Ihre Persönlichkeit wurde bestimmt durch den Übergang von der späten Renaissance und der späten humanistischen Ära zum Barock. Aber sie hatten die Möglichkeit, sich entweder gegen den Zeitgeist zu stellen oder sich der Unerbittlichkeit kirchlicher Dogmen anzupassen.

4 Jugend, Orte und Landschaften

In Zeiten der Jugend unserer Astronomen finden sich so gut wie keine Berührungspunkte untereinander, weshalb es an dieser Stelle Sinn macht, die Lebensläufe separat darzustellen.

Galileo Galilei von 1564 bis 1588

Abb. 4.1: Mittelalterliche Ansicht von Pisa.

Bevor wir uns Galileis Jugendjahre widmen, einige Bemerkungen vorab, die uns zu dem frühen Forschungsgegenstand unseres Astronomen führen.

Am 4. Juli 2012 verkündete das CERN-Labor in Genf die Entdeckung eines neuen skalaren Teilchens mit einer Masse von ungefähr 126 GeV. Diese Masse stimmte mit derjenigen überein, die vom so genannten Higgs Mechanismus vorausgesagt worden war. Und auch alle anderen Eigenschaften dieses Teilchens entsprachen ziemlich genau den Voraussagen dieser Theorie. Was verbirgt sich aber hinter der Higgs Theorie?

In den sechziger Jahren des vergangenen Jahrhunderts dachten der Physiker Peter Higgs und andere Forscher über ein grundsätzliches Problem im Zusammenhang mit der Gravitation nach. Sie schlugen vor, dass man – analog zur elektrischen Ladung – auch eine „Gravitationsladung" definieren könnte, die durch die Masse eines Körpers gegeben wäre. Also, auf welche Weise erhält eigentlich ein Elementarteilchen oder jeder andere Körper seine Masse? Higgs und seine Kollegen dachten an ein Feld, das später Higgs Feld, genannt wurde, das überall vorhanden ist, mit sämtlichen Teilchen interagiert und ihnen somit deren jeweilige Masse verleiht. Die Austauschteilchen dieses Feldes nennt man Higgs Bosonen. Die erwähnte Entdeckung, die CERN verkündete, bezog sich tatsächlich auf das Higgs Boson.

https://doi.org/10.1515/9783110762778-004

Die Jagd nach diesem Teilchen war eine der Rechtfertigungen für den Bau und die Kosten jener enormen Konfiguration, die als LHC (Large Hadron Collider) bekannt ist. Sie wurde im CERN gebaut, um Protonenkollisionen mit der erforderlichen Energie zur Erzeugung dieses Bosons zu ermöglichen. Dieser Apparat stellt den ultimativen Schritt in Experiment und Theorie dar, seit sich die Menschheit mit den Problemen von Masse und Bewegung von Körpern in der Natur beschäftigt hat – von Aristoteles über Archimedes über Galileo und Newton (Abb. 4.2)

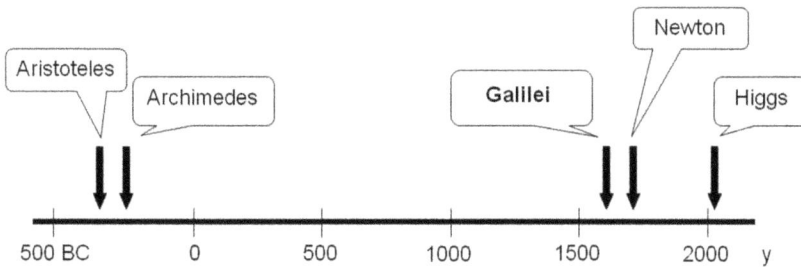

Abb. 4.2: Die Geschichte von Gewicht und Masse.

Archimedes

Tatsächlich gehörten die Ersten, die sich mit den Geheimnissen von Masse und Gewicht befassten, zu jenen vor-sokratischen Philosophen, die die Atomisten genannt wurden, insbesondere Leukipp und Demokrit. Sie entwickelten erste theoretische Gedanken über Impuls und die Anziehung von Massen.

Der wichtigste Beitrag der Antike in diesem Zusammenhang kam von Archimedes. Archimedes wurde um 287 v. Chr. als Sohn des Astronomen Phidias in der Hafenstadt Syrakus in Sizilien geboren. Er starb daselbst im Jahre 212 v. Chr., dem Jahr, in dem seine Heimatstadt im Zuge des II. Punischen Krieges von den Römern erobert wurde. Archimedes wurde berühmt durch seine vielen mechanischen Erfindungen und wesentlichen Beiträge zur Mathematik seiner Zeit.

Die für unsere Überlegungen wichtigste Entdeckung war ein Prinzip, das später nach ihm benannt wurde: das Archimedische Prinzip. Nach der Legende beauftragte der Herrscher Heron II. ihn, den Gehalt von Gold in einer Krone, die den Göttern gewidmet war, zu bestimmen. Der Herrscher verdächtigte den Goldschmied des Betrugs, was die Menge Goldes betraf, die er eingesetzt haben wollte. Archimedes stellte einen Goldbarren mit dem gleichen Gewicht wie das in der Krone her und tauchte beide Gegenstände nacheinander in ein mit Wasser gefülltes Gefäß. Dann maß er die Wassermenge, die von jedem der beiden Gegenstände verdrängt worden war, indem er das überfließende Wasser auffing. Im Ergebnis verdrängte die Krone mehr Wasser als der Testbarren, musste also ein größeres Volumen besitzen. Daraus schloss der

Philosoph, dass das spezifische Gewicht der Krone geringer war als das des Goldbarrens. Also musste es weitere, leichtere Materialien enthalten als Gold. Auftrieb und spezifisches Gewicht waren die beiden entscheidenden Größen, um die es hier geht. Galilei zweifelte an der Legende und glaubte, dass der letztendliche Beweis durch den Einsatz einer Balkenwaage erbracht worden war, bei dem der unterschiedliche Auftrieb der beiden Gegenstände festgestellt wurde.

Aristoteles

Die überwältigende Gestalt, die die Naturphilosophie und damit auch die Physik bis zum ausgehenden Mittelalter und sogar bis in die Neuzeit hinein beeinflusste, war der griechische Philosoph Aristoteles. Aristoteles wurde im Jahre 384 v. Chr. in Stagira geboren und starb im Jahre 322 v. Chr. in Chalcis. Seine Forschungsgegenstände waren Naturphilosophie, Logik, Biologie, Physik, Ethik, Staatstheorie und die Theorie der Dichtkunst. Wir interessieren uns hier für seine Ansichten über natürliche Bewegung.

Er gründete seine Interpretation des freien Falls auf der Annahme, dass alle Körper aus einer Mischung der vier Elemente Erde, Wasser, Luft und Feuer bestanden. Das Verhältnis dieser Elemente, die einen physischen Gegenstand ausmachen, zueinander würde dessen hierarchische Position im Kosmos bestimmen. Jeder Gegenstand hat seinen Ort, zu dem es ihn irgendwann wieder hinzieht, nachdem er zuvor durch externe Kräfte von ihm fortbewegt wurde. Und sämtliche Körper hätten die Tendenz, zum Zentrum des Universums zu wandern, dem Zentrum, in dem die Erde ruhte. Dieses waren die Randbedingungen, die die Geschwindigkeit festlegten, mit der irgendein Körper in irgendeinem Medium fallen würde. Damit war Bewegung die Eigenschaft eines Körpers selbst.

Diese Interpretation war immer noch die vorherrschende zu Galileis Zeiten. Wir werden uns später noch mit dieser Kontroverse beschäftigen, wenn wir Galileis Experimente zum freien Fall behandeln werden (Kap. 6) und sein damals höchstumstrittenes Werk „Dialog über die beiden hauptsächlichen Weltsysteme" (Kap. 5 u. 13). Für den Augenblick reicht es, Aristoteles' Gedanken über die Interpretation des Gewichts vor Augen zu haben.

Isaac Newton

Es mussten 426 Jahre vergehen zwischen Galileis „Bilancetta", seine erste Veröffentlichung, in der er sich mit dem Gewicht befasste, und der Entdeckung des Higgs-Teilchens. Und der wichtigste Beitrag in der Zwischenzeit zum Thema Gravitationskraft findet sich in den Arbeiten von Isaac Newton. Oberflächlich betrachtet könnte man sagen, dass die Physikwissenschaften eher an den rein beschreibenden Gesichtspunkten von Materie und Bewegung interessiert gewesen war. Das traf insbesondere auf die Astronomie zu.

Auch für Kepler lag der Schwerpunkt zu seiner Zeit ganz klar noch auf der Harmonie des Kosmos. Mystische Quellen bestimmten weiterhin die Gedankengänge selbst der brillantesten Geister der Wissenschaft im Anbruch der Neuzeit.

Die Welt wurde so angenommen, wie man sie sah. Nach den Gründen, warum sie so war, wie sie war, wurde lange Zeit nicht gesucht. Die Bahnen der Himmelskörper konnten mit einiger Genauigkeit beschrieben werden, aber die Erklärung für diese Bewegungen musste auf das Genie Isaac Newtons warten.

Newtons Werk, das für uns in diesem Kapitel relevant ist, hieß „De Motu Corporum" („Über die Bewegung von Körpern"). Es wurde im Jahre 1684 veröffentlicht. In diesem Werk fasste Newton die Ergebnisse seiner eigenen mechanischen Experimente zusammen. Diese experimentellen und theoretischen Ergebnisse baute er später in „Philosophiae naturalis principia mathematica" („Mathematische Grundlagen der Naturphilosophie") ein. In diesem Hauptwerk konsolidierte er die Ergebnisse der Bewegungsexperimente von Galilei, Keplers Beobachtungen der Planetenbahnen und die Überlegungen von Descartes (1596–1650) über die Trägheit. Seine drei Gravitationsgesetze bildeten die Grundlage der klassischen Mechanik [14]:
1.   „Jeder Körper verharrt in einem Zustand der Ruhe oder der gleichförmigen geradlinigen Bewegung, wenn er nicht durch einwirkende Kräfte gezwungen wird, seinen Zustand zu ändern."
2.   „Die Änderung der Bewegung ist der Einwirkung der bewegenden Kraft proportional und geschieht nach der Richtung derjenigen geraden Linie, nach welcher jene Kraft wirkt."
3.   „Die Wirkung ist stets der Gegenwirkung gleich, oder die Wirkungen zweier Körper aufeinander sind stets gleich und von entgegengesetzter Richtung."

An dieser Stelle ist das zweite Gesetz für uns das bedeutende, da der Proportionalitätsfaktor ja die Masse eines Körpers ist. Und das führt uns nun zu Galilei selbst. Auf Newton werden wir dann noch einmal in den Kapiteln 6 und 11 zurückkommen.

Von Pisa nach Florenz und zurück

Galileo Galilei wurde am 15. Februar 1564, einem Dienstag, in Pisa um halb Elf in der Nacht geboren. Vier Tage später, am 19., fand seine Taufe statt. Seine Eltern, die auf dem Land in der Nähe von Pisa lebten, waren verarmte Patrizier. Sein Vater, Vincenzo Galilei, kam ursprünglich aus Florenz, war ein Tuchhändler, aber beschäftigte sich außerdem mit vielen anderen Dingen – von Musik bis zur Mathematik. Seine Mutter war Gulia degli Ammannati aus Pescia. Über ihre Herkunft ist sonst wenig bekannt. Galileo war ihr erstes Kind. Später kamen noch fünf weitere Geschwister hinzu.

Zur Zeit von Galileos Geburt war das intellektuelle Klima in seinem Heimatland weitestgehend beeinflusst von den Schriften Mirandolas (1463–1494) über die Menschenwürde, von Lorenzo Valla (1407–1457) über den freien Willen und besonders durch Machiavellis (1469–1427) Ideen, der versuchte, zwischen dem Reich des Göttlichen und menschlichen Bemühungen zu differenzieren. Die Gedanken Machiavellis bestärkten später Galilei in seiner eigenen Positionierung hinsichtlich der Vorherrschaft der Vernunft und seinen Bemühungen, diese durchzusetzen.

Im Jahre 1572, als Galileo acht Jahre alt war, zog die Familie nach Florenz. Ihren ältesten Sohn jedoch ließen sie zurück und gaben ihn für die nächsten zwei Jahre in die Obhut eines engen Verwandten, Muzio Tedaldi. Danach kam er wieder mit seiner Familie in Florenz zusammen, wo er von Jacopo Borghini unterrichtet wurde. Schon damals, in diesem jungen Alter, wurde sein Interesse an der Mathematik geweckt, u. a., weil sich auch sein Vater damit in seiner freien Zeit beschäftigte.

Im Alter von 14 Jahren trat Galileo als Novize in das Kloster Maria Vallombrosa in der Nähe von Florenz, das von Vallombrosischen Mönchen, einem Ableger der Benediktiner, geführt wurde, ein. Dort entwickelte er eine starke Neigung, sich dem Benediktinerorden anzuschließen. Aber im Jahre 1580 wurde er nach Pisa zurückbeordert, wo er wieder bei seinem Verwandten Tedaldi unterkam, um an der Universität von Pisa Medizin zu studieren. So wollte es sein Vater. Galileo schrieb sich am 5. September 1580 dort ein und blieb ab da für vier Jahre immatrikuliert. Allerdings galt sein Interesse von Anfang an nicht wirklich der Medizin. Er zog die Vorlesungen von Ostilio Ricci (1540–1603), einem Wissenschaftler aus der Schule von Nicolo Tartaglia (1500–1557), einem Mathematiker, der seinen Ruhm auf die Lösung von kubischen Gleichungen gegründet hatte, über die Mathematik des Euklid vor – alle 15 Bücher der „Elemente" mit den Grundlagen der Geometrie und den Lehren über Dreiecke, Ebenen und Kreisen. Ricci war gleichzeitig Hofmathematiker der Toskana bei Francesco de Medici (1541–1587) (Abb. 4.3).

Während seiner Zeit an der Universität lernte Galilei die Schriften des Aristoteles kennen. Dabei handelte es sich um Pflichtlehrstoff, u. a. Physica, De anima und De caelo. Sie konstituierten für ihn gleichzeitig eine wichtige Quelle zum Verständnis der Welt. Seine andere Quelle war durch die Beobachtung der Natur selbst gegeben.

Da Galileis Interesse an der Medizin nachließ und dasjenige an der Mathematik wuchs, kam es zu einem unvermeidlichen Konflikt mit seinem Vater. Als Galilei in den Sommerferien nach Florenz zurückkehrte und seine Neigungen offenlegte, erhob sein Vater starken Einspruch. Galilei zog sogar Ricci hinzu, um seinen Vater davon zu überzeugen, dass seine Interessen wirklich nur der Mathematik und nichts anderem galten. Vincenzo Galilei behielt seinen Widerstand bei. Aber schließlich kam es zu einem Kompromiss. Sein Sohn durfte antike Mathematiker wie Euklid und Archimedes studieren, aber musste in Pisa vorläufig in der Medizin eingeschrieben bleiben.

Schließlich gab Galilei in Pisa auf, ohne einen Abschluss zu erlangen.

Zurück in Florenz nahm er weiterhin an den Vorlesungen von Ricci teil. Seinen Lebensunterhalt verdiente er als Privatlehrer anderer Studenten, später, von 1585 bis 1586, in Siena und Vallombrosa, seiner alten Schule. Sein Interesse galt unter anderem der angewandten Mathematik, der Mechanik und Hydraulik. Bereits ganz am Anfang

Abb. 4.3: Francesco de Medici 1567, Galleria degli Uffizi Florence.

seiner Karriere – und damit stand er in seiner Zeit nicht allein – wurde er mit der Herausforderung konfrontiert, Grenzen zu überschreiten, die vor langer Zeit gezogen worden waren und seitdem für selbstverständlich gehalten wurden. Diese Grenzen umschlossen Sichtweisen und Modelle der Welt, wie man sie damals vermutete.

Im Jahre 1587 widmete er sich dem Gewichtsproblem zum ersten Mal, und zwar mit seiner Schrift „Theoremata circa centrum gravitates solidorum" („Theorie über den Schwerpunkt fester Körper"). Er verschickte Kopien seines Werks an einige damals berühmte Mathematiker, unter anderem an Guidobaldo del Monte (1545–1607) in Rom, einem Lehrer am Jesuitenkolleg für höhere Bildung, den er später auch persönlich besuchte, um seine Erkenntnisse mit ihm zu diskutieren. Die erste offizielle Veröffentlichung dieser Schrift musste jedoch noch weitere 50 Jahre warten. Galilei griff das Gravitationsthema später wieder in seinem berühmten „Dialogo" auf.

Seine erste Abhandlung basierte auf den Schriften von Archimedes über den Schwerpunkt von ebenen Flächen. Galilei schlug eine Reihe von Gedankenexperimenten unter Verwendung einer Balkenwaage, bei der eine Anzahl unterschiedlicher Gewichte in unterschiedlicher Entfernung von der geometrischen Mitte der Waage aufgehängt war, vor. Dann berechnete er den Schwerpunkt für jede Konfiguration. Er erkannte, dass für jeden Aufbau das Verhältnis der Gewichte auf beiden Seiten der Waagenmitte dem Verhältnis der jeweiligen Abstände der Gewichte von der Waagenmitte entsprach. Dieser Ansatz stand in einem gewissen Gegensatz zu der damals allgemein akzeptierten aristotelischen Lehre, nach der das Gewicht eines Körpers eine Eigenschaft war, die sich aus seiner Position im Kosmos entsprechend einer natürlichen Ordnung ergab: schwere Körper müssten demnach näher dem Zentrum der Erde positioniert sein, leichtere weiter entfernt. Nach dieser Theorie müsste ein schwerer Körper zur Erde fallen, während leichtere Stoffe, wie z. B. Rauch, das Bestreben haben, nach oben aufzusteigen. Wir werden auf diese Widersprüche zwischen experimentellen Beobachtungen und aristotelischer Philosophie in einem späteren Kapitel (Kap. 6) zurückkommen.

Johannes Kepler von 1571 bis 1594

Auch an dieser Stelle zunächst eine Einordnung des jungen Kepler in Überlegungen, die auch seiner Suche nach den innersten Geheimnissen der Welt zu Grunde lagen:

In Platos Politea, im siebenten Buch, finden wir das Höhlengleichnis [15]. Im ersten Teil findet ein erdachter Dialog zwischen Sokrates und einem seiner Schüler, Glaukon, statt. Das Gespräch dreht sich um einige geheimnisvolle Gefangene:

Sokrates: Stelle dir Menschen vor in einer unterirdischen, höhlenartigen Wohnstätte, die in ihrer ganzen Ausdehnung einen zur Tageswelt sich hin erstreckenden Zugang besitzt. Dort unten seien sie von Kindheit ab gefesselt an Hals und Schenkeln, sodass sie auf die gleichen Flecke verharren und gerade vor sich hinschauen müssen, ohne der Fesseln wegen ihr Haupt umdrehen zu können. Licht erhalten sie nur von einem Feuer, welches von oben her rückwärts von ihnen brennt. Zwischen dem Feuer und den Gefangenen führt oben ein Weg, längs dessen eine Mauer aufgeführt ist, ähnlich den Schranken, wie sie Gaukler vor den Zuschauern aufrichten, um oberhalb derselben ihre Künste zu zeigen.

Glaukon: Ich sehe das vor mir.

Sokrates: so stelle dir nun weiter vor, dass längs dieser Mauer Leute allerlei Gefäße vorübertragen, die über die Mauer hinausragen und Statuen und anderes Bildwerk aus Stein und aus Holz und von allerlei Arbeit. Einige natürlich reden im Vorüberschreiten, andere schweigen.

Glaukon: Ein seltsames Gleichnis stellst du mir da vor und von sonderbaren Gefangenen.

Sokrates: Und doch sind sie uns ganz ähnlich! Denn erstlich meinst du wohl, dass dergleichen Gefesselte von sich selbst und voneinander etwas anderes zu Gesichte bekommen als diese Schatten, welche der Feuerschein auf die ihnen gegenüberliegende Höhlenwand wirft.

Glaukon: Wie sollten sie, wenn sie zeitlebens ihren Kopf unbeweglich halten müssen?

Sokrates: Und verhält es sich hinsichtlich der vorüber getragenen Gegenstände nicht ebenso?

Glaukon: Wie sonst?

Sokrates: Wenn sie nun miteinander reden könnten, glaubst du nicht, dass sie dann die vorüber getragenen Gegenstände mit Namen benennen würden, so wie sie dieselben vor sich sehen?

Glaukon: Notwendigerweise.

Sokrates: Und wie nun, wenn ihr Kerker einen Widerhall hätte von der Rückwand und einer der Vorüberschreitenden spräche, würden sie dann diesen Wortlaut jemand anderem in den Mund legen als dem eben vorüberziehenden Schatten?

Glaukon: Nein, beim Zeus.

Sokrates: Allerwegen mithin würden solche Menschen nichts anderes für wahr halten als die so hergerichteten Schattenbilder?

Glaukon: Ganz notwendigerweise.

Das Gleichnis geht weiter unter der Annahme, dass einige der Gefangenen befreit wurden und sich umdrehen konnten und das Feuer erkennen und die wirklichen Gegenstände hinter ihnen, aber trotzdem weiterhin an die Schatten glaubten und die Wirklichkeit hinter ihnen ignorieren würden. Endlich wird einer von ihnen vollständig frei gelassen und kann die Höhle verlassen, sodass er unter freiem Himmel die Sonne sehen kann, zwar seine Augen verbrennt, aber nun von der wirklichen Welt überzeugt ist. Nachdem er zu seinen Mitgefangenen zurückgekehrt ist und seine Geschichte erzählt, schenkten sie ihm keinen Glauben, und er läuft Gefahr, von ihnen getötet zu werden.

Das entspricht nicht ganz dem, was Kepler zustoßen wird, aber er verbrachte sein ganzes Leben mit der Suche, jene Welt hinter der Welt zu entdecken, die Geheimnisse des Funktionierens der Welt, von der die meisten Menschen lediglich den Abglanz sahen, ganz so wie jene Gefangenen nur Schatten sahen, zu entdecken.

Weil der Stadt

Johannes Kepler wurde am 27. Dezember 1571 nach dem julianischen Kalender (der gregorianische wurde erst im Jahre 1582 eingeführt) in einer Kleinstadt in Baden-Württemberg, in Weil der Stadt (Abb. 4.4), geboren.

Weil der Stadt liegt in der Nähe von Stuttgart im Landkreis Böblingen. Die Gegend ist bekannt für ihre Wein- und Obstplantagen inmitten einer lieblichen Hügellandschaft. Auch die anderen Orte, von denen im Folgenden die Rede sein wird, und in denen der junge Kepler seine Kindheit verbrachte, befinden sich in dieser Gegend, nur Tübingen liegt etwa 50 km weiter südlich. Heute befindet sich dort das Zentrum des mächtigen Auto-Konzerns Daimler-Benz.

Das Haus, in dem Kepler das Licht der Welt erblickte, steht immer noch in der Nähe des Marktplatzes, obwohl es sich um eine Nachbildung des ursprünglichen Gebäudes handelt. Es wurde kurz nach der Zerstörung des alten Hauses im 30jährigen Krieg errichtet. Auf diesem selben Marktplatz wurde im Jahre 1870 auch das be-

Abb. 4.4: Weil der Stadt mit Kepler-Denkmal.

rühmte Denkmal zu Keplers Ehren aufgestellt. Kepler kam als Frühgeburt nach dem siebenten Monat zur Welt, sodass er von Anfang an ein schwächliches Kind war.

In seiner Familienchronik, die er als 25jähriger während seiner Zeit als Lehrer in Graz niederschrieb, erzählt er von seiner frühen Begegnung mit der Astronomie. Er erinnerte sich, dass seine Mutter ihn im Alter von sechs Jahren, im Jahre 1577, mit auf eine Hügelkuppe genommen hatte, um einen Kometen zu beobachten. Und im Alter von neun Jahre beobachtete er eine Mondfinsternis.

Sein Geburtshaus gehörte seinem Großvater, der auch Bürgermeister des Städtchens mit seinen 200 Einwohnern war. Nach seiner eigenen Darstellung war sein Großvater ein leicht erregbarer und autoritärer Mann, seine Großmutter verstörend. Sie gebar 12 Kinder, von denen neun überlebten, unter ihnen Keplers Vater Heinrich. In der Chronik beschreibt Kepler ein verheerendes Bild auch seiner eigenen Eltern. Sein Vater, ein Abenteurer, schloss sich dem katholischen Herzog Alba an, obwohl er selbst Protestant war, um die Calvinisten zu bekämpfen. Seine Mutter, im Jahre 1547 als Katharina Guldemann geboren, war stadtbekannt als eine zänkische Person.

Seine Kindheit musste er in der Enge seines großväterlichen Hauses inmitten seiner Geschwister und der Familien seiner Tanten und Onkel verbringen. Seine körperliche Schwäche verschlimmerte sich durch eine Folge von Krankheiten und Leiden. Im Alter von vier Jahren wurde er mit Pocken infiziert. Obwohl er überlebte, litt er Zeit seines Lebens an Kopfschmerzen und Fieberanfällen als Folgen dieser Erkrankung. Magen- und Gallenprobleme zwangen ihn zu besonderen Ernährungsweisen. Hämorrhoiden verhinderten, dass er über längere Zeiten sitzen konnte. Und die Spitze war, dass er an Polyopie litt, was natürlich besonders unangenehm für seine späteren astronomischen Studien war.

Leonberg und Ellmendingen

Im Jahre 1576 zogen seine Eltern nach Leonberg, nachdem die Abenteuer seines Vaters in den Niederlanden den weiteren Aufenthalt in Weil der Stadt unmöglich gemacht hatten. Sie blieben in Leonberg bis zum Jahre 1579, aber Keplers Vater hatte seine Familie schon wieder im Jahre 1577 verlassen, um in Belgien neue Abenteuer zu suchen. Als er im Jahre 1579 zurückkam, wer er mittellos und musste sein Haus verkaufen. Seine nächste Station im Jahre 1580 war Ellmendingen in der Nähe von Pforzheim, wo er einen Gasthof mit dem Namen „Zur Sonne" mietete.

Da Johannes niemals in der Lage gewesen wäre, einen Beruf, der körperliche Anstrengungen mit sich brachte, auszuüben, schrieb ihn seine Mutter schon im Jahre 1577 in Leonberg in der dortigen Schule ein, in der Lesen und Schreiben der deutschen Sprache unterrichtet wurde, mit einer Option für das Lateinische für talentierte Schüler. Kepler war erfolgreich. Nach drei Schuljahren im Lateinzweig mussten die Schüler das so genannte Landesexamen in Stuttgart absolvieren. Leider wurde Keplers Unterricht durch den Umzug von Leonberg nach Ellmendingen im Jahre 1579 unterbrochen, nachdem er gerade in die zweite Klasse versetzt worden war. Aber der Junge holte das Versäumte nach und bestand das Landesexamen am 17. Mai 1583, als er noch nicht ganze 12 Jahre alt war.

Vater Kepler war in seiner neuen Geschäftätigkeit als Gastwirt ebenfalls erfolgreich gewesen und beschloss, nach Leonberg zurückzukehren und ein neues Haus zu kaufen. Von dort brach er aber wieder auf, um den Neapolitanern zu dienen und ward seitdem nie mehr gesehen.

Weiterer Bildungsweg

Obwohl das Eintrittsalter 14 Jahre war, wurde Johannes zu seiner weiteren Ausbildung im Jahre 1584 durch die Empfehlung seiner Leonberger Lehrer schon mit 13 zum vormaligen Prämonstratenserkloster in Adelberg zugelassen. Zwei Jahre später durfte er bereits das frühere Zisterzienserkloster in Maulbronn zur Weiterbildung besuchen, wo er drei Jahre blieb. Während dieser drei Jahre entwickelte er zum ersten Mal ein Bewusstsein für die positiven und negativen Unterschiede zwischen den drei Hauptkonfessionen Katholizismus, Lutheranismus, wie dessen Gegner das Luthertum nannten, und Calvinismus. Besonders beunruhigte ihn die Prädestinationslehre (vertiefend werden die internen und externen Konflikte, die sich für ihn aus diesen Überlegungen ergaben, in Kapitel 13 behandelt).

Im Alter von 17 Jahren bestand er das Bakkalaureatsexamen in Tübingen. Danach musste er für ein weiteres Jahr nach Maulbronn zurückkehren, um seine Studien als so genannter Veteran zu beenden. Erst im Herbst 1589 wurde er endgültig zum Tübinger Seminar zugelassen. Dort mussten die Kandidaten zwei weitere Jahre Vorlesungen in den Geisteswissenschaften besuchen, um dann nach bestandener Magisterprüfung als zusätzliche Vorbedingung für das weitere Theologiestudium für die nächsten drei Jahre zugelassen zu werden. Da die gesamte Ausbildung durch Stipendien unterstützt wurde, mussten die erfolgreichen Theologen für den Rest ihres Lebens in den Diensten des Herzogtums bleiben. Nur nach besonderer Erlaubnis des Fürsten durfte jemand außerhalb seiner Grenzen praktizieren.

Mit neunzehn Jahren bestand Kepler sein Magisterexamen. Während seines Studiums hatte er sich auch intensiv mit den Werken platonischer und neu-platonischer Gelehrter, die von der Schule des Pythagoras beeinflusst waren, befasst.

Pythagoras

Nicht ein einziges geschriebenes Werk von Pythagoras oder Abschriften davon sind uns durch die Jahrhunderte nach seinem Tod überliefert worden. Die wichtigsten Biografen dieser rätselhaften Person – Diogenes Laertos (180–240) und Porphyrios – lebten mehr als sieben Jahrhunderte nach ihm. Somit wucherten jede Menge Legenden über ihn und seine Rolle in Philosophie, Wissenschaft und der Gesellschaft als solche. Manche glaubten, dass er ein großer Mathematiker gewesen sei, andere wiederum waren der Meinung, dass er von Mathematik überhaupt nichts verstanden hätte, und er lediglich der Anführer einer obskuren Sekte gewesen wäre. Aristoteles behauptete, Pythagoras wäre ein Scharlatan gewesen, und Heraklit nannte ihn einen Betrüger. Bekannt ist, dass er sich mit einem vertrauten Zirkel von Anhängern, die sich hohen moralischen Standards verpflichtet fühlten, sich vegetarisch ernährten und untereinander loyale Freundschaft pflegten, umgab.

Pythagoras wurde um 570 v. Chr. auf der Insel Samos geboren. Seine Familienangehörigen waren Händler. Samos lag in der Nähe der Küstenstadt Milet, und es ist möglich, dass Pythagoras dem Thales (624-544 v. Cr.), der eine Zeitlang dort lebte, begegnet ist. Schon als junger Mensch reiste er viel, z. B. im Jahre 547 nach Ägypten. Einige Historiker nehmen an, dass Pythagoras in Astronomie und Geometrie während seines 20jährigen Aufenthalts in Ägypten eingeführt wurde. 513 kehrte er nach Samos zurück und gründete dort seine berühmte Schule. Neben Interesse an der Mathematik beschäftigte man sich dort mit Musiktheorie, der ewigen Wiederkehr aller irdischen Verhältnisse und der Seelenwanderung. Als Pythagoras 40 Jahre alt war, zog die Gruppe nach Kroton. Später, während kriegerischer Unruhen, flohen sie von dort nach Metapont, wo Pythagoras im Jahre 497 starb.

Die Lehren der Pythagoräer beeinflussten die Menschen im gesamten Mittelmeerraum. Sogar Cicero (106-43 v. Chr.) berichtete, dass er das Haus besichtigte (im Jahre 78 v. Chr.), in dem Pythagoras lebte und starb.

Die folgenden Erkenntnisse führt man auf die Pythagoräer zurück:
- eine Philosophie und Theorie der Zahlen (gerade, ungerade, Primzahlen und teilerfremde)
- den Satz des Pythagoras

- Winkelgesetze an Parallelen
- das Prinzip der Flächenumformungen
- Theorie der Proportionen
- Kenntnis von mindestens drei der fünf regulären Polyeder
- verschiedene arithmetische Formeln
- Durchschnittswerte (mittlerer, geometrischer, harmonischer Durchschnitt)
- Polygontheorie.

Es gab zwei Gegenstände, die Johannes Keplers besondere Aufmerksamkeit erregten, als er die Pythagoräer studierte: die regulären Polyeder und deren Musiktheorie. Die drei ihnen bekannten regulären Polyeder waren der Würfel, das Tetraeder und das Dodekaeder. Diese wurden später komplettiert von Theaiteos, der Oktaeder und Ikosaeder hinzufügte. Alle fünf waren bekannt als platonische Körper (Abb. 4.5). Sie wurden zu einer Hauptsäule von Keplers Weltharmonie.

Abb. 4.5: Die platonischen Körper.

Die Pythagoräer hatten entdeckt, dass musikalische Intervalle durch einfache Zahlenverhältnisse dargestellt werden konnten. Sie wandten ihre Intervalltheorie auf die Planetenbahnen an, um eine Himmelsharmonie zu entwickeln, die später von Eudoxos als Sphärenmusik bezeichnet wurde. Platon übernahm diese Theorie in seiner Politeia.

Mästlin

Während seiner Tübinger Studienjahre entwickelte Kepler ein besonderes Verhältnis zu einem seiner Professoren, Michael Mästlin, einem Astronomen und Mathematiker – ein Verhältnis, das über das Ende seiner Studienzeit hinaus noch viele Jahre anhielt. Tatsächlich stand Mästlin Kepler in dessen Auseinandersetzungen mit dem Württembergischen Klerus, die wir in Kapitel 13 behandeln werden, zur Seite.

Michael Mästlin wurde im Jahre 1550 in Göppingen geboren und starb im Oktober 1631 in Tübingen. Nachdem er protestantische Theologie, Mathematik und Astronomie in Tübingen selbst studiert hatte, wurde er Diakon in Backnang, danach Professor für Mathematik in Heidelberg und seit 1583 in Tübingen. Er war ein fester Anhänger des heliozentrischen Weltmodells von Copernicus. Und es war Mästlin, der Johannes Kepler zuerst sowohl mit Copernicus' Hauptwerk „De revolutionibus orbium coelestium" und der Euklidischen Geometrie vertraut machte. Mästlins Befürwortung des Copernicus verblieb zunächst einem inneren Kreis vorbehalten, da seine theologischen Kollegen diese Sicht missbilligten. Kepler selbst beschloss, sich in dieser Angelegenheit nicht zurückzuhalten und stellte sich der öffentlichen Diskussion.

Nikolaus von Kues (Cusanus)

Neben den alten Griechen, Pythagoras und Euklid, und Copernicus schöpfte Kepler noch aus einer anderen Quelle, dem Universalgelehrten Nikolaus Cusanus oder Nikolaus von Kues auf Deutsch, der einige Generationen vor ihm gelebt hatte. Kues, heute Bernkastel-Kues, ist ein romantischer Ort an der lieblichen Mosel. Der berühmte Philosoph, Theologe und Mathematiker wurde im Jahre 1401 geboren. Er gehörte zu den frühen deutschen Humanisten, wurde später Kardinal und Generalvikar im Kirchenstaat.

In seiner Wissenschaftstheorie versuchte Cusanus, Analogien zwischen mathematischem und mystischem Denken zu finden, besonders in seinem Werk „De mathematica perfectione". Sein mathematisches Hauptwerk hieß „De mathematicis complementis".

Viel wichtiger und im Wesen viel revolutionärer als Copernicus waren seine kosmologischen Schlussfolgerungen. Seiner Zeit um Jahrhunderte voraus erklärte er, dass

– das Universum grenzenlos sei, da seine Grenzen nicht beobachtet werden könnten
– die Erde nicht im Zentrum der Welt verortet werden kann, sie nicht stillsteht, sondern in Bewegung ist. Sie ist nur ein Stern unter vielen und keine perfekte Kugel
– andere Himmelskörper sich nicht auf Kreisen, sondern auf elliptischen Bahnen bewegen.

Cusanus war außerdem der Erste, der ein Multiversum vorschlug, in dem sich eine Vielzahl von verschiedenen Welten befand, die über ein Superuniversum integriert wurden.

Obwohl Cusanus mit dem geozentrischen Weltmodell seiner Zeit gebrochen hatte, war er jedoch kein Vorläufer des Copernicus, da er auch die Sonne nicht ins Zentrum der Welt platzierte. Er ging sogar weiter. Für ihn existierten überhaupt kein Zentrum der Welt und auch keine absolute Bewegung, da es dafür kein ruhendes Referenzsystem gab. Somit kam er 500 Jahre früher sehr nahe an Einsteins Allgemeine Relativitätstheorie heran.

Johannes Kepler war dermaßen beeindruckt von Cusanus' geometrischer Mystik, dass er ihn in seiner Erstveröffentlichung „Mysterium cosmographicum" als „divus" (göttlich) bezeichnete.

Finale in Tübingen

Kepler sollte seine theologischen Studien im Jahre 1594 abschließen. Bevor es jedoch dazu kam, erreichte ihn ein Ruf aus der Steiermark, in dem der Senat der Tübinger Universität gebeten wurde, einen Mathematiker für ein Lehramt an der protestantischen Klosterschule in Graz vorzuschlagen. Der Kandidat war Kepler. Das bedeutete, dass er eine Karriere als Prediger vergessen konnte. Nach intensiver Gewissensprüfung akzeptierte er den Ruf. Im Alter von 22 Jahren verließ er Tübingen, das er lediglich anlässlich einiger sporadischer Besuche in seinem späteren Leben wiedersehen würde, am 13. März 1594 auf einer Kutsche Richtung des fernen Graz, wo er am 11. April ankam. Es ist nicht ganz klar, warum der Senat sich für Kepler entschieden hatte, um die Anfrage aus der Steiermark zu befriedigen, da der junge Mann kurz vor dem Abschluss seiner Studien stand. Aber es mögen andere, eigentliche Gründe, unabhängig von der Kompetenzfrage, den Ausschlag gegeben haben: Keplers Neigung zu Copernicus und ein Verdacht, er hege Sympathien für die Calvinisten.

Simon Marius von 1573 bis 1606

Simon Mayr, genannt Marius, berichtete später: „eben an diesem Tag (dem 10. Januar des Julianischen Kalenders) anno 1573, halbwegs zwölf Uhr nach Mittag in der Nacht, bin ich auff diese Welt zu viel Creutz und Leyden geboren zu Guntzenhausen an der Altmühl. dessen latitudo ist 40 Grad sechs Minuten, longitudo 35 Grad 0 Minuten". Er war das achte Kind des Böttchers Reichart Mayr, des Bürgermeisters von 1576 von Gunzenhausen, und dessen Frau Elisabetha.

Die Altmühlstadt Gunzenhausen wurde erstmals am 21. August 823 urkundlich erwähnt, als Kaiser Ludwig der Fromme (778–840) die Siedlung und das Kloster Gunzenhusir in den rechtlichen Besitz und die Gewalt des Klosters Ellwangen übertrug (s. Abb. 4.6).

Kriege und Notzeiten haben auch in Gunzenhausen ihre Zerstörungen hinterlassen, besonders in den Umwälzungen des 30jährigen Krieges. Heute hat Gunzenhausen mehr als 17 000 Einwohner und wird als touristisches Zentrum das Tor zum Fränkischen Seenland genannt.

Heilsbronn

Die erste Station von Marius' Bildungsweg war der Besuch der Heilsbronner Fürstenschule. Heilsbronn liegt im mittelfränkischen Landkreis Ansbach zwischen Nürnberg und Ansbach. Die Fürstenschule von Heilsbronn, 1581 gestiftet von Herzog Georg Friedrich d. Ä. von Preussen (1539–1603), befand sich in der Nachfolge der Klosterschule, die 1534 gegründet worden war, und mit dem Tod des letzten Abts Melchior Wunder einge-

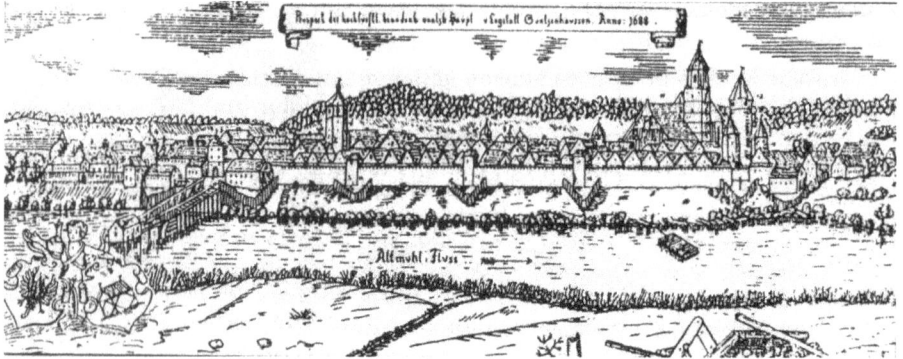

Abb. 4.6: Prospect der hochfürstlichen brandenburgisch-onolzbachischen Haupt- und Legstatt Guntzenhausen – Anno 1688.

gangen war. Zugang zu dieser Schule war den jeweils 100 begabtesten Landessöhnen aus den markgräflichen Besitzungen in Mittel- und Oberfranken vorbehalten.

Simon Marius weilte in Heilsbronn von 1586 bis 1601, wo er ein großes Talent für Mathematik und Astronomie entwickelte. Darüber berichtete er selbst: „der ich als einziger aus der so großen Zahl der Heilsbronner Zöglinge zweifellos von Gotteshand zu diesen erhabenen mathematischen Studien angeregt worden bin ...“ [16] In den Jahren 1595 und 1596 machte er sich mit dem Copernicus vertraut. Seine Lehrer waren Markus Wenzelslaus Gunkfelder, Markus Georg Hirschbauer und Johannes Neser (1553–1621). Unterstützung in seinen astronomischen Studien fand Simon Marius auch bei dem Heilsbronner Organisten Augustinus Lanius, ein Nachbar und guter Freund von ihm, der sehr gelehrt und belesen war, und seinem Bruder Jakob, der bestens über seine astronomische Arbeit Bescheid wusste.

Von Prag nach Padua

Von Heilsbronn führte Simon Marius' weiterer Lebensweg ihn zunächst nach Prag, wo er astronomische Beobachtungstechniken an der Universität bei Tycho Brahe studierte. Allerdings starb Brahe bereits vier Wochen nach Marius' Eintreffen.

Von Prag aus wandte Marius sich nunmehr nach Padua, wo er bis 1605 ein vierjähriges Studium der Medizin absolvierte. Es ist möglich, dass er in dieser Zeit auch Galileo Galilei, der an der dortigen Universität zu der Zeit einen Lehrstuhl für Mathematik innehatte, getroffen hat.

Ansbach

Für seine Zeit nach Padua hatte Simon Marius zunächst ein weiteres Studium in Königsberg geplant. Daraus wurde allerdings nichts. Stattdessen trat er im Jahre 1606 eine Anstellung als markgräflicher Hofmathematiker und Astronom, Astrologe und Arzt in Ansbach an (Abb. 4.7).

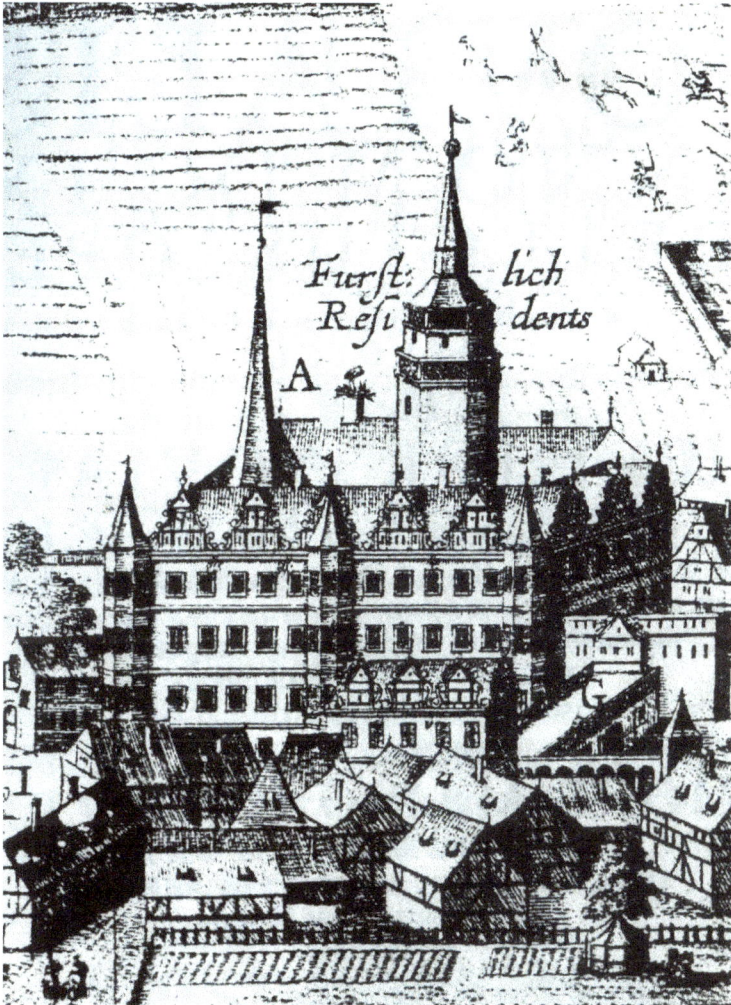

Abb. 4.7: Residenz der Stadt Ansbach 1642 (Stadtarchiv Ansbach).

Die Stadt ist heute Regierungssitz von Mittelfranken und liegt etwa 40 Kilometer südwestlich von Nürnberg am Zufluss des Onolzbachs, woher der abgewandelte Name der Stadt stammt, in die Fränkische Rezat. Mit 41 000 Einwohnern ist sie nach der

Fläche die fünftgrößte Stadt des Freistaates Bayern. Mit ihrer malerischen historische Altstadt und ihrer Lage zum Fränkischen Seenland an der Burgenstraße ist Ansbach auch ein Touristenmagnet.

Marius jedoch musste sich damals mit einem bescheidenen Einkommen zufriedengeben. Er verschaffte sich Nebeneinkünfte, indem er Kalender verfasste und meteorologische Vorhersagen machte sowie durch die Behandlung von kranken Bauern, da er ja auch Arzt war.

Joachim Ernst von Brandenburg-Ansbach

Zeit seines Lebens wurden Marius und seine Familie vom Hof des Ansbacher Fürsten Joachim Ernst versorgt (Abb. 4.8). Joachim Ernst von Brandenburg-Ansbach wurde am 22. Juni 1583 in Cölln an der Spree geboren und starb am 7. März 1625 in Ansbach. Sein Vater war der Kurfürst Johann Georg von Brandenburg (1525–1598), seine Mutter dessen dritte Ehefrau Elisabeth von Anhalt-Zerbst (1563–1607). Nachdem mit dem Tod von Georg Friedrich d. Ä. der Ansbach-Jägerndorfer Zweig der Linie der fränkischen

Abb. 4.8: Markgraf Joachim Ernst.

Hohenzollern erloschen war, übernahm Joachim Ernst die Regierungsgeschäfte in Brandenburg-Ansbach im Jahre 1603, die er bis 1625 innehatte.

Der einflussreichste Förderer der Familie am Ansbacher Hof war Fuchs von Bimbach (1567–1626). Dieser ging allerdings im Jahre 1616 in kaiserliche Dienste, in denen er General-Oberst wurde und in der Schlacht gegen die Armee des Dänenkönigs Christian IV. (1567–1648) bei Lutter am Barenberge zu Tode kam.

Im Jahre 1606 heiratete Simon Marius Felicitas Lauer, die Tochter seines Nürnberger Buchdruckers Johann Lauer, der von 1560 bis 1641 lebte. Aus dieser Ehe gingen zwei Söhne und fünf Töchter hervor. Die Festschrift zu seiner Hochzeit „Epigrammata In Nuptias Clarissimi Viri Dn" wurde von Allem, was im Bildungsgeschehen von Ansbach und Umgebung Rang und Namen hatte, verfasst. Beiträger waren:

- Balthasar Bernhold (1564–1648) aus Gunzenhausen, 1598 Lehrer der 2. Klasse in Ansbach, 1596 Pfarrer in Hausen a. B., 1602 Stadtkaplan in Ansbach, 1604 Stiftsprediger
- Kaspar Finck (1574–1632), 1606 Lehrer der 3. Klasse in Ansbach, ab 1610 4. Klasse, 1611 Pfarrstelleninhaber in Insingen, 1619 in Obernbreit, 1628 unehrenhaft entlassen
- Johannes Hohenstein (1567–1631), ab 1598 Jurist in Ansbach, 1602 Landgerichts-Assessor und Ehegerichtspräsident, 1608 Vizepräsident im Konsistorium
- Johann Löser (1569–1635), Lehrer der 2. Klasse in Ansbach, ab 1603 der 3. Klasse, ab 1605 der 4., 1607 Pfarrer in Domhausen
- Johann Christoph Lohbauer (1582–1641), 1612 Adjunkt in Wassertrüdingen, 1612 Pfarrstelleninhaber in Seeheim, 1614 in Uffenheim, 1616 Stadtkaplan in Ansbach, 1619 Pfarrer in Schmalfelden
- Paul Weniger (1551–1619) 1591 Pfarrer in Bofsheim, 1598 in Mark Breit, 1601 in Beyerberg.

5 Das Ringen mit der Antike

Kritik an Aristoteles

Zu seiner Zeit war Galilei nicht der Einzige, der Aristoteles' Postulate zur Dynamik in Zweifel zog. Ein weiterer damals bekannter Kritiker war Giovan Benedetti (1530–1590), der einen Traktat unter dem Titel „Demontratio proportionum motuum localium" (Beweis der Verhältnisse lokaler Bewegungen) gegen Aristoteles und alle Philosophen, wie er schrieb, verfasste. Noch ein bedeutender Mann in diesem Zusammenhang war Nicolo Tartaglia, der den freien Fall und den Wurf untersuchte. Die Stimuli, die Galilei durch ihn erhielt, beeinflussten seine eigene Lehrtätigkeit über die Dynamik. Auf diese Weise verband der junge Gelehrte die Weisheit der Antike mit den Erkenntnissen der Renaissance.

Nachdem er die erforderlichen technischen Instrumente und den entsprechenden mathematischen Apparat erworben hatte, fühlte er sich sicher genug, Aristoteles und Ptolemäus zu prüfen, was langfristig nichts anderes bedeutete, als die mittelalterliche Weltsicht in Frage zu stellen. Dafür musste er die scholastischen Methoden der Vergangenheit zu Gunsten von experimentellen Beobachtungen aufgeben.

Etwa zur selben Zeit wurde die erste von vielen Legenden um Galilei erfunden. Noch nach vielen Jahren berichtete man, dass er Gegenstände vom schiefen Turm in Pisa fallen ließ, um so die Beschleunigung von frei fallenden Körpern zu messen. Dazu gibt es keinen Hinweis in Galileis eigenen Werken. Es war Vincenzo Viviani (1622–1703) (Abb. 5.1), einer seiner Schüler, der diese Geschichte in seiner Biografie von Galilei berichtete. Damals gab es jedoch noch keine Uhren, die in der Lage gewesen wären, die Laufzeit eines solchen freien Falls zu messen. Es ist möglich, dass Viviani diese Geschichte aus einem späteren Gedankenexperiment aus Galileis Hauptwerk, dem Dialogo, herleitete. Auf jeden Fall jedoch untersuchte Vivianis Lehrer die Bewegung des Pendels, dessen Isochronismus im Jahre 1583 entdeckt wurde. Galilei stellte fest, dass die Pendelperiode unabhängig von der Auslenkung und dem angebrachten Gewicht lediglich von der Pendellänge abhängt (was eigentlich aber nur für kleine Auslenkungen gilt).

Auf jeden Fall folgte er jetzt seiner eigenen programmatischen Richtschnur: „Unwissen über Bewegung ist Unwissen über die Natur" und unternahm Experimente, um das Postulat von Aristoteles zu testen, dass die Geschwindigkeit von fallenden Körpern mit steigendem Gewicht zunimmt. Galilei fasste seine experimentellen Ergebnisse in der Schrift „De motu" (über die Bewegung) zusammen. Der mathematische Apparat zur Beschreibung seiner Beobachtungen basierte auf Experimenten mit der schiefen Ebene. Er experimentierte mit Kugeln aus unterschiedlichen Materialien, z. B. aus Blei oder Holz. Diese Methode war erheblich zuverlässiger, als wenn man diese Gegenstände einfach von einem Turm fallen ließ, weil man so die Effekte des Luftwiderstands oder andere Einflüsse minimieren konnte. Auf diese Weise entdeckte er die Beschleunigung. Obwohl er seine Ergebnisse zunächst nicht veröffent-

https://doi.org/10.1515/9783110762778-005

lichte, wurde ihm klar, dass Bewegung sich auf jeden Fall durch messbare Größen beschreiben ließ.

Unter dem Strich drehte sich die ganze Diskussion um die Grundanschauung der Scholastiker, dass die Welt zweigeteilt war – in Himmel und Erde, zwischen göttlichen Körpern, die perfekt, unveränderlich und unzerstörbar, und irdischen, die höchst unvollkommen, veränderbar und zerstörbar waren.

Dialogo

Den Hauptstoss gegen Aristoteles richtet Galilei in seinem Hauptwerk „Dialogo sopra i due Massimi Sistemi del Mondo Tolemaico e Copernicano", zu Deutsch „Dialog über die beiden hauptsächlichen Weltsysteme, das ptolemäische und das kopernikanische", veröffentlicht 1632. Dies war zugleich dasjenige Werk, das ihn dann in Bedrängnis mit dem Vatikan brachte. Eigentlich ist es ein Trialog, da sich Galilei in der Diskussion dreier Figuren bedient:

- Salviati, der das kopernikanische System vertritt, und damit indirekt Galilei selbst,
- Simplicio, der das ptolemäische System und Aristoteles verteidigt und
- Sagredo als Moderator.

Abb. 5.1: Domenico Tempesti: Vincenzo Viviani 1600.

Durch den gesamten Dialogo greift Galilei Aristoteles mittels der Aussagen des Salviati an, während ihm permanent durch Simplicio widersprochen oder er von dessen Einwänden provoziert wird. Die Diskussion über die Gezeiten wird an späterer Stelle in diesem Buch zur Sprache kommen. Dies sind die wesentlichen Streitpunkte:

Die Perfektion der Welt ist auf der Dreidimensionalität ihrer Gebilde aufgebaut. Galilei klagt, dass es dazu keinen Beweis gibt. Die Peripatetiker gründen diese Annahme auf die perfekte Zahl „drei". „Drei" bedeutet Allheit. Schon die Pythagoräer haben diese Einordnung bereits in ihrer Zahlentheorie vorgebracht – lange vor Aristoteles. Die Zahlentheorie der Pythagoräer wurde später von Nikomachos von Gerasa (60–120) konsolidiert. Es ist bedeutsam, dass in der Antike unter dem Mantel der Mathematik solche Wissensgebiete wie Arithmetik, Musik, Geometrie und Astronomie zusammengefasst wurden (genau wie Kepler später diese in seiner Weltharmonie wieder zusammenbrachte). Schließlich lieferte die Astronomie die kosmologische Bedeutung von Zahlen für die Erschaffung der Welt. Nikomachos schrieb [17]:

> Alle Dinge der Welt, die von Natur aus kunstgerecht angeordnet sind, ... erscheinen aufgrund der Zahl unterscheidbar und geordnet, auch durch die Vorhersehung und die Vernunft, die das Universum hervorgebracht hat. Denn das Muster war vorgegeben, wie bei einem Plan, kontrolliert durch die Zahl, bereits existent in den Gedanken des Schöpfergottes, erkennbar nur durch Zahlen ...

Folgt man diesem Pfad der Überlegungen weiter, dann gibt es nur drei Arten von Bewegung: kreisförmige, geradlinige und eine Mischung aus beiden. Von denen existiert in Wahrheit nur eine wirkliche, nämlich kreisförmige Bewegung und somit nur ein Zentrum, um das sie umläuft. Galilei aber war der Überzeugung, dass es tausende von Zentren geben müsste und somit tausende von Kreisbewegungen bezogen auf die Fixsterne. Was die geradlinige Bewegung betrifft, so dachte er an das ursprüngliche Chaos, welches sich seiner Meinung nach der geradlinigen Bewegung bediente, um sich zu organisieren.

Körper sind entweder elementar oder zusammengesetzt; elementare Körper besitzen einen natürlichen Impetus, zusammengesetzte Körper einen zusammengesetzten Impetus, der auch von zufälligen Ursachen herrühren kann. Galilei widerlegte das durch seine eigenen Experimente. Abwärtsbewegung hängt einerseits von der materiellen Zusammensetzung von Objekten ab, und ist andererseits auch dem Gewicht proportional.

Galileis Hauptangriff gegen den antiken Meister jedoch ist ein methodischer. Seiner Ansicht nach gründeten Aristoteles' Erklärungen hauptsächlich auf die geistigen Ziele, die ihm vorschwebten, und die er darauf zuschnitt. Er setzte die Existenz dessen, was er beweisen wollte, von vornherein voraus, und fuhr dann in einem Zirkelschluss fort.

Die gesamte Grundlage von Aristoteles' Ideenkonstrukt basierte auf seine Behauptung, dass es einen Körper gäbe, dessen Perfektion alle anderen Objekte übertraf. Grade Linien sind nicht perfekt, da sie in einem unendlichen Raum kein Ende finden würden, bzw. in einer endlichen Umgebung nicht über einen hypothetischen Endpunkt verlängert werden könnten. Grundsätzlich basieren alle anderen Eigenschaften – Leichtheit, Schwere, Flüchtigkeit, Unsterblichkeit – auf dieser ersten Annahme.

Die aristotelischen Beweise, die Simplicio anführte, lauteten etwa: „Aristoteles schrieb es und damit bewies er es und damit ist es wahr (ipse dixit)" – seine Standardfloskel am Ende jeder Diskussion. Und darum lagen Aristarch und Eratosthenes falsch – weil Aristoteles so dachte. Auf alle möglichen Fragen, die in der Welt gestellt werden können, gab es bereits alle Antworten in Aristoteles' Büchern. Er konnte sich nicht irren. Und ohne Aristoteles hätte es niemals die Bedeutung von Wissenschaften gegeben.

In der Person von Salviati kämpft Galilei aus seiner Welt der sinnlichen Wahrnehmung heraus, mit gesundem Menschenverstand und den Wahrscheinlichkeiten, die er aus seinen Beobachtungen ableitete – ein Kampf gegen Papier, wie er es nennt.

✳✳✳

Ausgehend von der geometrischen Natur des Universums, führt die Diskussion der drei Personen im Dialogo dann zu der Frage nach der Bewegung, d. h. Beschleunigung, selbst. Sie stimmen darin überein, dass der Zustand maximaler Langsamkeit die Ruhe ist. Von da nimmt die Geschwindigkeit eines beschleunigten Körpers zu, indem er eine unendliche Anzahl von Stufen der Langsamkeit durchläuft, bis der Endpunkt seiner Bewegung erreicht ist, und das auf dem kürzest möglichen Wege. Salviati geht dann noch einen Schritt weiter, indem er geltend macht, dass eine geradlinige Bewegung durchaus in eine kreisförmige umgewandelt werden kann und wendet das auf die Bewegung des Jupiters an.

Zeit

Während ihrer Diskussion über die inkrementalen Stufen der Langsamkeit nimmt Galilei über seinen Stellvertreter Salviati die Infinitesimalrechnung, die ein halbes Jahrhundert später von Newton und Leibniz (1646–1716) entwickelt wurde, vorweg.

Galilei (Salviati) sagt über die Beschleunigungszeit folgendes:

> Soweit ich Euch verstanden zu haben glaube, richtet sich Euer Haupteinwurf gegen die Vorstellung, dass ein Körper durch jene unendlich vielen vorangehenden Stufen der Langsamkeit und noch dazu in kürzester Frist hindurchgehen soll, bis er die nach dieser Frist ihm zukommende Geschwindigkeit erreicht. Darum will ich, bevor ich weitergehe, dieses Bedenken zu beseitigen suchen, was nicht schwer ist. Ich brauche Euch bloß zu entgegnen, dass der Körper zwar durch die genannten Stufen hindurchgeht, aber ohne bei diesem Durchgang auf irgendeiner Stufe zu verweilen. Da demnach der Durchgang nicht mehr als einen einzigen Augenblick erfordert, aber jede noch so kleine Frist unendlich viele Augenblicke enthält, so werden wir eine genügende Menge von Augenblicken zur Verfügung haben, um den unendlich vielen verschiedenen Stufen der Langsamkeit je einen bestimmten Zeitpunkt zuzuordnen, mag die Frist auch noch so klein sein. [18]

Diese wirklich bemerkenswerte Erklärung korrespondiert zu dem, was man als „Leibniz-Zeit" bezeichnen könnte: Vergangenheit, Gegenwart und Zukunft: was vergangen ist, existiert nicht – mehr. Es ist fort. Niemand kann seine Hand ausstrecken und in die Vergangenheit hinein reichen. Was in der Zukunft geschehen wird, existiert nicht – noch nicht. Niemand kann seine Hand ausstrecken und etwas aus der Zukunft holen. Was bleibt, ist die Gegenwart, und die ist so schmal wie das leibnizsche Zeitintervall: unendlich schmal.

Damit schließt der erste Tag des Diskurses.

∗∗∗

Währen der nächsten Phase der Diskussion streiten Salviati und Simplicio über die Relativität von Bewegung, wobei natürlich der Letztere die Position von Aristoteles bzw. Ptolemäus, nämlich dass die Erde für ewig in Ruhe verharrt, verteidigt. Zwei Beispiele standen im Mittelpunkt der Hauptdiskussion:
– Die zusammengesetzte Bewegung eines Objekts, das von einem Turm fällt, aus der Abwärtsbewegung in Richtung Erde und einer kreisartigen Bewegung, während er der Umdrehung der Erde selbst folgt.
– Bei dem anderen handelte es sich um die Relativgeschwindigkeit einer Kanonenkugel, die einmal in Richtung der Erdumkreisung erfolgt und dann in Gegenrichtung, und um die entsprechenden Unterschiede.

Beide Beispiele rufen Konstrukte und Experimente hervor, die letztendlich zu der Speziellen und Allgemeinen Relativitätstheorie führten. Nehmen wir also das zweite Beispiel: das erinnert an das berühmte Michelson-Morley-Experiment zur Messung der Lichtgeschwindigkeit. Aber dieses Mal geht es nicht um den Äther, dessen Annahme ja Anlass zu der ganzen Diskussion gewesen war, sondern um die Verquickung der Bewegung der Lichtquelle mit derjenigen der Erde – genauso wie das vorgeschlagene Experiment mit den Kanonenkugeln im Dialogo. Wie wir wissen, versagt das Michelson-Experiment mit Bezug auf seine Zielsetzung, da die Lichtgeschwindigkeit immer dieselbe bleibt, egal ob die Quelle in die eine oder andere Richtung bewegt wird. Die so genannte Galilei-Transformation war in diesem Falle irrelevant, aber wäre anwendbar gewesen auf den Fall klassischer Mechanik wie im Dialogo vorgeschlagen.

Das erste oben angeführte Beispiel führt zurück zu der Frage nach dem Zentrum des Universums. Wie sieht die wirkliche Bewegung eines Objektes, das von einer bestimmten Höhe herabfällt, unter modernen kosmologischen Randbedingungen aus?

Die Relativitätstheorie versichert, dass es kein absolutes Referenzsystem gibt. Um das zu verdeutlichen, lasst uns annehmen, dass jemand auf dem Dach eines Hauses steht und einen Ball hinunterwirft. In klassischen Begriffen würde das bedeuten: freier Fall, gerade Linie, kürzeste Entfernung. Die Geodäte würde eine gerade Entfernung beschreiben. Aber so einfach ist das nicht. Es gibt weitere Einflüsse. Da ist zum einen die Erdumdrehung (wie im Dialogo erwähnt). Aber zusätzlich bewegt sich die

Erde um die Sonne (auch im Dialogo erwähnt), was dazu führt, dass der Ball sich auf einen weiteren Bogen bewegt. Weiterhin verharrt auch die Sonne nicht an ihrem Platz (nicht im Dialogo berücksichtigt), sondern rotiert innerhalb der Milchstraße. Von einem entfernten Stern aus würde eine weitere bogenförmige Bewegung beobachtet .... und so weiter mit Galaxiencluster und dem ganzen Kosmos. Das Zentrum des Universums würde sicherlich nicht auf dem Dach dieses Gebäudes verortet. Der beschleunigte Ball führt eine komplexe Bewegung entlang einer Geodäte aus, wohl entlang der kürzesten Entfernung zwischen zwei Punkten in der Raumzeit, aber nicht auf einer Geraden.

Salviati versucht durch geometrische Überlegungen, den Simplicio über den ersten Teil dieser Argumentation zu überzeugen, indem er die zusammengesetzte Bewegung aus der Abwärtsbewegung eines fallenden Körpers und der kreisförmigen Bewegung eines Turmes, von dem das Objekt fallen gelassen wird, erläutert. Simplicio hält in dieser Angelegenheit dagegen, dass wir diese gesamte Komplexität im täglichen Leben überhaupt nicht erfahren. Salviati weist das zurück, indem er sagt, dass wir Teil des gesamten Systems sind, und nur solche Teile einer Bewegung bemerken würden, die außerhalb unserer Beteiligung sind.

Die Diskussion zieht sich hin mit weiteren Beispielen über Kanonenkugeln, die vertikal nach oben geschossen werden, und gipfeln in einer theoretischen Berechnung der Zeit, die für einen Körper benötigt würde, der vom Mond auf die Erde fiele. Dafür wandte Salviati die klassischen Gesetze des freien Falls an, wie wir sie heute noch kennen. Zusammenfassend lässt sich sagen, dass Galilei aufzeigte, dass Objekte auf der Erde sich auf eine Weise bewegen, als ob ihre gemeinsame Bewegung mit der Erde nicht existieren würde. Somit beschlossen die Drei den zweiten Tag.

✳✳✳

Am dritten Tag schließlich nähert die Diskussion sich endlich dem entscheidenden Gegenstand, der auf dem Spiel steht: der Struktur des Universums selbst. Indem er die gesamte Mathematik und Physik aus den vorhergegangenen Erörterungen sowie die Beobachtungen der Planetenbewegungen sowie auch die Venusphasen zur Anwendung bringt, veranlasst Salviati, dass Simplicio Schritt für Schritt ein Planetensystem entwickelt, das die Sonne ins Zentrum rückt. Vermittels einer Zeichnung auf Papier lässt Salviati den Simplicio zuerst die Position der Erde und dann diejenige der Sonne festlegen. Danach führt er Simplicio weiter, um die Positionen aller anderen Planeten auf Basis aktueller Himmelsbeobachtungen herzuleiten – und am Ende führt das Ergebnis zu einer Karte des von Copernicus vorgeschlagenen heliozentrischen Systems. Obwohl Simplicio von der reinen Mathematik dieses Modells überzeugt ist, weigert er sich weiterhin, es als Realität zu akzeptieren. Es ergeben sich mehrere Fragen:

Warum konnte dieses uralte Modell, wirft Sagredo ein, das zuerst von Pythagoras entwickelt worden war, die Mehrheit der Wissenschaftler in der Vergangenheit nicht überzeugen? Ganz zu schweigen von der einfachen Öffentlichkeit über all die Jahre? Warum gab es so wenige Anhänger?

Salviati brauchte nicht lange, dieses Argument zu widerlegen: er erwähnte seine persönlichen Erfahrungen mit der Zuhörerschaft seiner Vorlesungen zu diesem Gegenstand. Polemisch wischte er einfach Sagredos Frage vom Tisch, indem er auf den einfachen und unaufgeklärten Geist der Mehrheit verwies, und andererseits diejenigen bewunderte, die den Mut hatten, sich gegen den Mainstream zu stellen – so wie er selbst.

Weitere intuitive Argumente gegen Copernicus beinhalteten die falsche Schlussfolgerung, dass durch die Erdrotation Menschen von einer Stelle zu einer anderen getragen würden, und somit zu Mittag in Persien und zu Abend in Japan speisen könnten. Für Salviati waren solche Einwendungen einfach albern. Eine ernstere Angelegenheit war das Problem, das die Gegner des heliozentrischen Modells mit dem Gewicht der Erde verbanden. Für sie war es einfach unvorstellbar, dass so ein schwerer Körper in der Lage sein sollte, während seiner Umrundung um die Sonne zu steigen und zu fallen. Und ein dritter Einwand wurde vermittels der angeblichen Tatsache konstruiert, wonach eine Person auf dem Grund eines tiefen Brunnens wegen der Winkelgeschwindigkeit aus der Erdrotation niemals in der Lage sein würde, die Bewegung der Sterne, unter denen die Erde passierte, zu verfolgen. Salviati wies die letzteren Argumente zurück, indem er belegte, dass die gleichen Einwände genauso gegen die geozentrische Konfiguration vorgebracht werden könnten.

Aber, was passiert mit den Bergen, falls die Erde sich drehte? Würden die nicht plötzlich in die Horizontale gelangen, sodass man wandernd die Gipfel erreichen könnte, ganz so wie man auf einem flachen Feld spazieren ging? Saviati führte die offensichtliche Tatsache an, dass die Antipoden auf dem Kopf stehend leben müssen – sogar, wenn sich die Erde gänzlich in Ruhe befände.

Der dritte Tag endete in einer Diskussion über Details, die Copernicus in seiner Veröffentlichung entgangen waren, aber Salviati führte das auf das Fehlen wissenschaftlicher Instrumente zu dessen Lebenszeit zurück.

∗∗∗

Der vierte und letzte Tag der Zusammenkunft: Salviati brachte sein gewichtigstes Argument für die kopernikanische Sache vor, aber versagte gemessen an heutigen Maßstäben: die Erklärung der Gezeiten. Galilei erreichte die Grenzen seiner Bewegungstheorie, indem er die Übereinstimmung dieser Theorie mit den Himmelsbeobachtungen zu beweisen versuchte. Er formulierte das in zwei wichtigen Punkten:
1. Wäre die Erde bewegungslos, würde es niemals Ebbe und Flut geben.
2. Er lehnte die Erklärung einiger anderer Forscher ab, dass der Mond und die Sonne die Ursache für die Gezeiten seien.

Galilei versuchte, diese Naturerscheinung allein durch das Zusammenwirken der Erdrotation und der Erdumkreisung der Sonne zu erklären. Seiner Ansicht nach ließen sich Unterschiede im Tidenhub auf unterschiedliche Oberflächenbeschaffenheiten wie z. B. die Flachheit eines Beckens oder die Tiefe des Ozeans oder Spalten zurückführen. Er verglich die Bewegung der See mit der Bewegung von Wasser in einem Behälter auf einem Schiff. Das Wasser steigt und fällt gegen die Einfassung des Behälters in Abhängigkeit von Beschleunigung oder Verlangsamung des Schiffs, so wie es auch mit den Erdozeanen sein müsste. Er wies sogar die Sechs-Stunden-Periodizität des Gezeitenwechsels mit der Begründung zurück, dass es sich dabei nicht um eine natürliche Ursache handeln könnte, sondern lediglich statistischer Art wäre und nur häufiger beobachtet worden sei als andere Zeitintervalle.

Die Sitzung endete nach vier Tagen. Salviati hatte sie mit seinen Ideen zur Bestätigung des kopernikanischen Weltmodells, bezogen auf die Ursachen von Bewegung, die Planetenkonstellationen und die Ursachen für Ebbe und Flut, dominiert. Doch ganz am Ende des Dialogo versuchte Galilei auf seine bekannte Art und Weise ein Hintertürchen offen zu lassen: obwohl alle rationalen Argumente in Richtung Copernicus deuteten, sei doch die ganze Diskussion nichts Anderes als ein Versuch gewesen, unterschiedliche Gesichtspunkte zu vergleichen, und sollte jemand mit ernsthaften Beweisen, die die Schlussfolgerungen widerlegten, auftauchen, so wäre die Person höchst willkommen. Er, Salviati (Galilei) hätte nicht die Absicht, die andere Seite zu verletzen, und schließlich – da niemand jemals das Werk von Gottes Händen durchschauen könnte – könnte es wohl sein – wie z. B. bei den Gezeiten – dass sie durch göttlichen Eingriff verursacht würden.

An verschiedenen Stellen während des Dialogos wurde ein geheimnisvoller „akademischer Freund" erwähnt – eine Person, die anscheinend im Besitz höherer wissenschaftlicher Einsichten war. Der Name dieser Person wurde niemals offengelegt, und man kann annehmen, dass es sich dabei um eine Selbstreferenz des Autors Galilei handelt. Es ist unwahrscheinlich, dass es sich bei dieser Person um einen gewissen Christoph Wursteisen aus Deutschland handelt, wie manche Forscher annehmen, der als Student nach Padua gekommen war, und von dem gesagt wurde, dass er Galilei in die Lehre des Copernicus eingeführt hätte.

6 Experimente

Galilei in Pisa 1589–1592

ZARM

Cuxhaven ist ein beliebter Badeort an der Nordseeküste, ungefähr 100 km nordöstlich von Hamburg. Gäste, die mit dem Auto aus dem Süden Deutschlands kommen, nehmen normalerweise die A1 bis Bremen und wechseln dann auf die A 59 Richtung Cuxhaven. Kurz nach diesem Richtungswechsel können sie linkerhand in der Nähe von Bremen ein sehr hohes, schlankes Gebäude sehen – den Fallturm ZARM. ZARM steht für „Zentrum für angewandte Raumfahrttechnologie und Mikrogravitation". Es wurde im Jahre 1985 gegründet. Seine Haupteinrichtung ist jener Bremer Fallturm. Die erste Frage, die einem einfällt, ist: warum benötigt jemand noch einen Fallturm? Hatte Galilei nicht den schiefen Turm von Pisa erschöpfend genutzt, um fallende Gegenstände unter dem Einfluss der Gravitation zu untersuchen?

Zum einen gibt es ernsthafte Zweifel, daran, ob Galilei überhaupt Gegenstände vom schiefen Turm hat fallen lassen, wie bereits oben erwähnt, und zweitens ist der Zweck von ZARM nicht darin zu suchen, Galileis Experimente einige 400 Jahre später zu wiederholen, um die Beschleunigung im Gravitationsfeld der Erde mit höherer Präzision zu messen. Andererseits liegt der Hauptforschungsschwerpunkt – wie der Name schon sagt – auf der Untersuchung von Effekten der Mikrogravitation. Die Forscher, die in dieser Einrichtung arbeiten, bereiten z. B. Mikrogravitationsexperimente für die Internationale Raumstation (ISS) vor. Das Ganze ist also ein ziemliches Stück weit von Galileis Forschungen entfernt.

Eoetvoes und Andere

Aber dennoch – sogar 400 Jahre nach Galilei und mehr als 200 Jahre nach Newton, sind einige Forscher immer noch nicht ganz zufrieden mit den Ergebnissen jener frühen Beobachtungen des freien Falls, deren Ergebnis ja der exakte Wert der Erdbeschleunigung von $g = 9{,}81\,\text{m/s}^2$ war. Im Jahre 1906 erhob der ungarische Physiker Lorand Eoetvoes (1848–1919) Widerspruch gegen die allgemeine Annahme, dass ein frei fallender Körper einer rein senkrechten Richtung folgt. Er behauptete, dass es auch eine Kraftkomponente in Richtung der Erdrotation geben müsste. In seinem Labor in Budapest nutzte er eine spezielle Torsionswaage, um das zu messen. Er bestimmte den Maximalwert für die Abweichung von g zu weniger als 10^{-9}.

Nichtsdestoweniger wurde im Jahre 1964 die alte Kontroverse, ob die Beschleunigung eines Gegenstandes von dessen Materialart abhängt oder nicht – eine Frage, von der man lange glaubte, dass sie von Galilei, Newton und anderen beantwortet worden

https://doi.org/10.1515/9783110762778-006

war – von den drei amerikanischen Forschern Roll, Krotkov und Dicke (1916–1997) wiederbelebt. Sie entwickelten das Eoetvoes-Experiment weiter und schlossen einen variablen Faktor für die Anziehung der Sonne ein. Der gemessene Unterschied zwischen zwei Körpern, einem aus Gold, dem anderen aus Aluminium, ergab eine Maximalabweichung von weniger als 10^{-11} von g.

Das Wesen der Kraft

All das oben Gesagte hat natürlich etwas zu tun mit dem Konzept von Kraft selbst. Der Ursprung des Wortes „Kraft" scheint mystisch zu sein. Obwohl die Menschen heute glauben, es auf rationale Weise zu gebrauchen, wurde es in vor-wissenschaftlichen Zeiten geprägt. „Kraft" steht immer noch für etwas Mysteriöses, welches recht oft etwas Bedrohliches, aus der Ferne Wirkendes meint, entsprungen von Mächten, die auf irgendeine Weise beschwichtigt werden müssten. Später haben Wissenschaftler diesen Begriff aus dem irrationalen Bereich übernommen, um mit ihm die beobachtbare Welt mit Hilfe von Formeln zu beschreiben, und haben ihn dadurch zu einem der wichtigsten Fundamente der Physik gemacht. Als sie dieses Konstrukt anwandten, haben sie gleichzeitig sicherlich eine Quelle für die Komplexität des sich ergebenden mathematischen Apparates geschaffen. Später versuchte Einstein, die „Kraft" ein für alle Mal loszuwerden, indem er sie durch geometrische Strukturen ersetzte. Aber, da menschliches Denken sich zu seiner Zeit bereits seit langem an die alte Mystik gewöhnt hatte, verursachte sein Ansatz noch mehr Kopfschmerzen für die meisten Menschen.

Fassen wir zusammen:

> Die Umgebung, innerhalb der eine Kraft wirkt, nennt man Kraftfeld. Das erste klassische Kraftfeld, das quantitativ und qualitativ beschrieben worden ist, ist das Feld, in dem die Gravitationskraft wirkt: Gravitation.

Kräfte haben Wirkungen. Die Fernwirkung haben wir bereits erwähnt. Unter Gravitation wirken die Massen von festen Körpern über eine gewisse Entfernung zwischen ihnen aufeinander – und zwar über die sie trennende Entfernung hinweg. Im Falle der Gravitation wirken sie durch Anziehung. Beim Elektromagnetismus kann die Wechselwirkung auch eine abstoßende sein.

Wie bereits erwähnt, verfolgte Albert Einstein einen völlig anderen Ansatz bei der Behandlung der Gravitationskraft: er wollte sie loswerden. Er behauptete, dass Physiker seit jeher ein falsches Koordinatensystem angewandt hatten, was dann zu der klassischen Beziehung zwischen Kraft und Beschleunigung geführt hat. Würde man lediglich „natürliche" Koordinaten verwenden, würde Beschleunigung verschwinden. In der Folge würde Masse nicht der Proportionalitätsfaktor zwischen Kraft und Beschleunigung sein, sondern Masse würde den Raum um sich herum, in dem sich ein Gegenstand bewegt, krümmen und somit auf eine Bahn im gekrümmten Raum zwingen ähnlich einer Beschleunigungskurve in einem kartesischen Koordinatensystem (davon mehr in Kapitel 11).

Das war das Ergebnis der Allgemeinen Relativitätstheorie (ART), eigentlich eine Erweiterung („Verallgemeinerung") der Speziellen Relativitätstheorie (SRT), die sich lediglich mit nicht-beschleunigten Gegenständen (konstante Geschwindigkeit) auseinandersetzte.

Zusammenfassend für die ART lässt sich insgesamt sagen:

> Nimmt man an, dass in zwei getrennten Systemen dieselben physikalischen Gesetze Gültigkeit haben, dann existiert kein Referenzsystem für eine absolute Beschleunigung, genauso wie es in der Speziellen Relativität keine absolute Geschwindigkeit gibt.

Statt Raum und Zeit als getrennte Entitäten anzunehmen, erfand die ART das Konzept der Raumzeit, in der sich ein Gegenstand entlang seiner Weltlinie bewegt. Die kleinste mögliche Entfernung zwischen zwei Ereignissen in der Raumzeit nennt man eine Geodäte. Die Endgleichung der ART beschreibt das Äquivalent zwischen dem Raumzeitkrümmungstensor (der Ricci-Tensor, ähnlich einem Riemann-Tensor) auf ihrer einen Seite und dem Energie-Impuls-Tensor auf der anderen Seite. Wegen der Äquivalenz von Energie und Masse aus der SRT, ruft die Masse praktisch die Krümmung der Raumzeit hervor, was zu der Bewegung eines Körpers entlang einer Geodäte führt, genauso wie in der klassischen Mechanik die Beschleunigung eines Körpers in ebenen Koordinaten durch eine Kraft proportional zur Masse dieses Körpers erfolgt. Die Kodierung dieser klassischen Welt begann mit Galilei und wurde später durch Newton vervollständigt.

Mechanistische Weltbilder

In seiner Schrift „De motu" entwickelte Galilei eine Theorie der Dynamik, die sich aus der Untersuchung schwimmender Körper von Archimedes herleitete. Von Anfang an war es Galileis Absicht, einen alternativen Ansatz zu den Konzepten des Aristoteles zu finden. Ein wichtiger Gesichtspunkt betraf die Aufwärtsbewegung. Ein weiterer kritischer Punkt stand im Zusammenhang mit dem Antriebsmechanismus von Projektilen. Galilei gründete seine Erklärungen auf die Erkenntnisse von Archimedes über den Auftrieb und die Impetustheorie, die aus dem 14. Jahrhundert stammte. Die Impetustheorie basierte auf der Annahme, dass ein Körper, sobald er durch die Wirkung eines anderen Körpers in Bewegung gesetzt worden war, solange mit einer Kraft behaftet war, bis er auf ein Hindernis traf. Diese Kraft jedoch entspricht nicht dem, was Physiker heute als Kraft bezeichnen, sondern besaß zu der Zeit eine Art immaterielle Charakteristik. Die Impetustheorie wurde erstmals im 6. Jahrhundert durch Philoponos (490–570) vorgeschlagen und durch Avicenna und später von den Scholastikern weiterentwickelt. Newton verwendete das Wort „impetus" weiterhin, allerdings als ein Synonym für Trägheit.

Die Abb. 6.1 illustriert die relative geschichtliche Stellung von Galilei in dem Bestreben, das Wesen der „Kraft" zu verstehen.

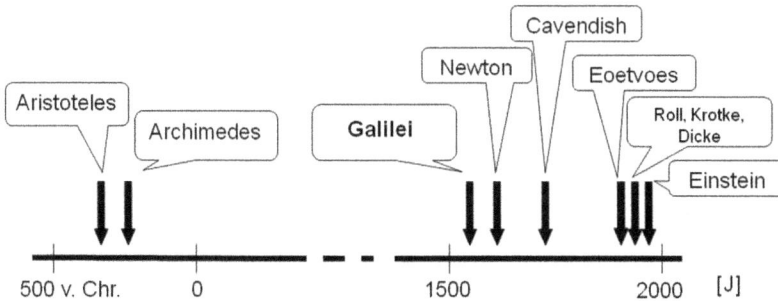

Abb. 6.1: Die Geschichte der Kraft.

Newton und Cavendish

Newton hatte eine Annahme gemacht, die damals wie heute ihre Gültigkeit besitzt: die Gesetze der Physik, die Ereignisse auf der Erde regeln, sind genauso gültig für alle vergangenen und zukünftigen Zeiten überall im Kosmos. Wenn man die Winzigkeit unseres Lebensraumes im Verhältnis zum Rest der Welt bedenkt, so handelt es sich hier tatsächlich um eine riskante Grundlage – aber sie scheint bis zum heutigen Tag zu halten.

Das quantitative Maß für die Gravitation zumindest auf unserem Planeten wurde nicht durch Newton erbracht, sondern etwa einhundert Jahre nach ihm durch Henry Cavendish (1731–1810) [19]. Im Jahre 1798 verwendete Cavendish eine Torsionswaage, um die Gravitationskonstante zu bestimmen. Er erreichte das, indem er die Gravitationskräfte zwischen zwei Massen am Ende von Hanteln maß (Abb. 6.2). Eine Hantel blieb fest eingespannt, die andere hing an einem Draht. Wenn man die letztere entriegelte, drehte sie sich wegen der Gravitationsanziehung in Richtung der befestigten. Die Verdrehung des Drahtes wurde durch ein Teleskop von außerhalb des Experimentierraums beobachtet, um die ganze Aktion nicht zu stören. Letztendlich ergab die Verdrehung ein Maß für die Gravitationswechselwirkung. Auf diese Weise gelang es erstmalig, die Gravitationskonstante zu $k = 6.67 \times 10^{-11}$ m^3 kg^{-1} s^{-2} zu bestimmen.

An der Universität von Pisa

Die Universität von Pisa wurde im Jahre 1343 gegründet, obwohl sich die ersten Gelehrten bereits zweihundert Jahre früher in Pisa selbst fanden. Ihr Hauptinteresse hatte in den medizinischen Wissenschaften gelegen. Formelle Studien begannen im Jahr 1338 auf Initiative von Ranieri Arsini, der Zivilrecht lehrte. Schließlich erkannte Papst Clemens VI. (1291–1352) die Studien an Pisas Einrichtung als Studium Generale an und bestätigte sie so als Universität. Pisas war damals eine der ersten Universitäten in Europa. Die Lehrgegenstände waren: Theologie, Zivilrecht, kanonisches Recht und Medizin. Man nimmt an, dass Galilei später die Kurse über Aristoteles' „De caelo“, „Physica“ und „De anima“ besuchte. Diese Vorlesungen wurden von den Professoren Girolamo Borro (1512–1592), Francesco Buonamici (1533–1603) und Francesco de Vieri (1524–1591) gehalten.

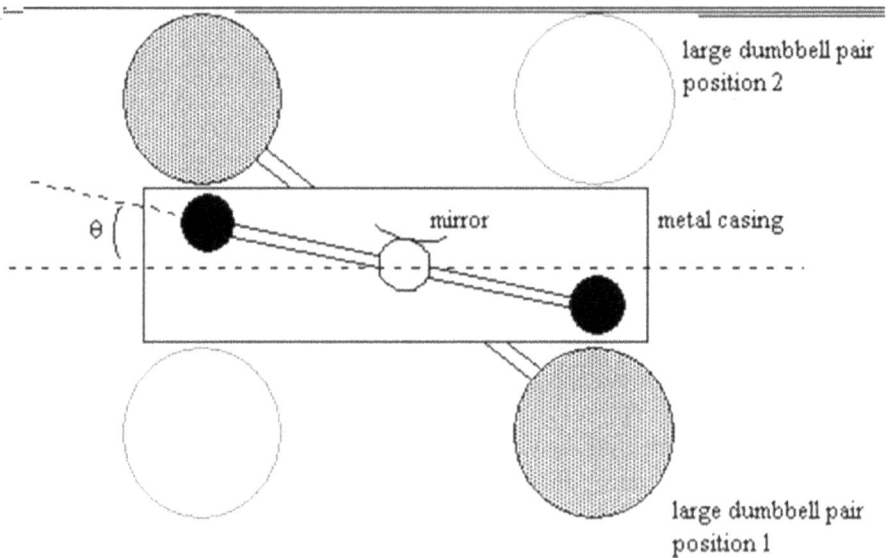

Abb. 6.2: Das Cavendish Experiment (https://sciencedemonstrations.fas.harvard.edu/presentations/cavendish-experiment).

Nachdem die Florentiner Pisa an der Wende zum 15ten Jahrhundert erobert hatten, schlossen sie die Einrichtung bis zum Jahre 1403. Der Normalbetrieb wurde im Jahre 1473 nach einer Intervention von Lorenzo de Medici (1449–1492) wieder aufgenommen, im Jahre 1486 ein eigenes Gebäude, der Palazzo della Sapienzia (Palast der Weisheit, Abb. 6.3) als Vorlesungshaus eröffnet.

Nach dem Krieg gegen Florenz im Jahre 1494 wurden die Studiengänge nach Pistoia, Prato und Florenz verlegt. Die Universität von Pisa öffnete wieder im Jahre 1543, und seitdem wurden die Kurse durch die Lehrstühle der Botanik, Anatomie und Mathematik, den Galilei im Jahre 1589 innehatte, erweitert.

Nach Viviani, seinem Schüler und späteren ersten Biographen, erhielt Galilei diese Position in Pisa mit Hilfe der Einflussnahme von Guidobaldo de Marchesi del Monte, dem Galilei einige seiner früheren Ergebnisse aus Mechanik und Geometrie gezeigt hatte, darunter seine Erkenntnisse über den Schwerpunkt, basierend auf den Schriften von Archimedes. Es war del Monte selbst gewesen, der vorher dem Galilei vorgeschlagen hatte, das Schwerpunktproblem anzugehen. Er war so beeindruckt von diesem jungen Mann, dass er ihn für die genannte Position in Pisa dem Erzherzog Ferdinand I. und Prinz Johann von Medici (1543–1562) empfahl.

Noch ein Wort zu Vivianis Biografie über Galilei: Viviani veröffentlichte die Lebensbeschreibung von Galileo Galilei im Jahre 1654. Ganz in Einklang mit Gebräuchen seiner Zeit sollte die Biografie nicht nur dazu dienen, die hervorstechenden Tatsachen aus dem Leben dieser bekannten Persönlichkeit zu präsentieren, sondern auch einen Beitrag zu dessen Glorifizierung für die zukünftigen Generationen leisten. Somit nahm sich Viviani einige Freiheiten heraus, z. B., um den Makel der Häresie aus der Erinnerung an seinen Meister zu löschen, und trug so zu der Entstehung gewisser Legenden um ihn bei. So z. B. zog dieser Biograf die Daten für die Formulierung der Gesetze des freien Falls und Galileis angebliche Pendelexperimente auf einen früheren Zeitraum im Leben des Wissenschaftlers vor, um die Genialität des Mannes zu unterstreichen. Vivianis außergewöhnlichster Glorifizierungsversuch bestand in der Anpassung von Galileis Geburtsdatum an das Sterbedatum von Michelangelo auf den 19, statt dem 15. Februar 1564, dem tatsächlichen Geburtsdatum Galileis. –

Auf jeden Fall reichte die Remuneration, die Galilei in seiner neuen Position zustand, kaum zum Leben aus, und er musste sich auf andauernde Zuwendungen von seinem Vater verlassen. Am 15. November 1592 schrieb er ihm, dass er Kleidung und Bücher von ihm erhalten hatte, und bestätigte, dass er weiterhin dem Unterricht von Mazzoni (1549–1598) folgte. Und nur etwa drei Wochen später erhielt Galilei einen Brief von Guidobaldo, der nachfragte, ob er endlich seine Gehaltserhöhung erhalten hätte. In demselben Brief erkundigte sich Guidobaldo, ob Galilei sich immer noch mit dem Schwerpunktproblem befasste, da er persönlich an diesem Thema sehr interessiert war. Trotz all dieser finanziellen Schwierigkeiten gelang es Galilei, wissenschaftliche Instrumente, darunter ein einfaches Thermometer, für den Eigengebrauch herzustellen.

Abb. 6.3: Palazzo della Sapienzia (I. Sailko).

Im Folgenden ein Auszug aus Galileis Laborberichten:

Beschreibung der Anordnung und Ergebnis:
Wir verwendeten eine etwa 12 Ellen lange, eine halbe Elle breite und drei Finger breite dicke Planke oder Bohle. An ihrer Schmalseite wurde eine etwa einen Finger breite, vollkommen gerade Rinne eingeschnitten. Diese glätteten und polierten wir und kleideten sie mit möglichst glattem gut poliertem Pergament aus. In der Rinne ließen wir eine harte, glatte und vollkommene Bronzekugel rollen. Wir lagerten das eine Ende ein bis zwei Ellen höher als das andere und ließen, wie ich soeben sagte, entlang der jetzt schief liegenden Rinne die Kugel rollen. Die zum Abrollen benötigte Zeit stellten wir mit Hilfe einer noch zu schildernden Methode fest. Diesen Versuch wiederholten wir mehrere Male, um die Messgenauigkeit der Zeit so weit zu erhöhen, dass die Abweichungen zwischen je zwei Beobachtungen nie größer als ein Zehntel Pulsschlag waren. Als dieses vollbracht war und wir uns von der Zuverlässigkeit der Methode überzeugt hatten, ließen wir die Kugel nur den vierten Teil der Gesamtlänge der Rinne durchlaufen; als wir die hierfür nötige Zeitspanne maßen, stellten wir fest, dass sie genau die Hälfte von der im ersten Versuch gemessenen betrug. Dann untersuchten wir andere Entfernungen und verglichen die zum Durchlaufen der gesamten Länge der Rinne benötigte Zeit mit der für die Hälfte, zwei Drittel, drei Viertel oder einen beliebigen Bruchteil benötigten. Bei diesen Versuchen, die wir alle hundertmal wiederholten, erhielten wir stets das Ergebnis, dass sich die zurückgelegten Strecken wie die Quadrate der Zeiten verhielten. Das traf für alle Neigungen der Ebene, d. h. der Rinne zu, über die wir die Kugel rollen ließen. Auch beobachteten wir, dass die Laufzeiten für verschiedene Neigungen der Ebene genau in dem Verhältnis zueinander standen, das der Autor dafür abgeleitet und vorhergesagt hatte ....

Beschreibung der Zeitmessung:
Zur Messung der Zeit verwendeten wir ein großes, mit Wasser gefülltes, in erhöhter Lage aufgestelltes Gefäß: auf seinem Boden war ein Röhrchen mit kleinem Durchmesser angelötet, durch das ein dünner Wasserstrahl herausspritzte. Während der Laufzeit der Kugel über die ganze Länge der Rinne oder über einen Bruchteil ihrer Länge wurde das ausgelaufene Wasser in

einem kleinen Glas gesammelt und anschließend auf einer sehr genauen Waage ausgewogen; die Differenzen und Verhältnisse der Gewichte gaben uns die Differenzen und Verhältnisse der Zeiten, und zwar mit solcher Genauigkeit, dass trotz vieler, vieler Wiederholungen keine nennenswerten Schwankungen der Messwerte auftraten. [20]

Neben seinen ernsthaften Studien, die wir bisher angesprochen haben, beschäftigte sich Galilei in seiner Freizeit mit Poesie, und es hat den Anschein, dass er selbst eine Anzahl Gedichte geschrieben hat. Er wurde auch angefragt, zeitgenössische Dichter in der Toskana zu kommentieren, obwohl die Ergebnisse seiner Untersuchungen verloren gegangen sind.

Es war klar, dass er mit Gelehrten, die traditionellen Konzepten von Naturphilosophie anhingen, in Meinungsverschiedenheiten geriet, obwohl er selbst fortfuhr, Aristoteles, Platon und andere antike Philosophen zu studieren und zu lehren. Die ungünstige Aufnahme seiner Zweifel und seiner Fragen machten ihn zu einem „spiritus contradictorii", wie es hieß. Schließlich wurde sein Lehrauftrag nicht über das Jahr 1592 hinaus verlängert, ein Umstand, der ihn umso härter traf, da sein Vater ein Jahr vorher verstorben war, und alle Einkommensquellen nun anscheinend ausgetrocknet waren.

Trägheit und das Galileische Prinzip der Relativität

Galilei war der Erste, der das physikalische Gesetz der Trägheit formuliert hatte. Aus diesem Grunde werden die Transformation mechanischer Inertialsysteme immer noch „Galilei-Transformation", und das damit zusammenhängende Prinzip über die Äquivalenz verschiedener Referenzsysteme das „Galileische Prinzip der Relativität" genannt. Es lautet:

Alle Inertialsysteme sind äquivalent. In ihnen kommen dieselben physikalischen Gesetze zur Anwendung.

Was heißt das?

In der Praxis wird ein Satz mathematischer Gleichungen, mit dessen Hilfe die Transformation von Raum- und Zeitkoordinaten eines bestimmten Punktes von einem Inertialsystem zu einem anderen berechnet werden, Galilei-Transformation genannt. Die Galilei-Transformation besagt, dass in Abwesenheit einer externen Kraft ein Körper entweder in Ruhe verharrt oder sich mit konstanter Geschwindigkeit auf einer Geraden fortbewegt. Voraussetzungen für die Gültigkeit dieser Transformation sind, dass die Referenzsysteme, in denen das passiert, weder beschleunigen noch rotieren.

Eigentlich jedoch stimmt das oben gesagt nur für Systeme, die sich mit einer viel geringeren Geschwindigkeit als der des Lichts bewegen, also im Rahmen der klassischen Physik. Als Michelson (1852–1931)und Morley (1838–1923) diese Transformation auf die Ergebnisse ihres Experiments zur Messung der Lichtgeschwindigkeit in Richtung und gegen die Richtung der Erdbewegung anzuwenden versuchten, versagte die

Galilei-Transformation. Die Transformationsgleichungen in diesem Zusammenhang sagten einen Unterschied zwischen der Lichtgeschwindigkeit in Richtung der Erdbewegung und der gegen die Richtung der Erdbewegung gemessenen voraus. Die Messergebnisse jedoch zeigten, dass das nicht der Fall war: die Lichtgeschwindigkeit blieb dieselbe in allen Richtungen – unabhängig von der Geschwindigkeit der Lichtquelle selbst.

Um dieses Phänomen zu erklären, erweiterte Einstein das Relativitätsprinzip:

Alle physikalischen Gesetze sind in jedem Inertialsystem dieselben. Deshalb können Inertialsysteme grundsätzlich nicht voneinander unterschieden werden.

Die zugehörige Transformation in mathematischen Begriffen nennt man „Lorentz-Transformation". Sie ersetzt die Galilei-Transformation der klassischen Mechanik in der Speziellen Relativitätstheorie. Die Konsequenzen, die aus dieser Transformation folgen, sind offenkundig:
- Ungleichzeitigkeit
- Zeitdehnung
- Längenkontraktion.

7 Instrumente

Erfindungen und wissenschaftliche Instrumente

Sein Biograph Viviani behauptete, dass Galilei auch das Thermometer erfunden hätte. Das trifft nicht ganz zu. Galilei entdeckte das Prinzip, nach dem das später nach ihm benannte Thermometer funktionierte. Man füllt eine Röhre mit einer Flüssigkeit, in der sich kleine schwimmende Glaskörper (Kügelchen) befinden. Wenn die Temperatur der Flüssigkeit steigt, dehnt sie sich aus und ihre Dichte verringert sich somit. Die Kügelchen, die ein vergleichsweise höheres Gewicht besitzen, beginnen zu sinken. Bei niedrigeren Temperaturen zieht sich die Flüssigkeit zusammen, und ihre Dichte steigt, sodass die Kügelchen aufsteigen. Das Galilei-Thermometer arbeitet im Temperaturbereich von 18 bis 24 °C.

Eine weitere Erfindung aus jener Zeit war der Proportionszirkel, auch Sektor genannt, der zu einem Prioritätenstreit mit Baldassare Capra (1580–1626) führte. Der Streit wurde zu Gunsten Galileis vor einem Schiedsgericht im Jahre 1607 entschieden. Solch ein Sektor dient dazu, geometrische Entfernungen in unterschiedlichen Verhältnissen zu unterteilen, sie zu erweitern und zu verkürzen. Damals wurde er im Militärwesen eingesetzt.

Im Jahre 1609 baute Galilei sein Occhiolino, ein Verbund-Mikroskop mit einer konvexen und konkaven Linse. Obwohl die Academie Nazionale dei Lincei in Rom beanspruchte, dass ihr Landsmann der erste Erfinder dieses Instruments sei, war es bereits ein Jahr vorher auf der Frankfurter Handelsmesse von dem Niederländer Zacharias Janssen vorgestellt worden.

Galileis finanzielle Situation verschlechterte sich wieder nach dem Tode seines Vaters. Sein Vater hatte ihn in der Vergangenheit mit Kleidung und sogar Büchern versorgt. Jetzt musste er sich selbst um seine Mutter und seine Geschwister kümmern. Außerdem hatte er ein Verhältnis mit Marina Gamba (1570–1612) aus Venedig angefangen, die ihm drei Kinder schenkte: Virginia, Livia und Vincenzo. Die beiden Mädchen wurden später in einem Kloster untergebracht, da sie wegen ihrer Unehelichkeit nie die Chance auf eine halbwegs ordentliche Ehe gehabt hätten. Sein Sohn zog mit ihm später in Florenz zusammen, nachdem Marina Gamba Giovanni Bartoluzzi geheiratet hatte.

Aber es war Padua, wo Galilei wirklich anfing, des Menschen Blick auf das Universum ein für alle Mal zu revolutionieren. Sein Interesse für die Astronomie wurde durch das Erscheinen eines „neuen Sterns" – tatsächlich eine Supernova – im Jahre 1604 ausgelöst. Im Jahre 1605 wurde ein kurzes Schriftstück mit dem Titel „Dialog über den neuen Stern" unter dem Pseudonym Ceccio di Ronchitti veröffentlicht. Es wird allgemein angenommen, dass es sich bei den wirklichen Autoren um Galilei und seinen Schüler Giramolo Spinelli (1580–1647) handelte. Der Dialog zwischen einem Gelehrten und einem naiven Gegenüber handelte von den Schwierigkeiten, die scholasti-

https://doi.org/10.1515/9783110762778-007

sche Sichtweise über die Unveränderlichkeit der Himmel aufrechtzuerhalten. Es handelte sich um eine erste schüchterne Annäherung an Copernicus' Ideen und eine Art humorvollen Vorläufer des berühmten Dialogs über die Weltsysteme, der später einer der Ursachen für Galileis Bruch mit der traditionellen Weltanschauung des katholischen Establishments wurde.

Um überhaupt astronomische Entdeckungen tätigen zu können, musste er sich mit einem passenden Instrument ausrüsten. Das geschah durch die Verbesserung einer bereits existierenden Erfindung eines anderen. Diese Erfindung gehörte zu einer Reihe technischer Apparaturen, die für die Entwicklung der Naturwissenschaften auf ihrem Weg in die Neuzeit essenziell waren, wie: das Mikroskop, das Thermometer, das Barometer, die Luftpumpe und die Pendeluhr.

Teleskope

Der amerikanische Astronom Edwin Hubble (1889–1953) beobachtete eine Spektralverschiebung verursacht durch den Dopplereffekt im Zusammenhang mit den Bewegungen von Galaxien hinsichtlich Richtung und Geschwindigkeit. Diese Bewegungen werden von einer Rotverschiebung dominiert. Das bedeutet, dass alle Galaxien sich von der Erde fortbewegen. Es bedeutet weiterhin, dass sich das Universum ausdehnt. Hubble formulierte das Verhältnis zwischen der Rotverschiebung und der Entfernung von Galaxien. Galaxien bewegen sich schneller von der Erde, je weiter sie entfernt sind. Die Proportionalitätskonstante, auf der diese Ausdehnung beruht, nennt man Hubble-Konstante. Ihr Wert beträgt ungefähr 71 km/s/Mpc. Aus dieser Beziehung wird das Alter des Universums zu zwischen 13 und 14,5 Milliarden Jahren bestimmt.

Nach der letzten Apollo-Mission wurde das Space Shuttle zum Arbeitspferd der NASA. Die drei Shuttles wurden in 135 Missionen eingesetzt. Bei einer der erfolgreicheren Missionen wurde das Hubble Weltraumteleskop in den Orbit gebracht. Dieses Teleskop ist nunmehr funktionsfähig seit 1990. Es war bisher das größte optische Teleskop, das jemals in Betrieb genommen wurde und besitzt eine Auflösung von etwa 500 km/Pixel.

Hubble war ein Baustein in einem Feld von Teleskopen, zu denen das Spitzer-Teleskop, das Chandra X-Ray Observatorium und das Compton Gammastrahlen-Observatorium gehören. Neuerdings ist das Webb-Teleskop hinzugekommen. Das Spitzer-Teleskop hat seinen Namen zu Ehren des Astrophysikers Lyam Spitzer (1914–1997). Es wurde im Jahre 2003 eingesetzt, und seine Mission bestand in der Beobachtung von kosmischen Ereignissen, bei denen Infrarotstrahlung erzeugt wird. Damit seine Detektoren funktionieren, muss ein spezielles Kühlmittel auf -271 °C gekühlt werden. Dieses Kühlmittel war im Jahre 2009 aufgebraucht und somit wurde die Mission beendet.

Im März 2009 wurde ein weiteres Weltraumteleskop, das nach Kepler benannt war, in eine Erdumlaufbahn gebracht, um Exo-Planeten aufzuspüren. Wegen mechanischer Probleme wurde seine Hauptmission beendet, aber sein Betrieb ging seit 2014 in einem reduzierten Umfang weiter.

Im Mai desselben Jahres startete die ESA das Planck Surveyor Teleskop. Aus einer elliptischen Bahn zwischen 270 und 1.197080 km erreichte es den Lagrange-Punkt des Erde-Sonne-Systems. Seine Mission bestand in der Messung der kosmischen Hintergrundstrahlung während seines 1554 Tage dauernden Betriebs. Im Jahre 2013 wurde die Mission beendet, und das Teleskop wurde in eine Umlaufbahn gebracht, von der es für mindestens die nächsten 300 Jahre nicht vom Gravitationsfeld der Erde eingefangen werden kann.

Das letzte große Teleskop in der Reihe ist – wie bereits erwähnt – das James-Webb-Teleskop, benannt nach dem früheren NASA-Beamten James Edwin Webb (1906–1992). Es ersetzt das Spitzer-Teleskop im Bereich der Infrarotastronomie und wurde am 24. Januar 2022 am 1,5 Millionen km entfernten Lagrange-Punkt platziert.

Seit 1968 haben verschiedene Nationen mehr als 45 Teleskope oder Observatorien mit unterschiedlichen Spezialmissionen in den Weltraum gebracht. Weitere befinden sich in Planung. Alle Beobachtungen zusammen decken fast das gesamte Spektrum der elektromagnetischen Wellen ab, wobei das Licht, das dem menschlichen Auge sichtbar ist, nur einen kleinen Ausschnitt einnimmt. Aber sichtbares Licht war ja von Anfang an der Auslöser und die erste Quelle kosmischer Beobachtungen gewesen.

Bei dem fraglichen Instrument, das Galilei benötigte, handelte es sich in der Tat um das Teleskop, das von dem deutschen Brillenmacher Hans Lipperhey (1570–1619) erfunden worden war, obwohl auch er vielleicht nicht der Erste war, der durch eine Röhre „weit entfernte Dinge sah, als wären sie nahe bei". Tatsächlich erhielt er kein Patent auf die von ihm beanspruchte Erfindung, das er zwar im Jahre 1608 beantragte, weil andere Mitglieder seiner Zunft etwa zur gleichen Zeit ein solches für ähnliche Erfindungen eingereicht hatten. Im Oktober hatten Jacob Adriaensz von Alkmaar, genannt Metius (1571–1628), sowie ein weiterer Brillenmacher Ansprüche erhoben, sodass das Wissen um das Potenzial solcher Linsen-Systeme offenbar schon bekannt war.

Lipperhey war in Deutschland nahe der holländischen Grenze geboren, aber lebte die meiste Zeit seines Lebens bis zu seinem Tode in Middelburg in den Niederlanden als holländischer Staatsbürger. Es gibt mehrere Erzählungen, wie er auf die Idee kam, ein Teleskop, auch „holländisches Perspektivglas" genannt, zu bauen. Ein Bericht besagt, dass er ganz einfach eine Kopie von einem Instrument machte, welches von jemand anderem vorher erfunden worden war. Wie auch immer – sein Teleskop war entweder mit zwei konvexen Linsen oder einem konvexen Objektiv und einem konkaven Okular ausgestattet. Die letztere Version erzeugte ein aufrechtstehendes Bild für den Betrachter. Lipperheys Vergrößerung betrug 3X.

Lipperhey machte sich auf, um Maurits van Oranje (Prinz Moritz von Oranien, 1567–1625), dem Statthalter von Holland und Oberbefehlshaber der Land- und Seestreitkräfte der Vereinigten Niederlande, sein Fernrohr vorzuführen. Ende September 1608 war Den Haag Schauplatz einer wichtigen Friedenskonferenz, in der die Vereinigten Provinzen der Niederlande versuchten, Souveränität von Spanien, freien

Handel mit Ost- und Westindien sowie religiöse Selbstbestimmung zu erlangen, was im folgenden Frühjahr zu einem zwölfjährigen Waffenstillstand führte. Der Brillenmacher wurde nicht namentlich erwähnt, aber wir erfahren aus einem Vorstellungsbrief vom 25. September 1608, in dem die „Gecommiteerde Raden" (Ratsherren) von Zeeland ihre Delegierten bitten, eine Audienz bei dem niederländischen Verhandlungsführer einzurichten. Kurz danach kam es zu der Präsentation, bei der auch Ambrogio Spinola (Marqués de los Balbases, 1569–1630), der Kommandierende aller in den Niederlanden kämpfenden spanischen Truppen, anwesend war, und am 2. Oktober 1608 stellte Lipperhey für seine Erfindung einen Patentantrag an die Staten-Generaal.[4]

Die Leistung von Lipperhey war dabei wohl weniger die Erfindung des Teleskopprinzips als die Nutzung der um die Jahrhundertwende verbesserten Herstellungstechniken für Linsen sowie die Einführung eines Blendringes, der die Effekte der sphärischen und chromatischen Aberration reduzierte.

Nach seiner Präsentation wurde allen schnell klar, dass eine Geheimhaltung aufgrund des einfachen Konstruktionsprinzips aussichtslos war. So erschien eine französische Flugschrift unter dem Titel „Ambassades du Roy de Siam envoyé à l'Excellence du Prince Maurice, arrivé à La Haye le 10 Septemb. 1608", in der über die Ankunft von Lipperhey sowie die Begutachtung durch die Exzellenzen berichtet wird. Obwohl das Flugblatt kein Herausgabedatum trägt, lässt sich auf Grund des Wissensstandes im Artikel ein Erscheinen nach dem 5. und vor Mitte Oktober 1608 eingrenzen.

Paolo Sarpi (1552–1623), venezianischer Theologe und Freund Galileis, las diesen Bericht nach eigenem Bekunden im November 1608. Er korrespondierte darüber u. a. mit Francesco Castrino (1560–1630) und Jacques Badovere (Giacomo Badoer 1575–1620) in Paris, der wiederum Galilei informierte, wovon dieser im Sidereus Nuntius berichtete. Zwischen Mai und Juli 1609 nahm Galilei die Gerüchte von den neuen Augengläsern ernst. Das wäre über ein halbes Jahr nach Simon Marius. Nachdem Ende Juli 1609 in Padua ein Händler mit einem Instrument auftauchte, gelang Galilei aber rasch ein Nachbau. [4]

Kurz nach Lipperheys Patentantrag wurde der Aufbau seines Instruments in ganz Europa bekannt, was dazu führte, dass andere Menschen ihn verbessern wollten. Einer von ihnen war der Engländer Thomas Harriot (1560–1621). Bei diesem Astronomen handelte es sich um den ersten Menschen, der den Mond durch ein Fernrohr beobachtete und ein Bild dieses somit vergrößerten Himmelskörpers zeichnete – sogar, bevor Galilei dazu kam. Er entdeckte auch die Sonnenflecken ein Jahr später, im Jahre 1610. Genauso wie die Erfindung der beweglichen Lettern für den Druck die Verbreitung von Luthers Reformation förderte und somit zum richtigen Zeitpunkt kam, wurde die Erfindung des Teleskops entscheidend, um auch das kopernikanische Weltmodell zur rechten Zeit zu untermauern.

Schließlich war es Galilei, der als Erster das Teleskop perfektionierte. Er konstruierte es mit Hilfe von Linsen, die er auf dem Markt kaufen konnte. Zunächst betrug die Vergrößerung 4X, später 8X und sogar 33X. Er demonstrierte seinen Gebrauch der Regierung von Venedig am 25. August 1609 auf dem Campanile von San Marco. Die Regierungsbeamten waren ziemlich beeindruckt. Galileis hauptsächliche Anwendung des Instruments bestand in der Beobachtung von Himmelskörpern. Aber er hatte dem Dogen von Venedig, Leonardo Donato (1536–1612), zuvor geschrieben, indem er ganz andere Qualitäten seiner Erfindung in anderen Kontexten anpries, um das Interesse eines Herrschers zu wecken, der normalerweise andere Absichten hegt, als Astronomie zu betreiben. Am 24. August schrieb er ihm, dass das Instrument für alle möglichen Anwendungen zu Lande und zu Wasser geeignet sei, so z. B. auch, um feindliche Schiffe im Anmarsch viel früher zu entdecken – etwa zwei Stunden früher als ohne Teleskop. Das würde ihm ermöglichen, die Größe und die Fähigkeiten der feindlichen Flotte zu bestimmen, um sofortige Maßnahmen zu ergreifen, um sie zu besiegen. Auf dem Land könnte sein Instrument dazu eingesetzt werden, feindliche Befestigungen und Bewegungen auszuspionieren.

Abbildung 7.1 illustriert die Funktionsweise des Galilei-Teleskops.

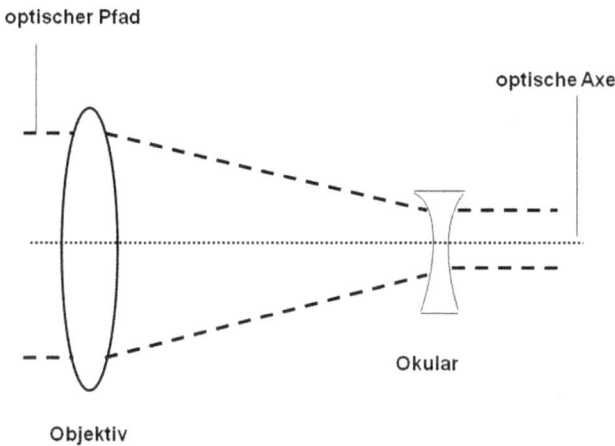

Abb 7.1: Das Galilei-Teleskop.

Das Gerät besitzt eine Sammellinse als Objektiv und eine Streulinse als Okular. Die Brennpunkte von Objektiv und Okular fallen auf der Beobachterseite zusammen. Das Teleskop besitzt nur ein kleines Gesichtsfeld, aber präsentiert Gegenstände in aufrechter Stellung und nicht umgekehrt. Heutzutage wird es noch in Operngläsern eingesetzt. Da das Okular eine negative Brennweite besitzt, muss es innerhalb der Brennweite des Objektivs positioniert werden. Somit wird kein reales Zwischenbild erzeugt. Vorteile des Galilei-Teleskops sind sein kurzer Tubus und das aufrechte Bild. Nachteile sind das begrenzte Gesichtsfeld und – im Vergleich zum Kepler-Teleskop – die Schwierigkeit, zu beobachtende Gegenstände genau zu lokalisieren, da die Anwendung von Fadenkreuzen wegen des Fehlens eines realen Zwischenbildes nicht möglich ist.

Simon Marius benutze wohl als einer der ersten Berufsastronomen außerhalb der Niederlande ein „Belgisches Fernrohr", wie er es nannte, zur Himmelsbeobachtung. Er hatte Kenntnis von dem Teleskop und dessen optischer Konstruktion durch seinen Förderer, dem Obersten Hans Phillip Fuchs von Bimbach, erhalten, einem Instrument, „mit dem man alle sehr weit entfernten Gegenstände betrachten könne, als wenn sie ganz nahe seien." Schon kurz vor der Präsentation in Den Haag hatte von Bimbach die Frankfurter Michaelismesse, deren Geschäftswoche, in der sich der Hauptverkehr abspielte, am Montag dem 12. September 1608 begann, besucht und dort seine Kenntnis erworben.

Von den mathematischen Arbeiten von Marius versprach von Bimbach sich Hilfestellung beim Militär, etwa für die Vermessungslehre, und war natürlich an Erfindungen solcher Art höchst interessiert. In Frankfurt wurde ihm durch Vermittlung eines ihm bekannten Kaufmanns ein Fernrohr angeboten. Eine Linse hatte jedoch einen Sprung, der geforderte Preis war hoch und ein Kauf kam nicht zustande. Die Nachricht erreichte aber dadurch Ansbach, wo Fuchs von Bimbach mit Marius einen Nachbau versuchte.

Die Identität des Anbieters auf der Frankfurter Herbstmesse ist nicht überliefert, doch zu Jacob Metius besteht ein denkbarer Zusammenhang. Sein Bruder Adriaan (1571–1635) hatte 1608 eine Ausgabe seines einige Jahre vorher erstellten Buches „Institutionum astronomicarum" für die internationale Verbreitung vorbereitet. Für den deutschen Markt war die Frankfurter Messe der wichtigste Umschlagsort, und Adriaan ließ sich bei Publikationen von seinen Brüdern unterstützen. Es ist daher möglich, dass Jacob Metius auf der Herbstmesse war, um für das Werk von Adriaan zu werben. Diese Argumentation wird unterstützt von der Tatsache, dass Marius im Mundus Iovialis berichtet, der ‚Belgier' habe das Instrument nicht nur als Handelsgut angeboten, sondern „entwickelt".

Diesen Bericht verdanken wir größtenteils Marius selbst, der in seinem Hauptwerk „Mundus Iovialis" von 1614 im Vorwort von der Begegnung in Frankfurt und den anschließenden Anstrengungen in Franken berichtet:

„Ich wollte über all die Dinge, die ich bisher durch das belgische Instrument, gewöhnlich Fernrohr genannt, an der Sonne, am Mond, an den übrigen Gestirnen und sogar am ganzen Himmel beobachtet habe, eine lange Rede beginnen, so wie man es an verschiedenen Stellen dieses Buches sehen kann". So schrieb Marius 1614 im Vorwort zu seinem Hauptwerk „Mundus Iovialis".[16]

Und weiter:

Im Jahre 1608, als die Frankfurter Herbstmesse abgehalten wurde, hielt sich dort auch der höchst adelige, tapfere und tüchtige Herr Johannes Phillip Fuchs von Bimbach in Mähren auf .... dass ein Kaufmann den eben genannten Edelmann traf, den er schon länger kannte. Er berichtete, dass ein Belgier sich jetzt in Frankfurt auf der Messen aufhalte, der ein Instrument entwickelt habe, mit dem man alle sehr weit entfernten Gegenstände betrachten könne, als wenn sie ganz nahe seien. Auf diese Botschaft hin bat Johannes Phillip den besagten Kaufmann dringend, dass er jenen Belgier zu ihm bringen solle, was er auch schließlich erreichte ....

Der höchst edle Herr berichtete mir in Ansbach von dieser Erfindung .... Er besprach diese Angelegenheit mit mir einige Male .... und kam dann zu dem Schluss, dass ein solches Instrument
wohl aus zwei Gläsern bestehen müsse, deren eines konkav und anderes konvex sei ... . Wir erhielten darauf zwei Gläser aus gewöhnlichen Fernrohren und ordneten das eine hinter dem anderen in der passenden Entfernung ...

Im Gegensatz zu Galilei kamen die Bemühungen in Franken zunächst nicht voran.
Marius berichtet, wie Fuchs von Bimbach mit Kreide eine konkave und eine konvexe
Linse auf den Tisch zeichnete und beide mit gewöhnlichen Brillengläsern herausfan-
den, „daß es mit der Sache seine Richtigkeit habe". Mit Hilfe eines Gipsabdrucks be-
auftragte Fuchs von Bimbach einen Nürnberger Linsenmacher, exakte Gläser zu
fertigen, doch dort mangelte es laut Marius am geeigneten Werkzeug und der wahren
Herstellungsmethode. So dauerte es bis zum Sommer 1609, bis Marius ein belgisches
Fernrohr in den Händen halten konnte.

In der Zwischenzeit hatte nämlich der Leidener Mathematikprofessor Rudolph
Snel (1546–1613) – der Vater von Willebrord van Roijen Snel (1580–1626), der 1621 das
Brechungsgesetz fand – in einer seiner Vorlesungen ein Teleskop demonstriert, und
auch Studenten konnten Instrumente erhalten. Einer dieser Studenten könnte der in
Frankfurt geborene Adam Valentin Fuchs von Bimbach gewesen sein, der sich am
20. Juni 1609 an der Universiteit Leiden immatrikulierte, bevor er am 2. November
nach Franeker wechselte und dort bis 1610 nachweisbar ist.

Damit eröffnet sich eine mögliche Verbindung, wie Hans Philipp Fuchs von Bimbach Zugriff auf ein Fernrohr erhalten haben kann und aus welcher Quelle es stammen
könnte. Entsprechend den Erinnerungen von Snels Studenten Théodore Deschamps
kam das Teleskop, das Snel in seiner Vorlesung gezeigt hatte, von einem „Lunetier de
Delft", und es liegt nahe, dass auch weitere Instrumente aus Delft kamen. Der einzige
Optiker in Delft wiederum war zu dieser Zeit Evert Harmansz, der später den Familiennamen Steenwijck annahm. Damit dürfte Harmansz auch der Hersteller der Instrumente von Johannes Fabricius (1587–1616) gewesen sein, der sich im Dezember 1609 an
der Universität Leiden immatrikulierte und bei Willebrord Snel studierte. Sollte Fuchs
von Bimbachs Verwandter schon vor seinem Weggang von Leiden Kontakte nach Franeker gehabt haben, so wäre allerdings auch die Verbindung über Adriaan Metius denk-
bar. Dieser war Mathematikprofessor an der Universiteit van Franeker, der nach
Leiden zweitältesten Universität der Niederlande. Mit seinem Bruder Jacob Metius aus
Alkmaar sind wir wieder bei einem der Erfinder des Teleskops angelangt. [21]

Im Herbst 1609 überließ Fuchs von Bimbach dem Ansbacher Hofastronomen sein
Fernrohr: „Manchmal durfte ich es mit nach Hause nehmen, besonders um das Ende
des November; dort betrachtete ich gewöhnlich in meiner Sternwarte die Sterne."
Marius beschreibt einen Teil der Vorgänge im Mundus Iovialis so:

Weil aber die Konvexität des vergrößernden Glases zu groß war, schickte Phillip einen genauen
Gipsabdruck des konvexen Glases nach Nürnberg zu jenen Handwerkern, die gewöhnliche Fern-

gläser herstellten, damit sie solche Gläser anfertigten. Aber vergebens! Sie hatten nämlich keine passenden Werkzeuge, und er wollte ihnen die wahre Herstellungsmethode nicht preisgeben ....

Inzwischen werden in Belgien solche Fernrohre verbreitet und man schickte uns ein recht gutes .... im Sommer 1609. Zu diesem Zeitpunkt begann ich mit diesem Instrument zum Himmel und zu den Sternen zu sehen ....

Inzwischen (1610) wurden auch aus Venedig zwei hervorragend geschliffene Gläser geschickt, konkav und konvex, und zwar von dem höchst berühmten und klugen Herrn Johannes Baptista Lenccius.

Wenn auch die Beobachtung nahe beim Jupiter ziemlich genau ist, war sie doch für mich wegen meines mangelhaften Instrumentes dennoch recht schwierig.

Und dennoch: Viel präziser als andere bestimmte er die Position der Supernova im Sternbild des Ophiuchus, die 1604 aufleuchtete und größte Aufmerksamkeit erregte.

Johannes Kepler hatte den Entwurf seines Teleskops in seiner Veröffentlichung „Dioptrice" im Jahre 1611 vorgestellt (Abb. 7.2). In seinem Instrument waren sowohl Objektiv als auch Okular konvex. Das führte zunächst zu einem umgekehrten Bild eines beobachteten Gegenstandes. Dieses konnte jedoch durch den Einsatz einer dritten konvexen Linse wieder umgedreht werden.

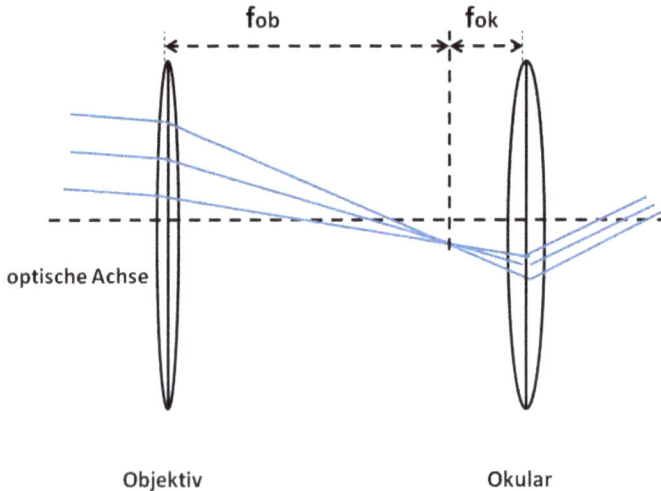

Abb. 7.2: Kepler-Fernrohr.

Was aber die Geschichte des Teleskops noch betrifft, so erzählt Paolo Galluzzi eine andere Version in seinem Buch „Libertà di filosofare in naturalibus: I mondi paralleli di Cesi e Galileo" [22]. Nach ihm hatte sich Federico Cesi (1585–1630), der Begründer der Accademia dei Lincei, im Jahre 1612 entschieden, die Geschichte der Erfindung des Teleskops auf der Grundlage von Zeugnissen der Accademia zu rekonstruieren. Er kam zu dem Schluss, dass der theoretische Rahmen für das Instrument von seinem Mitbegründer Giovan Battista Della Porta schon im Jahre 1609 entwickelt worden war, während Galilei gleichzeitig an seiner Verbesserung arbeitete. Diese Version war von Kepler selbst in seiner Korrespondenz über den Sidereus Nuntius akzeptiert worden, indem er Galilei als Haupterfinder volle Anerkennung gab. Kepler lehnte Lipperheys Leistung mit der Begründung ab, dass es sich dabei um etwas Zufälliges gehandelt habe ohne jede wissenschaftliche Grundlage. Aber trotzdem war Galilei nicht glücklich über die Behauptung, Della Porta hätte die optische Theorie vor ihm entwickelt, da er diesen Teil der Geschichte auch für sich beanspruchte.

Weitere Verbesserungen wurden durch Christiaan Huygens (1629–1695) vorgenommen. Huygens erfand ein besonderes Okular, das später nach ihm benannt wurde. Er setzte zwei plankonvexe Linsen ein, deren Flächen auf das Auge des Beobachters ausgerichtet waren. Diese Linsen waren so separiert, dass die Brennebene sich zwischen den Linsen befand. Das Okular war frei von chromatischen Aberrationen. Sie waren nützlich für Teleskope mit einer langen Brennweite.

Natürlich hörte die Entwicklung an dieser Stelle noch nicht auf. Es war Isaac Newton, der erstmalig Spiegeltechnologie in Teleskope einführte, sodass ein Okular an der Seite des Instrumententubus angebracht werden konnte. Verbesserungstechnologien setzten sich in steten Neuerungen des Instruments fort, bis zum heutigen Hubble-Teleskop als fortschrittlichster Nachfolger von Lipperheys Erfindung. Abbildung 7.3 illustriert die geschichtliche Position unserer Sterngucker in diesem Zusammenhang.

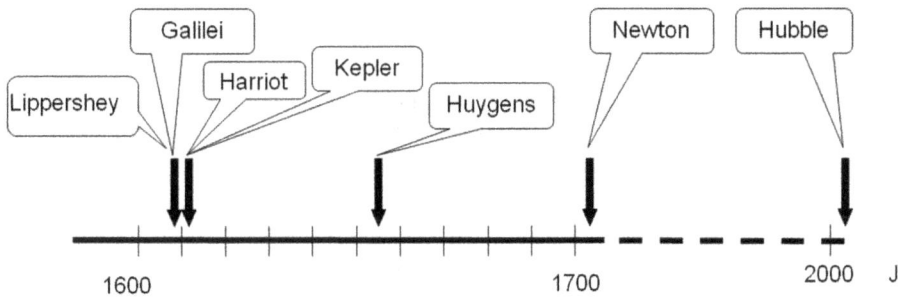

Abb. 7.3: Die Geschichte des Teleskops.

8 Beobachtungen und Entdeckungen

Galilei in Florenz 1610–1623

Venus

Es begab sich am 18. Oktober 1967, dass ein von Menschen gebautes Objekt erstmals auf der Oberfläche der Venus aufsetzte. Es war wahrscheinlich auch das allererste Mal, dass ein solches Objekt, das von der Erde gestartet war, irgendeinen anderen Planeten erreichte. Das Gerät wurde als Venera 4 bezeichnet. Es war Teil des sowjetischen Venera-Programms, das unseren Schwesterplaneten Venus erforschen sollte. Das Raumfahrzeug bestand aus einer Transporteinheit und einem Landemodul. Das Landemodul war mit verschiedenen Instrumenten ausgestattet, die Daten über die chemische Zusammensetzung der Planetenatmosphäre, seiner Temperatur und seinem Druck übermittelten. Die Mission dauerte 127 Tage von Start zu Landung. Sie brach in einer Höhe von 26 km über der Venusoberfläche bei einem Druck von 22 Atmosphären und einer Temperatur von 262°C mit der Transmission von Daten ab.

Ganz allgemein ist Venus der Erde ziemlich ähnlich. Sie gehört der Klasse von Planeten an, die als „erdähnlich" bezeichnet werden, d. h. sie bestehen im Wesentlichen aus Felsgestein und besitzen eine dünne Atmosphäre, im Gegensatz zu den „jupiterähnlichen" Planeten, die hauptsächlich aus Gas bestehen. Venus besitzt etwa den gleichen Durchmesser wie die Erde, etwa 12.000 km, und hat die gleiche Materialdichte. Die wesentlichen Unterschiede jedoch findet man in der atmosphärischen Zusammensetzung und der Oberflächenart.

Venus ist der einzige erdähnliche Planet mit einer lichtundurchlässigen Atmosphäre wegen ihrer dichten Wolken. Der Hauptbestandteil der Atmosphäre ist Kohlendioxid (95%). Die anderen Bestandteile sind: Schwefeldioxid, Argon, etwas Wasserdampf, Kohlenmonoxid, Helium und Neon. Ihre Wolken, in einer Höhe von 75 km, bestehen aus Schwefelsäure. Man nimmt an, dass der Schwefel während einer frühen Phase der Entwicklung des Planeten durch vulkanische Aktivität freigesetzt worden ist. Die Wolken in den oberen Schichten der Atmosphäre bewegen sich mit einer Geschwindigkeit von 100 m/s in Richtung der Venusrotation. Sie umlaufen den Planeten in vier Tagen. Die Gesamtmasse der Atmosphäre entspricht 90mal derjenigen der Erde, was zu einem Druck von 92 bar in Bodennähe führt.

Venera 4 (Abb. 8.1) war natürlich nicht die einzige Raumsonde, die sich die Venus anschaute. Es gab insgesamt 41 Versuche, angefangen mit Sputnik 7 der Sowjetunion (1961) bis 2018 mit Akatsuki aus Japan (gestartet 2010); weitere Missionen sind geplant. Von diesen 41 Missionen schlugen 15 fehl, sechs waren nur zum Teil erfolgreich (Ziel erreicht, aber die Datenübertragung dauerte z. B. jeweils nur wenige Minuten), 19 waren komplett erfolgreich. Andere Länder oder Organisationen, die an der Venuseroberung teilnahmen, waren die USA und die ESA (European Space Agency).

https://doi.org/10.1515/9783110762778-008

Abb. 8.1: Venera 2 (© NASA).

Das Florenz der Renaissance

Im Jahre 1610 wurde Galilei zum ersten Mathematiker und Philosophen des Großherzogs der Toskana nach Florenz (Abb. 8.2) berufen. Florenz wurde von Zeit zu Zeit durch die Familie Medici beherrscht. Deren Herrschaft war wieder durch den Papst im Jahre 1537 hergestellt worden, nachdem Florenz für eine kurze Zeit von 10 Jahren vorher Republik gewesen war. Die Medicis wurden Erb-Herzöge und beherrschten die Stadt mehr als zwei Jahrhunderte lang.

Nachdem Galilei nach Florenz gezogen war, brach er seine Beziehung zu seiner ehemaligen Haushälterin Marina Gamba, mit der er drei Kinder hatte, ab. Seine neue Stellung verlangte keine Art von Lehrtätigkeit. Somit hatte er ausreichend freie Zeit, seinen astronomischen Forschungen nachzugehen. Gleichzeitig übernahm er eine führende Rolle in der Accademia della Crusca, deren Mitglied er bereits im Jahre 1605 geworden war, als er noch in Pisa weilte.

Abb. 8.2: Das Florenz der Renaissance.

Schon ganz zu Anfang seines Aufenthaltes in Florenz richtete Galilei sein Teleskop auf den Planeten Venus und entdeckte die Phasen dieses Planeten. Genau wie die Mondphasen zeigten die Venusphasen unterschiedlich Lichtgestalten, verursacht durch den Wandel der Sonneneinstrahlung während der Umkreisung des Planeten um die Sonne. Was Galilei beobachtete, war eine schmale 60″ breite Sichel, als die Venus zwischen der Erde und der Sonne stand. Weitere ähnliche Erscheinungen konnten beobachtet werden, wenn der Planet sich seitlich oder jenseits der Sonne befand.

Galilei teilte seine Erkenntnisse dem Jesuiten Christoph Clavius (1536–1612) mit, der ähnliche Entdeckungen gemacht hatte. Die Konsequenzen dieser Beobachtungen waren verheerend für das zu der Zeit akzeptierte Weltmodell: falls die Venus unterschiedliche Beleuchtungsphasen erfuhr, dann musste sie sich um die Sonne bewegen und nicht um die Erde!

Seine wissenschaftlichen Entdeckungen hatten Rom erreicht, und Galilei besuchte diese Stadt im Jahre 1611. Er brachte sein Teleskop mit und zeigte die Landschaft unseres Mondes, die vier Saturnmonde, die Venusphasen und die Sonnenflecken dem Kardinal Ottavio Bandini (1558–1629) und jesuitischen Gelehrten in den Gärten des Quirinals. Diese Vorführung erwies sich allerdings nicht so einfach wie sie heute erscheint. Frühe Gegner von Galilei, besonders einer seiner Kollegen in Bologna, Professor Giovanni Antonio Magini (1555–1617), hatten ihn überredet, das Instrument anderen Professoren vorzuführen, deren Mehrzahl sich weigerte hindurchzuschauen, und andere konnten nichts erkennen, weil ihnen die Beobachtungserfahrung fehlte. Dieses Fiasko wurde durch Magini weit verbreitet. Aber nach seiner Vorführung in Rom schrieben die Mathematiker Christoph Clavius, Christopher Grienberger (1561–1636), Odo Malcotio (1572–1612) und Giovanni Paolo Lembo (1570–1618), die beauftragt waren, die neuen Entdeckungen zu untersuchen, eine positive Expertise an den Kardinal Roberto Bellarmin (1542–1621). Die führte zu Galileis Ernennung zum sechsten Mitglied der Accademia dei Lincei. Auf diese Weise wurde Galileo Galilei ein Linceo: Galilei der Luchs. Während seines Aufenthaltes in Rom wurde er von Papst Paul V. (1550–1621) empfangen. Seine Mitgliedschaft in der Accademia und seine Beziehungen zum florentinischen Hof und zum höheren Klerus sowie seine Freundschaften mit Vertretern der Aristokratie ermutigten Galilei in seiner Neigung zum kopernikanischen System.

Sonnenflecken

Zwischen Ende 1610 und Mitte 1611 beobachtete Galilei ein seltsames Phänomen, als er sein Teleskop auf die Sonne richtete. Dunkle Flecken schienen auf der Sonnenoberfläche aufzutauchen und nach einiger Zeit wieder zu verschwinden. Die Sonne wurde als perfekter Himmelskörper erachtet, der für Veränderung nicht anfällig war oder Unregelmäßigkeiten aufwies. Nachdem Galilei seine Beobachtungen kommunizierte, versuchten andere Astronomen wie der Jesuit Christoph Scheiner (1573–1650) (unter dem Pseudonym „Apelles latens post tabulam"), die Perfektion der Sonne dadurch zu retten, dass sie behaupteten, die Sonnenflecken wären bisher unbekannte Satelliten, die sich um die Sonne bewegten. Es gab daneben auch einen Prioritätenstreit bzgl. der Entdeckung dieses Phänomens. Scheiner behauptete, er wäre der erste gewesen, der sie gesehen hätte, aber Galilei hatte sie in Rom sechs Monate vor der Bekanntgabe von Scheiner präsentiert.

Sonnenflecken werden durch Konzentrationen des magnetischen Flusses in der Photosphäre der Sonne erzeugt. Wegen ihres magnetischen Ursprungs erscheinen sie paarweise und dauern einige wenige Tage oder sogar einige Monate an, indem sie mit einer Geschwindigkeit von einigen hundert Metern pro Sekunde über die Oberfläche der Sonne wandern. Ihre Größe variiert zwischen einigen wenigen und mehr als hunderttausend Kilometern.

Galilei veröffentlichte seine Entdeckungen in Volgare, der Sprache der gewöhnlichen Leute. Seine ganzen Gewissenkämpfe und Argumentationen im Zusammenhang mit den Sonnenflecken hat er am besten in einem Brief an Markus Welser (1558–1614) vom 4. Mai 1612 zusammengefasst. Welser lebte in Augsburg und war ein deutscher Humanist und Verleger. Er war Mitglied der Accademia dei Lincei seit 1612. In diesem Brief bezog sich Galilei mehrfach auf drei Notizen, die Welser ihm zugesandt hatte, und die von einem „Apelles" geschrieben waren, ein Pseudonym, welches beide Korrespondenten offensichtlich kannten.

Welser hatte Galilei drei Monate vorher kontaktiert, aber wegen einer nicht weiter bekannten Unpässlichkeit konnte Galilei erst jetzt darauf antworten. Ein weiterer Grund für die Verzögerung bestand darin, dass er sich um eine Flut von Anfragen von Freunden und Bekannten zu derselben Angelegenheit kümmern musste. Er betonte, dass er vor der Veröffentlichung von irgendwelchen neuen Entdeckungen sehr sorgfältig sein müsse wegen der großen Anzahl von Gegnern, die sich gegen jede neue Erkenntnis stellten. Man hatte ihm sogar den Rat gegeben, sich lieber dem Rest der Welt im Irrtum anzuschließen als der Einzige zu sein, der die Wahrheit ausspricht. Bezüglich der Sonnenflecken selbst gab er zu, dass er sehr wohl wisse, was sie nicht seien, als was sie seien.

Nichtsdestoweniger waren die Sonnenflecken real und keine Täuschung. Er hatte sie 18 Monate lang beobachtet und einer Reihe von vertrauenswürdigen Freunden in Rom gezeigt. Apelles behauptete, dass deren Bewegung ähnlich der der Planeten Venus oder Merkur um die Sonne seien. Er behauptete ferner, dass sie weder in der Atmosphäre noch im Sonnenkörper anwesend wären. Apelles lehnte die Idee ab, es könnte sich um Verunreinigungen in der hell leuchtenden Sonne handeln, aber Galilei schloss sich dieser Meinung nicht an, indem er feststellte, dass Beschreibungen und Attribute sich nach dem Wesen der Dinge zu richten hätten und nicht umgekehrt. Er wies die Annahme von Apelles zurück, dass die vermeintlichen Sonnenflecken viel dunkler seien als irgendeine dunkle Erscheinung auf der Mondoberfläche.

Bei verschiedenen Gelegenheiten legte Galilei in seinen Kommentaren ohne zu zögern dar, dass alle Planeten sich um die Sonne bewegten, und somit akzeptierte er die kopernikanische Welt ein für alle Mal – obwohl es, seiner Meinung nach, immer noch Philosophen geben würde, die sich seltsamerweise an diesem neuen Modell stören würden. Er akzeptierte die Tatsache, dass bis zur Erfindung des Teleskops nichts anderes über die wahre Beschaffenheit der Welt in der Vergangenheit gesagt werden konnte, als was gesagt worden ist.

Schließlich spekuliert Galilei über das Wesen der Sonnenflecken. „Apelles" glaubte, dass sie mehr oder weniger aus der gleichen Substanz wie die anderen Planeten oder „Sterne" bestünden, was seine Behauptung untermauern würde, dass diese Flecken tatsächlich planetenähnlich wären und entweder die Sonne umliefen oder sogar den Jupiter, genauso wie die vier Satelliten, die Galilei entdeckt hatte. Auch Galilei selbst schloss die Möglichkeit nicht aus, dass einige bis dahin noch nicht beobachtete Planeten den Raum zwischen Venus und Merkur bevölkerten, aber er lehnte es ab, diese mit den Sonnenflecken zu identifizieren, da in so einem Falle die Flecken dauerhafte Objekte sein müssten, die zu bestimmten Zeiten verschwinden würden. Er räumte jedoch ein, dass das Einzige, was er über sie wusste, die Tatsache war, dass sie irgendwo in der Sonne beheimatet sind, aber er wusste nichts über deren materielle Zusammensetzung. Andererseits schloss er die Möglichkeit aus, dass es sich dabei um eine Art von Wolken in der Sonnenatmosphäre handelte.

Im Zuge seiner Kommentare über Apelles' Theorien räumte Galilei an verschiedenen Stellen ein, dass er glaubte, Apelles sei ein freigeistiger Mann, der bereits die neue Grundstruktur des Universums akzeptiert hatte, aber andererseits aus langer Gewohnheit immer noch an traditionellen Auffassungen festhielt. An einer Stelle unterschied er zwischen jenen praktischen Astronomen, die die Aufgabe hatten, die Positionen der Sterne und Planeten zum Zwecke der Orientierung zu berechnen und somit gezwungen waren, die Epizykeln des Ptolemäus anzuwenden, und den Astronomen, die er als die „philosophischen" bezeichnete, und die – wie er selbst – lediglich an dem tatsächlichen Aufbau der Welt interessiert sind.

Zum Schluss seines Briefes an Welser entschuldigt sich Galilei für einige seiner ergebnislosen Argumente. Er ließ gelten, dass die Themen, mit denen sie sich beschäftigten, dermaßen neu und schwierig wären, und so viele verschiedene Meinungen provozieren würden, die entweder genauso viel Zustimmung wie Ablehnung hervorriefen, dass er sich recht ängstlich und hilflos fühlte, wenn er seine eigene Haltung dazu von sich gab.

Dieser ganze Brief verdeutlicht das Ausmaß des Kampfes, den nicht nur Galilei, sondern viele seiner Zeitgenossen an der Zeitenwende, in der sie lebten, bestehen mussten. Das Aufgeben von bewährten und gewohnten Ideen über die Welt und die Stellung des Menschen in ihr war ein schmerzhafter Prozess. Was uns einfach und offensichtlich erscheint (Vorstellungen, an die wir uns durch langen Gebrauch gewöhnt haben), wurde als extrem angesehen, war irre und – gefährlich.

Am 16. Juni desselben Jahres schrieb Galilei seinem Freund Paolo Gualdo (1553–1621) in Padua, indem er sich auf seinen Brief an Welser bezog. Es handelte sich um die Antwort auf ein vorhergehendes Schreiben von Gualdo, der Galilei darüber informiert hatte, was über die Entdeckung der Sonnenflecken bekannt und in Verbreitung war. Im ersten Teil seiner Antwort polemisierte Galilei gegen seine Widersacher und brachte seine Befriedigung darüber zum Ausdruck, dass die Anzahl seiner Anhänger stetig wuchs. Dann bezog er sich auf die Bestätigung Welsers auf seinen Brief, aber dass Apelles nicht in der Lage sein würde, ihn zu lesen, da er in Volgare geschrieben war, eine Sprache die letzterer offensichtlich nicht beherrschte. Galilei bat daher Gualdo, diesen Brief ins Lateinische übersetzen zu lassen, auch mit dem Ziel, dass andere Menschen „jenseits der Alpen" seine Entdeckungen verstehen könnten.

Zwei Jahre später, am 8. März 1614 führte Galileis Korrespondenz einen Schritt weiter auf dem Weg zum Konflikt mit den Autoritäten, indem er Ansichten mit Tommaso Campanella (1568–1639) teilte, eine umstrittene Person und Autor der „Sonnenstadt", der bereits dreimal wegen Häresie verurteilt worden war: in den Jahren 1591 und 1594 und wiederum im Jahre 1600. Im Jahre 1614 schrieb er Galilei aus seiner verhältnismäßig milden Haft über die Bedeutung, die Galileis Entdeckungen für die gesamte Welt der Wissenschaft und Philosophie hatten. Andererseits war er anderer Meinung bzgl. einer Anzahl von Thesen wie z. B. derjenigen, dass alles irgendwie aus Atomen aufgebaut wäre oder Galileis Bewegungslehre. Er schrieb, dass er selbst an einer neuen Theologie arbeitete. Dann wandte er sich der Frage nach den Horoskopen zu. Campanella behauptete, Galilei würde an solche Dinge glauben, da er ja dem Großherzog wegen der Stellung des Jupiters in der Stunde von dessen Geburt gratulierte. In seinem Brief brachte er das sehr moderne Konzept vor, dass alles in der Natur mit allem anderen sowohl der Form als auch dem Inhalte nach verbunden sei, ein Konzept, welches erst kürzlich Teil der Chaos-Theorie wurde. Campanellas Brief ist ein schlagender Beweis, welche intellektuellen Turbulenzen die Gelehrten in der damaligen Zeit erdulden mussten.

In einem Brief an Giovanni Baliani (1582–1666) vom 12. März 1614 bestätige Galilei seine Überzeugung über die Richtigkeit des kopernikanischen Systems. Galileis Bekanntschaft mit dem Mathematiker und Physiker Baliani kam durch eine Empfehlung von Filippo Salviati (1583–1614) im Jahre 1613 zustande. In demselben Brief spekulierte Galilei über die Natur der Fixsterne und der Planeten. Er glaubte, dass die Fixsterne aus sich selbst heraus strahlten, wogegen die Planeten lediglich das Licht der Sonne reflektierten. Er brachte auch wiederum seine Unsicherheit über die wahre Natur der Sonnenflecken zum Ausdruck.

Zwischenfazit

Was wäre gewesen, wenn die Geschichte hier aufgehört hätte? Wenn Galilei sein stilles Forschungswerk weitergeführt hätte, Objekte am Himmel zu untersuchen und darüber zu publizieren, über die Gesetze der Bewegung nachzudenken und Ansichten mit seinen Zeitgenossen auszutauschen, seine Position in der Gesellschaft und sein Verhältnis zur klerikalen Hierarchie zu kultivieren? Oder, wenn er plötzlich durch Krankheit oder Unfall verschwunden wäre? Wie würde die Bewertung seiner Person in der Geschichte bis zu jenem Punkt heute aussehen?

Zunächst gibt es keinen Zweifel daran, dass er ein brillanter Wissenschaftler und Naturphilosoph war – genau wie Baliani oder Salviati oder andere zu seiner Zeit.

Dann verbesserte er das Teleskop – genauso wie Lipperhey und Harriot.

Er entdeckte die Venusphasen – genauso wie Simon Marius.

Und er beobachtete Sonnenflecken – genauso wie Scheiner.

Er schlug kein neues kosmologisches Modell vor. Das war bereits durch Copernicus geschehen, aber er sympathisierte damit. Als es eng wurde, schwörte er ab und schwieg in der Öffentlichkeit, zog ein gutes Verhältnis zu seinen klerikalen Freunden vor.

Dann würde sich heute ein kleiner Kreis von Spezialisten an ihn als einen weiteren brillanten und eitlen Forscher an der Schwelle zur Neuzeit erinnern, genauso wie an Cesi, den Gründer der Accademia dei Lincei. Der Galilei, an den wir uns heute erinnern, musste sich erst noch entwickeln.

Kepler in Prag (1600–1612)

Mars

Eine von den wichtigeren Aufgaben, die Tycho Brahe Kepler gab, war die Evaluierung von Marsdaten., d. h. die Positionen und Bahnen dieses Planeten und nicht unbedingt die Beschaffenheit seiner Oberfläche oder die Zusammensetzung seiner Atmosphäre, was die Instrumente in der Zeit ohnehin nicht hergaben. Aber es sieht so aus, dass

Menschen bei der Beobachtung von Himmelskörpern in unserem Sonnensystem schon ziemlich früh eine Präferenz für den nächsten Nachbarn der Erde, den Planeten Mars, entwickelten. Und dafür gab es stichhaltige Gründe.

Mars ist der einzige uns bekannte Planet, der Bedingungen mit sich führt, die es dem Menschen ermöglichen – natürlich mit Hilfe der erforderlichen Unterstützungstechnologien – auf ihm zu landen und dort für eine begrenzte Zeit zu verbleiben. Es hat sogar Spekulationen gegeben, dass der Planet von Marsianern mit menschenähnlichen Eigenschaften dort bewohnt wäre. Diese Annahme wurde befeuert durch die Beobachtungen im Jahre 1877 von angeblichen Kanälen auf der Marsoberfläche durch den italienischen Astronomen Giovanni Schiaparelli (1835–1910).

Heute kennen wir die folgenden Fakten über den Mars:

Der Mars gehört zu den so genannten erdähnlichen Planeten, d. h. diese sind nicht weit von der Sonne entfernt, haben einen kleinen Durchmesser und eine geringe Masse, aber eine hohe Dichte, besitzen eine schwache Atmosphäre, die hauptsächlich aus Stickstoff, Sauerstoff, Kohlendioxid und einige Edelgasen besteht. Ihre innere Zusammensetzung besteht aus Gestein und Metallen, und sie können einen oder zwei oder gar keine Monde haben.

Mars ist der zweitkleinste Planet in unserem Sonnensystem. Gleichzeitig ähnelt er mehr als alle anderen Planeten der Erde, obwohl seine Masse nur ungefähr ein Zehntel der der Erde beträgt. Seine Gravitationsbeschleunigung beträgt 3,69 ms^{-2}. Weil seine Rotationsachse ähnlich geneigt ist wie die der Erde, gibt es auch Jahreszeiten auf dem Mars. Seine höchste Temperatur beträgt angenehme 27°C, aber seine Durchschnittstemperatur liegt bei etwa -63°C. Die Atmosphäre besteht zu 96% aus Kohlendioxid mit geringen Spuren von Stickstoff, Argon und Sauerstoff. Sonden haben an den Polkappen eingeschlossenes Wassereis entdeckt. Auf seiner Oberfläche sieht man grabenartige Strukturen und Vulkane, Flusstäler, die auf fließendes Wasser in der Vergangenheit hinweisen und wüstenähnliche Gebiete. Mars besitzt zwei kleine Monde: Phobos mit einem Durchmesser von 27 km und Deimos mit einem Durchmesser von nur 18 km. Bei beiden handelt es sich um unregelmäßige Felsgesteine.

Mars ist bisher Gegenstand einer großen Zahl von Besuchern von der Erde in der Form von Raumsonden, Robotern und automatisierten Fahrzeugen, die auf seiner Oberfläche herumfuhren und fahren, gewesen. Die ersten beiden Geräte, die die Marsoberfläche erreichten, waren die Lander der sowjetischen Raumsonden Mars 2 und 3. Beide wurden kurz nach dem Aufsetzen zerstört. Diesen Versuchen folgten die erfolgreiche Viking Mission der NASA und mehr als ein Dutzend andere unter Beteiligung von einem halben Dutzend Nationen, mit dem bisherigen Höhepunkt der Mars20-Mission mit dem Perseverance Rover (2022). Zu den jüngsten Zielsetzungen gehört auch die Suche nach einem geeigneten Landeplatz für menschliche Besucher in der nicht ganz so fernen Zukunft.

Prag

Prag liegt im Nordwesten von Böhmen an der Moldau (Abb. 8.3). Während des Zeit-raumes, den wir betrachten, war es die Hauptstadt von Böhmen und Sitz der Kaiser des Heiligen Römischen Reiches, besonders von Rudolph II. (1552–1612). Rudolph II. war ein Philanthrop und lud eine glänzende Ansammlung von Leuten in seine Burg, die er bewohnte, ein – einige von ihnen berühmt, andere weniger: Wissenschaftler, Musiker, Künstler und Magier aller Art. Unter den berühmteren befanden sich Tycho Brahe und später als Brahes Nachfolger Johannes Kepler.

Brahe wurde am 24. Dezember 1546 (nach dem Julianischen Kalender) in Knudstrup in Dänemark geboren. Schon in jungen Jahren faszinierte ihn die Astronomie. Er wurde bekannt durch seine Entdeckung eines neuen Sterns im Sternbild der Kassiopeia am 11. November 1572. König Frederik II. (1534–1588) von Dänemark überlies ihm die Insel Hven im Öresund zugleich mit 40 Pächtern darauf, wobei die Pacht für Brahes Einkom-men sorgen sollte. Auf dieser Insel baute er im Jahre 1576 sein berühmtes Observatorium „Uraniborg", welches ein Zentrum astronomischer Forschung wurde. Mehr als 20 Jahre lang führte Brahe seine Beobachtungen von dort aus durch und sammelte dabei un-schätzbare Daten. Dann errichtete er noch ein weiteres Observatorium in Stjerneborg.

Er fiel jedoch in Ungnade wegen seiner schlechten Behandlung der Pächter und musste Uraniborg aufgeben. Er fand Zuflucht unter dem Dach des Grafen Heinrich Rantzau (1526–1598) in Wandsbek, wo er im Jahre 1598 seine „Astronomiae Instaurata Mechnica" veröffentlichte. Zu dieser Zeit wurde ein erster Kontakt zu Johannes Kep-ler hergestellt.

Im Jahre 1599 wurde Tycho Brahe durch Kaiser Rudolph II. zum kaiserlichen Hof-Mathematiker ernannt. Ihm wurde Schloss Benatek südöstlich von Prag als Arbeitsplatz zur Verfügung gestellt. Sein Jahresgehalt betrug 3000 Gulden, eine außergewöhnlich hohe Dotierung zu der Zeit, was ihm den Umbau Benateks nach dem Vorbild Urani-borgs für seine Zwecke ermöglichte.

Auf jeden Fall engagierte Tycho Brahe Kepler und bezahlte ihn aus seinem eige-nen Gehalt.

Die ganze Angelegenheit verlief allerdings nicht so unkompliziert, wie man sich das vorstellen könnte. Ähnlich wie man bei einer heutigen Bewerbung in einem As-sessment Center auf Herz und Nieren geprüft wird, musste Kepler zunächst nach Benatek kommen, um eine Probe zu bestehen. Brahe gab ihm bekanntlich die Auf-gabe, seine Marsdaten zu evaluieren. Zugleich war Kepler nicht der Einzige in Brahes Team, der seine Kräfte diesem Unternehmen zu widmen hatte. Es gab noch Brahes Assistenten Christen Longomontanus (1562–1647) als Konkurrenten.

Von Anfang an entwickelte sich also die Beziehung zwischen Kepler und Brahe auf einer vergifteten Grundlage. Zunächst hielt Brahe wesentliche Teile seiner Mars-daten vor Kepler zurück und gab diesem nur begrenzten Zugang. Dazu machte Brahe in der Öffentlichkeit keinen Hehl aus seiner Meinung, dass er Kepler sich selbst ge-genüber für zweitrangig hielt. Das fing damit an, dass er bei Mahlzeiten mit geladenen Gästen seinen neuen Assistenten ans untere Ende des Tisches platzierte. In der Woche vor Ostern des Jahres 1600 kam es dann zur Krise. Kepler explodierte öffentlich über seinen Meister und seine Situation. Dann verließ er Benatek in Wut und begab sich nach Prag, wo er sich bei seinem Freund Baron Hoffmann aufhielt. Nachdem er sich beruhigt und über seine materielle Situation nachgedacht hatte, bat Kepler Brahe schriftlich um Entschuldigung und kehrte nach Benatek zurück, nachdem Brahe die Entschuldigung angenommen hatte. Danach wurde Kepler der Zugang zu den Marsdaten erleichtert. Trotzdem blieb das Verhältnis zwischen den beiden Astronomen von gegenseitigem Argwohn geprägt.

Keplers Mittel begannen sich nach ungefähr sechs Monaten zu erschöpfen, während seine Frau und Familie sich immer noch in Graz aufhielten. Also begann er über seine zukünftige Anstellung bei Kaiser Rudolph II. zu verhandeln, nach dem Brahe bestätigt hatte, dass er Kepler brauchte. Auf dem Spiel standen ein Festgehalt für die nächsten zwei Jahre und Reisekosten für ihn selbst und seine Familie. Während diese Verhandlungen liefen, sorgte Brahe dafür, dass Kepler seinen Verwandten Friedrich Rosenkrantz auf seiner Reise nach Graz treffen konnte.

Die erste Aufgabe, die Brahe seinem neuen Assistenten zuwies, war, den Entwurf eines Pamphlets gegen Brahes verstorbenen Vorgänger, den Mathematiker Nikolaus Reimers Ursus (1551–1600), zu entwerfen. Dieser Ursus hatte versucht, Brahes Weltmodell als sein eigenes zu verkaufen. Unglücklicherweise hatte Kepler sein Mysterium cosmographicum auch dem Ursus gewidmet. Somit handelte es sich um eine doppelte Rache Brahes. Das Verhältnis zwischen Brahe und Kepler verschlechterte sich, was dazu führte, dass Kepler nach verschiedenen Streitigkeiten mit seinem Meister Prag und Umgebung verlies. Er musste nach Graz, wo er zuletzt angestellt gewesen war, zurückkehren, um eine Reihe finanzieller Angelegenheiten zu klären, die nach dem Tode seines Schwiegervaters aufgetreten waren. Im August 1601 kehrte Kepler

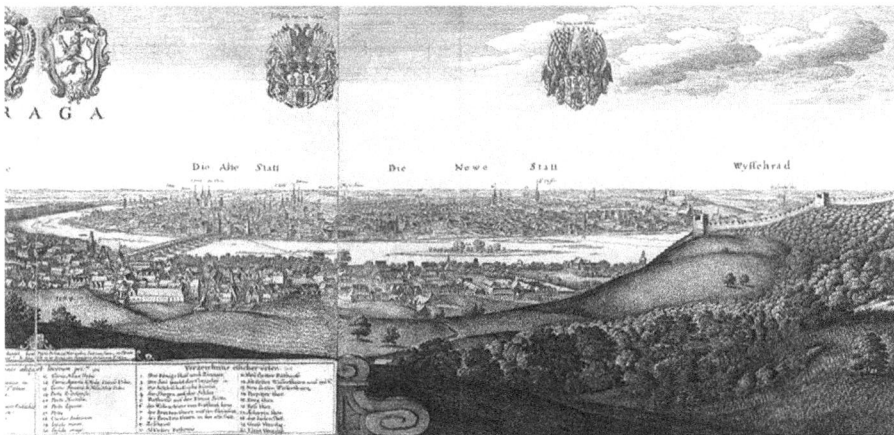

Abb. 8.3: Prag 1650 von Merian.

nach Prag zurück, um weitere zwei Monate mit Brahe zusammenzuarbeiten. Die beiden Astronomen machten ihre Beobachtungen von den Balkonen der Residenz Belvedere der Königin Anna aus.

Kurze Zeit später erkranke Tycho Brahe an seiner Blase, und er starb am 24. Oktober 1601. Kepler war an seinem Sterbebett. Brahe wurde in der Kirche der Jungfrau Maria vor dem Teyn begraben, und zu diesem Anlass verfasste Kepler eine lange Trauerrede, 184 Verse lang, in der sein Meister und Kaiser Rudolph gepriesen wurden. Jetzt aber kam die Zeit, in der Johannes Kepler uneingeschränkten Zugang zu Brahes Datenmaterial bekam, da der Kaiser ihn nur zwei Tage nach Brahes Tod als offiziellen Nachfolger des dänischen Astronomen berufen hatte, allerdings für ein Jahresgehalt von nur 500 Gulden statt der 3000, die Brahe erhalten hatte. Und sogar diese 500 Gulden wurden nur stockend ausgezahlt, als Teilzahlungen und schließlich überhaupt nicht mehr. Zu Keplers Pflichten als Hofmathematiker verlangte man von ihm bei jeder Gelegenheit die Erstellung von Horoskopen. Gleichzeitig bedeuteten diese Aktivitäten aber eine zusätzliche Einkommensquelle für ihn.

Keplers Haupterbe von Brahe bestand in 24 Folianten von Rohdaten aus Brahes Beobachtungen. Diese wurden seine Basis, um die exakten Himmelskarten aller bekannten Planeten zu berechnen. Das Endergebnis würden die berühmten Tabulae Rudolphinae werden. Brahe selbst und seine Erben hatten sich verpflichtet, sie abzuschließen und herauszugeben. Zwanzig Jahre würden ins Land gehen, um diese Verpflichtung zu erfüllen – zu einer Zeit, zu der der Kaiser Rudolph schon lange tot sein würde. Zu dessen Lebzeiten war es Brahe nicht gelungen, das Rätsel der Planetenbahnen zu lösen. Es nütze Brahe nichts, dass er über die besten wissenschaftlichen Instrumente und qualifiziertes Personal verfügte, da er – nach Keplers Meinung – keine Ahnung von dem Masterplan der Struktur des Universums, das er ständig beobachtete, hatte.

Aber bevor Kepler seine eigenen Theorien zu Ende bringen konnte, beanspruchten andere Angelegenheiten seine Aufmerksamkeit. Um seine Fähigkeit als Mathematiker zu beweisen, aktualisierte er die lange zurück liegenden Arbeiten von Erasmus Vitellio (1230–1280) aus dem Jahre 1270. Vitellio, der in Schlesien geboren wurde, hatte eine Kompilation von Sonnen- und Mondfinsternissen zusammengestellt und gleichzeitig über die Lichtbrechung, besonders in der Atmosphäre, geschrieben. Im Jahre 1603 veröffentlichte Kepler einen Band unter dem Titel „Ad Vitellionem Paralipomena, quibus Astronomiae Pars Optica traditur" („Ergänzungen zu Vitellio, in denen der optische Teil der Astronomie fortgeführt wird"). Am Neujahrstage 1604 übergab er sein Manuskript dem Kaiser. Danach konnte er sich wieder seinem Hauptinteresse widmen: dem astronomischen Masterplan. Dafür benötigte er weitere vier Jahre – bis 1609. Der Titel seines Werkes lautete:

„Astronomia Nova αιτιολογετοσ seu physica coelestis, tradita commentaries de motibus stellae Martis ex observationibus G. V. Tychonis Brahe" („Neue Astronomie ursächlich begründet, oder Physik des Himmels, dargestellt in Untersuchungen über die Bewegungen des Sternes Mars nach den Beobachtungen des Edelmannes Tycho Brahe").

Dieser Titel deutet auf zwei wichtige Besonderheiten hin:

1. Das Werk stellt sich nicht damit zufrieden, lediglich Beobachtungen und Strukturen zu beschreiben, sondern beabsichtigt, Ursachen zu erklären, indem es auf etwas Neues zurückgreift: Himmelsphysik, in einem solchen Kontext bis dahin völlig unbekannt.

2. Es basiert nur auf den Marsdaten aus Tycho Brahes Sammlung, die von Kepler über einen Zeitraum von 10 Jahren evaluiert worden waren.

Worauf nun bezieht sich die „Himmelsphysik", und warum musste Kepler diese überhaupt einführen? Wir werden diese Fragen weiter unten behandeln. Die Notwendigkeit ergab sich jedoch, als Kepler zum ersten Mal in der Geschichte der Astronomie von der Annahme ausging, dass die Planetenbahnen sich aus der Bewegung der Himmelskörper im freien Raum ergaben und nicht aus deren Haftung an rotierenden Sphären. Eine der Konsequenzen daraus war auch die Einführung einer neuen Mathematik, die sich von derjenigen, die eine gleichmäßige Äthersphärenbewegung beschreibt, unterschied, da sie die natürlichen Kräfte, die die Ursache für eine unregelmäßige und freie Bewegung der Planeten waren, mit einbezog. Im Ergebnis unterschied sich die neue Astronomie auf der Grundlage dieser mathematischen Hypothesen wesentlich von der aristotelischen Astro-Physik.

Gravitation

Weiter oben, als wir über die Kraft nachgedacht haben, stand die Behauptung von der Fernwirkung der Kraft. Das war und ist zumindest das, was die allgemeine Beobachtung nahelegt: ein Körper wird bewegt und zieht z. B. über die Gravitation eine Bewegung eines anderen Körpers nach sich. Die Reaktion des zweiten Körpers scheint ohne zeitliche Verzögerung zu geschehen. Die Fernwirkannahme bereitet aber theoretische Probleme. Wenn sie so stimmt, wie die Beobachtung nahelegt, dann bedeutet das, dass die Reaktion eines Testkörpers zeitgleich mit der Aktion des Körpers erfolgen muss, in dessen Kraftfeld der Testkörper sich befindet – obwohl in einiger Entfernung. Die Übertragung der Kraftwirkung müsste also mit unendlicher Geschwindigkeit erfolgen. Das steht im krassen Widerspruch zu den Erkenntnissen der speziellen Relativitätstheorie. Ein Ergebnis der speziellen Relativitätstheorie ist die Erkenntnis, dass es eine maximale Geschwindigkeit in der Natur gibt, die zudem in allen Bewegungsrichtungen konstant ist: die Lichtgeschwindigkeit. Die hat aber einen endlichen Wert.

Unterstellen wir also, dass die Übertragungsgeschwindigkeit der Kraftwirkung ebenfalls endlich – maximal gleich der Lichtgeschwindigkeit – ist, so ergibt sich ein neues Dilemma: während der Energieübertragung von Körper A nach Körper B wäre die Energie nicht mehr vorhanden, bis sie auf dem Zielkörper angekommen ist. Das widerspricht ebenso eklatant dem Energieerhaltungssatz.

Als zulässige Erklärung wird die Fernwirkungsannahme durch die Nahwirkungstheorie ersetzt. Eine andere Beobachtung bezogen auf ein Kraftfeld sagt, dass nur wenn Teilchen oder Testkörper sich in ihm bewegen, dieses Feld eine Wirkung zeigt. Dann erkennt man seine Natur und kann dessen Kräfte messen. Der erste Körper ist also umgeben von einem Kraftfeld. Der Testkörper verursacht bei seinem Eintritt nunmehr eine Störung innerhalb dieses Kraftfeldes. Das ganze Geschehen spielt sich in dem umgebenden Raum des ersten Körpers ab, sodass der Raum Träger von physikalischen Eigenschaften wird. Durch ihn werden also Kraftwirkungen vermittelt. Die Fernwirkung ist ersetzt worden durch die Nahwirkung zwischen dem Testkörper und dem umgebenden Feld des ursprünglichen Körpers.

Damit erhält der Raum eine andere Qualität. War er ursprünglich lediglich als geometrische Referenzgrundlage von Nutzen, so nimmt er nun selbst teil am physikalischen Geschehen. Die Bedeutung dieser Tatsache über die klassische Physik hinaus wird fundamental im Rahmen der allgemeinen Relativitätstheorie. [23]

Astronomia Nova

Bevor wir das Thema Gravitation weiterverfolgen, lasst uns eine kurzen Blick auf eines der Hauptwerke Keplers werfen: Astronomia Nova.

Das Werk gliedert sich in fünf Teile mit insgesamt sieben Kapiteln. Es beginnt mit einer Widmung für den Kaiser Rudolph und einer allgemeinen Einleitung. Kepler war jedoch gezwungen gewesen, eine zusätzliche Präambel von Frans Tengnagel (1576–1622) zu akzeptieren, einem Schwiegersohn Brahes, der Brahes Erbe verwaltete, darunter die Daten der Tabulae Rudolphinae, die Kepler ihm nicht zur Verfügung stellen wollte. Als Kompromiss gestand Kepler Tengnagel diese zusätzliche Einleitung zu, die jedoch – bezogen auf das Werk selbst – bedeutungslos war. Tengnagel wurde später korrespondierendes Mitglied der Accademia dei Lincei.

Die fünf Teile der Astronomia behandelten ihren Gegenstand ungefähr wie folgt:

Teil I: Vergleich bestehender Planetentheorien
Welchen Effekt auf die Marsbahn würde es haben, wenn die Sonne statt der Erde als Zentrum der Welt eingeführt würde?

Teil II: Abweichungen zwischen der Bewegung des Planeten Mars und den alten Hypothesen:
Kritische Untersuchungen der Beobachtungen des Marsorbits durch Tycho Brahe. Ableitung einer neuen Hypothese.

Teil III: Weitere Abweichungen im Hinblick auf die Bewegungen der Sonne und der Erde:
Untersuchungen der Relativbewegungen der Sonne und der Erde als Schlüssel zu einer neuen Astronomie. Berechnung der Entfernungen zwischen Sonne und Erde.

Beweis, dass die Geschwindigkeit des Mars umgekehrt proportional zu seiner Entfernung von der Sonne ist. Physikalische Untersuchungen über die Kraft, die von der Sonne ausgeht bezogen auf den eigenen Beitrag des Planeten und damit zusammenhängende Gleichungen.

Teil IV: Entdeckung der elliptischen Bahnen von Mars und anderen Planeten: Schlussfolgerung, dass sie Marsbahn nicht kreisförmig ist. Berechnungen verschiedener Entfernungen zwischen Mars und Sonne. Erstes Keplersches Gesetz: Die Bahn des Mars (oder irgendeines anderen Planeten) ist elliptisch mit der Sonne in einem Brennpunkt.

Teil V: Details über die Marsbahn und Kritik an Ptolemäus: Inklination und Parallaxe der Marsbahn.

Wichtig ist, dass Johannes Kepler alle drei damals konkurrierenden Weltsysteme ablehnte: das Ptolemäische, das von Copernicus und Brahes. Kepler behauptete, dass alle drei praktisch ununterscheidbar untereinander waren, da alle drei auf irgendeine Weise so zu Recht geschneidert werden könnten, damit sie zu deren Berechnungsergebnissen mit Beobachtungsdaten passten. Mathematisch und kinematisch waren alle drei konkurrierenden Weltsysteme kompatibel. Das stimmt jedoch nur für kurzfristige Beobachtungen. Beim Vergleich mit historischen Daten zeigten alle drei Systeme Abweichungen.

Die hervorstechenden Details seines Werkes lassen sich wie folgt zusammenfassen:

Copernicus hatte postuliert, dass sich das Zentrum des Universums in der Nähe der Sonne befinden würde. Das lehnte Kepler ab, da er die Sonne selbst an diesen Punkt setzte. Gleichzeitig wurde die Sonne zum Beweger der Planeten. An dieser Stelle näherte er sich erstmalig dem Problem der Gravitation. Er stellte außerdem fest, dass die Planeten sich nicht gleichförmig, sondern mit wechselnden Geschwindigkeiten in Abhängigkeit von deren Entfernung zur Sonne bewegten (zweites Keplersches Gesetz). Das führte ihn endgültig zu dem bereits erwähnten Schluss, dass die Sonne die Ursache für die Planetenbewegungen ist. In seiner Begrifflichkeit musste die Sonne ein Agens ähnlich dem Licht emittieren, welches die Planeten führt, wogegen ein Planet selbst eine zusätzliche Kraft ausüben musste, um ihn daran zu hindern, in den Weltraum abzuwandern. Kepler verglich diese Anziehungskraft mit dem Magnetismus. Er spekulierte, dass sie proportional der Größe der Himmelskörper wäre, aber nur eine begrenzte Reichweite hätte.

Es gibt noch zwei weitere Gründe, warum Kepler das kopernikanische von den Modellen, die um das Jahr 1600 zur Disposition standen, vorzog – das andere war ja das geozentrische ptolemäische, welches bis dahin das verbreitetste gewesen war. Ein Grund war, dass er alle Planetenbewegungen in einem geschlossenen System systematisieren konnte, ohne auf die Bewegungskomponenten jedes einzelnen Planeten, die scheinbar nur durch die Bewegung der Erde verursacht wurden, zurückgreifen zu müssen. Und zum Zweiten würde er in der Lage sein, empirisch die absolute Entfernung aller Planeten von der Sonne zu bestimmen. All diese Gesichtspunkte waren anfänglich lediglich plausible Argumente und keine Beweise, selbst, nachdem alle empirischen Daten in Betracht gezogen wurden.

Aber, falls das heliozentrische Modell der Realität entsprach, müsste seine Wirklichkeit von realen Ursachen abgeleitet werden können – Ursachen, die – ontologisch gesehen – von einer höheren Ordnung im Verhältnis zur göttlichen Schöpfung sein müssten. Sie müssten die Blaupause der Schöpfung selbst sein. Das war der Schlüssel, den Kepler suchte. Und er hatte ihn in der Geometrie gefunden, da er annahm, dass die Geometrie der Baustein wäre, mit dem Gott das Universum geschaffen hatte. Kepler glaubte fest daran, dass Gott niemals planlos vorging oder etwas dem Zufall überlies. Bereits in seinem Mysterium cosmographicum hatte Kepler angemerkt, dass seine unermüdliche Suche nach den tatsächlichen Ursachen sich auf die Anzahl, die Größe und die Geschwindigkeit der Planetensphären bezog.

Schließlich übernahm Kepler die verbesserten Beobachtungsdaten Tycho Brahes, um sein Mysterium cosmographicum noch einmal zu bestätigen. Diese Daten erschlossen für ihn das Phänomen wachsender Umlaufzeiten proportional zum Radius des jeweiligen Orbits. Er folgerte daraus, dass die Ursache für diese Bewegung im Zentralkörper, der Sonne, gefunden werden musste. Die Wirkung dieser Ursache nahm jedoch mit zunehmendem Abstand ab. Warum das so sein sollte, blieb für ihn ein Rätsel, das später von Isaac Newton gelöst werden würde.

Eine weitere Konsequenz aus seinen Überlegungen war die völlige Aufgabe des Konzepts der himmlischen Sphären. Dabei handelte es sich um einen entscheidenden Schritt fort von der aristotelischen Himmelsphysik. Kepler suchte eine Astronomie jenseits der Himmelsphären, indem er alle Bewegung auf eine einzige Kraft zurückführte. Ursprünglich kam er zu dieser Schlussfolgerung einzig durch Deduktion. Doch statt, dass er auf die Gravitation stieß, fand er die Ursache in einer Art kosmischen Magnetismus, den William Gilbert (1544–1603) im Jahre 1600 vorgeschlagen hatte.

Was die elliptischen Planetenbahnen anbetraf, so versuchte Kepler zunächst ein Modell zu entwerfen, das wieder auf Epizykel beruhte, ähnlich der Grundlage des vor-kopernikanischen geozentrischen Modells von Ptolemäus, aber er konnte keine physikalische Erklärung dafür finden und gab diesen Ansatz auf. Stattdessen suchte er nach einer anderen Erklärung, indem er von einer Art spiritueller Fähigkeit der Planeten ausging, die er mit Gilberts Theorie vom kosmischen Magnetismus zu verbinden suchte. Indem er bei diesen Überlegungen blieb, verpasste er die Möglichkeit, eine gegenseitige Anziehung zwischen Himmelskörpern aufgrund des Vorhandenseins einer einzigen Kraft, der Gravitation, zu bedenken.

Wie schon der Titel des Werkes andeutet, bezogen sich Keplers Erkenntnisse ursprünglich auf die Marsbahn, aber er erweiterte seine Schlussfolgerungen auch auf andere Planeten. Aber trotzdem war er nicht zufrieden mit der Tatsache, dass sein früheres geometrisches Modell aus dem Mysterium cosmographicum anscheinend durch Brahes Datenbasis bestätigt worden war. Seine Polyeder konnten die Verhältnisse unter den Planeten nur annähernd bestimmen. Die kosmische Ordnung und ihre Harmonie mussten woanders gesucht werden.

Der Schlüssel für Kepler lag im harmonischen Verhältnis der höchsten Orbitalgeschwindigkeiten zweier benachbarter Planeten. Das stimmt sogar für Planeten, die nach Kepler entdeckt wurden – ohne plausible Erklärung durch die moderne Wissenschaft bis heute. Indem er diesen Ansatz aufnahm, ging Kepler zurück auf die platonische Idee einer grandiosen Gesamtvorstellung vom Kosmos, die die Musik, Astrologie, die menschliche Seele, Gesellschaft und Planetenbahnen einschloss. Er unternahm es, eine numerische Astronomie zu schaffen, indem er die Physik mit anderen Disziplinen in Einklang zu bringen versuchte. Seine Suche nach den grundlegenden Ursachen, wie seine Zahlen zustande kamen, war nicht das eigentliche Ziel. Darin unterschied er sich von Galilei z. B. Kepler wollte den Schöpfungsplan selbst entdecken, um auf diese Weise Gott zu entdecken und ihn zu preisen. [24]

Unabhängig davon war Johannes Kepler aus wissenschaftlicher Sicht ein echter Pionier der Astrophysik, da er – im Gegensatz zu den Astronomen vor ihm, für die die Bewegung von Himmelskörpern ein rein kinematisches Problem war – die ursächliche Rolle der Sonne für diese Bewegungen entdeckte.

Neue Entdeckungen

Es war im selben Jahre 1610, als Kepler wiederum mit Galilei Kontakt aufnahm, nachdem er erfahren hatte, dass der Italiener die Jupitermonde entdeckt hatte. Diese Entdeckung beunruhigte ihn aufs Äußerste, da sie das Potential hatte, seine eigene gerade vervollständigte Weltharmonie zu zerstören. Mit Hilfe des toskanischen Legaten in Prag erhielt er ein Exemplar des Sidereus Nuntius, in dem Galilei seine Erkenntnisse veröffentlicht hatte, zusammen mit Galileis mündlicher Bitte um einen Kommentar Keplers dazu. Kepler antwortete mit einer Abhandlung unter dem Titel „Dissertatio cum nuncio sidereo". In dieser Antwort übernahm Kepler Galileis Behauptungen so wie sie dastanden, ohne dass er vorher in der Lage gewesen wäre, die wissenschaftlichen Fakten zu überprüfen. Galilei begrüßte Keplers Papier als ein wichtiges Element der Unterstützung in seinem damaligen Streit mit seinen Kollegen und Gegnern.

Keplers Unterstützung für Galilei blieb nicht ohne Kritik, was dazu führte, dass er sich nach Namen von Zeugen erkundigte, die das himmlische Phänomen ebenfalls gesehen hatten. Das war vier Monate nach der Dissertatio, deren Erhalt Galilei zu dem Zeitpunkt noch nicht einmal bestätigt hatte. In seiner Antwort nannte Galilei den Erzherzog der Toskana als Zeugen anstatt eines wissenschaftlichen Fachkollegen. Er lehnte es außerdem ab, Kepler sein Teleskop zu leihen und sah sich auch nicht in der Lage, ein Duplikat zu bauen. Diese Episode beendete die direkte Kommunikation zwischen den beiden bekannten Astronomen für immer (s. dazu auch Kap. 10). Galilei setzte sie jedoch indirekt mit Hilfe des toskanischen Legaten fort, indem er Kepler mit einer Reihe von Anagrammen über neue Entdeckungen um den Saturn bombardierte. Galilei identifizierte die Saturnringe nicht als solche, sondern nahm an, sie seien Monde, die sich an gegenüber liegenden Seiten des Planeten befanden.

Schließlich erhielt Kepler ein Teleskop, das er aus dem königlichen Haushalt lieh, und bestätigte durch seine eigenen Beobachtungen die Existenz der Jupitermonde. Die resultierende Veröffentlichung hieß „Narratio de Jovis satellitibus" und wurde in Florenz gedruckt, von wo aus sie Galilei erreichte, um dessen Glaubwürdigkeit zu erhöhen.

Simon Marius in Ansbach (1599–1619)

Nachdem Marius seine Beobachtungen des Kometen von 1596 und seine Tabulae Directionum Novae im Jahre 1599 veröffentlicht hatte, wurde er 1601 zum Hofmathematikus in Ansbach bestellt. Im Jahre 1604, als er in Padua dem Kreis um Galilei angehörte, beobachtete er, zusammen mit Baldassarre Capra einen weiteren Himmelskörper, später bekannt als Keplers Supernova. Nachdem Marius die Position dieser Supernova im Sternbild des Schlangenträgers präzise bestimmt hatte, veröffentlichte Capra die Entdeckung, die von Galilei genutzt wurde, um Aristoteles' Ansicht über die Unwandelbarkeit der Fixsternsphäre zu widerlegen – allerdings, ohne Capra als Urheber der Entdeckung zu erwähnen.

Jupiter und seine Monde

Im November 1609 richtete Marius erstmalig sein Teleskop auf den Jupiter. Der Planet befand sich damals in Opposition zur Sonne. Marius sah „winzige Sternchen bald hinter, bald vor dem Jupiter – in gerader Linie mit dem Jupiter". Am 29. Dezember nach dem julianischen Kalender, also einen Tag nach Galilei, der schon nach dem gregorianischen Kalender datierte, entdeckte Simon Marius schließlich unabhängig die großen Jupitermonde. Er hatte zunächst angenommen, dass es sich bei diesem Phänomen um bisher unbekannte Fixsterne handelte, die vorher mit bloßem Auge nicht sichtbar gewesen waren. Dann aber kam er zu dem Schluss, dass sich diese Himmelskörper um den Jupiter bewegten, ganz ähnlich wie Planeten um die Sonne. Nach einer ersten Notiz am 29. Dezember führte er seine Beobachtungen und Aufzeichnungen intensiv bis zum 12. Januar 1610 weiter. Im März 1610 kam er zu dem Ergebnis, dass es sich um vier verschiedene Himmelskörper handeln musste, nachdem er den vierten Mond zunächst nicht bemerkt hatte. Die größte Elongation des dritten und vierten Mondes beobachtete er nach sechs Monaten. Aus seinen Beobachtungsdaten entwickelte er Entfernungstabellen, in denen die durchschnittlichen Abstände der Monde festgehalten wurden. Die durchschnittlichen Umlaufzeiten, die ebenfalls in Tabellen aufgeführt wurden, ermittelte er zwischen den Jahren 1610 und 1611. Dabei stellte er fest, dass sich die Geschwindigkeit der Monde vergrößerte, je näher sie dem Mutterplaneten kamen. Die wechselnde Größe der Jupitertrabanten hatte Galilei in seinen Beobachtungen auf atmosphärische Ursachen zurückgeführt. Diese Erklärung wurde von Marius nicht geteilt. Er war zudem der Ansicht, dass die Jupitermonde einerseits von der Sonne, andererseits vom Jupiter selbst erleuchtet werden. [16]

Den Durchmesser des Jupiters selbst bestimmte Marius zu 35/60 der Erde. Was die Bezeichnung der Jupitermonde anbetrifft, so machte er sich Gedanken über verschiedene Möglichkeiten: Eine erste war, die Monde in Analogie zu den Planeten im Sonnensystem zu benennen, also „Saturn des Jupiter", „Jupiter des Jupiter", „Venus des Jupiter" und „Merkur des Jupiter". Eine weitere Möglichkeit war die des einfachen Nummerierens: der Mond in größter Nähe zum Jupiter bekam die Nummer Eins, gefolgt von dem zweitnächsten mit der Nummer Zwei usw. Außerdem spielte er mit dem Gedanken, das ganze Ensemble mit der Sammelbezeichnung „Brandenburger Gestirne" zu versehen – sozusagen im Gegensatz der den „Mediceischen Gestirnen", die Galilei in seinem Sidereus Nuntius, von dem Marius Mitte 1610 ein Exemplar erhalten hatte, vorgeschlagen hatte. Johannes Kepler hatte diese Himmelskörper noch in einem Brief an Marius als „Umkreiser" bezeichnet. Der ostfriesische Theologe und Astronom David Fabricius (1564–1617) schlug als Erster in einem Brief an Marius die Bezeichnung Monde dafür vor. Nach reiflicher theologischer Prüfung einigte man sich auf einen Vorschlag Keplers aus dem Jahre 1613, die Monde nach Gestalten aus der griechischen Mythologie zu benennen: „Io", „Kallisto", „Europa" und „Ganymed".

Einen ersten Bericht über seine Entdeckung verfasste Marius allerdings erst in einem Prognosticon auf das Jahr 1612. Es kam zu einem Prioritätenstreit über die Entdeckung der Jupitermonde zwischen Simon Marius und Galileo Galilei, der im nächsten Kapitel ausführlicher behandelt wird. Auf jeden Fall ließ Marius nach seiner Entdeckung zunächst vier volle Jahre verstreichen, bis er sein Hauptwerk Mundus Iovialis am 18. Februar 1614 veröffentlichte. Als Autodidakt hatte er nie einen Lehrmeister gehabt, und nach eigener Aussage hat ihn seine Arbeit ungeheuerliche Strapazen und Nachtwachen gekostet, um alle Details der Bewegungen der Jupitermonde von seiner astronomischen Station in Ansbach aus zu erfassen. Das alles führte zu einer Schwächung seines Verstandes, wie er schrieb.

Die Venusphasen

Dann richtete er sein Fernrohr auf die Venus. Seit dem Winter 1610 auf 1611 hatte er die Venusphasen beobachtet – etwa ein viertel Jahr nach Galilei. In einer Widmung vom 1. März 1611 des Prognosticons auf 1612 hatte er geschrieben: „Daß also gar kein zweiffel mehr ist / denn das Venus von der Sonnen erleuchtet wird / wie der Mond / Welcher Meinung wol etliche auß den Alten gewesen / aber nie von keinem mit Augen gesehen worden." In einem verloren gegangenen Brief hatte er Nikolaus von Vicke ebenfalls davon berichtet. Von Vicke setzt seinen Briefpartner Johannes Kepler seinerseits in einem Schreiben vom 6. Juli 1611 über den Inhalt der Marius-Mitteilung in Kenntnis. Darin ist zu lesen: „Drittens werde ich beweisen, daß Venus nicht anders von der Sonne beleuchtet wird und daß sie gehörnt und halb wird, wie sie vom Ende des vorigen Jahres an bis in den April des jetzigen von mir mit Hilfe des belgischen Perspicills vielmals und aufs sorgfältigste beobachtet und gesehen worden ist" – „… nicht anders …" – also wie unser Mond. Bereits im Januar 1611 hatte Galilei gefolgert, „daß notwendigerweise Venus wie auch Merkur sich um die Sonne drehen." Galilei erwähnt allerdings nicht die Beleuchtung des Merkurs, von der Marius aber im Prognosticon auf 1613 vom 30. Juni 1612 bemerkt, „daß Mercurius gleicherweise von der Sonnen erleuchtet werde wie die Venus und der Mond".

Erstmals bekannt wurden die Venusbeobachtungen von Galilei und Marius durch eine Erwähnung von Kepler im Vorwort zu seiner Dioptrice im Jahre 1611. Kepler erkennt dabei Galilei die Priorität zu. Galilei selbst veröffentlichte seine Erkenntnisse in seinem „Discorso al Serenissimo D. Cosimo II. Gran Duca di Toscana intorno alle cose, che stanno in sù l'aqua, ò che in quella si muovano" in Florenz ein Jahr später. Marius stellte eine grafische Darstellung seiner Entdeckungen zusammen mit einer Darstellung der Jupiterkonstellation im Prognosticon auf 1612, also früher. Eine weitere Veröffentlichung der Venusphasen durch Kepler erfolgt im Jahre 1620 in seinem Epitome Astronomiae Copernicanae.

Sonnenflecken

Simon Marius beobachtete auch die Sonne mit Hilfe seines Teleskops seit August 1611. Er hatte sich die Technik dazu von Ahasver Schmidtner (1580–1634) erklären lassen. Obwohl er wie auch andere Astronomen seiner Zeit keine Erklärung für deren Natur fand – er hielt sie für Schlacke, entstanden durch einen Brand auf der Sonne, die dann von Zeit zu Zeit als Kometen von der Sonnenoberfläche abfielen –, stellte er im November fest, dass deren Bewegung zur Ekliptik geneigt ist. Erst später, 1619 vermutete er eine Periodizität. Marius war allerdings nicht der Erste und Einzige, der sich mit diesem Phänomen beschäftigte. Vor ihm, im Jahre 1610, hatte Thomas Harriot bereits Sonnenfleckenzeichnungen erstellt. Im März 1611 ermittelte Johannes Fabricius zusammen mit dessen Vater David Fabricius die Rotationsdauer von Sonnenflecken. Auch Christoph Scheiner und dessen Schüler Johann Baptist Cysat (1586–1657) wandten sich in Ingolstadt der Sonnenbeobachtung zu. Von Galileis Beobachtungen haben wir ja weiter oben bereits berichtet.

Der Andromedanebel

Im Katalog von Charles Messier (1730–1817), einer Kompilation von Himmelskörpern wie Galaxien, Sternhaufen und Nebeln – teils von Messier selbst entdeckt, teils aus anderen

Katalogen übernommen – wird Simon Marius als der Entdecker des Andromedanebels im Jahre 1612 gelistet. Am 15. Dezember hatte er „... einen Fixstern von erstaunlicher Gestalt.... nahe dem dritten und nördlicheren Stern im Gürtel der Andromeda" entdeckt. Marius meinte außerdem, dass der Nebel, den er nicht weiter auflösen konnte, ähnlich dem Kometen sei, der von Tycho Brahe im Jahre 1586 beobachtet worden war. Was die Erstsichtung angeht, so trifft das zu, wenn von dem ersten Europäer die Rede ist, allerdings war der Nebel bereits im 10. Jahrhundert von dem persischen Astronomen Al Sufi (903–986) gesichtet worden. Erst Edwin Hubble wies im Jahre 1923 nach, dass es sich dabei um eine Galaxie handelte.

9 Prioritäten

Energie oder ihre Schwierigkeiten in einem aufgeklärten Zeitalter

> In einem geschlossenen System bleibt die gesamte Energie als Summe aus mechanischer Energie, Wärme oder irgendeiner anderen Form von Energie konstant.

Dieses ist der erste wesentliche Lehrsatz über die Erhaltung der Energie. Er wurde erstmalig – allerdings in etwas anderer Form – von dem deutschen Arzt Robert Mayer vorgeschlagen.

Robert Julius Mayer wurde am 25. November 1814 in Heilbronn geboren und starb ebenda am 20. März 1878. Er wurde Schiffsarzt an Bord des Frachters „Java" und befand sich seit dem 18. Februar 1840 auf dem Weg nach Batavia. Während der Überfahrt hatte er reichlich Zeit, über die Welt und ihre Ursachen nachzudenken. Neben anderen Überlegungen dachte er auch über die Erwärmung des Seewassers durch die Bewegung der Wellen nach. Das war ein Stimulus unter anderen.

Ein weiterer kam aus der Untersuchung des Blutes der Seeleute. Die Farbe des Blutes wechselte über den Tag. Am Ende des Arbeitstages, am Abend, enthielt das Blut weniger Sauerstoff als am Morgen. Es war dunkler. Sauerstoff war verbrannt worden. Wärme war in Arbeit umgewandelt worden.

Während der Rückreise hatte er weitere 120 Tage zum Nachdenken. Im Ergebnis erkannte er, dass Licht, Wärme, Gravitation, Bewegung, Magnetismus und Elektrizität alles nur Manifestationen ein und derselben elementaren Kraft seien.

Nachdem er nachhause zurückgekommen war, veröffentlichte er seine Entdeckung in Poggendorfs „Annalen der exakten Wissenschaft". Es handelte sich um sechs Seiten Spekulation. Er berechnete sogar das mechanische Wärmeäquivalent (diejenige Wärmemenge, erzeugt durch mechanische Arbeit, die erforderlich ist um 1000 g Wasser von 0° auf 1° C zu erwärmen). Als er seine Theorie den eminenten Professoren Johann Nörrenberg (1787–1862) und Philipp von Jolly (1809–1884) in Heidelberg vortrug, erntete er Ablehnung. Das veranlasste ihn, im Jahre 1842 eine revidierte Version in Liebigs „Annalen der Chemie und Pharmazie" zu veröffentlichen. Auf diesen Artikel gab es während der folgenden sieben Jahre keinerlei Reaktion aus dem wissenschaftlichen Establishment. Weitere Revisionen wurden von allen Verlagen, die er kontaktierte, abgelehnt.

Danach nahm Mayer Zuflucht in Self-Publishing auf eigene Kosten. Er versandte seine Traktate an die wichtigsten europäischen Akademien – ohne Erfolg. In England bestätigte James Joule (1818–1889) Mayers These durch Experiment, aber vergaß, Mayers Namen als Referenz in der dazugehörigen Veröffentlichung zu erwähnen. Auf Basis von Joules Entdeckung produzierte Hermann von Helmholtz (1821–1894) einen Artikel „Über die Erhaltung der Kraft" – wiederum, ohne Mayer zu erwähnen. Dadurch entstand ein Prioritätenstreit.

https://doi.org/10.1515/9783110762778-009

Freunde, Bekannte und seine Frau verließen Mayer. Er wurde in eine Institution für Geisteskranke eingeliefert und beging einen Selbstmordversuch. Später nahm er seine medizinische Praxis wieder auf. Nach vielen, vielen Jahren verkündete schließlich die Royal Society, dass es Robert Mayer war, der als Erster das Gesetz von der Erhaltung der Energie entdeckt hatte.

Dieses Gesetz legte die Grundlage zu dem Wissenszweig, der Thermodynamik genannt wird. Aber Energie spielt eine wichtige Rolle bei vielen physikalischen Prozessen, sowohl in der klassischen als auch in der modernen Physik. Arbeit ist das Produkt aus Kraft mal Weg mit der Einheit Newton Meter oder Joule (sic!). Potenzielle Energie beim freien Fall ist das Produkt von Masse mal Fallbeschleunigung mal Höhe, die sich in kinetische Energie umwandelt, wenn man einen Körper fallen lässt, und beträgt dann die Hälfte des Produktes von Masse mal Geschwindigkeit zum Quadrat. Diese Aspekte wurden in Galileis „Discorsi" ebenfalls aufgegriffen – obwohl nicht genau in denselben Begriffen.

Der Streit über die Jupitermonde

Über die Diskussion, wer welches Teleskop zuerst entwickelt hatte, haben wir im Kapitel 7 über die Instrumente gelesen. Darüber hinaus entstand ein Prioritätenstreit zwischen Galilei und Marius, der insbesondere von Galilei mit besonderer Heftigkeit geführt wurde. Gegenstand des Streites war die Entdeckung der Jupitermonde. Galilei verquickte in seiner Aversion gegen Marius diesen Streit mit einem weiteren Plagiatsvorwurf, der seinen Proportionszirkel betraf.

Was verbirgt sich hinter diesem erbitterten Disput?

Galileis wichtigste Entdeckung, die das etablierte Weltmodell infrage stellte, waren die Beobachtung der vier großen Satelliten, die den Jupiter umrunden. Mithilfe einer Reihe von 60 akribisch angefertigten Zeichnungen illustrierte er ausführlich die Positionen dieser Satelliten vom 27. Januar bis zum 2. März 1610. Für ihn bestand kein Zweifel, dass dies ein weiterer Beweis für die kopernikanische Theorie war, die die Sonne ins Zentrum des Universums setzt. Jupiter wanderte um sie Sonne und wurde gleichzeitig von vier „Planeten" eingekreist, genauso wie die Erde von ihrem Mond eingekreist wurde, und sowohl Jupiter als auch die Erde bewegten sich rund um die Sonne. Kurz danach wurden die Jupitermonde auch von Simon Marius aus Gunzenhausen in Bayern, dem Hofastronomen in Ansbach, beobachtet. Galilei beschuldigte ihn als Plagiator, aber Marius wurde später rehabilitiert.

Marius hatte eine frühzeitige Veröffentlichung versäumt. Erstmalig deutete er am 1. März 1511 im Prognosticon auf 1612 (Widmung vom 1. März 1611) seine Entdeckung der Jupitermonde an. Im Prognosticon auf 1613 vom 30. Juni 1612 berichtete er die Umlaufzeiten und Entfernungen der Jupitertrabanten, und im Prognosticon auf 1614 vom 16. Mai 1613 präzisierte er seine Beobachtungen. Die endgültige Veröffentlichung fand dann im Jahre 1614 in seinem Opus Major „Mundus Iovialis" statt.

Darin nimmt er auch Bezug auf den Disput mit Galilei:

> Ich führe dies aber nicht deshalb an, als wollte ich den Ruhm des Galilei schmälern und ihm selbst die Entdeckung dieser Jupitersterne bei seinen Italienern entreißen ...

> Zuerst also zollt man dem Galilei und bleibt ihm auch das erste Lob für die Entdeckung dieser Sterne bei den Italienern ....

> Wenn also mein Buch zu Galilei nach Florenz gelangt, bitte ich ihn, daß er es in diesem Sinne nimmt, wie es von mir geschrieben worden ist. Es liegt mir nämlich fern, daß meinetwegen seine Autorität oder seine Entdeckungen geschmälert werden; vielmehr will ich ihm sehr danken, für die Veröffentlichung seines Sternenboten; dieser hat mich nämlich sehr bestärkt. ...

> Die Methode, nach der Galilei selbst die Entfernungen vom Jupiter erhalten hat, ist mir nicht gelungen; doch ich habe meine Methode beibehalten, die ich schon vor der Kenntnis des Sternenboten angewandt habe ....

> Es wurde durch meine eigenen Beobachtungen und durch die des Galilei herausgefunden, daß der vierte Mond des Jupiter; das ist der, der die größte Elongation vom Jupiter hat, in mittlerer Entfernung des Jupiter von der Erde ungefähr 13 Winkelminuten auf beiden Seiten abschweift ....

> Galilei nennt jene Gestirne in seinem ‚Sternenboten' Mediceische Gestirne, besonders deshalb, weil er selbst ja in Florenz geboren und erzogen wurde unter der Herrschaft der großen Fürsten von Etrurien, die schon viele Jahre hindurch aus der berühmten Familie der Medici stammten ....

> Dies füge ich nicht hier hinzu, um irgendwelchen Ruhm zu erheischen, sondern wegen der dummen und teils ruchlosen Angriffe gewisser mir übelwollender Leute, besonders aber eines bestimmten Mannes, den ich, obgleich ich es anders vorhatte, jeder Erwiderung für gänzlich unwürdig halte; ich will es nämlich nicht sein, der den Namen dieses Kerls anderen ehrenhaften Männern bekannt macht ....

> Die Begleitgestirne des Jupiters erscheinen nicht immer in gleicher Größe, sondern bald größer, bald kleiner.

> Dieses Phänomen hat nicht nur mich, sondern, wie es aus dem ‚Nuntius Sedereus' ersichtlich ist, auch den Galilei sehr beschäftigt .... Bald werde ich darlegen, dass der von Galilei als plausibel angeführte Grund, weswegen diese Jupitergestirnen bald größer, bald kleiner erscheinen, diesem Phänomen nicht gerecht wird. Denn Galilei meint, daß eine Art von dunstiger Hülle, die dichter ist als die übrige Luft, den mondartigen Himmelskörper umgibt, eine ähnliche Luftschicht wie sie auch die Erde umgibt ....

> Dies habe ich wegen der Sticheleien der Neider hinzufügen wollen ... [16]

Man fragt sich natürlich, warum auch nach der Veröffentlichung des Munus Iovialis die Anerkennung der wissenschaftlichen Leistung des Marius fast 300 Jahre lang ausblieb. Wahrscheinlich ist das zunächst auf die heftigen Angriffe Galileis zurückzuführen. Galilei zog in Zweifel, dass Marius überhaupt die Jupitermonde unabhängig von ihm entdeckt hatte. Außerdem unterstellte er, dass sein Kontrahent die von ihm gemessenen Umlaufzeiten kopiert habe. Das Problem der Erstentdeckung hängt auch mit der Verwendung unterschiedlicher Kalender zusammen. Im protestantischen Fürstentum Ansbach wurde noch der julianische Kalender referenziert, während Galilei bereits den von Papst Gregor XIII. (1502–1585) eingeführten Kalender benutzte. Dadurch kommt es, dass die Mitteilung von Marius, er habe die Jupitermonde bereits am 29. Dezember 1609, also kurz vor deren Entdeckung durch Galilei, beobachtet, so nicht stimmig ist, da der 29. Dezember 1609 im julianischen Kalender der 8. Januar 1610 gregorianisch ist, also ein Tag nach Galilei.

Auch Scheiner stimmte in den Chor derjenigen ein, die Marius als Plagiator verunglimpften, obwohl er selbst die Breitenabweichungen der Jupitermonde aus dessen Aufzeichnungen übernahm, ohne Marius als Quelle zu nennen.

Der bereits erwähnte David Fabricius verhielt sich an dieser Stelle wesentlich neutraler. So schrieb er, dass er es für denkwürdig halte, „daß der Galilaeus Galilaei, ein Italiener, mit hülff dises Tubi optici 4 kleine Planetlein umb und neben den Jovem entdecket, davor kein Astronomus jemals gewußt oder meldung getan hat. Was auch der Herr Simon Marius von diser neuen Planetlein Lauff juxta longitudinem et latitudinem bißher observiert, solches wird er verhoffentlich der posteritet mit den ehesten comuniciren und ihme damit einen rühmlichen Namen machen."

Der Vorwurf des Plagiats lastete auf Marius derart, dass er befürchtete, auch seine Entdeckung der Venusphasen würde den gleichen Vorwurf hervorrufen, sodass er davon lediglich in einer privaten Mitteilung berichtete, und ansonsten dieses Thema nicht wieder aufgriff.

Im Zusammenhang mit der Jupiteraffäre brachte Galilei auch ältere Plagiatsvorwürde bzgl. seines Militärkompasses wieder ins Spiel. Die Angelegenheit war längst beigelegt und betraf eigentlich nicht Simon Marius selbst, sondern dessen Schüler Baldessare Capra. Hintergrund war im Jahre 1607 dessen lateinische Übersetzung der Gebrauchsanweisung zur Handhabung des Kompasses. Capra hatte behauptet, er selbst hätte den Proportionszirkel erfunden, obwohl es sich um eine Verbesserung eines bereits existierenden Gerätes durch Galilei handelte. Die Sache war ja zu Gunsten Galileis entschieden worden. Galilei allerdings versuchte den Plagiatsvorwurf auf Marius auszudehnen und behauptete obendrein, Marius habe Italien verlassen, um einer Strafe in dieser Angelegenheit zu entgehen. Marius war jedoch bereits 1605 nach Deutschland zurückgekehrt. [4]

Galilei widmete seine Schrift „Sidereus Nuntius" Cosimo II. (1590–1621) Medici, Großherzog der Toskana, und benannte die vier Satelliten des Jupiters als die „Medicäischen Himmelskörper". Diese Widmung war jedoch von Belisario Vinta (1542–1613), erster Sekretär des Großherzogtums Venedig, ein Bekannter Galileis, und dem er mitgeteilt hatte, dass er sich in Venedig befand, um die Drucklegung des Sidereus zu beaufsichtigen, initiiert. Ursprünglich wollte er die Jupiter-Satelliten als „kosmische Planeten" bezeichnen, aber Vinta machte einen anderen Vorschlag, dem Galilei folgte. Tatsächlich fühlten sich einige Leute durch die „Medicäischen Sterne" geehrte, und in Florenz bildete sich eine Schar von Anhängern, die sich selbst die „Galileisten" nannte. Sie waren sich damals sicher, gegen die traditionelle Wissenschaft bestehen zu können.

Bereits im Vorwort hatte Galilei festgestellt, dass der Jupiter sich um das Zentrum des Universums, nämlich die Sonne, bewegte. Vor der Veröffentlichung wurde der

Text durch einen Vertreter der Heiligen Inquisition geprüft, der nichts finden konnte, was sich gegen den „Heiligen Katholischen Glauben" richtete.

Das Ganze ist ein Beispiel bzgl. Galileis wankelmütiger Position, dass er bis zur Veröffentlichung des Sidereus seine wissenschaftliche Überzeugung als Privatangelegenheit ansah, obwohl er als Professor für Mathematik an der Universität von Padua seit 1592 lehrte.

10 Begegnungen und Kommunikation

Johannes Kepler und Galileo Galilei – eine schwierige Korrespondenz

Es war Johannes Kepler, der von sich aus Kontakt zu Galileo Galilei aufnahm und damit eine Korrespondenz eröffnete, die sich über 30 Jahre hinzog – ein Briefwechsel, durchzogen von langen Unterbrechungen und geprägt von Missverständnissen und Enttäuschungen. Alles begann mit Keplers Veröffentlichung seines ersten Werkes, dem „Mysterium cosmographicum". Er schickte ein Exemplar an Galilei und bat um eine Antwort. In seinem Antwortschreiben gestand Galilei, dass er ein Anhänger des Copernicus wäre. Damals war Galilei 33 Jahre alt. Er hatte das Buch und Keplers Brief über Keplers Freund Paul Hamberger erhalten. Da Hamberger Padua am selben Tag noch verlassen musste und er gebeten worden war, Galileis Antwort so schnell wie möglich nach Graz zu überbringen, bestand Galileis Antwort vom 4. August 1597 lediglich aus einer höflichen Bestätigung, dass Kepler ein allseits anerkannter Wissenschaftler sei, ohne dass auf den Inhalt des Buches näher eingegangen wurde. Galilei hatte nur die Zeit gehabt, das Vorwort zu lesen: „Von dem Buch sah ich jetzt nur die Einleitung an, aus der ich Eure Absicht gleichwohl schon erfasste. Und ich freue mich in der Tat gar sehr, bei der Erforschung der Wahrheit einen so bedeutenden Bundesgenossen zu haben, der ein Freund der Wahrheit selbst ist."

Neben dem Eingeständnis, ein Anhänger des Copernicus zu sein, erklärte er jedoch, warum er sich damit in der Öffentlichkeit zurückhielt. Er führte aus, dass Copernicus' Werk lächerlich gemacht und verspottet worden war. Und solange lediglich eine Minderheit von Gelehrten dem kopernikanischen Weltmodell anhinge, und eine große Anzahl anderer weiterhin dem traditionellen, er nicht bereit wäre, selbst an die Öffentlichkeit zu treten.

Am 13. Oktober 1597 schickte Kepler zwei weitere Exemplare an Galilei, die dieser erbeten hatte. In seinem Begleitbrief ermutigte er Galilei, in der Annahme, dass das Ignorantentum in Italien sich ähnlich dem in Deutschland verhielte, noch einmal, öffentlich und mutig das kopernikanische Modell zu verteidigen. Er könne sich der Idee, dass unaufgeklärte Massen über die Wahrheit herrschten, nicht anschließen, und lehnte es ab, andere Wissenschaftler etwa durch List für die Sache zu gewinnen. Schließlich bat er Galilei, im März 1598 Beobachtungen des Polarsterns und von Ursa Major durchzuführen, da er selbst kein astronomisches Instrument mit ausreichender Auflösung besäße.

Erst im April 1611 wandte sich Galilei wieder an Kepler über eine gewissen Asdale in Prag, in dem er ihn um seine Meinung bzgl. der Schrift „Dianoia astronomica" von Francesco Sizzi (1585–1618), einem italienischen Astronomen, der als erster die Bewegung von Sonnenflecken beobachtet hatte, bat. In seinem Aufsatz lehnte Sizzi die Existenz der Jupitermonde ab, die von Galilei entdeckt worden waren, und deren Entdeckung

https://doi.org/10.1515/9783110762778-010

dieser im „Sidereus Nuntius" (s. Abb. 10.1) veröffentlicht hatte – und zwar auf Grund von astrologischen Überlegungen.

Abb. 10.1: Titelblatt Sidereus Nuntius.

Kepler kommentiert dazu an Galilei: „Das Büchlein des Sizzi, das ich durch Vermittlung des Herrn Welser erlangte, habe ich gelesen oder vielmehr überflogen, und dies schlaftrunken. Es kam unter dem Titel ‚Dianoia astronomica' in das Verzeichnis der Frankfurter Herbstmesse. Aber nunmehr ist der Titel um folgende Worte vermehrt worden: ‚ .... worin das Gerücht der Sternbotschaft über 4 Planeten als leer erwiesen wird.' Gewidmet ist es dem Großherzog von Toskana, mit der sonderbaren Begründung, er, Sizzi, streite mit Galilei, dem so tapferen Helden jenes Herzogs, sei aber schwach und bedürfe also der Gefolgschaft."

Kepler verglich Sizzi mit Martin Horky, einem weiteren Skeptiker gegenüber Galileis Entdeckungen. Seine Beurteilung von Sizzi war eindeutig, indem er ihn mit einem Blinden verglich, der über das Sonnenlicht schrieb, aber schlussendlich wollte er doch ein zu hartes Urteil über einen jungen Autor vermeiden und schlug vor, dass sich Galilei mit Sizzi befreundete, um ihn dann zu überzeugen.

Stelluti (1577–1652), ein enger Mitarbeiter von Federico Cesi (1585–1630) (Abb. 10.2), dem Gründer der Accademia dei Lincei, behauptete in einem Schreiben, dass Kepler sich gegen den Sidereus ausgesprochen hätte, was natürlich nicht der Wahrheit entsprach, da Kepler seine Unterstützung für Galilei in seiner „Dissertatio cum Sidereo" im März 1610 veröffentlicht hatte.

Abb. 10.2: Federico Cesi.

Die „Disseratio" war eine Art offener Brief. Kepler hatte den Sidereus am 8. April erhalten und gab seine Dissertatio nur 22 Tage später heraus. Darin machte er sich auch Gedanken über den möglichen Einfluss, den die neu entdeckten Himmelskörper auf die Astrologie haben würden. Galilei ignorierte diese Spekulationen und bedankte sich für Keplers Unterstützung, in dem er schrieb, dass Kepler der Erste und praktisch der Einzige wäre, der seinen Auslassungen vollständigen Glauben schenkte, aber ohne wiederum auch nur einmal das Mysterium cosmographicum zu erwähnen. Kepler selbst war nicht in der Lage, Galileis Beobachtungen zu verifizieren, da ihm ein geeignetes Instrument fehlte, und Galilei hatte seine Bitte um ein besseres Teleskop ignoriert. Schließlich, ein Jahr später, lieh sich Kepler eines von Giuliano de Medici, dem Repräsentanten der Toskana in Prag, der ein Teleskop von Galilei zum Geschenk erhalten hatte.

Diese Episode brachte die spärliche Korrespondenz zwischen den beiden berühmten Wissenschaftlern zunächst zu einem Ende. Galilei setzte sie indirekt fort, indem er Kepler durch den Legaten von Toskana mit einer Anzahl von Anagrammen bombardierte, die sich auf neue Entdeckungen über den Saturn bezogen.

Im Jahre 1627 meldete sich Galilei noch einmal mit einem Empfehlungsschreiben für einen Giovanni Stefano Bossi. Er schloss sein kurzes Schreiben vom 28. August 1627 nach Ulm mit einem „Lebt wohl." und im P.S. „Nochmals, lebt wohl."

Nicht weniger schwierig: die Kommunikation zwischen Johannes Kepler und Simon Marius

Im Mundus Iovialis lesen wir:

> Herr Kepler schreibt in den Optica, dass er diese Farben mit blossem Auge gesehen habe; er hat dies in Regensburg nach dem Mahle dem berühmten Herrn D. Johannes Mathias Wacker von Wackenfels, Seiner ehrwürdig kaiserlichen Majestät kaiserlichem Rat am Fürstenhofe, und mir bestätigt, als wir uns über eben diese Sache unterhielten.

Und bzgl. der Benennung der Jupitermonde:

> Zu diesem Einfall und dieser Benennung mit Eigennamen hat der kaiserliche Mathematiker Herr Kepler Anlass gegeben, als wir im Monat Oktober des Jahres 1613 bei einem Treffen in Regensburg waren.

Zu einigen Aspekten von Galileis Beobachtungen äußerst sich Marius wie folgt:

> Auch Kepler hat derartige Kluften am Rand des Mondes bei einer Sonnenfinsternis gesehen – ja sogar auch auf der Sonnenscheibe, im Mai 1612 –, wie es aus den an mich gerichteten Briefen bekannt ist.

Und weiter:

> ... die Briefe Keplers an mich beweisen das, was Galilei mit Hilfe seines sehr vollkommenen Instrumentes gesehen hat.

Doch so ganz harmonisch war die Beziehung von Kepler und Marius durchaus nicht. Ich zitiere aus einem Aufsatz von P. Leich aus dem Regiomontanus Boten vom 4. Quartal 2021:

> Mit einer Empfehlung des Markgrafen Georg Friedrich vom Mai 1601 war Marius nach Prag gereist, um ‚Forschungsassistent' zu werden. Keplers Frau Barbara berichtet am 31. Mai 1601 ihrem Mann, dass Brahe einen Mathematiker aufgenommen habe, der „ein lötiger (fähiger) Gesell" sei. Die Zusammenarbeit mit Brahe kam jedoch nicht zustande, da dieser im Oktober starb, und Marius wohl nur im August in Prag war. Selbst Kepler dürfte Marius in Prag noch nicht kennengelernt haben.

In der Umfangreichen Vorrede der Dioptrice, in der erstmals der Ausdruck „Mundus Iovialis" auftritt, veröffentlichte Kepler drei Briefe Galileis u. a. über dessen Entdeckung der Phasen der Venus. Daran ließ Kepler Vickes Mittelung über ein Schreiben von Marius anschließen, den Kepler mit spitzen Bemerkungen versah, die Marius verärgerten, woraufhin er sich über einen Hofrat des Markgrafen am Kaiserhof beschwerte, sodass sich Kepler zu zwei Schreiben veranlasst sah, um seine Bemerkungen als ‚weder ungerecht noch unehrenhaft' zu erweisen.

In einer privaten Anmerkung vom Augusr 1619 an Johannes Quietanus in Wien beschrieb Kepler Marius als „unbeliebten und dreisten Seher und mehr als nur einen, der nur Vorzeichen deuten kann, wie er ja auch selbst zugibt. Er möge seine Sachen für sich behalten und möge damit seinen Freunden nicht auf die Nerven gehen. [25]

11 Kosmologien

Immer schon seitdem der Mensch sein Habitat zu verstehen versuchte, dachte er über die Wirklichkeit und seine Umgebung nach. Sein Hauptehrgeiz bestand darin, diese Umgebung so nah an der Wirklichkeit wie möglich zu beschreiben. Bis zum heutigen Tag hat er diese Aufgabe noch nicht erledigt. Er bleibt gefangen in Bildern oder – in besserer Näherung – in Modellen. Dazu folgender kurzer Abriss der Modellgeschichte. [50]

Sehr früh schon treffen wir auf eine alte indische Kosmologie. Sie besagt, dass 4 320 000 000 Menschenjahre einem einzigen Tag des Brahma entsprechen. An diesem Tag durchläuft der Kosmos seinen ganzen Zyklus – immer wieder: jedes einzelne Atom löst sich im ursprünglichen Wasser der Ewigkeit auf, aus dem alles einmal entstanden ist.

Aus uns überlieferten Berichten wissen wir, dass vorsokratische Philosophen die ersten waren, die kosmologische Theorien jenseits des mythologischen Kontextes entwickelten. Und es gab einen, der ein bündiges Modell für die Erschaffung der Welt vorgestellt hat – Anaximander. Er wird als der erste Systematiker bezeichnet. Nach dem Chronographen Apollodor, der in der zweiten Hälfte des zweiten Jahrhunderts v. Chr. lebte, war Anaximander im Jahre 547/546, dem Jahr vor dem Fall von Krösus' Residenz Sardes, 64 Jahre alt – und damit 25 Jahre älter als Thales. Nach den damals geltenden symbolischen Bedeutungen wurde damit das Verhältnis Lehrer – Schüler ausgedrückt.

Im Gegensatz zu Thales, der Ideen auf verschiedenen Gebieten entwickelte, brachte Anaximander es zu einem großen zusammenhängenden Entwurf. Dabei ging er von so grundlegenden Fragen aus wie: Was ist der Ursprung der Erde? Was ist der Ursprung des Wassers und der Gestirne? Wie erklärt sich die Regelmäßigkeit der Sonnenfinsternisse?

Obwohl uns kein Originaldokument von ihm selbst erhalten geblieben ist, überlieferten Philosophen und Historiker, die nach ihm kamen, seine Ergebnisse den nachfolgenden Generationen. Weiter unten werden wir diese Theorien diskutieren. Wie bereits weiter oben erwähnt, entwickelten Plato und Aristoteles ihre eigenen Kosmologien. Im ausgehenden Mittelalter traten dann Avicenna und Nikolaus Cusanus auf.

In der Neuzeit folgt nun eine Sukzession von Forschern und Philosophen – unter ihnen Huygens, Edmund Halley (1656–1742), Thomas Wright (1711–1786) und Immanuel Kant (1724–1804), die sich mit der Zahl von Fixsternen, der Interpretation der Milchstraße und ihrer Orientierung und dem Phänomen der Galaxien auseinandersetzten. Und noch 1835 spekulierte Auguste Compte (1798–1857), dass es sinnlos sei, sich über die Zusammensetzung von Fixsternen Gedanken zu machen, da man ohnehin nicht in der Lage sein würde, diese zu verifizieren.

https://doi.org/10.1515/9783110762778-011

Grundlage moderner kosmologischer Modelle sind die zugehörigen astronomischen Beobachtungen. Dazu gehören:

– Das Universum ist homogen und isotrop über Entfernungen von 10^8 Lichtjahren und weiter.
– Sterne, Galaxien und Galaxiencluster bewegen sich in Größenordnungen von Entfernungen von einem, 10^6 und etwa 3×10^7 Lichtjahren.
– Nimmt man aber den Helikopterblick ein, so erkennt man kaum Unterschiede innerhalb eines Volumenausschnitts von 10^8 Lichtjahren Seitenlänge, wo immer man dieses Volumen ausschneidet.
– Das Universum dehnt sich aus.

Diese Tatsachen sind die Voraussetzungen für jedes moderne kosmologische Modell. Um ein solches zu entwickeln, hat eine Anzahl berühmter Wissenschaftler eine erhebliche Rolle gespielt. Einer von ihnen war Edwin Hubble, nach dem das berühmte Weltraumteleskop benannt ist.

Zu den Sternen aufschauen – Anaximander

Um auf Anaximander zurückzukommen: unser Interesse in diesem Zusammenhang betrifft seine Interpretation des Sternenlichts. Anaximander postulierte einen einzigen Ursprung aller bekannten Gegenstände – ein singuläres erstes Ereignis (eine solche „Singularität" ist das Zentrum der heutigen Big-Bang-Theorie; sie hat außerdem noch eine mathematische Bedeutung). In seiner Theorie kann dieses einzigartige uranfängliche Ereignis nicht weiter auf etwas noch Ursprünglicheres reduziert werden. Er nannte diesen Anfang Apeiron, das Unbegrenzte. Diese unerschöpfliche Quelle steht im Gegensatz zu den „beschränkten" Dingen, d. h. Gegenstände, die sich täglich im Laufe der Zeit ändern: Seen und Flüsse, Hitze und Kälte, Erde und Sterne. Im Gegensatz zu denen altert das Apeiron nicht und wird niemals vergehen. Beides existiert nebeneinander: das Unbegrenzte und die Dinge des täglichen Lebens, wobei das Apeiron nicht für etwas Abstraktes steht, sondern für etwas Essentielles, wogegen das Apeiron nicht erschaffen wurde und ewig existieren wird.

Weiterhin nahm Anaximander die Existenz von Elementarkräften an, die für klimatische Phänomene, die Jahreszeiten etc. verantwortlich waren. Diese Phänomene entstünden durch irgendeine Wechselwirkung zwischen diesen Elementarkräften: heißes, trockenes Feuer und kaltes, feuchtes Wasser. Sein Ansatz war, die Entstehung dieser Elementarkräfte und deren Verhältnis zueinander aus dem Apeiron selbst herzuleiten. Dazu nahm er Zuflucht zu einer Art spontaner Schöpfung aus einer Art von Samen. In diesem Samen waren ursprünglich alle Antagonismen von warm und kalt, feucht und trocken vereinigt. Feuer umgab alles; im Inneren wurde ein trockener Kern gebildet, der wiederum umgeben war von einer nebulösen Schicht. Auf diese

Weise wurde ein ungeheurer Druck erzeugt, der die Feuerkruste zum Platzen brachte. Somit stand eine Explosion am Anfang von Anaximanders Weltmodell – ein Big Bang.

Danach wurden die übrigen Feuerstreifen von Nebeln bedeckt, in denen Öffnungen geblieben waren, durch die wir das Feuer beobachten können – unsere Sterne, die Sterne die Galilei, Kepler und Marius 2000 Jahre später studierten. In der Mitte dieses Kosmos verblieb ein gehärteter Kern – unsere Erde. Anaximander stellte sich diesen als einen Zylinder vor, auf dem wir auf der oberen Seite leben.

Anaximander gehörte zu den Vorsokratikern. Man sagt, dass die Philosophie mit ihnen angefangen hat. Auf jeden Fall liegt deren Bedeutung darin, dass viele wichtige Fragen der Wissenschaft und der Philosophie erstmalig in den uns von ihnen erhaltenen Äußerungen zu finden sind. Das bedeutet nicht, dass sie für uns heute schon die Frage nach den letzten oder vorletzten Dingen beantwortete hatten. Tatsächlich waren es ihre kritischen und rationalen Ansätze, die als Grundsteine für die Zukunft gelegt wurden.

Für die Philosophen, die sich zu der damaligen Zeit mit solchen Fragestellungen auseinandersetzten, hat sich der konventionelle Begriff „Vorsokratiker" eingebürgert [26]. Er bezieht sich auf Menschen, die lange vor Sokrates wirkten. Sie haben in der Rezeption insbesondere durch Platon und Aristoteles eine wichtige Rolle gespielt. Sie lebten in der ersten Hälfte des sechsten Jahrhunderts v. Chr. auf der damals von Griechen besiedelten Westküste der heutigen Türkei, im sogenannten Ionien. Später wurden einige von Ihnen auch in Unteritalien heimisch. Etwa zeitgleich lebten die bekannten jüdischen Propheten. Erst um die Mitte des fünften Jahrhunderts wird die Philosophie dann in Athen eingeführt.

Die Hinwendung zur philosophischen Betrachtung führte gleichzeitig zum Ausschluss der bis dahin vorherrschen mythologischen Welterklärungen, griff aber auch auf deren begriffliche Elemente wie Urzustand, Unbestimmtheit von Mächten etc. zurück, da sich eine philosophische Sprache noch nicht entwickelt hatte. Insofern war die Mythologie unentbehrliche Bedingung für das Entstehen einer philosophischen Haltung. Parallel fanden in den damaligen Gesellschaften wichtige sozio-politische und technologische Entwicklungen statt. Auch diese waren notwendige, wenn auch keine hinreichenden Bedingungen für das Entstehen der Philosophie. Und die entstand eben nicht als breite Bewegung, sondern zunächst in den Köpfen Einzelner. Trotzdem wurden in relativ kurzer Zeit neue Wege und neue Weisen des Betrachtens der Dinge eingeschlagen. Das Ganze führte sozusagen zu einer neuen Technik des Betrachtens.

Der Wandel von der Mythologie zu rationalen Erklärungen wird deutlich am Beispiel der Sonnenfinsternisse. Eine Sonnenfinsternis wurde als Ausdruck des Zornes der Götter interpretiert. Nachdem es Thales jedoch gelungen war, die Sonnenfinsternis von 585 v. Chr. vorauszuberechnen, erübrigte sich diese Auslegung. Nichtsdestoweniger kann man die vorsokratischen Theorien immer noch als spekulativ charakterisieren, die nur zum Teil durch Erfahrungstatsachen gestützt werden konnten.

Ein neuer Begriff tauchte auf, der Begriff des „natürlichen Prozesses". Thales darf als sein Wegbereiter angesehen werden. Eine erste wirkliche Alternative zu den mythologischen Welterklärungen wurde allerdings erst durch seinen Nachfolger Anaximander angeboten. Anaximander entwickelte die Idee vom natürlichen Prozess weiter und wandte ihn auf den gesamten bis dahin von der mythologischen Kosmologie beherrschten Fragenkomplex an. Sein Versuch war es, den zugrundeliegenden Prozess aus sich selbst zu erklären. Beobachtete Ereignisse sind nicht mehr das Ergebnis geheimnisvoller Mächte, sondern das notwendige Ergebnis von vorab gegebenen Verhältnissen.

Für ihn war seine Weltordnung eine Folge eines unausweichlichen Big Bangs, einer Explosion eines im unerschöpflichen Urgrund entstandenen Keimes, der sich aus den sich gegenseitig bekämpfenden Kräften des Heiß-Trockenen und des Kalt-Nassen gebildet hatte. Das Zerreißen des Feuerrings dieses Keims wurde zur Ursache der bekannten Himmelkörper und ihrer Positionen. Die Erde dagegen blieb unverrückbar in der Mitte des Kosmos. – Die gleichen Kräfte, die zur Bildung des Universums geführt haben, werden eines Tages auch zur Ursache für dessen Untergang.

Ein großes Verdienst dieses Vorsokratikers besteht darin, dass er den Zusammenhalt seiner Strukturen durch die begriffliche Sprache der Mathematik zugänglich machte. Allein aus diesem Grunde weist seine Pioniertat in die fernste Zukunft. Und da alle Feuchtigkeit irgendwann einmal verbraucht sein würde, müsste der kosmologische Prozess wieder rückwärts laufen, müssten die Elementarkräfte wieder ins Apeiron zurücksinken: der Big Crunch.

Die Vorgehensweise Anaximanders war für seine Zeit völlig ungewöhnlich. Zunächst sind für ihn die Tatsachen der vorgefundenen Welt fragwürdig geworden. Dann geht er einen Schritt zurück und bildet eine spekulative Vorstellung davon, wie aus bestimmten Vorgaben die beobachteten Erfahrungstatsachen hervorgebracht sein müssten. Um ihn zu verstehen, bedarf es gleichzeitig der Kreativität und einer gewissen rationalen Einbildungskraft sowie rational interpretierter Erfahrungen. Sein wissenschaftliches Gedankengebäude wurde definitiv von Thales angeregt, obwohl man ein klassisches Lehrer-Schüler-Verhältnis nicht nachweisen kann. Durch den Einfluss auf nachfolgende Denker wurde eine Tradition kritischer Diskussion begründet, die den Kern wissenschaftlich-philosophischer Aktivität ausmacht.

Aristoteles sagte, dass am Anfang der Philosophie das Staunen oder die Verwunderung über die sich unmittelbar mitteilenden Erscheinungen stünde. Vor diesem Hintergrund ist eine erklärende Theorie eine Herausforderung. Um Erklärungen zu liefern, muss sie sich wiederum begrifflich von der Erfahrung absetzen. In der sich dann anschließenden Diskussion geht es schließlich um die Bedeutung von Erfahrungstatsachen für die Prüfung einer solchen Theorie und umgekehrt um die Interpretation von Erfahrungstatsachen durch die Theorie. Auf diese Weise wurde der bis dahin gültige Boden verlassen, auf dem die Frage nach dem „Wie?" einer ersten Erklärung für ein geordnetes Universum nicht gestellt wurde. Diese Frage wurde erstmals von Parmenides gestellt: wie kann der Anfang der heutigen Welt aus etwas ganz anderem hervorgegangen sein?

Unterschiedliche Vorsokratiker gaben unterschiedliche Antworten, sodass als Folge davon wiederum Skepsis in weiten Kreisen eintrat. Das machte sich insbesondere an den nicht mehr reduzierbaren Elementen wie Atome und Elemente fest. Man war sich uneinig in den Erklärungsmodellen, und es gab keine allgemein akzeptierten fachlichen Kriterien.

Eine weitere Novität der Vorsokratiker bestand zum einen in der Tatsache, dass man ab jetzt seine Gedanken dem Papier anvertraute und dazu noch in prosaischer Form. Die mythologischen Beschreibungen der Welt waren bis dahin, wenn überhaupt, in poetischer Weise verschriftlicht worden. Damit war bewiesen, dass wichtige Aussagen, die eine bestimmte Faktizität beanspruchen, sogar über die höchsten Dinge, in prosaischer Form formuliert werden konnten.

Woher haben wir nun Kenntnis vom Gedankengut dieser Menschen? Keines ihrer Werke ist vollständig erhalten überliefert worden. Fragmente sind uns weitergegeben worden von Simplikios aus dem fünften Jahrhundert n. Chr., ebenso von Sextus Empiricus aus dem zweiten Jahrhundert n. Chr. Beide überlieferten in Form von Zitaten. Neben den Zitaten gibt es noch jede Menge Zeugnisse aus der antiken Fachliteratur. So betrieb bekanntermaßen Aristoteles auch Philosophiegeschichte. Seine Angaben zu unserem Themenkomplex sind unentbehrlich, weil verlässlich. Ebenso Auszüge aus der „Geschichte der Naturphilosophie", die von seinem Schüler Theophrast Ende des vierten Jahrhunderts v. Chr. verfasst wurde.

Zu den wichtigsten Vorsokratikern gehören neben Anaximander: Thales, Anaximedes, Pythagoras, Xenophanes, Heraklit, Parmenides, Zenon, Empedokles, Anaxagoras, Leukipp und Demokrit.

Von dem elementaren Kampf der Naturkräfte wissen wir nur aus einem einzigen uns überlieferten Satz des Philosophen. Von dem kosmischen Prozess sehen wir nur einen winzigen, fast ruhende Ausschnitt. Er vollzieht sich im geordneten Nacheinander im Zeitablauf. Somit gibt es zwischen Ursamen und Untergang den herrlichen Bau des Kosmos mit allem, was ihn bevölkert. Neben der Mathematik verbleiben uns weitere Vermächtnisse dieses Mannes:
– die Unausweichlichkeit natürlicher Prozesse
– die Entdeckung des physikalischen Zeitbegriffs, und damit zusammenhängend
– die physikalische Kausalität.

Der natürliche Prozess ist zeitgebunden. In ihm folgt eine Wirkung auf eine Ursache, die selbst wieder Ergebnis einer anderen Ursache ist, innerhalb einer beschränkten Zeit.

Da uns komplette Textpassagen des Philosophen nicht überliefert worden sind, hier eine Auswahl aus verschiedenen Quellen:

Anaximander, des Praxiades Sohn, aus Milet. Dieser sagte, Ursprung und Element sei das Unbeschränkte; er bestimmte es nicht als Luft oder Wasser oder etwas Ähnliches. Und die Teile verwandelten sich, das All jedoch sei unverwandelbar. (Diogenes Laertos)

Gegensätze sind Heiße, Kalte, Trockene, Feuchte usw. (Simplikios)

Es gibt nämlich solche, welche das Unbeschränkte in dieser Weise, d. h. als etwas neben und außer den Elementen, woraus sie die Elemente entstehen lassen, und nicht als Luft oder Wasser bestimmen, damit nicht, wenn eines von ihnen unendlich sein sollte, die anderen zugrunde gehen. Die Elemente haben nämlich unter sich eine Beziehung der Gegnerschaft; die Luft z. B. ist kalt, das Wasser feucht, das Feuer heiß. Wenn einer von ihnen also unbeschränkt wäre, wären die übrigen schon lange zugrunde gegangen. Also sagen sie, das Unbeschränkte sei etwas anderes als die Elemente, woraus diese entstünden. (Aristoteles)

.... die Erhabenheit eben des Unbeschränkten, denn es sei das Allumfassende und schließe alles in sich ein. (Aristoteles)

Anaximander, Sohn des Praxiades, aus Milet. Als Prinzip der seienden Dinge bezeichnete er eine bestimmte Natur, das Unbeschränkte, und aus dieser seien die Welten und die darin befindliche Ordnung entstanden. Sie sei ewig und nichtalternd und umfasse auch alle geordneten Welten. Er spricht von Zeit, weil das Entstehen und das Dasein und das Vergehen genau abgegrenzt worden sind. Er hat also das Unbeschränkte sowohl als Ursprung wie auch als Element der seienden Dinge angewiesen und als erster die Bezeichnung Ursprung, Prinzip, gebraucht. Er fügt dem hinzu, dass die Bewegung ewig sein und dass eben deshalb bei dieser Bewegung die Welten entstünden. (Hippolytos)

Anaximander aus Milet sagt, der Ursprung oder Anfang der seienden Dinge sei das Unbegrenzte. Denn aus diesem entstehe alles und zu diesem vergehe alles. Weshalb auch unbeschränkt viele Welten produziert werden, und wieder vergehen zu jenem, aus dem sie entstehen. Er gibt auch den Grund an, weshalb es unbegrenzt ist: damit das faktische Entstehen in keiner Hinsicht nachlasse. (Aetios)

Anaximander, des Praxiades Sohn, aus Milet, Nachfolger und Schüler des Thales, behauptete, Anfang und Element der seienden Dinge sei das Unbeschränkte, wobei er als erster den Terminus Anfang einführte. Als solchen bezeichnet er weder das Wasser noch ein anderes der üblichen Elemente, sondern eine andere, unbeschränkte Wesenheit, aus der sämtliche Universa sowie die ihnen enthaltenen kosmischen Ordnungen entstehen: ‚Aus welchen seienden Dingen die seienden Dinge ihr Entstehen haben, dorthin findet auch ihr Vergehen statt, wie es in Ordnung ist, denn sie leisten einander Recht und Strafe für das Unrecht, gemäß der zeitlichen Ordnung‘, darüber in diesen eher poetischen metaphorischen Worten sprechend. Es ist klar, dass er aufgrund der Betrachtung der Verwandlung der Elemente ineinander es nicht gutheißen wollte, dass eines von diesen als Zugrundeliegendes bestimmt werde, sondern dass er etwas anderes neben und außer ihnen ansetzte. Seiner Meinung nach wird der Entstehungsprozess nicht durch die Verwandlung des Elements bestimmt, sondern indem sich aus ihm Gegensätze durch die Bewegung des Ewigen ausscheiden. (Simplikios) [26]

Es gibt zwei entscheidende Gesichtspunkte, die die Texte so einzigartig machen:
- die Rückführung auf ein Urereignis zur Entstehung der Welt
- die Erklärung der Existenz der Dinge aus dem Zusammenwirken von Gegensätzen.

Gleichzeitig führt Anaximander die Vorstellung von etwas Unbegrenztem ein. Das sind hochmoderne Begriffe, die von heutigen Menschen sofort verstanden werden können. Zu seiner damaligen Zeit waren diese Vorstellungen aber revolutionär, da Erschaffung der Welt und Wirkungen bis daher von mythischen Ursachen oder den Göttern hergeleitet wurden. Außerdem kann die Frage nicht beantwortet werden, ob seine Zeitgenossen in ihrer Vorstellung die konkreten Begriffe nicht anders umgesetzt haben als wir Urknall-Gewohnten. Dennoch – wir können sie nur so lesen, wie wir sie lesen.

Zumindest sein Ursprungsmodell kommt der heutigen Kosmologie näher als viele Modelle danach:

1. Es gibt einen Anfang.
2. Es gibt einen Zeitlauf, dem Geschehnisse zugeordnet werden können; dieser Zeitlauf hat eine Richtung.
3. Es gibt Bewegung, die immer weiter geht.
4. Die Welt ist unbegrenzt.
5. Das Beobachtbare hat eine Ordnung, die zwangsläufig den vorgegebenen Rahmenbedingungen entsprechen muss; eine andere Ordnung ist nicht möglich.

Das Unbegrenzte wird wieder in sich zusammenfallen.

Bis hierher können wir diese Aussagen auf das heutige kosmologische Standardmodell mit dem Urknall, der Expansion des Weltalls und einem hypothetischen Big Crunch in Einklang bringen. Schwierig wird es mit seiner Gleichgewichtshypothese – nämlich, dass sich die Gegensätze die Waage halten. Dass er mit den altertümlichen Begriffen der Elemente Feuer, Wasser, Erde, und Luft operiert, muss man ihm als Kind seiner Zeit zugutehalten. Eine direkte Umsetzung auf unseren Kenntnisstand ist schwierig bis unmöglich.

Gleichgewichtszustände kennen wir allerdings auch aus der Thermodynamik von zum Beispiel zunächst getrennten, dann aber zusammengeführten adiabatischen Systemen. Insofern weist seine Vermutung, dass alles auch etwas mit der Temperatur zu tun hat, in die richtige Richtung.

In typischer vorsokratischer Denkart sieht er aber gleichzeitig den Zusammenhang der Elemente mit der Bewegung des Ewigen: alles ist im Fluss. Er kommt damit teilweise auch der Chaos-Theorie nahe, die Aussagen über die kleinsten Ursachen macht unter der Voraussetzung, dass alles zusammenhängt, und ein winziger Impuls genügt, um z. B. eine Katastrophe auszulösen.

Wichtig bei unseren Betrachtungen soll nicht nur die Überlegung sein: wo findet man Analogien – Analogien zwischen zwei Weltsichten, von denen die erste die zweite nicht, wohl aber die zweite, die heutige, die erste wohl kennt. Wichtig soll auch sein: wie hat sich das Gedankengebäude weiterentwickelt, wer hat vielleicht Anleihen daraus gemacht? Was wurde anders nach Anaximander?

Kosmologischer Exkurs

Eines der größten Wunder und Erleichterungen ist unsere Zählweise in Sonnenjahren. Stellen wir uns eine andere kosmische Konstellation ohne Erdrotation und Sonnenumkreisung vor: ohne diese natürliche Weltuhr würden wir tatsächlich auf einem linearen Zeitstrahl reiten, und wenn es dazu den Wechsel von Tag und Nacht auch nicht gäbe, hätten wir nicht einmal eine Grundlage für die Berechnung einer Sekunde. Wir wären haltlos verloren ohne Zeithorizont in einem hoffnungslosen Kontinuum ohne Anfang und ohne Ende. Möglicherweise hätte sich ein Zeitgefühl, wie wir es kennen, gar nicht entwickeln können. –

Aber sogar, wie die Dinge sind: wenn wir das Jahr nicht in Monate und die Monate in Wochen (und lassen das Problem der Synchronisation des Sonnenjahres mit dem Mondjahr und der Einführung der Siebentagewoche, die keine astronomische Basis hat, beiseite) – wozu muss die Zahl 365 immer wieder auf 1 zurückgesetzt werden? Warum wird nicht einfach weitergezählt, wo das doch technisch heute keine Schwierigkeiten mehr bereitet? Also: am 16244. Tag nach Einführung der neuen Zeitrechnung (n. NZ) hat man ein neues Auto gekauft und am 17001. Tag wurde es verschrottet. Eine solche Zählung erübrigt wiederkehrende Geburtstagsfeiern und neutralisiert jede Altersstruktur. –

Um was geht es und warum?

Es scheint, dass die Bewegungen von Himmelskörpern und deren Beobachtung mehr Informationen mit sich führen als lediglich deren sich ändernde Positionen zwischen ihnen und irgendeinem Beobachter auf der Erde. Um und über diese Konstellationen wurden ganze Gedankensysteme und Philosophien erzeugt. Diese Interpretationen waren so mächtig, dass sie schließlich Denken und Handeln der Menschheit bis auf den heutigen Tag dominierten: die Zahlung von Mieten und Gehältern sind immer noch am Durchgang des Mondes gebunden, ebenso so die Vierteljahresberichte börsennotierter Unternehmen.

Bisher haben wir an unterschiedlichen Stellen nur kurz verschiedene Weltmodell, die untereinander nicht kompatibel sind, gestreift: im Zusammenhang mit den Entdeckungen Galileis und den Überlegungen Keplers. Im Grunde ging es immer um den Wettbewerb zwischen dem kopernikanischen und dem ptolemäischen System. Neben den rein praktischen Fragen spielten immer auch Konflikte in der Seele unserer Protagonisten eine Rolle – Konflikte, die ein Abglanz derjenigen der äußeren Welt der Wissenschaft, Religion und Politik im Allgemeinen waren. Deshalb waren diese Fragen offensichtlich ja so wichtig. Das Leben selbst von Menschen stand auf dem Spiel, wenn sie sich dazu äußerten, warum die Sonne sich auf diesem Weg und keinem anderen bewegte. An dieser Stelle befinden wir uns an der Wegkreuzung von einer Epoche zur nächsten, und das Abschütteln alter Fundamente hallt nach in den Köpfen der begabtesten Wissenschaftler jener Zeit.

Um das alles in die richtige Perspektive einzuordnen, ist es nützlich Galilei, Kepler und Marius an ihre entsprechende Position in der langen Zeitreihe von den frühesten bekannten systematischen Modellversuchen bis zu dem (wahrscheinlich nur vorläufigen) Standard unserer Zeit zu setzen.

Aristarch

Aristarch von Samos (310-250 v. Chr.) hatte zunächst nicht die Absicht, ein neues Weltmodell vorzuschlagen, aber er beschäftigte sich anfänglich im Wesentlichen mit der Messung von astronomischen Entfernungen. Erst nachdem er diese bedacht hatte, zog er seine Schlussfolgerungen über die Struktur des Kosmos, den er sich angeschaut hatte. Er legte seine Beobachtungen und Überlegungen in der Schrift „Über die Größen und Abstände von Sonne und Mond" nieder.

Aristarch gehörte zu jenen griechischen Naturphilosophen, die ihre Erklärung der Natur nicht mit göttlichem Wirken und Mythen begründeten, sondern die versuchten, die Welt mit „dem Auge der Wissenschaft" zu sehen. Er glaubte, dass die Sonne ein großes Feuer sei. Und er erkannte, dass der Mond selbst kein eigenes Licht aussandte, sondern von der Sonne angestrahlt wurde. Er nahm an, dass der Radius des Mondes ein Drittel dessen der Erde betrug, und dass die Entfernung des Mondes zur Erde 20 Erdradien betrug, dass die Sonne etwa siebenmal so groß wie die Erde und zwanzigmal weiter entfernt als der Mond wäre.

Diese Proportionen führten ihn zu einigen interessanten Schlussfolgerungen: falls die Sonne siebenmal so groß wie die Erde ist, dann ist es unvernünftig, anzunehmen, die kleine Erde sei im Zentrum, und die Sonne würde diese kleine Erde umkreisen. Aristarch war der Meinung, dass die große Sonne sich im Zentrum befindet und die kleine Erde sie umkreist. Somit war er der Erste, der sich für ein heliozentrisches Weltmodell aussprach.

Aristarch benutzte ein Dreieck, das von dem Winkel zwischen Beobachter, Mond und Sonne bei Halbmond (90°) und dem Winkel zwischen Mond, Beobachter und Sonne gebildet wurde, um das Verhältnis der Entfernung zwischen Erde und Mond gegenüber der Entfernung Erde-Sonne zu bestimmen. Er leitete das Verhältnis zwischen der Größe des Mondes und der der Sonne aus der Tatsache ab, dass bei einer totalen Mondfinsternis der Mond die Sonne gerade komplett bedeckte. Er leitete das Verhältnis zwischen dem Durchmesser des Mondes zur Entfernung zwischen Erde und Mond bzw. dem Durchmesser der Sonne zur Entfernung zwischen Erde und Sonne aus dem Winkel her, mit dem sie einen gegebenen Teilbereich eines Tierkreiszeichens überdeckten. Weiterhin leitete er das Verhältnis zwischen dem Monddurchmesser und dem der Erde aus seinen Beobachtungen der Bewegung des Mondschattens über die Erde während einer Mondfinsternis ab.

All diese relativen Daten ermöglichten es ihm, dass er schließlich die gewünschten Größen berechnen konnte. Aufgrund der damaligen Messmethoden weichen die Ergebnisse Aristarchs weit von den heute akzeptierten Werten ab. Trotzdem können seine Ergebnisse als ein wichtiger Meilenstein in der Geschichte der Astronomie betrachtet werden.

Eratosthenes

Eratosthenes von Kyrene (heute Shahat in Lybien (273-192 v. Chr.)) war ein Zeitgenosse von Archimedes, mit dem er auch korrespondierte. Man nimmt an, dass er in Athen erzogen wurde. Einer seiner Lehrer war der Dichter Kallimachos, der Kurator der Bibliothek von Alexandrien war. Später wurde Eratosthenes dort selbst von Ptolemäus III. (284-222 v. Chr.) zum obersten Bibliothekar ernannt. Im Jahre 230 wurde er beauftragt, Ptolemäus′ Sohn Philopator (254-204 v. Chr.) zu unterrichten.

Eratosthenes war ein Alleskönner, und seine Werke beinhalteten Themen angefangen von der Philosophie, über Mathematik, Geographie, Astronomie, Geschichte bis hin zur Poesie. Unglücklicherweise wurde uns kein einziges Werk überliefert. Einige Titel sind uns noch bekannt: „Über Platon", „Über die Komödie", „Über die Vermessung der Erde", „Über die Ordnung der Sterne". Andere Themen befassten sich mit dem Kalender, der griechischen Chronik seit Troja und der Chronik der olympischen Spiele.

Sein wichtigster Beitrag bestand in der Förderung wissenschaftlicher Geografie. Und seine einzigartigste wichtige Leistung war die Bestimmung des Erdradius. Man schreibt ihm mehrere verschiedene Methoden zu, mit denen er angeblich in diesem Unternehmen Erfolg hatte.

Eine davon bestand in der Messung eines Winkels zur Sonne mittels eines Obelisken. Dies erfolgte an einem 21. Juni in Syene (heute Assuan in Ägypten) während der Sommersonnenwende, wenn die Sonne senkrecht steht. Indem der Zenithabstand in Alexandria am selben Tag gemessen wird, konnte der Erdumfang und damit ihr Radius dadurch bestimmt werden, indem man den Abstand zwischen Syene und Alexandria berücksichtigte. Voraussetzung war die Annahme, dass beide Städte sich auf derselben geographischen Länge befanden, was allerdings nicht ganz stimmte. Der Wert, den Eratosthenes erhielt, betrug 20 200 km – nach heutigen Maßstäben ein außerordentlich guter Wert.

Andere Autoren erzählen eine andere Geschichte: Kleomedes beschreibt den Einsatz einer Halbkugel zusammen mit einer Sonnenuhr statt einer direkten Messung von einem Obelisken aus. Unabhängig von unterschiedlichen Methoden – eine Sache wird ganz klar: alle griechischen Autoren zu jener Zeit waren sich sicher, dass die Erde keine flache Scheibe war, wie heute immer noch häufig unterstellt wird, sondern definitiv eine Kugel. Einige geographische Daten, die man damals erhielt, dienten noch Kolumbus (1451–1506) als Grundlage für seine Reisepläne nach Indien. Unglücklicherweise gründete er seine Berechnungen nicht auf die Daten von Eratosthenes sondern auf jene, die Poseidonios von Apameia (135 – 51 v. Chr.) 150 Jahre später erhielt, die aber mit einer größeren Fehlermarge behaftet waren. Dessen Wert des

Erdumfangs war von Aristoteles weitergegeben worden und wurde später in „Imago Mundi" von Pierre d´Ailly (1350–1420) zitiert, der fälschlicherweise auf das Opus Majus von Roger Bacon (1220–1292) Bezug nahm, und behauptete, dass die Entfernung zwischen Spanien und der indischen Westküste so kurz war, dass sie in wenigen Tagen mit dem Schiff überwunden werden könnte.

Ptolemäus

Ptolemäus lebte im zweiten Jahrhundert nach Christus. Die damals bekannten astronomischen und anderen wissenschaftlichen Texte waren durchgängig die Werke der großen griechischen Philosophen, allen voran Aristoteles. Daneben konnte er zurückgreifen auf Vorarbeiten von Hipparchos (190-120 v. Chr.) und Apollonius von Perga (265-190 v. Chr.), die wie der größte Teil seiner Zeitgenossen das von Aristarch vertretene heliozentrische Weltbild verwarfen.

Zu seinen berühmten Zeitgenossen gehörten unter anderem der Geschichtsschreiber Cornelius Tacitus (55–117), dem Autor der „Annalen", der „Historien" und der „Germania", der Historiker und Biograph Suetonius Tranquillus (70–146). Kaiser Trajan (53–117), unter dem das Römische Reich die größte Ausdehnung hatte (um 100), regierte von 98 bis 117. Sein Adoptivsohn Hadrian (76–138) wird Kaiser (117–138). Der neben Hippokrates (460-370 v. Chr.) wichtigste Arzt des Altertums, Claudius Galenus lebte von 129 bis 199. In Kleinasien erstand im Jahre 170 der Prophet Montanus, der aber von Papst Hippolyt (170–236) abgelehnt wird. Im Jahre 165 stellt Irenäus (135–200), Bischof von Lyon, den Kanon der Heiligen Schriften auf. Und schließlich regierte Kaiser Antonius Pius (86–161) von 138 bis 161.

Claudius Ptolemäus, griechisch (Klaúdios Ptolemaîos), wurde um 100 vermutlich in Ptolemais Hermii in der Thebais in Ägypten geboren. Er starb um 175 wahrscheinlich in Alexandria. Er war Grieche oder hellenisierter Ägypter, der Name Ptolemäus taucht als makedonischer Herrschername häufig auf und leitet sich von der Dynastie der Ptolemäer in Ägypten her, obwohl Klaudios Ptolemaios nicht mit dem ehemaligen Herrscherhaus verwandt gewesen sein dürfte. Der Gentilname Claudius deutet auf römisches Bürgerrecht hin, von der Familie vielleicht in der Zeit der Claudischen Kaiser während der ersten Hälfte des ersten Jahrhunderts erworben. Ptolemaios war ein griechischer Mathematiker, Geograph, Astronom, Astrologe, Musiktheoretiker und Philosoph und verbrachte den größten Teil seines Lebens in Alexandrien im Umkreis der dortigen Forschungsstätten und Bibliotheken, den Museion. So wirkte er als Bibliothekar an der berühmten antiken Bibliothek in Alexandria.

Er schrieb die Mathematike Syntaxis („mathematische Zusammenstellung"), später Megiste Syntaxis („größte Zusammenstellung"), heute als Almagest überliefert, abgeleitet vom Arabischen al-magis, genannte Abhandlung zur Mathematik und Astronomie in 13 Büchern. Der Almagest ist das einzige erhaltene umfassende astronomische Werk der Antike. Es war bis zum Ende des Mittelalters ein Standardwerk der Astronomie, wurde ins Arabische und Lateinische übersetzt und mehrfach kommentiert. Es enthielt neben einem ausführlichen Sternenkatalog zahlreiche astronomische Daten und die Sonnen-, Mond- und Planetentheorie des Ptolemaios. Ergebnis war eine Verfeinerung des von Hipparchos von Nicäa vorgeschlagenen geozentrischen Weltbildes, das später nach ihm Ptolemäisches Weltbild genannt wurde. Damit verwarf auch er wie der größte Teil seiner Zeitgenossen das von Aristarch vertretene heliozentrische Weltbild, das erst weit über 1300 Jahre später durch Nikolaus Copernicus, Johannes Kepler, Galileo Galilei und Simon Marius in Europa durchgesetzt werden sollte.

Zur Berechnung der Planetenpositionen veröffentlicht Ptolemäus später die „Procheiroi kanones" (Handliche Lehrtafeln, wörtlich „Lehre für die Hände"). Eine verbesserte Planetentheorie folgt in „Hypotheseis ton planomenon" (Annahmen über die Planeten).

In den Jahren nach dem Almagest entsteht die Geografie des Ptolemaios, sie besteht aus einem allgemeinen theoretischen Teil, einem länderkundlichen, der Europa, Afrika und Asien beschreibt, und einem Korpus von Karten. Die Geografie umfasst das geografische Wissen des Altertums einschließlich der Kartenkunde. Sie blieb bis zum Zeitalter der Entdeckungen maßgeblich.

In den Jahren 147 bis 148 fertigte er die sogenannte Kanobisinschrift an, einer im 10. Jahr der Herrschaft des Antonius Pius von Ptolemäus in Kanobis aufgestellte Stele. Sie enthält gegenüber dem Almagest verbesserte astronomische Daten.

Weit verbreitet ist auch die astrologische Schrift „Tetrabiblos" (Vier Bücher) von Ptolemäus. Hiervon existieren zahlreiche griechische Handschriften, sowie arabische, lateinische, deutsche und englische Übersetzungen. Von seinen wissenschaftlichen Werken sind noch eine Optik und eine Harmonik zur Musiktheorie zu nennen, dazu eine Schrift zur stereographischen Projektion und ein erkenntnistheoretisches Werk: Kriterion. [27]

Das geozentrische Weltmodell setzt die Erde ins Zentrum des Universums. Der Mond, die Sonne und die Planeten umkreisen die Erde auf gekrümmten Bahnen. Nach der Epizykeltheorie ruht die Erde im Zentrum, aber die Planeten folgen keiner perfekten Kreisbahn. Seit Aristoteles war man sich einig, dass die Erde eine Kugel ist. Das war das Ergebnis langer systematischer Beobachtungen und genauer Berechnungen. Bis zu seiner Ablösung, während der Renaissance, galt dieses Weltmodell als korrekt.

Das geozentrische Weltmodell wurde in der klassischen Antike eingeführt und war in Europa weit verbreitet. Es wurde auch im alten China gelehrt und in der islamischen Welt. Man weiß nicht genau, ob es bereits vor der griechischen Vorherrschaft in Mesopotamien bekannt war. Bereits Apollonius von Perga und Hipparchos wendeten Exzenter und Epizykel an, um Planetenbewegungen in ihren Modellen zu beschreiben.

Ptolemäus arbeitete sowohl mit Ausgleichspunkten als auch mit Exzentern und Epizykeln. Es gibt auch die Annahme, dass Herakleides Pontikos (390-322 v. Chr.) ein System entwickelt hatte, in dem die Planeten Merkur und Venus die Sonne umkreisen, die wiederum – wie der Mond und die Fixsterne – die Erde umkreist, die in ihrer zentralen Position verharrt. Ein solches Modell wäre dann ein Kompromiss zwischen dem geozentrischen und dem heliozentrischen Weltmodell. Später schlugen Tycho Brahe und Simon Marius abgewandelte Versionen dieses Modells vor. Die wichtigste Rechtfertigung für die Annahme des geozentrischen Weltmodells war die Beobachtung der Gravitation, die dadurch erklärt werden konnte, dass alles Schwere in Richtung seines natürlichen Platzes in der Welt migrieren würde, in Richtung auf das Zentrum der Welt. Aristoteles selbst war ein einflussreicher Verteidiger des geozentrischen Weltmodells. Aber seine Physik passt dennoch nicht so richtig in das Zusammenwirken hypothetischer Instrumente wie Exzenter, Epizykel und Ausgleichspunkte.

Claudius Ptolemäus nutzte ebenfalls die so genannte Epizykel-Theorie. Nach ihm wurde das von ihm konstruierte Weltmodell benannt (Abb. 11.1). Eine Herausforderung, die dieses Modell bewältigen musste, bestand in der scheinbaren Rückwärtsbewegung der äußeren Planeten, wie z. B. beim Jupiter, gegenüber dem Sternenhintergrund. Von der Erde aus gesehen führt das zu einer Art Schleifenbewegung des Planeten. Dieses Phänomen, auch „Rückläufigkeit" genannt, erscheint immer dann, wenn sich der Planet in größter Nähe zur Erde befindet. Um die astronomischen Beobachtungen mit dem geozentrischen Weltmodell in Einklang zu bringen, war es erforderlich, dass sich einige Himmelskörper auf weiteren Kreisen um ihre ursprüngliche Umlaufbahn bewegten. Diese nennt man Epizykel. Nach diesem Modell kreisen die äußeren Planeten um einen imaginären Punkt, der seinerseits wiederum die Erde umkreist. Ursprünglich bewegt sich ein Planet entlang eines gleichförmigen Kreises, den man Deferent nennt. Um diesen zweiten Kreis rotiert der Epizykel. Der Planet selbst bewegt sich gleichförmig um den Epizykel herum. Auf diese Weise erscheinen die Planetenumläufe als eine Zusammensetzung dieser Bewegungen. Für einige dieser Kreise mussten zusätzliche Bahnen modelliert werden. Die Berechnungen dieses Modells insgesamt waren extrem aufwendig. Indem er 80 solcher Bahnen einbezog, war Ptolemäus in der Lage, die Beobachtungen der Planetenbewegungen, die zu seiner Zeit gemacht werden konnten, mit dem geozentrischen Modell in Einklang zu bringen. Für die Sonne gab es keine Rückwärtsbewegung. Die ptolemäische Astronomie kombinierte Planetenbewegungen mit dem Umlauf der Sonne unter der Annahme der Geozentrik und war mit diesem komplexen Modell so erfolgreich, um weitestgehend korrekte Voraussagen zu treffen.

In der Sprache der heutigen Mathematik könnte man die Berechnungsmethode des Ptolemäus als Vorläufer der Fourier-Analyse bezeichnen, mit deren Hilfe die Sekundärperioden der Planetenbahnen empirisch bestimmt wurden. Das ptolemäische Weltmodell war dem späteren einfacheren heliozentrischen des Copernicus aus dem 16. Jahrhundert weit überlegen, was die Vorausberechnung von Planetenpositionen betraf. Nur nachdem Kepler entdeckte, dass die Planeten sich auf elliptischen Bahnen bewegten, wurde das kopernikanische Modell ausreichend präzise für die Bedürfnisse der damaligen Zeit und somit allgemein von den Astronomen akzeptiert. Ptolemäus´ Berechnungsmethoden waren sehr präzise, lange Zeit viel genauer als Keplers´, und seine Idee als Berechnungsmethode war ebenfalls korrekt.

„Unsere Betrachtungen beginnen mit einem Blick auf das allgemeine Verhältnis der ganzen Erde zum Ganzen der Himmel. Und darüber hinaus im Besonderen werden wir über die Ekliptik Rechenschaft ablegen und über die Orte in dem Teil der Erde, der von uns bewohnt wird, und wiederum über deren Unterschiede untereinander hinsichtlich ihrer jeweiligen Inklination ihrer jeweiligen Horizonte.

Sobald diese Theorie verstanden wird, wird es für das Übrige einfacher sein. Danach wird es berichtet werden über die Bewegungen von Sonne und Mond und besonderer Ereignisse in diesem Zusammenhang. Denn ohne diese richtig verstanden zu haben, kann man die Verhältnisse bei den Sternen nicht Gewinn bringend untersuchen. Zum Schluss wird in diesem Bericht Rechenschaft über die Sterne abgelegt werden. Da diese Dinge mit der Sphäre zu tun haben, auf der sich die Fixsterne befinden, ist es vernünftig, diese zunächst zu betrachten und dann jene, die mit den fünf Planeten zu tun haben. Und wir werden versuchen, all diese Dinge aufzuzeigen, indem wir als Anfänge und Grundlagen von dem, was wir herausfinden möchten, die einleuchtenden und sicheren Erscheinungen aus den Beobachtungen der Alten und von uns selber nutzen, und indem wir die Konsequenzen dieser Konzepte durch geometrische Beweisführung aufzeigen.

Und damit, ganz allgemein, müssen wir behaupten, dass die Himmel sphärisch sind und sich sphärisch bewegen; dass die Erde in Gestalt vernünftigermaßen als ganze sphärisch ist; bezüglich ihrer Position liegt sie in der Mitte der Himmel, wie ein geometrisches Zentrum; was ihre Größe und ihr Verhältnis zur Sphäre der Fixsterne angeht, ist sie ein Punkt, der keine Eigenbewegung hat. All diese Punkte werden wir nacheinander behandeln und sie uns kurz vergegenwärtigen." [27]

Naturgemäß kann hier nicht der gesamte Almagest vorgestellt werden, sondern nur ein Ausschnitt, der besonders interessiert. Das Interesse besteht eben in dem Postulat des geozentrischen Weltbildes. Maßstab war hier die Wirkungsgeschichte dieses Weltbildes, welches über zweitausend Jahre abendländisches Denken beeinflusst hat.

Der oben zitierte Abschnitt steht zwischen einer allgemeinen, eher methodisch-philosophischen Einleitung und eines dann folgenden detaillierten mathematischen Kapitels, indem Inklinationen und planetare Positionen berechnet werden, die die These unterstützen. Und in der Tat haben diese Berechnungen es ja auch über viele Jahrhunderte hinweg getan. Die Frage, die sich zunächst aufdrängt, ist: warum soll man ein Modell verwerfen, das gute Übereinstimmung mit der Beobachtung gibt (unabhängig von den dahinter liegenden theologischen bzw. ideologischen Maßstäben)? Weitergehende Beobachtungen, die aus anderen Gründen das geozentrische Modell nicht aufrechterhalten ließen, waren erst später möglich (Galileo, Kepler, Marius).

Liegen hier nicht ästhetische Gründe vor, die die Komplexität der Epizykel in Frage stellen? Oder gibt es unabweisbare rationale Begründungen? Vielleicht sollte man andersherum fragen: warum wurde überhaupt die Erde zunächst in den Mittelpunkt gestellt? Wenn das auf rein religiöse oder mythologische Überlegungen zurückgeführt wird, muss die Frage erlaubt sein, wie auch in diesen Zusammenhängen die Erde in den Mittelpunkt kam. Lag das an der Bedeutung, die sich die Menschen gegeben hatten, Mittelpunkt der Welt zu sein, oder nur an den täglichen Beobachtungen?

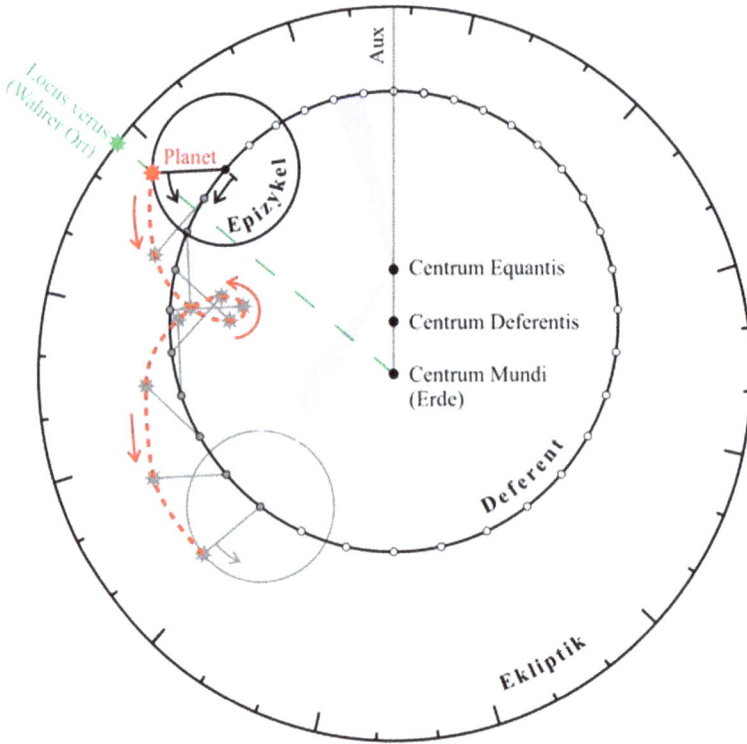

Abb. 11.1: Die Epizykel-Theorie.
Joerg-ks, CC BY-SA 4.0 <https://creativecommons.org/licenses/by-sa/4.0>, via Wikimedia Commons.

Im wissenschaftlichen Kontext gibt es häufig Situationen, in denen fundierte experimentelle und theoretische Erkenntnisse dem täglichen Augenschein widersprechen: Relativitätstheorie, Quantenmechanik. Der Weg der Sonne, wie er von den damaligen Menschen beobachtet wurde, legte nahe, dass sie sich um die Erde bewegte, wie auch der Mond (letzteres ist in den heutigen Modellen geblieben). Anscheinend gab es a priori zweitausend Jahre lang keinen Grund für die Infragestellung des geozentrischen Weltbildes – konnten doch die Seeleute nach diesem Modell sogar navigieren. Die entscheidenden Abweichungen wurden erst durch spätere Himmelsbeobachtungen festgestellt.

Copernicus

Copernicus lebte an der Zeitenwende vom ausgehenden Mittelalter zu Neuzeit, und es waren in der Tat bewegte Zeiten, die eine Fülle von Veränderungen und herausragende Gestalten in Politik, Wissenschaft und Kunst hervorbrachten. Bei seiner Geburt tobten noch in England die Rosenkriege zwischen den Häusern York und Lancaster um die Krone Englands, die schließlich 1483 Eduard IV. (1442–1483) von England für sich entschied. Kurz nach der Geburt des Copernicus begannen die Burgunderkriege, die mit dem Untergang des Hauses Burgund 1477 endeten. In Deutschland regierte von 1493 bis 1519 Maximilian I. (1459–1519) das Heilige Römische Reich. Sein Beiname „Der letzte Ritter" symbolisiert den Untergang des Rittertums. Er stiftete 1495 den Ewigen Landfrieden. In England regiert noch Heinrich VII. (1457–1509) von 1457 bis 1509, der Begründer der Tudordynastie, während sein Nachfolger Heinrich VIII. (1491–1547) 1533 mit der katholischen Kirche bricht. 1527 stirbt der italienische Politiker Niccolò Machiavelli. Zwei Jahre zuvor schon Jakob Fugger (1459–1525), unter dem die Fugger zu einer der bedeutendsten Kaufmannsdynastien Europas aufstiegen.

In die Lebenszeit des Astronomen fiel eine Reihe von Entdeckungen, die das Weltbild in Europa erschüttern sollten. Es begann mit Heinrich dem Seefahrer (1394–1460), portugiesischer Infant, der zwischen 1394 und 1460 den Grundstein für die portugiesische See- und Kolonialmacht legte, gefolgt von seinem Landsmann Bartolomeu Diaz (1450–1500), der 1487 erstmals bis zur Südspitze Afrikas vordrang. Und natürlich: Christoph Kolumbus erreichte am 12. Oktober 1492 die zu den Bahamas gehörende Insel Guanahani und entdeckt damit Amerika. 1498 schließlich gelangte Vasco da Gama (1469–1524) nach Indien. Mit dieser Reise wurde die Vorherrschaft der Portugiesen im westlichen Indischen Ozean eingeleitet sowie begonnen, wesentliche Waren- und Finanzströme auf neue Handelswege umzuleiten, was den Aufschwung von Lissabon und Antwerpen als Welthandelsplätze begründete und die Voraussetzungen schaffte, dass asiatische Waren den Europäern auf direktem Wege zugänglich wurden. 1519 findet das erste Zusammentreffen zwischen Hernán Cortés (1485–1547) und Moctezuma II. (1465–1520) statt. Ein Jahr später besiegt Cortés die aztekischen Streitkräfte unter ihrem Führer Cuauhtémoc (1495–1525) in der Schlacht um Tenochtitlán und zerstört die Stadt.

Diese Wendezeit sieht das Heraufkommen von Geistesgrößen, die das okzidentale Denken für Jahrhunderte prägen sollten. Durch die Reformation Martin Luthers, der zwischen 1483 und 1546 lebte, wurde schließlich der gesamte europäische Kontinent umgewälzt. Vorbereitet wurde dieses epochale Ereignis durch den Humanisten Erasmus von Rotterdam (geb. 1466), der 1536 starb. Zu ihren Zeitgenossen gehörte auch der Arzt, Alchemist, Astrologe, Mystiker, Laientheologe und Philosoph Paracelsus (1493–1541).

Mit dem Beginn der Neuzeit sind gleichermaßen die Namen berühmter Künstler verbunden. Zunächst Filippo Brunelleschi (1377–1446), der die Zentralperspektive erfindet. Dann Leonardo da Vinci, der italienische Erfinder und Maler, Matthias Grünewald, der deutsche Maler und Baumeister (1470/80–1528), sein Zeitgenosse und Landsmann, der Maler und Graphiker Albrecht Dürer (1471–1528) und schließlich Michelangelo Buonarotti.

Die Zeit war ebenfalls reich an Erfindungen. Johannes Gutenberg (1400–1468) erfindet 1440 den Satz mit beweglichen Lettern, und revolutioniert so die Druckkunst. Erstmals tauchten mechanische Uhren auf. Also alles in allem eine Zeit, in der das

Neue nur so hervorsprudelte und bewältigt werden musste: friedlich oder mit Gewalt. Und in diese Zeit hinein veröffentlichte Copernicus seine Entdeckungen.

Copernicus wurde in eine wohlhabende Handelsfamilie im Jahre 1473 in Torun in Polen hinein geboren. Nach dem Tode seines Vaters wurde er von seinem Onkel, dem Bischof Watzenrode (1447–1512) gefördert, der ihn zunächst an die Universität nach Krakau schickte. Später studierte er in Italien an den Universitäten von Bologna, Padua und Ferrara. Seine Fachgebiete waren Jura und Medizin, aber sein persönliches Vorlesungsverzeichnis an der Universität von Rom 1501 zeigte bereits ein Interesse an der Astronomie. Nachdem er nach Polen zurückgekehrt war, verbrachte er den Rest seines Lebens als Domherr unter seinem Onkel, obwohl er auch Zeit fand, Medizin zu praktizieren und über Währungsreform zu schreiben, und natürlich sein astronomisches Werk zu erstellen.

Im Jahre 1514 brachte Copernicus einen Abriss seiner These über die Planetenbewegung in privaten Umlauf, aber die tatsächliche Veröffentlichung von „De revolutionibus orbium coelestium (Über die Umlaufbahnen der Himmelssphären)" mit den mathematischen Beweisen erschien nicht vor 1543, nachdem sein ungeduldiger Anhänger Georg Joachim Rheticus (1514–1574) von sich aus bereits eine kurze Beschreibung des kopernikanischen Systems im Jahre 1541 veröffentlicht hatte. Vom modernen Leser verlangen die Revolutionibus vieles ab, weil die mathematischen Beweismethoden des sechzehnten Jahrhunderts heute fremd anmuten. Das Vorwort von Andreas Osiander (1496–1552), der für die Drucklegung verantwortlich war, war von Copernicus nicht autorisiert. Osiander fügte es ohne Wissen des Autors ein, und ohne sich selbst als dessen Autor auszuweisen. In ihm steht, dass das System eine rein mathematische Hypothese sei und nicht die Wirklichkeit abbilden solle. Vielleicht hielt diese Einleitung die Debatte in Grenzen, ob Copernicus' Arbeit ketzerisch sein könne.

Dass Nikolaus Copernicus die Veröffentlichung von De revolutionibus bis kurz vor seinen Tod hinauszögerte, kann man als Zeichen dafür nehmen, dass ihm wohl bewusst war, welch Aufruhr das Werk hervorbringen würde; sein Vorwort an Papst Paul III. (1468–1549) antizipierte viele der kommenden Anfechtungen. Aber er konnte definitiv nicht ahnen, dass er später einmal auf der Basis eines Buches, dass im Laufe der 450 Jahre nach seiner Drucklegung relativ wenige Menschen tatsächlich gelesen und noch weniger verstanden haben, zu den berühmtesten Männern aller Zeiten gezählt werden würde.

Das heliozentrische Weltbild basiert auf der Annahme, dass sich die Planeten um die Sonne bewegen. Als das heliozentrische Weltbild entwickelt wurde, handelte es sich – wie beim geozentrischen – dabei um Versuche, den Aufbau des damals bekannten Universums zu beschreiben.

Noch zu Zeiten von Copernicus und auch später bot dieses Weltbild für die meisten Gelehrten aber ein grundlegendes Problem: Sie nahmen an, wenn die Erde sich bewege und um die Sonne laufe, müssten Menschen und Gegenstände schräg fallen oder sogar in den Weltraum hinausfliegen; ein von einem Turm fallender Gegenstand würde aufgrund der Erdrotation weiter westlich auf dem Boden aufkommen. Eine

Antwort darauf erforderte ein viel besseres Verständnis von Physik. Um dem Streit gegen theologische Argumente zu begegnen, wurde der Begriff der Hypothese eingeführt. Das war sozusagen ein Trick, der auf ein rein spielerisches Rechenexempel verweisen sollte. Die Debatten der folgenden 100 Jahre nach Copernicus kann man nur verstehen, wenn man nachvollzieht, dass die moderne, naturwissenschaftliche Denkweise noch nicht existierte. Danach wird eine Idee durch ein Experiment ja entweder bestätigt oder widerlegt.

Des Weiteren ist zu berücksichtigen, dass zur damaligen Zeit nicht alle Planeten unseres Sonnensystems bekannt waren, sondern nur Merkur, Venus, Erde, Mars, Jupiter und Saturn. Ein weiteres Problem mit dem neuen heliozentrischen Weltbild war die Tatsache, dass es die beobachteten Planetenbahnen nicht so exakt wiedergab wie die geozentrischen. Die Datenbasis war dafür nicht ausreichend genug.

De revolutionibus orbium coelestium ist zu lang, um es in Gänze hier zu behandeln. Deshalb ein kurzer Abriss zur Herleitung und dann ein Ausschnitt aus dem wichtigen Kapitel 10. Nach den üblichen Einleitungen postuliert und begründet Copernicus, dass das Universum sphärisch ist. Dem folgt die Begründung, warum auch die Erde eine Kugel sein muss. Dann folgt die Herleitung, dass die Himmelskörper sich in gleichmäßiger, ewiger und kreisförmiger Bewegung befinden. Er fragt dann, welche Auswirkungen die Kreisbewegungen auf die Position der Erde haben. Anschließend stellt er die Größe des Universums ins Verhältnis zur Größe der Erde fest. Er setzt sich ferner damit auseinander, warum man in der Antike glaubte, die Erde sei der Mittelpunkt des Universums. Schließlich widerlegt er die alten Argumente.

Hier der entscheidende Auszug aus Kapitel 10 [28, Übersetzung aus dem Englischen von „Calendars through the Ages" durch den Autor]:

„Also schäme ich mich nicht, anzunehmen, dass diese ganze Region, die vom Mond umschlungen ist, mit der Erde als Zentrum diesen großen Kreis wie der Rest der Planeten in jährlichen Umlaufbahnen um die Sonne durchläuft. In der Nähe der Sonne befindet sich das Zentrum des Universums (Abb. 11.2). Des Weiteren, da die Sonne stillsteht, müssen ihre augenscheinlichen Bewegungen ihre Ursache in der Erdbewegung haben. Im Vergleich zu den übrigen Planetensphären erscheint mir der Abstand der Erde von der Sonne eine Größenordnung zu haben, der innerhalb dieser Dimensionen beträchtlich ist. Aber die Größe des Universums ist so gewaltig, dass der Abstand Erde-Sonne vernachlässigbar ist gemessen an der Sphäre der Fixsterne. Dieses sollte man zugeben, so meine ich, anstatt den Verstand zu verwirren mit einer fast unendlichen Anzahl von Sphären, was jene tun müssten, die die Erde in der Mitte des Universums behalten möchten. Im Gegenzug sollten wir tatsächlich die Weisheit der Natur beachten. Genauso wie sie ganz besonders vermeidet, irgendeine überflüssige oder nutzlose Sache zu erzeugen, so zieht sie häufig eine einfache Sache mit vielen Folgewirkungen vor.

All diese Behauptungen sind schwierig und sozusagen unvorstellbar, da sie natürlich dem Glauben vieler Leute widersprechen. Jedoch, wie wir sehen werden, mit Gottes Hilfe werde ich diese Fakten heller als das Licht der Sonne beleuchten, auf jeden

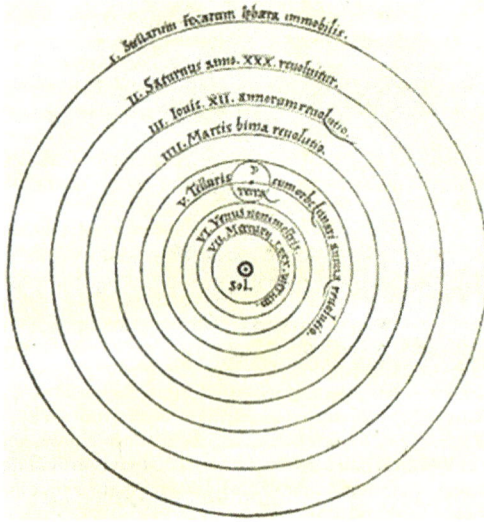

Abb. 11.2: Das Kopernikanische Weltbild.

Fall denen gegenüber, denen die Wissenschaft der Astronomie nicht fremd ist. Konsequenterweise, wenn wir an dem ersten Prinzip festhalten – und niemand wird ein geeigneteres Prinzip vorschlagen können – ist die Ordnung der Sphären die folgende:

Die erste und höchste aller Sphären ist diejenige der Fixsterne, die diese selbst und alles andere enthält und deshalb unbeweglich ist. Sie ist ohne Frage der Ort des Universums, mit dem die Bewegungen und Positionen aller anderen Himmelskörper verglichen wird. Einige Leute denken, dass auch sie sich verschiebt. Eine andere Erklärung dieser Erscheinung wird heran gezogen werden in meiner Diskussion über die Bewegung der Erde.

Die Sphäre der Fixsterne wird gefolgt von derjenigen des ersten Planeten, Saturn, der seine Umrundung in 30 Jahren vollzieht. Nach Saturn benötigt dann Jupiter für seine Umkreisung 12 Jahre. Danach benötigt Mars 2 Jahre. An vierter Stelle steht die jährliche Umrundung der Erde mit der Mondsphäre als Epizykel. An fünfter Stelle kommt Venus nach 9 Monaten zurück. Und schließlich wird die sechste Stelle gehalten vom Merkur, der mit einer Periode von 80 Tagen umläuft.

In Ruhe, in der Mitte von allen, steht die Sonne. Denn, in diesem schönsten aller Tempel: wer würde die Leuchte in eine andere oder bessere Position setzen, denn jener, von der alles gleichzeitig beleuchtet wird? Denn die Sonne wird nicht unangemessener Weise von einigen Leuten die Laterne des Universums genannt oder auch seine Seele oder von wieder anderen sein Herrscher. Hermes der dreimal Große, nennt sie den sichtbaren Gott, und Sophokles´ Electra die Allsehende. Also in diesem Sinne, als säße sie auf einem königlichen Thron, regiert die Sonne die Familie der Planeten, die sie umkreisen. Zudem wird der Erde die Aufmerksamkeit des Mondes nicht entzogen. Im Gegenteil, wie Aristoteles in seiner Arbeit über die Tiere sagt, ist der

Mond der Erde am nächsten verwandt. Dazwischen unterhält die Erde eine Beziehung zur Sonne und befruchtet sie für ihre jährliche Entbindung.

Deshalb entdecken wir in diesem Arrangement eine herrliche Symmetrie des Universums und eine feststehende harmonische Verbindung zwischen der Bewegung der Sphären und ihrer Größe, wie sie anderweitig nicht gefunden werden kann. Denn diese Tatsachen erlauben einem nicht unaufmerksamen Studenten zu erkennen, warum die vorwärts und rückwärts gerichteten Bögen für Jupiter größer als für Saturn und kleiner als für Mars sind, andererseits größer für die Venus als für den Merkur. Diese Richtungsumkehr erscheint häufiger für Saturn als für Jupiter, aber auch weniger häufig für Mars und Venus als für Merkur. Zusätzlich, wenn Saturn, Jupiter und Mars bei Sonnenuntergang erscheinen, sind sie näher an der Erde, als wenn sie abends untergehen oder zu einer späteren Stunde erscheinen. Doch besonders Mars, wenn er die ganze Nacht scheint, so scheint er genau so groß zu sein wie Jupiter, nur unterscheidbar durch seine rötliche Farbe. Jedoch findet man ihn in anderen Konfigurationen kaum zwischen Sternen zweiter Ordnung wieder, nur von denen erkannt, die ihn hartnäckig verfolgen. All diese Phänomene haben dieselbe Ursache: die Bewegung der Erde.

Jedoch, keines dieser Phänomene erscheint in Zusammenhang mit den Fixsternen. Das beweist ihre enorme Höhe, die sogar die Sphäre der Jahresbewegung oder ihre Spiegelungen vor unseren Augen verschwinden lässt. Denn für jedes sichtbare Objekt gibt es irgendeine Entfernung, nach der es nicht mehr gesehen werden kann, wie uns die Optik demonstriert. Zwischen Saturn, dem höchsten der Planeten, zur Sphäre der Fixsterne existiert ein zusätzlicher Abstand größter Distanz. Das wird sichtbar durch das Blinken der Sterne. Allein schon dadurch unterscheiden sie sich von den Planeten, denn es muss ein enormer Unterschied sein zwischen dem, das sich bewegt, und dem, das sich nicht bewegt. So groß ist das Werk seiner Hände, des vortrefflichen Allmächtigen."

Copernicus bleibt in der theologischen Bezugswelt seiner Zeit. Für ihn stellt sich die Sinnfrage oder die Frage nach dem richtigen Maßstab erst gar nicht. Seine entscheidende wissenschaftliche Tat, die er mit der Einfachheit seines Modells begründet, ist die Zentrierung der Sonne – und zwar nicht nur innerhalb unseres Planetensystems, sondern als Zentrum der Welt. Bezeichnend sind seine Referenzen zur Göttlichkeit des Gestirns. Durch diese weitere Zentrierung bleibt bis auf die Himmelsmechanik alles beim Alten: der Mensch ist nach wie vor nahe am Zentrum von allem.

Natürlich war abzusehen, dass Menschen, die mit der Selbstverständlichkeit groß geworden waren, die Erde sei der Mittelpunkt des Alls, diesen Erkenntnissprung nur ganz schwer nachvollziehen würden. Man stelle sich Folgendes vor: jemand käme heute mit der Erklärung, die Erde sein ein Würfel. Selbst, wenn all seine Berechnungen richtig wären, gäbe es sicherlich mentale Schwierigkeiten, dem uneingeschränkt zuzustimmen.

Copernicus argumentiert auf der Basis von Beobachtungen bzw. Berechnungen, nach denen z. B. die augenscheinlichen Rückwärtsbewegungen unserer Nachbarplaneten einzig auf die Bewegung der Erde zurückzuführen seien. Damit erübrigt sich die Zuhilfenahme von Epizykeln, die ja zur Aufrechterhaltung des geozentrischen Modells unerlässlich waren.

Die Grenzen seines Modells werden an zwei Voraussetzungen deutlich, von denen wir wissen, dass sie uns heute nicht mehr nützen können:
– die Sphären
– das Verhalten der Fixsterne.

An den Sphären hat selbst Kepler zunächst noch festgehalten. Die Vorstellung von kugelförmigen, transparenten, glasähnlichen Gewölben, auf dem ein Himmelskörper wandeln sollte, stammt noch aus dem vorchristlichen Altertum. In der Tat kam einem solches Modell die Heliozentrik entgegen, da damit Sphären als Idealform von Kugeln ohne die störenden Epizykel verstanden werden konnten.

Bei den Fixsternen irrt Copernicus natürlich. Mangels geeigneter Beobachtungsinstrumente war das nicht anders zu erwarten. Andererseits wird auch hierbei deutlich, dass erhebliche Teile des überkommenen Weltbildes hinübergerettet wurden. Interessant ist auch die Tatsache, dass nach den Ursachen für die Planetenbewegungen nicht gefragt wurde. Sie wurden als gegeben hingenommen. Erst Newton schuf dann die Voraussetzungen, nach denen man die Kräfte des Himmels im Verhältnis zur Bewegung exakt berechnen konnte. Die Berechnungen des Copernicus waren rein geometrischer Art, nachdem er für beobachtete Bahnpunkte die annähernd richtige Geometrie – den passenden Kreis – fand und darauf die ebenfalls beobachteten Umlaufzeiten übertrug. Die mathematischen Grundlagen für seinen Nachweis bestanden in der Kreisgeometrie sowie in der Winkelmathematik zur Bestimmung von Planetenpositionen. Er beschreibt diese Methodik ausführlich in anderen Teilen seines Werkes.

Tycho Brahe

Neben anderen schickte Kepler sein Mysterium an den berühmten Tycho Brahe, der zu der Zeit in Prag als Kaiser Rudolphs II. kaiserlicher Mathematikus residierte. Brahe war damals 50 Jahre alt. Zeit seines Lebens galt er als „Fürst der Mathematiker" – für alle Zeiten! (später erhielt Carl Friedrich Gauß (1777–1855) diesen Ehrentitel).

Was Keplers Ansatz betraf, sein Weltmodell auf geometrischer Basis zu konstruieren, schrieb Brahe dazu an Mästlin. Er bezweifelte, dass irgendjemand in der Lage sein würde, es a priori in endlicher Zeit auf die Proportionen regelmäßiger Körper aufzubauen und die Ergebnisse mit reinen Beobachtungsdaten zu vergleichen. Somit hatte Brahe seinen Finger in eine Wunde des Mysteriums gelegt, was bedeutete, dass jede weitere Forschungstätigkeit auf diesem Feld überflüssig sein müsste.

Tycho Brahe hatte ein Weltmodell vorgeschlagen, welches einen Kompromiss zwischen dem heliozentrischen und dem geozentrischen darstellte. In seinem Modell behielt er die Zentralposition der Erde, die von der Sonne und dem Mond umkreist

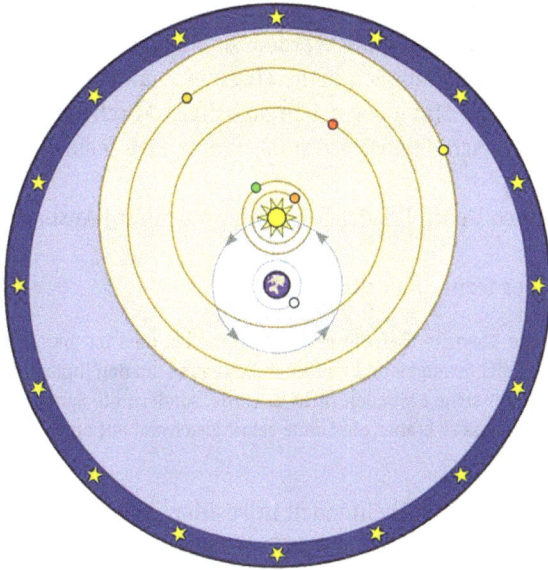

Abb. 11.3: Tycho Brahes Weltmodell.

wurde, wie im ptolemäischen System bei, wobei gleichzeitig die Planeten die Sonne umkreisten (Abb. 11.3).

Kepler lehnte dieses Modell jedoch ab. Simon Marius schlug ein ähnliches Modell vor. In der Wissenschaft spielte es keine wichtige Rolle, sondern diente lediglich ideologischer Argumentation. Nach Newton verschwand es für immer aus der Astronomie.

Simon Marius in Heilsbronn und Ansbach (1595–1613)

Im Mundus schrieb Simon Marius im Jahre 1609:

> Nachdem ich sehr viele Beobachtungen angestellt .... bemerkte ich noch ein anderes Phänomen:
>
> nämlich, dass sie (die Monde) in dem Gleichmass ihrer Bewegungen auf den Jupiter als Zentrum ausgerichtet sind; zusammen mit dem Jupiter aber sind sie nicht auf die Erde, sondern auf die Sonne als Mittelpunkt gerichtet.

Das führte ihn zu dem Ergebnis, dass sein und das Weltsystem von Tycho Brahe übereinstimmten, obwohl ihm das tychonische Modell zunächst nicht bekannt war: „Auf dieses stieß ich zum ersten Mal im Winter zwischen den Jahren 1595 und 1596, als ich zum ersten Mal den Copernicus las. Zu dieser Zeit war ich noch in der Schule zu Heilsbronn, und mir war noch nicht einmal der Name Tychos, umso weniger seine Annahme bekannt. Diese sah ich endlich als Skizze im Herbst des folgenden Jahres bei dem verehrungswürdigen und hochgelehrten Markus Franziskus Raffael (1533–1604), einem Pastor der Gemeinde Ansbach, der jetzt ruht in Christus. Die Skizze war selbigem von einem Studenten aus Wittenberg übersandt worden. Als Zeugen dafür, dass dies von mir herausgefunden worden ist, habe ich mehr als einen: nämlich ausser dem eben genannten, überaus gelehrten Mann sogar alle damaligen Mitglieder des berühmten Konsistoriums, denen ich nach dem Osterfest des Jahres 1596 meine Vermutungen mit Erklärung darbot …"

Als weiteren Zeugen führt er auch Georg Friedrich I. von Brandenburg-Ansbach-Kulmbach an.

Zu seinem Weltmodell schreibt er ferner im dritten Teil:

> Aber nach meiner Vorstellung ist die Theorie über diese vier Gestirne so, dass ich nämlich glaube, dass diese Gestirne mit einer gleichförmigen und einfachen Bewegung um den Jupiter als Zentrum eilen und dass auch Jupiter mit seinen Monden nicht die Erde, sondern die Sonne als Zentrum wahrnimmt. Ich setze voraus, dass sich aber die Sonne selbst gleichsam auf einer konzentrischen Bahn um die Erde bewegt …

Obwohl er sich somit gegen das ptolemäische Weltmodell in Position gebracht hatte, akzeptierte er das kopernikanische nicht. Damit befand Marius sich im klaren Gegensatz zu Johannes Kepler. Sowohl sein System als auch das keplersche gaben jedoch die gleichen Werte für die Lage, die Abstände und die Helligkeit der Planeten, sie unterschieden sich lediglich durch ihre jeweiligen Bezugspunkte. Marius ignoriert Zeit seines Lebens die keplersche Entdeckung, dass sich die Planeten auf elliptischen Umlaufbahnen befinden.

Durch seine eigenen Beobachtungen, insbesondere der Bewegungen der Jupitermonde, sieht er sein Weltbild bestätigt. Die Gleichförmigkeit dieser Bewegungen wird nach seiner Interpretation nicht von der Erde aus, aber von der Sonne aus gewährleistet. Ein weiteres Argument für sein Weltbild findet er in den Venusphasen. Damit überträgt Marius Phänomene, die bei einzelnen Planeten beobachtet wurden, auf alle Planeten.

In dem bereits erwähnten Brief an Vicke bekräftigt Marius noch einmal:

> Erstens behaupte ich die Unbeweglichkeit der Erde, wobei Persönliches durchaus ausgeschieden bleibt, vielmehr nur die Argumente gegen die Gründe des Copernicus geprüft werden, die in unserer Zeit Kepler mit dem Paduaner Mathematiker Galilei billig und ernstlich als zutreffend anerkennt.

Seine Systematik würde im Mindesten durch das so genannte „ägyptische Modell" befriedigt, nachdem Mond, Sonne, Mars, Jupiter und Saturn die Erde umkreisen, Merkur und Venus jedoch die Sonne. Aber Marius meinte Belege für die Umkreisung der Sonne auch des Mars und des Saturns gefunden zu haben, sodass er schließlich zur Deckungsgleichheit mit dem tychonischen Modell gelangte. Seine Skizze, die er nach eigenem Bekunden 1596 an das Konsistorium in Ansbach geschickt hatte, gelangte erstmals im Jahre 1797 in der Schrift „Hypotheses de systemate mundi" in Vockes „Geburts- und Todten-Almanach Ansbachischer Gelehrten" an die Öffentlichkeit. Obwohl die Schrift selbst nicht überliefert ist und vielleicht sogar gar nicht gedruckt wurde, wurde ihr Inhalt in anderen Nachschlagewerken zitiert.

Unter dem Strich bleibt festzuhalten, dass die teleskopischen Beobachtungen zu der damaligen Zeit keine eindeutigen Belege für oder gegen das kopernikanische oder das tychonische Weltmodell erbrachten.

Johannes Kepler in Graz (1594–1600)

Als Kepler sein „Mysterium cosmographicum" abschloss, vereinigte er drei Stränge menschlichen Denkens: das mystische, das religiöse und das wissenschaftliche. Das führte ihn schließlich zu einem „Gesamtkunstwerk". Es ist verblüffend, dass diese Gedankenführung auf die eine oder andere Weise bis in die heutige Zeit hinein weiterlebt.

John Brockmann schreibt in seinem Werk „Einstein, Gertrude Stein, Wittgenstein & Frankenstein [29], dass Heisenbergs Unbestimmtheitsbeziehung in der Quantentheorie es unmöglich macht, komplementäre Eigenschaften von Elementarteilchen, wie z. B. Ort und Impuls, gleichzeitig zu bestimmen. Das trifft – wissenschaftlich gesehen – natürlich zu. Er führt dann weiter aus, dass es keinen Sinn ergibt, den Beobachter von dem zu Beobachtenden zu auszuschließen. Auch das stimmt so. Und schließlich sinniert er über die Nicht-Lokalität nach, also dass Eigenschaften eines Teiles eines Quantensystems jene eines anderen Teiles beeinflussen, sodass es, wenn die Eigenschaften gemessen werden, den Anschein hat, als wären beide Teile in der Lage, ohne Zeitverzug miteinander zu kommunizieren.

Dann zitiert Brockmann den Physiker und Philosophen David Bohm (1917–1992), der versucht hat, etwas Sinn in die Debatte zu bringen. Nach Bohm besteht der Grund, dass wir physikalische Phänomene, die sich auf Ereignisse aus unserer eigenen Erfahrungswelt beziehen, nicht verstehen können, darin, dass wir nicht zugeben, dass diese Teil einer Art Totalität oder Ganzheit sind, die von einer höheren Sphäre implizierter Ordnung bestimmt ist. Das deckt sich damit, dass Kepler genau diese Gedankenrichtung verfolgte – ohne natürlich irgendeine Vorstellung von Quantenphysik zu haben.

Der Mathematiker George Spencer-Browns (1923–2016) ging noch weiter. Er behauptete, dass wir schließlich in der Lage sind, das Universum, so wie wir es heute kennen, bis ins kleinste Detail selbst zu konstruieren. Aber, alles, was wir konstruieren, wird niemals vollständig sein, da das Universum, während wir es konstruieren, ständigen Veränderungen unterliegt, die wir in unser Bild erst später einfügen können und so weiter und so fort. Wir werden das niemals einholen können.

Was die Rolle der Religion in Keplers Puzzle betrifft, so stellte der Physiker Paul Davies im Jahre 1986 die folgenden Fragen:
– Warum sind die Gesetze der Physik so, wie sie sind?
– Warum besteht das Universum gerade aus demjenigen Rohmaterial, aus dem es existiert?
– Wie entstand dieses Rohmaterial?
– Wie erhielt das Universum seine Ordnung?

Bohm bezweifelte, dass die moderne Wissenschaft in der Lage wäre, diese Fragen eindeutig zu beantworten und brachte als Beispiel die Unvereinbarkeit zwischen Quantenphysik und Relativitätstheorie. Er glaubte, dass die Physik, und wie sie heute praktiziert wird, so fragmentiert ist, dass sie weiter von einer Antwort entfernt ist, was eine Art Ganzheit der Welt angeht, und damit von Keplers Lebensleistung denn je.

Carl Friedrich von Weizsäcker versuchte einen anderen Ansatz. V. Weizsäcker war bekannt geworden durch die Entwicklung seines Tröpfchenmodells des Atomkerns und der zugehörigen Gleichung, für die Bindungsenergie seiner Bestandteile, und damit die Berechnung der bei der Kernspaltung freigesetzten Energie ermöglichte, was schließlich zur Entwicklung der Atombombe beitrug. Im Jahre 1948 veröffentlichte v. Weizsäcker das Buch „Die Geschichte der Natur" [30], welches 12 Vorlesungen, gehalten an der Universität von Göttingen, umfasste. Er versuchte, die Ganzheit der Natur, der Welt, inklusive des Zusammenwirkens der Humanwissenschaften und der Naturwissenschaften, zu beschreiben. Dabei ging er von der Gefahr aus, dass die Spezialisierung der Wissenschaften zu einer Fragmentierung führt, die es der Wissenschaft unmöglich macht, ein einheitliches Weltmodell zu entwickeln. Moderne Wissenschaftler waren nicht mehr in der Lage alles aus allen Teilgebieten zu kennen. Somit mussten sie diesen Anspruch aufgeben und im Ergebnis Spezialisten werden. Das wurde schließlich das Schicksal der Wissenschaft insgesamt.

Aber ein Wissenschaftler ist nicht nur ein Wissenschaftler, sondern auch ein Mensch mit Überzeugungen – moralischen und religiösen. Sein instrumentelles Wissen besteht aus Fragmenten wegen der Trennung von Subjekt und Objekt in dem von ihm erreichten Denken, obwohl zwischen beiden eine Beziehung besteht. Letztendlich hat diese Trennung zu der Parallelentwicklung von Humanwissenschaften und Naturwissenschaften geführt. Die Naturwissenschaft nutzt instrumentelle Ansätze, um die materielle Welt zu beschreiben, wogegen die Humanwissenschaften dasselbe versuchen, indem sie den Menschen erforscht: sein Bewusstsein, seinen Geist und seine Seele. V. Weizsäcker stellt fest, dass der Mensch selbst vor der Naturwissenschaft da war. Auf dieser Grundlage versucht er, Humanwissenschaft und Naturwissenschaft unter einen Hut zu bringen. Er nimmt seine Leser mit auf eine Reise durch die Geschichte der Erde, der Struktur des Kosmos in Raum und Zeit, seine Unendlichkeit, die Entstehung der Sterne und endlich des Lebens. Wiederum war sein Ansatz ein konstruktivistischer genau wie Keplers zu seiner Zeit, als die Wissenschaft noch eine ganzheitliche zu sein schien – entgegen den dekonstruktivistischen Tendenzen unserer Zeit.

Graz

Graz ist heute die zweitgrößte Stadt Österreichs und Landeshauptstadt der Steiermark. Sie liegt in der Grazer Bucht an der Mur. Seit 1379 war sie Wohnsitz der Habsburger (Abb. 11.4). Außer über die Steiermark regierten sie Kärnten und Teile von Italien, einschließlich Triest, und von Slowenien, einschließlich Krain. Nach 1520

Abb. 11.4: Alte Ansicht von Graz.

wurde die Bevölkerung protestantisch unter dem Drogisten und Bürgermeister Simon Arbeiter. Zwischen 1573 und 1600 konkurrierten zwei Bildungsinstitute für junge Menschen in Graz miteinander: die Katholische Universität mit ihrer angeschlossenen Oberschule, das erzbischöfliche Gymnasium der Jesuiten, die Universitas Graecensis, gegenüber der protestantischen Klosterschule, vormals Klosterschule Santa Clara. Es war die Letztere, die Johannes Kepler bat, sich ihr als Lehrer anzuschließen. Er folgte auf den Mathematiker Georg Stadius (1550–1593). Sein Jahresgehalt als Professor war gering und betrug 150 Gulden.

Die Modellierung der Welt

Im Jahre 1595 lernte Kepler die 23jährige Barbara Müller (1573–1611), Tochter des wohlhabenden Jobst Müller aus Mühleck zu Gössendorf, südlich von Graz, kennen. Trotz ihres jungen Alters war sie bereits zweimal verheiratet gewesen, aber beide vorherigen Ehemänner waren schon nach wenigen Ehejahren verstorben. Bevor Kepler jedoch ihr Verhältnis vollendete, kehrte er für sieben Monate nach Württemberg zurück, um dort an seinem Mysterium cosmographicum zu arbeiten.

Kepler war schon immer ein glühender Bewunderer des kopernikanischen Weltmodells gewesen, seit es ihm von seinem Mentor Mästlin in Tübingen vorgestellt worden war. Gleichzeitig stellte er sich gegen das traditionelle ptolemäische. Während er über Copernicus nachdachte, stellte er sich die Frage: welche tiefere Erklärung für die Entfernungen der Planeten untereinander, so wie sie waren, konnte es geben? Sein Conundrum stellt sich etwas einfacher dar gegenüber der heutigen Lage, da damals nur sechs Planeten bekannt waren, die die Sonne in heliozentrischer Konfiguration umkreisen: Merkur, Venus, Erde, Mars, Jupiter und Saturn. Trotzdem war es kompliziert genug.

Die Quantisierung des Sonnensystems

Also Kepler beschloss, dass es physikalische Gesetze geben müsste, die die Umlaufbahnen der Planeten bestimmten und dafür sorgten, dass sie genau auf den Bahnen die Sonne umkreisen, die sie benutzten, und überhaupt keine sonstigen anderen Bahnen – bevorzugte und vorher bestimmte Bahnen. Das hört sich ziemlich ähnlich an, wie das semi-klassische erfolgreiche Atommodell, das mehr als 320 Jahre später von Niels Bohr (1885–1962) vorgeschlagen wurde. Seine Erklärung für die Bewegung von Elektronen um den Atomkern bestand darin, dass es zugelassene Bahnen für deren Bewegung gab, auf denen sie ihre kinetische Energie nicht durch permanente Dipolstrahlung wie in klassischen Systemen verloren. Das führte schließlich zu dem Konzept der Quantenzahlen. Mit ihnen und Plancks Konstante konnte man die Elektronenbahnen berechnen.

Wenn wir nun zu Keplers Zeiten zurückkehren: sollte es nicht möglich gewesen sein, einen ähnlichen mathematischen Mechanismus zu finden, der zu zugelassenen Planetenbahnen in unserem Sonnensystem führte – völlig losgelöst von Planck und der Quantentheorie? Die Antwort lautet: nicht ganz. Nimmt man Bohrs Gleichung für den Elektronenradius des Wasserstoffatoms und ersetzt das elektromagnetische Potential durch die Gravitation, wird man kein Äquivalent zu Plancks Konstante finden, und somit keine universelle Messlatte, sondern unterschiedliche Werte für andere Konstanten für jede bekannte Planetenumlaufbahn.

Wendet man de Broglies Materiewellentheorie für Elementarteilchen auf Planeten an, kommt man auf Wellenlängen, die weit unterhalb der Plancklänge ($1,6616 \times 10^{-35}$ m) liegen, was bedeutet, dass Teilchen oder Objekte oberhalb einer bestimmten Größe nur als Materie und niemals als Wellen beobachtet werden können.

Nachdem also zwei Ansätze, unser Sonnensystem mit modernen Methoden zu dekonstruieren, fehlgeschlagen haben, gab es dennoch nicht irgendeine Möglichkeit für Kepler, um zu seinem erklärten Ziel zu kommen, die Struktur der Welt mit mathematischen Methoden zu erklären?

Johann Daniel Titius and Johann Elert Bode

Anfänglich versuchte Johannes Kepler, die Lösung seines planetarischen Entfernungssystems durch numerische Kombinationen zu finden, z. B. um herauszufinden, ob die eine oder andere „sphärische" Entfernung vielleicht ein Vielfaches einer anderen wäre – ohne Erfolg. Aber ungefähr 170 Jahre später, im Jahre 1766, wurde eine numerische Lösung durch Johann Titius (1729–1796), einem deutschen Astronomen und Physiker, vorgeschlagen, die von Johann Bode (1747–1826) im Jahre 1772 veröffentlicht wurde. Titius hatte eine empirische Formel hergeleitet, die es erlaubte, die Entfernung eines Planeten von der Sonne aus dessen Reihenfolgenzahl zu berechnen. Die Formel selbst ist einfache Mathematik: der mittlere Radius einer Planetenbahn um die Sonne beträgt

$$R_n = 4 + 3 \cdot 2^n$$

mit n der Reihenfolgennummer des von der Sonne betreffenden Planeten. Das Ergebnis gibt nicht den tatsächlichen Wert wieder, sondern einen Wert bezogen auf die Erdumlaufbahn.

Innerhalb einer Marge von wenigen Prozent ergibt diese Formal die richtigen Werte – mit der Ausnahme von Merkur und Neptun. Da man keine physikalische Erklärung für die Gültigkeit dieser Formel fand, wurde sie später als einfache Zahlenspielerei verschrien. Sie wurde jedoch kürzlich für die Analyse von Exo-Planetensytemen wieder reaktiviert.

Euklid

Johannes Kepler hatte die euklidische Geometrie studiert, die somit zu einer weiteren Einflussquelle für sein Denken und Theoretisieren wurde.

Man berichtete von Johann Wolfgang von Goethe (1749–1842), wie er die euklidische Geometrie dem Pädagogen Johannes Daniel Falk (1768–1826) erklärte – und zwar:

> Geometrie ist hier in ihren ersten Elementen gedacht, wie sie uns in Euklid vorliegt, und wie wir sie einen Anfänger beginnen lassen. Alsdann aber ist sie die vollkommenste Vorbereitung, ja Einleitung in die Philosophie. [17]

Euklid von Alexandria wurde um 360 v. Chr. in Alexandria geboren. Er wurde in Athen erzogen und später von Ptolemaeus I. Soter (367-283 v. Chr.) nach Alexandria zurückgerufen. Die Autorenschaft der Werke unter seinem Namen ist umstritten. Einige Gelehrte behaupten, dass es sich lediglich um eine Sammlung von Schriften, die später von seinen Schülern herausgegeben wurden, handelt – eine Vorgehensweise, die in der Antike nicht unüblich war und z. B. auch für einige biblische Bücher praktiziert wurde (der Prophet Jesaja, einige Episteln von Paulus etc.).

Euklids Geometrie wird in 15 Büchern dargelegt, den „Elementen". Zu den weiteren Arbeiten, die ihm zugeschrieben werden, gehören „Data", „Optika", „Katoptika" (optische Täuschungen), „Sectio canonis" (Musiktheorie) und „Phainomeia" (Astronomie). Euklids wichtigster Beitrag zur Mathematik bestand in seinem Versuch, Geometrie auf Axiome zu gründen und somit Grundprinzipien in die Mathematik einzuführen. Eines seiner berühmten ist das Parallelenaxiom, das er so ausdrückt:

Schneidet eine Gerade zwei weitere Geraden so, dass die auf derselben Seite entstehende Winkel-
summe kleiner als zwei Rechte ist, dann schneiden sich die beiden Geraden bei Verlängerung bis
ins Unendliche (auf der Seite, auf der die beiden Winkel mit der Summe kleiner als zwei Rechte
liegen). [17]

Dieses Axiom kann aus anderen euklidischen Axiomen weder abgeleitet noch bewiesen werden. Eine Konsequenz daraus war, dass einige Mathematiker (Janos Bolyal
(1802–1860), Nikolai Lobatschewski (1792–1856), Carl Friedrich Gauß) versuchten, eine
nicht-euklidische Geometrie zu entwickeln: Sie gründete auf zwei mögliche Abände-
rungen des ursprünglichen Parallelenaxioms.

Entweder: „Es existiert keine Parallele zu einer Geraden, die durch einen Punkt
außerhalb dieser Geraden führt."

Oder: „Für eine Gerade und einen Punkt außerhalb der Geraden existieren we-
nigsten zwei Parallelen."

Es war Bernhard Riemann (1826–1866), ein Schüler von Gauß, der die nicht-
euklidische Geometrie zu seiner Differentialgeometrie des gekrümmten Raumes wei-
terentwickelte. Letztere wiederum diente Albert Einstein für die Entwicklung der Allgemeinen Relativitätstheorie, die Grundlage moderner Kosmologie, als Werkzeug.

Das führt uns zurück zu Johannes Kepler und seinen kosmologischen Bestrebungen. Auch er gründete seine Überlegungen auf die Gedanken Euklids, allerdings unter
einem etwas anderen Gesichtspunkt. Der hatte zu tun mit regelmäßigen Polyedern,
die bereits bei dem Bericht über Pythagoras erwähnt wurden. Ursprünglich ließ die
antike griechische Philosophie die Existenz von nur vier regelmäßigen Polyedern zu,
die den vier angenommenen Elementen Feuer, Erde, Luft und Wasser entsprachen.
Euklid behandelte diese geometrischen Körper im 8. und 11. Buch der Elemente. Er
erging sich an der Frage, wie sie aus homogenen kongruenten Polygonen konstruiert
werden könnten.

Kepler unternahm einen Versuch, eine Weltharmonie aus reinen Zahlen aufzubauen, so wie Titius sich das später vorstellte. Er war ein Experte der euklidischen Geometrie geworden und versuchte, eine Lösung seines Problems über diesen Weg zu
finden. Er war überzeugt davon, dass Gott vor der Erschaffung der Welt eine archetypi-
sche Geometrie geschaffen hatte. Euklid musste das geahnt haben, da er seine Arbeiten
mit der Beschreibung der Wunder der fünf regelmäßigen Polyeder abschloss. Kepler
war der Überzeugung, dass diese auf irgendeine Weise mit den sechs planetarischen
Sphären im Zusammenhang stehen müssten.

Mysterium Cosmographicum

Während einer Vorlesung am 9. Juli 1595 kam Johannes Kepler die Erleuchtung bzgl.
der Beziehung der sechs planetarischen Sphären zu den fünf regelmäßigen Polyedern. Schon zehn Tage später, am 19. Juli, formulierte er die ersten Ergebnisse: Sollten Polyeder eine äußere Sphäre besitzen, die sie umschribt, und gleichzeitig innere

Sphären, die sie einbeschreiben, dann bestand seine Aufgabe darin, das folgende Problem zu lösen: konnten regelmäßige Polyeder zwischen den Planeten so eingeführt werden, dass die Sphäre, auf der sich der Planet bewegt, einen Polyeder umschreibt und einen anderen Polyeder einbeschreibt, auf dessen umschreibende Sphäre sich wiederum ein anderer Planet bewegt usw.?

Um eine Lösung zu finden, musste er sich mit 120 möglichen Permutationen auseinandersetzen. Die beste Näherung für die Beziehung zu den Planetenbahnen ergab Folgendes (Abb. 11.5):

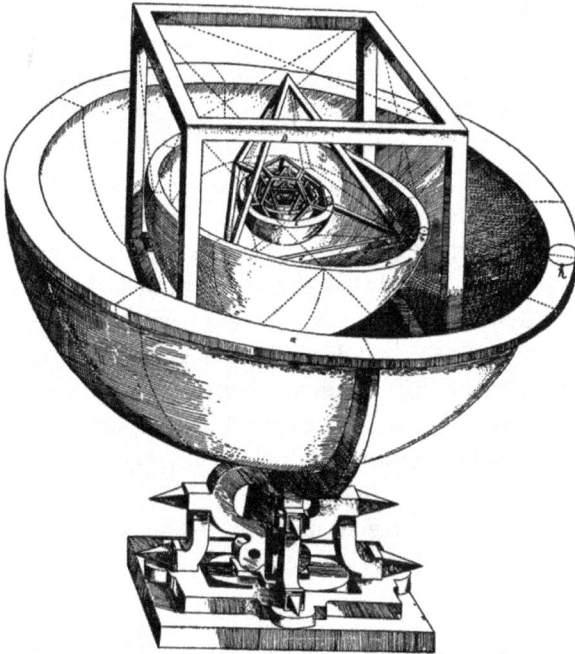

Abb. 11.5: Mysterium Cosmographicum.

- Die Erde auf der inneren Sphäre des Dodekaeders, die gleichzeitig als externe Sphäre des Ikosaeders dient
- Mars auf der externen Sphäre des Dodekaeders, die gleichzeitig als innere Sphäre des Tetraeders dient
- Jupiter auf der äußeren Sphäre des Tetraeders, die als innere Sphäre des Würfels dient
- Saturn auf der externen Sphäre des Würfels
- Venus auf der inneren Sphäre des Ikosaeders, die gleichzeitig als externe Sphäre des Oktaeders dient
- Merkur auf der inneren Sphäre des Oktaeders.

Und es gab noch eine weitere Beziehung zwischen den geometrischen Körpern und den vier Elementen der alten Griechen, wie:
- Feuer für den Tetraeder
- Luft für das Oktaeder
- Wasser für das Ikosaeder
- Erde für den Würfel.

Später kam noch Himmel (Äther) für das Dodekaeder hinzu.

Nachdem er seine mühevolle Arbeit beendet hatte, glaubte er, den Schleier vor Gottes Herrlichkeit, die bis dahin durch menschliche Unwissenheit verborgen war, gelüftet zu haben. Er hatte alle Permutationen durchgearbeitet, obwohl es bei einigen von Anfang an klar war, dass sie nicht passen würden. Auf diese Weise vergingen die langen Wintermonate von 1595 auf 96. Kepler war erschöpft, und er wollte sich in Württemberg erholen und seine Großväter besuchen, die noch am Leben waren. Sein wichtigster Besuch galt seinem früheren Förderer und Lehrer Mästlin, dessen Meinung über seine Errungenschaft er einholen wollte. Mästlins Beurteilung war eindeutig: er stellte fest, dass Keplers Weltmodell in angemessener und perfekter Ordnung sei. Nicht ein einziges Element sollte geändert werden, da sonst das Risiko eines vollständigen Einsturzes des gesamten Systems bestand. Ein weiterer seiner früheren Professoren war Matthias Hafenreffer (1561–1619), mit dem er später in einen größeren theologischen Disput geriet (Kap. 13). Hafenreffer riet ihm, von dem Versuch eines Beweises der Konsistenz zwischen Copernicus und der Heiligen Schrift in seinem eigenen Buch abzusehen, sondern sich lieber auf die rein mathematischen Fakten zu beschränken.

Der Titel seiner Arbeit war lang – ganz in Übereinstimmung mit den Gebräuchen seiner Zeit. Er lautete:

> Prodomus dissertationum cosmographicorum continens Mysterium cosmographicum de admirabili proportione orbium coelestium; deque causis coelorum numeri, magnitudinis, motuumque periodicorum genuinis et propriis, demonstratum per quinque regularia corpora geometrica

> (Vorläufer kosmografischer Abhandlungen, enthaltend das Weltgeheimnis über das wunderbare Verhältnis der Himmelskörper und über die angeborenen und eigentlichen Ursachen der Anzahl, der Größe und der periodischen Bewegungen der Himmelskörper, bewiesen durch die fünf regelmäßigen geometrischen Körper.)

Für eine lange Zeit blieb Kepler der einzige Experte auf seinem Gebiet, der die Stichhaltigkeit des kopernikanischen Systems anerkannte. Auf den „Vorläufer" folgte dann später in Linz die „Weltharmonie" (s. Kapitel 14).

Vor der Veröffentlichung musste das Einverständnis des Senats der Universität von Tübingen eingeholt werden. Dafür sorgte Mästlin, und er organisierte auch die Drucklegung während des Winters von 1597. Im Frühjahr 1597 hielt Kepler die ersten Exemplare in Graz, wohin er zurückgekehrt war, um Barbara Müller zu heiraten, in seinen Händen.

Kosmische Harmonie und Geist

Der deutsche Mathematiker Günter Röschert versuchte, den verborgenen Mechanismus, der das Verlangen des menschlichen Geistes, die harmonischen Geheimnisse hinter der Umgebung, die er beobachtet, zu erklären [31]. Röschert beginnt mit den, wie er sie nennt, polaren Zuordnungen im Raum und polaren Gliederungen des Gesamtraumes. Genau wie bei Kepler wählt er als Bezugsgebilde eine Kugel. Und genau wie Kepler unterscheidet er einen inneren und äußere topologische Bereiche, die durch die Kugel gegliedert sind und sich komplementär zueinander verhalten. Für ihn bedeutet das ein großartiger Ordnungsorganismus im Raum.

Mathematisch leitet Röschert die Geometrie des Systems von drei Unendlichkeiten ab: den inneren und äußeren Unendlichkeiten und der Unendlichkeit der topologischen Ebene der Kugeloberfläche. Alle drei Unendlichkeiten befinden sich im Äquilibrium. Dann widmet er sich dem Problem des Mittelpunktes. Er stellt sich vor, dass ein Geometer sich selbst im absoluten Mittelpunkt stehend empfinden kann. Auf diese Weise vermeidet er, die Frage nach dem absoluten Raumzentrum beantworten zu müssen. Schließlich beendet Röschert seine Spekulationen mit der Schlussfolgerung, dass der gewöhnliche Geist solch ein unauffälliges Gebilde wie eine einfache Kugel in eine Vision verwandelt, die über den Abgrund der Welt hinausgeht und vom menschlichen Geist selbst getrieben wird. Aus seinem mathematischen Ansatz folgert er: das Unendliche ist das einzig wirkliche.

Die Abb. 11.6 zeigt die relative historische Einordnung unserer drei Sternengucker im Wettbewerb der Weltsysteme.

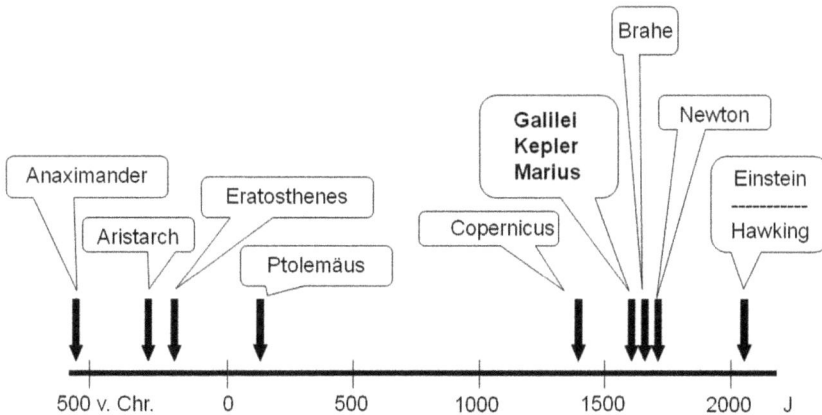

Abb. 11.6: Historische Einordnung im Wettkampf um die Weltmodelle.

Newton

Als Newton geboren wurde, wütete der 30jährige Krieg noch immer. In seinem Geburts-jahr 1642 begann außerdem der englische Bürgerkrieg zwischen Krone und Parlament, den die parlamentarischen Streitkräfte zeitgleich mit dem Ende des 30jährigen Krieges 1648 für sich entschieden. König Karl I. (1600–1649) von England wird enthauptet und England unter Oliver Cromwell (1599–1658) Republik. Cromwell bleibt bis 1658 Lordpro-tektor mit absoluter Macht.

Auf wissenschaftlichem Gebiet demonstriert Otto von Guericke (1602–1686) in Mag-deburg mit seinen Halbkugeln die Wirkung des Vakuums. In England, besonders in Cambridge war die Scholastik immer noch maßgebend. Weiter in England: Neu Amster-dam kommt unter New York an England, in London wüten die Pest und ein Großbrand 1665 und 1666. 1669 erscheint der Simplizissimus von Hans Jakob Christoffel von Grim-melshausen in Deutschland. Von 1672 bis 1678 gibt es in Europa einen neuen Krieg, den so genannten Holländischen, in dem auch England unter anderem gegen die Nieder-lande und Spanien kämpft. Fünf Jahre später, 1683, belagern die Türken zum zweiten Mal Wien. In einer weiteren Revolution stürzt Wilhelm III. von Oranien (1650–1702) König Jakob II. (1633–1701) und wird selbst König von England. Die konstitutionelle Macht der Monarchie wird dann 1689 durch die Bill of Rights abgesichert. Es folgt der spanische Erbfolgekrieg von 1701 bis 1714. Im Todesjahr von Newton, 1727, veröffent-licht Jonathan Swift (1667–1745) seinen berühmten Roman „Gullivers Reisen".

Isaac Newton wurde am 4. Januar 1643 in Woosthorp-by-Colsterworth in Lin-colnshire in England geboren und verstarb am 31. März 1727 in Kensington. Sein Vater starb bereits vor seiner Geburt. Nachdem seine Mutter zum zweiten Mal gehei-ratet hatte, musste Newton für neun Jahre bei seiner Großmutter leben, bis sein Stief-vater starb und er an seinen Geburtsort zurückkam. Er besuchte die Grundschule in Grantham und mit 18 Jahren das Trinity College in Cambridge. Wegen der großen Pestepidemie musste das College jedoch schließen, sodass Newton 1665 nach Ab-schluss seines Studiums wieder nachhause zurückkehrte. Dort widmete er sich für zwei Jahre Problemen der Optik, der Algebra und der Mechanik. Während dieser Zeit wurde er von Schriften Descartes, Gassendis (1592–1655) und Henry More beeinflusst. Schon in diesen jungen Jahren wurden ihm wesentliche Zusammenhänge klar, die später für seine theoretischen Werke über die Infinitesimalrechnung, die Natur des Lichts und der Gravitation grundlegend waren.

Im Jahre 1667 wurde das Trinity College in Cambridge wieder geöffnet und New-ton kehrte als Fellow dorthin zurück. Als Voraussetzung dafür musste er die 39 Artikel der Church of England anerkennen und ein Zölibatsgelübde ablegen. Er hatte nun sie-ben Jahre Zeit, in denen er seine geistlichen Weihen empfangen musste.

Zwei Jahre später, 1669, wurde er dort Inhaber des Lukanischen Lehrstuhls für Mathematik. Im selben Jahr veröffentlichte Newton eine Vorläuferversion seiner Infi-nitesimalrechnung: „De Analysis per Aequationes Numeri Terminorum Infinitas". Damit war er zu einem der führenden Mathematiker seiner Zeit geworden. Von 1670 bis 1672 lehrte er Optik, mit besonderem Interesse für die Lichtbrechung. In diesem Zusammenhang konstruierte er 1672 das Spiegelteleskop. Im selben Jahr erschein seine Veröffentlichung „New Theory about Light and Colours" in den Philosophical Transactions der Royal Society.

Nachdem seine Theorien nicht ohne Kritik geblieben waren, insbesondere durch seinen Konkurrenten Robert Hooke (1635–1703), einer führenden Persönlichkeit der Royal Society, zog der empfindliche Newton sich zunächst aus der Wissenschaft zurück und wandte sein Interesse der Alchimie zu. Außerdem begann er sich jetzt, 1673, intensiv mit dem Studium der Heiligen Schrift und der Patristik zu befassen, von dem er bis zu seinem Tode nicht ließ. Da er im Zuge dieser Betrachtungen die Dreifaltigkeitslehre ablehnte, bat er 1675 um einen Dispens von der Verpflichtung, die geistlichen Weihen empfangen zu müssen. Klerikaler Streit und der Tod seiner Mutter stürzten ihn in eine Depression, die bis 1684 währte. Aber bereits 1679 kehrte er zu seinem alten Interessenschwerpunkt, dem Studium der Mechanik, zurück. Daraus entstand im Jahre 1684 seine Schrift „De Motu Corporum" mit den wesentlichen Überlegungen, die 1687 in den Principia ausgebreitet werden sollten. Darin brachte er letztendlich die Erkenntnisse aus den Bewegungsexperimenten Galileis, Keplers Beobachtungen der Planetenbewegungen und Descartes' Überlegungen zum Trägheitsproblem in Einklang. Mit seinen drei Gravitationsgesetzen legte er die Grundlage für die klassische Mechanik, die bis ins frühe zwanzigste Jahrhundert unangefochten universell Gültigkeit haben sollte. Damit stand Newtons Ruhm nichts mehr im Wege, wenn auch Hook ihn des Plagiats seiner eigenen Ideen bezichtigte.

Es folgte nun eine Reihe von Ereignissen und Aktivitäten, die mit seiner wissenschaftlichen Karriere nur bedingt zu tun hatten: Widerstand gegen König Jakob II., die Universität in eine katholische Einrichtung umzuwandeln, weitere theologische Studien und dazu ein Briefwechsel mit dem Philosophen John Locke (1632–1704), seine Rolle als Abgesandter der Universität im Parlament. Dann auch wieder nervliche Probleme. Schließlich wurde Newton durch Intervention des Earls of Halifax 1696 Warden, 1699 Master der Königlichen Münze in London. Da Newton dieses Amt, das mit lukrativen Pfründen versehen war, ernst nahm, mussten von nun an seine wissenschaftlichen Aktivitäten in den Hintergrund treten.

1699 wurde ihm die hohe Ehre zuteil, als eines von acht auswärtigen Mitgliedern an die Akademie Francaise in Paris berufen zu werden. 1701 legte er sein Amt als Professor in Cambridge nieder, veröffentlichte aber anonym noch sein Gesetz über die Abkühlung fester Körper an der Luft. 1703 wurde er zum Präsidenten der Royal Society berufen, ein Amt, das er bis zu seinem Tode innehatte. Nachdem Hooke verstorben war, veröffentlichte Newton sein Werk über die Optik im Jahre 1704. Dann begannen die Auseinandersetzungen mit Leibniz wegen der Priorität bzgl. der Infinitesimalrechnung. Newton lebte jetzt zurück gezogen in einem Haus in London, in dem er ein kleines Observatorium beherbergte, und widmete sich ganz dem Studium der alten Geschichte, Theologie und – wie sollte es anders sein – der Mystik. Newton starb im Jahre 1727 als wohlhabender Mann trotz eines massiven Spekulationsverlustes und wurde in der Westminster Abbey beigesetzt.

Bevor wir noch einmal zur Gravitation kommen, noch ein Wort zu Newtons Optik und seiner Theorie des Lichts:

In seiner Schrift Hypothesis of Light von 1675 führte Newton das Ätherkonzept und die Teilchennatur des Lichts ein: Lichtpartikel bewegen sich durch ein materielles Medium – dies war reiner Materialismus. Die Teilchentheorie des Lichtes konnte aber solche Phänomene wie die Interferenz nicht erklären. Newton gelangte deshalb bald in einen Disput mit Huygens als Vertreter der Wellentheorie. Der Äther wurde zwei Jahrhunderte später durch das Michelson-Experiment ad Acta gelegt, und Welle und Korpuskel sind heute in der Quantentheorie vereint beschrieben. Auch Newtons Raum- und Zeitbegriffe, die er beide für absolut hielt, wurden spätestens mit der allgemeinen Relativitätstheorie in ein anderes Licht gestellt. –

Wie eingangs erläutert, haben sich frühere Autoren mit der Beschreibung des Beobachteten begnügt, um es in eine gewisse Ordnung zu bringen. Die Ursachen, die hinter den planetarischen Bewegungen und kosmischen Erscheinungen vielleicht noch liegen mögen, insbesondere deren Herkunft und auch Zukunft betreffend, wurden nicht erforscht. Newton macht mit diesen Vorgegebenheiten Schluss. Er beschreibt die Himmelserscheinungen als Konsequenzen aus Naturgesetzen. Diese Gesetze können die Bewegungen der Planeten und Monde einwandfrei beschreiben.

Um dorthin zu gelangen, muss er – wie weiter oben bereits erwähnt – eine Hypothese aufstellen, von der wir annehmen, dass sie bis heute in der Kosmologie gültig ist, nämlich, dass physikalische Gesetze, die bei uns auf der Erde bewiesen sind, gleichermaßen an allen anderen Orten des gesamten Kosmos ebenfalls stimmen. Das war zu Newtons Zeiten möglicherweise keine so gewagte Unterstellung, als wie sie uns heute erscheinen mag, da in den Köpfen der Menschen die Anthropozentrik als kosmischer Bezugspunkt nach wie vor selbstverständlich war. Heute zu einer Zeit, in der es keine Selbstverständlichkeiten a priori mehr gibt, ist eine solche Unterstellung zwar notwendig, damit wir überhaupt eine beschreibbare Ausgangslage haben, aber dennoch in gewisser Weise gewagt. Newton erreichte unter dieser Voraussetzung also eine Synthese zwischen den Gravitationseffekten, die schon durch Galilei beobachtet wurden und den besten Messdaten der Planetenbahnen, wie Kepler sie zur Verfügung stellte. Damit war eine völlig neue Sicht auf die Welt eröffnet, die erstmalig frei war von allen mystagogischen Elementen und es auch so bleiben sollte.

Bei Kepler haben wir uns sozusagen auf dem Höhepunkt der Beordnung, einer perfekten kosmischen Harmonie, befunden. Newton löst das nun auf. Durch konsequente Anwendung der Gravitationsgesetze nimmt er die gegenseitige Beeinflussung der Himmelskörper untereinander in Kauf, die in Mehrkörperprobleme münden, deren exakte Berechnungen bis heute nur mit numerischen Methoden unter Zuhilfenahme leistungsstarker Rechner möglich ist. Die Bahnen der Himmelkörper werden wegen dieser gegenseitigen Beeinflussungen zu idealisierten Trajektorien, die in der Realität durch Störungen von diesen abweichen. Die Realität erweist sich nunmehr als zu komplex, dass eine perfekte Ordnung des Kosmos durchgehalten werden kann. Es herrscht zwar kein Chaos, aber die Abgrenzung dazu ist wieder schwieriger geworden.

Will man die Newtonschen Postulate in ein mathematisches Format bringen, benötigen wir in der klassischen Kinematik zur Beschreibung einer Bewegung einen geeigneten Referenzrahmen und Gleichungen, die Bewegungen beschreiben. In der klassischen Welt bedient man sich in diesem Zusammenhang des kartesischen Koordinatensystems. Bewegung heißt Änderung eines Ortes mit der Zeit. Änderungen der Lage eines Massepunktes mit der Zeit werden in Geschwindigkeit gemessen. Ändert sich nun auch die Geschwindigkeit mit der Zeit, spricht man von Beschleunigung.

Die Kinetik führt nun die Kraft als Ursache mit der kinematischen Beschreibung zusammen – die Synthese von Galilei und Kepler sozusagen. Bewegung kommt nur zustande, wenn eine Kraft auf einen Körper wirkt. Grundlage der weiteren Überlegungen ist dabei der idealisierte Massenpunkt. Newton hatte ja erkannt, dass die Änderung der Bewegung proportional zur Kraft geschieht, die auf einen Massenpunkt wirkt – und zwar in Richtung der aufgebrachten Kraft. Die Proportionalität wird sichergestellt durch die Masse selbst.

Eine weitere Erkenntnis Newtons war, dass jeder Kraft gleichzeitig eine Gegenkraft entgegenwirkt:

actio = reactio

Kinetisch ausgedrückt bedeutet das, dass auch der Bewegung eine Verharrung entgegensteht, die als Trägheit oder Widerstand des Massenpunktes verstanden werden kann. Die Newtonschen Gleichungen gelten selbstverständlich für unmittelbar wie auch aus der Ferne einwirkende Kräfte.

Betrachten wir nun den Fall, dass zwei Massenpunkte gegenseitig aufeinander Kräfte ausüben. Die Kräfte werden durch die Massen selbst – und zwar durch deren Anziehung – erzeugt; dann greift das Gravitationsgesetz. Wir unterscheiden zwischen Masse und Gewicht. Das Gewicht ist eine Eigenschaft der und proportional zur Masse. Diese Eigenschaft wird bei uns bestimmt durch die Erdanziehung und kann somit gemessen werden. Die Bestimmung des Proportionalitätsfaktors erfolgt über die Messung der Beschleunigung eines frei fallenden Körpers, also der Erdbeschleunigung $g = 9{,}8067 \, \text{m/s}^2$. Wenn man die Fallhöhe oder Geschwindigkeit eines frei fallenden Körpers berechnet, taucht in beiden Fällen die Masse in keiner der relevanten Gleichungen auf.

Als Newton seine Gleichungen herleitete, benutzte er nicht die schiefe Ebene, sondern ein Pendel.

Albert Einstein

Albert Einstein wurde am 14. März 1879 in Ulm geboren. Er starb am 18. April 1955 in Princeton in den USA. Obwohl seine Eltern im schwäbischen Raum alteingesessenen mittelständischen jüdischen Familien entstammten, war sein Umfeld eher assimiliert und nicht strenggläubig. Kurz nach seiner Geburt im Jahre 1880 zog die Familie wegen der Geschäfte seines Vaters nach München.

Aus seiner Kindheit und Jugend gibt es zu berichten, dass er eher ein Spätzünder war. So begann er erst im Alter von etwa drei Jahren zu sprechen. Aber schon mit fünf Jahren interessierte er sich für das Violinspiel. Nach dem Besuch der Volksschule ging er ab 1888 auf das Luitpold-Gymnasium, heute Albert-Einstein-Gymnasium. – Nach der Schließung des väterlichen Geschäfts zog es die Familie 1894 nach Mailand. Ursprünglich sollte Albert zurückbleiben und sein Abitur in München machen. Aus unterschiedlichen Gründen verließ er jedoch das Gymnasium ohne Abschluss und folgte der Familie im Alter von 15 Jahren nach. Zwei Jahre später gab er seine deutsche Staatsbürgerschaft auf, um dem Militärdienst zu entgehen und trat auch aus seiner Synagogengemeinde aus. Durch Vermittlung eines guten Bekannten konnte Einstein die Kantonsschule in Aarau in der Schweiz besuchen, wo er 1896 die Hochschulreife mit ausgezeichneten Noten erwarb.

Wenn es nach seinem Vater gegangen wäre, hätte er Elektrotechnik studiert. Er bewarb sich aber um einen Studienplatz am Zürcher Polytechnikum. Nachdem er die Aufnahmeprüfung dort 1895 nicht bestanden hatte, erhielt er im zweiten Anlauf nach dem Abitur doch noch einen Studienplatz. Seine erste wissenschaftliche Arbeit – „Über die Untersuchung des Ätherzustandes im magnetischen Felde" – erstellte Einstein bereits mit 16 Jahren. Sie wurde nie veröffentlicht. An der Hochschule selbst war er wenig enthusiastisch, insbesondere, was die Mathematik angeht. Sein Defizit auf diesem Fachgebiet konnte er später nur dadurch ausgleichen, dass er sich auf die Hilfe anderer verlassen musste.

Einstein beendete seine Studien im Jahre 1900 mit einem Lehramts-Diplom für Mathematik und Physik. Da er an seiner Institution keine Assistentenstelle bekommen konnte, arbeitete er zunächst als Hauslehrer in Winterthur, Schaffhausen und später in Bern. 1901 erwarb er die Schweizer Staatsangehörigkeit. Dann folgte 1902 seine erste feste Anstellung: beim Schweizer Patentamt in Bern als technischer Experte 3. Klasse. Nach seiner Heirat lebte Einstein mit seiner ersten Frau bis 1905 weiterhin in Bern.

Dann kam das Jahr 1905. Im Alter von 26 Jahren erschien seine Arbeit „Über einen die Erzeugung und Verwandlung des Lichts betreffenden heuristischen Gesichtspunkt zum photoelektrischen Effekt", für die er später den Nobelpreis erhalten sollte. Im selben Jahr reichte er auch seine Dissertation über „Eine neue Bestimmung der Moleküldimensionen" ein, mit der er promovierte. Weiter ging es Schlag auf Schlag. Einen Monat nach seiner Dissertation veröffentlichte er: „Über die von der molekularkinetischen Theorie der Wärme geforderte Bewegung von in ruhenden Flüssigkeiten suspendierten

Teilchen zur Brownschen Molekularbewegung". Und schließlich noch einen Monat später: „Zur Elektrodynamik bewegter Körper" in den Annalen der Physik. Der Aufsatz erschien am 26. September 1905. Schon am darauffolgenden Tag lieferte Einstein einen Nachtrag. Letzterer enthält zum ersten Mal die Formel $E = mc^2$. Der Titel des Nachtrags lautete: „Ist die Trägheit eines Körpers von seinem Energieinhalt abhängig?" Die spezielle Relativitätstheorie war damit ins Leben gerufen worden.

Carl Friedrich von Weizsäcker schrieb später über dieses Wunderjahr:

> 1905 eine Explosion von Genie. Vier Publikationen über verschiedene Themen, deren jede, wie man heute sagt, nobelpreiswürdig ist: die spezielle Relativitätstheorie, die Lichtquantenhypothese, die Bestätigung des molekularen Aufbaus der Materie durch die ‚Brownsche Bewegung', die quantentheoretische Erklärung der spezifischen Wärme fester Körper. [3]

Nach Ablehnung des ersten Habilitationsantrags 1907 an der Berner Universität wurde er dann 1909 zum Dozenten für theoretische Physik an der Universität Zürich berufen. Zwei Jahre später, im Jahre 1911, erhielt er eine einjährige Anstellung als ordentlicher Professor der theoretischen Physik an der Prager Universität. Dadurch wurde er österreichischer Staatsbürger. 1912 kehrte er an die Eidgenössische Technischen Hochschule in Zürich als Professor zurück, wo er 1895 die Aufnahmeprüfung nicht bestanden hatte.

Max Planck schließlich holte Einstein 1913 nach Berlin, wo er hauptamtlich besoldetes Mitglied der Preußische Akademie der Wissenschaften und ab 1914 Direktor des Kaiser-Wilhelm-Instituts für Physik wurde. Drei Jahre später, 1916, konnte er als Ergebnis seiner Studien sein Hauptwerk über die allgemeine Relativitätstheorie veröffentlichen. Während seiner Zeit in Berlin kam er auch in Kontakt Max Wertheimer (1880–1943), dem Begründer der Gestalttheorie, für die Einstein ein besonderes Interesse entwickelte. Vielleicht haben auch die Wertheimerschen Ansätze indirekt mit zu seiner späteren Suche nach einer allgemeinen Feldtheorie beigetragen.

Durch die experimentelle Bestätigung seiner theoretischen Vorhersage der Ablenkung des Lichts durch die Gravitation der Sonne durch Eddington (1882–1944) im Jahre 1919 wurde auch die nicht-wissenschaftliche Welt erstmalig auf Albert Einstein aufmerksam. Damit war er auf dem Wege zum Status eines Kultstars, was einem Wissenschaftler vor ihm und in der Ausprägung auch nach ihm nie zuteilgeworden ist. Hinzu kam dann 1921 der Nobelpreis für Physik „für seine Verdienste um die theoretische Physik, besonders für seine Entdeckung des Gesetzes des photoelektrischen Effekts".

Nachdem er auch eine Ehrendoktorwürde der Universität in Princeton erhalten hatte, plante er, die Hälfte des Jahres in Princeton, New Jersey, die andere in Berlin zu lehren. Nachdem er 1932 erneut in den USA weilte, kehrte er nach der Machtübernahme der Nationalsozialisten 1933 nicht mehr nach Deutschland zurück. Diesem Schritt folgte eine Reihe von freiwilligen Austritten aus Akademien und Gesellschaften in Deutschland und Italien, seine Aufgabe der deutschen Staatsangehörigkeit sowie die Ächtung seiner Schriften durch den deutschen Staatsapparat. Seine Kontakte zu Deutschland waren abgebrochen. Im Jahre 1940 erhielt er die amerikanische Staatsbürgerschaft.

Vorher, im Jahre 1933, wurde Einstein Mitglied des Institute for Advanced Study, einem privaten Forschungsinstitut in Princeton, der Stadt, in der er bis zu seinem Tode lebte. Seine verbleibenden Jahre als Forscher widmete er der Suche nach einer einheitlichen Feldtheorie, also damals der Vereinigung von Gravitation und Elektromagnetismus. Dieses Ziel hat er – wie nach ihm bisher auch kein anderer – nicht erreicht. In diese Zeit fällt auch die Entwicklung der Atombombe. Sie und die Grundlagen dazu waren nicht Einsteins Forschungsgegenstand. Er wurde allerdings von anderen Forschern überzeugt, sein Renommee in die Waagschale zu werfen, und für deren beschleunigte Entwicklung beim amerikanischen Präsidenten vorstellig zu werden.

Einstein starb am 18. April 1955 im Alter von 76 Jahren in Princeton an inneren Blutungen, verursacht durch den Riss eines Aneurysmas.

Seit Menschengedenken haben sich große Geister mit dem freien Fall auseinandergesetzt. Die Bestrebungen Galileis haben wir ausführlich behandelt. Interessant ist natürlich die Frage: was passiert, wenn man solche Experimente – oder eben den einfachen freien Fall – in unterschiedlichen Systemen durchführt, d. h. in Systemen, die sich z. B. mit unterschiedlichen Geschwindigkeiten zueinander bewegen, wobei die Geschwindigkeiten nicht konstant sein müssen? Die zu vergleichenden Systeme können auch relativ zueinander beschleunigt werden. Im Grenzfall ist das eine System das Labor, und das andere wird durch den sich im freien Fall befindlichen Körper repräsentiert.

Die Antwort gibt nun das Prinzip der allgemeinen Relativitätstheorie, das wir bereits weiter oben kennengelernt haben:

Wenn wir annehmen, dass in zwei Systemen die gleichen physikalischen Gesetze gelten, dann gibt es kein Referenzsystem für eine absolute Beschleunigung, genauso wenig wie es in der speziellen Relativitätstheorie keine absolute Geschwindigkeit gibt.

Oder umgekehrt:

Wenn physikalische Gesetze in einer Umgebung gültig sind, sind sie in einer Umgebung, die sich relativ zu jener bewegt, ebenso gültig.

Voraussetzung dafür ist die Feststellung:

In jedem beliebigen lokalen Lorentz-Referenzrahmen, überall und jederzeit im Universum, nehmen alle physikalischen Gesetze (mit Ausnahme der Gravitation) die bekannten Formen der speziellen Relativitätstheorie an.

Das hört sich ähnlich an wie Newtons Vorschlag über die Gültigkeit physikalischer Gesetze überall und zu allen Zeiten. Bevor wir uns mit den Konsequenzen dieses Prin-

zips auseinandersetzen, sollten wir uns noch über einige Begrifflichkeiten klar werden, die dabei nützlich sein werden. Eine davon ist die Raumzeit.

Raumzeit ist unserer alltäglichen Erfahrung zugänglich und meint ein vierdimen-
sionales Gebilde mit den drei Raumdimensionen Länge, Breite und Höhe, sowie als
vierter Dimension die Zeit.

Innerhalb dieser Raumzeit nun lassen sich alle Ereignisse in der Welt darstellen.
Ein Gegenstand befindet sich immer irgendwo zu irgendeinem Zeitpunkt. Ort und
Zeit reichen aus, ihn festzulegen. Die Änderung des Ortes über der Zeit wird zu einer
Linie in den vier Dimensionen: eine Weltlinie. Das trifft auf einen Fußball zu, aber
auch auf einen Menschen. Alles scheint festgefroren in der Raumzeit-Matrix, nichts
bewegt sich mehr. Denn Bewegung ist ja schon festgehalten als Weltlinie selbst. Alles
steht fest für immer. Wenn wir aber stillstehen, bewegen wir uns dennoch in der Zeit.
Eine Eigenschaft dieses Kontinuums ist, dass alle vier Koordinaten gleichberechtigt
sind. Das bedeutet z. B., dass sich Raum- und Zeitkoordinaten unter bestimmten Bedingungen vertauschen lassen.

Innerhalb der Raumzeit lassen sich Dinge beschreiben – z. B. der Abstand zwischen zwei Punkten. Die kürzeste Entfernung zwischen zwei Punkten nennt man eine
Geodäte. Sie wurde bereits im Zuge unserer Dialogo-Diskussion erwähnt.

Ein weiterer nützlicher Begriff ist der der Metrik. Eine Metrik misst den Abstand
zwischen zwei Punkten – im Raumzeit-Kontinuum also zwischen zwei Ereignissen.

Es gibt also kein absolutes Bezugssystem. Das haben wir im Kapitel durch das Beispiel eines vom Dach fallenden Balles illustriert. Jemand steht auf dem Dach eines
Hauses, und er wirft einen Ball nach unten. Klassisch würde man sagen: freier Fall,
gerade Linie, kürzester Weg. Die Geodäte wäre also eine gerade Strecke. Aus den bereits berichteten Experimenten in Budapest und Princeton wissen wir, dass das so
einfach nicht ist. Es gibt noch andere Einflüsse: Erdrotation, Sonnenbewegung in der
Milchstraße, Bewegung der Milchstraße selbst, von Galaxienclustern etc.

Ein Grund für die Komplexität der Beschreibung dieser Bewegung liegt in der
Verwendung unseres euklidischen Koordinatensystems. In der Nähe der lokalen Umgebung gilt der Raum der Lorenz-Transformation. Die vier Dimensionen, die neben
den drei Raumdimensionen auch noch eine zeitliche besitzen, nennt man auch Minkowski-Raum. In diesem Bereich, sagt Einstein, ist Physik einfach, kompliziert wird
sie erst im globalen Raum

Kommen wir noch einmal zurück zur Beschleunigung. Unsere Vorstellung von
Beschleunigung kommt daher, dass wir fest auf dem Boden stehen, und um uns
herum alle möglichen Objekte herunterfallen sehen. Dabei vergessen wir, dass wir
selbst auf unserer Weltlinie gerade mit dem Boden unter uns in beschleunigter Bewegung sind. Wir messen diesen ganzen Vorgang aber im flachen Minkowski-Raum, der
uns zu den bekannten Bewegungsgleichungen nötigt.

Versetzen wir uns gedanklich in ein Raumschiff, in dem außer uns noch jede
Menge andere Gegenstände zu finden sind: ein Schlüsselbund, Geldstücke, Schrauben
und meinetwegen auch Erbsen. Das Raumschiff jagt beschleunigt durch den Raum.

Aber alle Gegenstände in ihm befinden sich in Ruhe: sie folgen einer geraden Linie. Dennoch verspüren wir selbst den Effekt der Beschleunigung – z. B., wenn wir in unseren Steuerungssitz zurückgeworfen werden. Beschleunigung ist also keine Illusion. Unter den Gesetzen der speziellen Relativitätstheorie können wir jetzt Raum und Zeit in differentielle Segmente zerlegen und diese hintereinanderschalten. In jedem dieser Segmente gelten die Gesetze der Lorentz-Transformation. Aber wir stellen dabei auch fest, dass z. B. Zeitdehnung und Längenkontraktion sich entlang des Beschleunigungsweges ändern, da sich die Geschwindigkeit ändert. Am Ende dieser mathematischen Arbeit steht dann die Erkenntnis, dass Raum und Zeit einer Kurve folgen. Und damit sind wir im Zuständigkeitsbereich der allgemeinen Relativität. Jetzt ist es an der Zeit, das Koordinatensystem zu wechseln.

Statt eine Kurve in einem flachen Raum für beschleunigte Bewegung zu beschreiben, kann man auch den umgekehrten Weg gehen, und gelangt so zu einem „natürlichen" Koordinatensystem: wenn ein beschleunigter Körper sich auf einer Geodäte bewegen soll, also einer geraden Linie mit dem kürzesten Abstand zwischen zwei Punkten, dann muss der Raum, innerhalb dem dies geschieht, zwangsläufig gekrümmt sein. Bewegen wir uns nun innerhalb eines lokalen Inertialsystems frei entlang einer solchen Geodäte, so beobachten wir alle im freien Fall befindlichen Gegenstände sich mit konstanter Geschwindigkeit bewegen.

Im globalen gekrümmten Raum sind natürlich viele Geodäten zuhause, die diesen Raum so zusagen aufspannen. Wenn wir die Beschleunigung durch die Krümmung der Raumzeit ausgeschaltet haben, haben wir gleichzeitig die Kraft aufgehoben, die über die Masse eines Körpers wirkt. Besser ausgedrückt lautet die Folgerung: Raum agiert auf Masse, indem er ihr vorschreibt, wie sie sich bewegen muss. Umgekehrt reagiert Masse auf den Raum, indem sie ihm seine Krümmung vorschreibt. Diese Regel steht für das, was wir als Ergebnis der Gravitation beobachten. Wie lässt sich nun dieser Zusammenhang mathematisch ausdrücken?

Wenn Raumzeit durch einen Tensor, den Riemannschen Krümmungstensor, ausgedrückt werden kann, muss sein Äquivalent auf der anderen Seite ebenfalls ein Tensor sein.

Jedes Ereignis in der vierdimensionalen Raumzeit bringt mit sich einen so genannten Energie-Dichte-Tensor T, der Informationen über die Dichte von Energie und Impuls enthält. Die endgültige Gleichung besagt, dass die Krümmung des Raumes proportional der vorhandenen Impuls-Energie ist.

Stephen Hawking

Die Grundlage aller modernen Kosmologie ist die Allgemeine Relativitätstheorie. Das nochmals als Grundvoraussetzung für die sich abzeichnenden kosmologischen Modelle. Auf dem Weg zu ihrer Entwicklung haben viele Wissenschaftler eine herausragende Rolle gespielt. Ich möchte an dieser Stelle nur noch zwei Menschen und ihren Beitrag erwähnen. Da ist zunächst Edwin Hubble, nach dem das Weltraumteleskop benannt ist, und der die Expansion des Weltraums als erster beobachtete. Weiterhin wird in den Veröffentlichungen von Hawking auch Bezug genommen auf die so genannte Schwarzschild-Lösung der Einsteinschen Feldgleichung. Sie wurde schon einen Monat nach Einsteins Papier über die allgemeine Relativitätstheorie von Karl Schwarzschild (1873–1916) veröffentlicht und beschreibt ein Gravitationsfeld außerhalb einer sphärischen, nicht rotierenden Masse wie z. B. ein Stern oder ein Schwarzes Loch. Sie ist damit die allgemeinste, sphärische und symmetrische Lösung von Einsteins Feldgleichung. Ein Schwarzes Loch nach Schwarzschild ist umgeben von einer sphärischen Oberfläche, die Ereignishorizont genannt wird und den so genannten Schwarzschildradius besitzt.

Stephen William Hawking wurde am 8. Januar 1942 in Oxford geboren. Die Familie zog im Jahre 1950 nach St. Albans in der Nähe von London, wo Hawking auch ab 1953 die Schule besuchte. Er sollte ursprünglich Medizin studieren, beteiligte sich aber noch vor seinem Schulabschluss probeweise an einer Aufnahmeprüfung der Universität Oxford, die er tatsächlich bestand, sodass er ein Stipendium erhielt. Da er nach seinem Bachelor-Abschluss lieber in Cambridge Kosmologie studieren wollte, ihm aber dazu das Examen fehlte, stellte er sich dort einer mündlichen Prüfung, die er 1962 mit Bestnote bestand. In Cambridge an Trinity Hall promovierte er über theoretische Astronomie und Kosmologie im Jahre 1966. Er wurde dort Research Fellow und danach Professorial Fellow am Gonville and Caius College. Schon in Oxford stellten sich erste Anzeichen für seine Erkrankung, die Amyotrophe Lateralsklerose (ALS) ein, die sich dann in Cambridge verschlimmerten. Diese Krankheit zerstört das Nervensystem. Seit 1968 war er auf einen Rollstuhl angewiesen.

Hawking arbeitete mit Roger Penrose zusammen, mit dem er die Existenz von Singularitäten in der allgemeinen Relativitätstheorie bewies. Für diese Arbeit erhielt er 1966 den Adams Price der Universität Cambridge. Dann wechselte er zunächst an das Institut für Theoretische Astronomie, wo er bis 1973 arbeitete, um sich danach am Institut für angewandte Mathematik und Theoretische Physik mit der Theorie der Schwarzen Löcher auseinander zu setzen.

Es folgten Arbeiten, in denen er sowohl seine Kosmologie als auch im Detail die Physik Schwarzer Löcher ständig verfeinerte bzw. revidierte. Dazu gehören:
- Zerstrahlungsphänomene von Schwarzen Löchern
- Zusammenhänge mit der Quantenfeldtheorie
- Quantengravitation
- Quantenkosmologie
- Überlegungen über offene und geschlossene Universen.

Hawking trat auch als Autor populärwissenschaftlicher Bücher hervor, unter anderem über „Eine kurze Geschichte der Zeit." Ferner setzte er sich mit Fragen über Schöpfung, Entstehung des Universums und Gott auseinander. Immerhin wurde er Mitglied der Päpstlichen Akademie der Wissenschaften auf Lebenszeit.

Seine Krankheit hatte sich mittlerweile weiter verschlimmert. Nach einer Luftröhrenoperation konnte er nicht mehr sprechen. Ein spezieller Sprachcomputer wurde für ihn entwickelt. Später konnte er diesen aber mit seiner Hand nicht mehr bedienen. Er arbeitete deshalb mit Hilfe eines Infrarotsensors an seiner Brille, der durch ein Kabel mit dem Computer verbunden war. Der Sensor reagierte auf die Reflexion eines Infrarotstrahls in Abhängigkeit von Bewegungen von Hawkings Wangenmuskeln und steuerte so den Rechner.

Das „standard hot big bang model" (Abb. 11.7) basiert auf der Tatsache, dass die Gravitation die gesamte Entwicklung des Universums dominiert, die beobachteten Details werden von den Gesetzen der Thermodynamik, der Hydrodynamik, der Atomphysik, der Kernphysik und der Hochenergiephysik bestimmt.

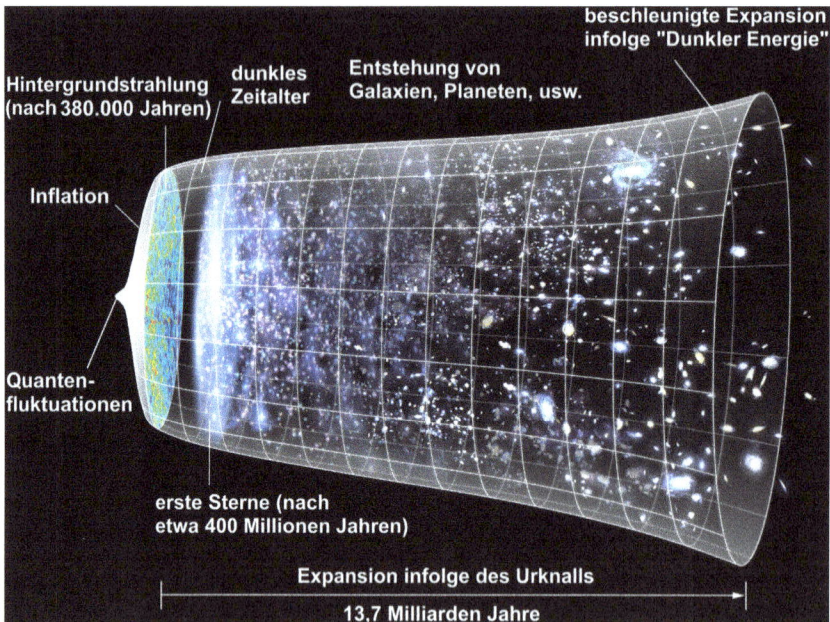

Abb. 11.7: Das Standard Hot Big Bang Model.

Es wird davon ausgegangen, dass während der ersten Sekunde nach dem Anfang die Temperatur so hoch war, dass ein vollständiges thermodynamisches Gleichgewicht herrschte zwischen Photonen, Neutrinos, Elektronen, Positronen, Neutronen, Protonen und diversen Hyperonen und Mesonen und möglicherweise Gravitonen.

Nach einigen Sekunden fiel die Temperatur auf etwa 10^{10} K, und die Dichte betrug etwa 10^5 [g/cm^3]. Teilchen und Antiteilchen hatten sich ausgelöscht, Hyperonen und Mesonen waren zerfallen und Neutrinos und Gravitonen hatten sich von der Materie entkoppelt. Das Universum bestand jetzt aus freien Neutrinos und vielleicht Gravitonen, den Feldquanten von Gravitationswellen.

In der nachfolgenden Periode zwischen 2 und etwa 1000 s fand eine erste ursprüngliche Bildung von Elementen statt. Vorher wurden solche Ansätze durch hochenergetische Photonen wieder zerstört. Diese Elemente waren im Wesentlichen α-Teilchen (He^4), Spuren von Deuterium, He^3 und Li, und machten 25% aus, der Rest waren Wasserstoffkerne (Protonen). Alle schwereren Elemente entstanden später.

Zwischen 1000 s und 10^5 Jahren danach wurde das thermische Gleichgewicht gehalten durch einen kontinuierlichen Transfer von Strahlung in Materie, sowie permanenter Ionisationsprozesse und Atombildung. Gegen Ende fiel die Temperatur auf wenige tausend Grad. Das Universum wurde nun von Materie statt von Strahlung dominiert. Photonen waren nicht mehr so energiereich, um z. B. Wasserstoffatome permanent zu ionisieren.

Nachdem der Photonendruck verschwunden war, konnte die Kondensation der Materie in Sterne und Galaxien beginnen: zwischen 10^8 und 10^9 Jahre danach.

Das kosmologische Standardmodell und Hawking in seinem Text machen Gebrauch von einem mathematischen und bzw. physikalischen Phänomen, welches Singularität genannt wird. Eine Singularität ist so etwas wie ein Defekt in einem Koordinatensystem. Ein mathematisches Beispiel ist die Funktion $y = 1/x$. Eine andere Singularität ist der Nordpol. Alle Meridiane treffen sich in einem einzigen Punkt. Eine Singularität bezeichnet also eine Einzigartigkeit. In einer Singularität, wie postuliert von Hawking, verdichtet sich die Raumzeit in einem einzigen Punkt. In der Sprache der allgemeinen Relativitätstheorie kann eine solche Singularität wie folgt gekennzeichnet werden:

In einer Raumzeit-Mannigfaltigkeit werden betrachtet:
- alle raumabhängigen Geodäten
- alle Nullgeodäten (Photonenpfade)
- alle zeitabhängigen Geodäten (frei fallender Beobachter)
- alle zeitabhängigen sonstigen Beschleunigungskurven.

Angenommen, eine dieser Kurven endet nach einer endlichen Länge, und, angenommen, es ist unmöglich, die Raumzeit-Mannigfaltigkeit über diesen Endpunkt hinaus auszudehnen – dann nennt man diesen Endpunkt eine Singularität.

Die Singularität, die dem Modell des expandierenden Universums zugrunde liegt, ist im allgemeinen Sprachgebrauch als Urknall (Big Bang) bekannt. Demnach gab es also einen Zeitpunkt, zu dem das Universum endlich klein und unendlich dicht war. Unter diesen Bedingungen hatten sämtliche Naturgesetze noch keine Gültigkeit, und es gab keine Möglichkeit, die Zukunft vorher zu bestimmen. Sollte es je Ereignisse gegeben haben, die vor diesem Zeitpunkt stattgefunden haben, so könnten diese keinen Einfluss darauf haben, was heute geschieht. Sie könnten deshalb ignoriert werden, weil sie weder beobachtet werden noch irgendeinen Einfluss auf uns hätten. Insofern kann man sagen, dass die Zeit mit dem Urknall begann. Die moderne Kosmologie sagt nun, dass – ob nun Chaos herrschte oder ein irgendwie geordneter Initialzustand – auf jeden Fall irgendeine Singularität involviert gewesen sein muss, durch die hindurchzugehen nicht erlaubt ist, sodass die Frage nach dem vorher sinnlos ist.

Singularitäten bzw. allgemein relativistische Gesichtspunkte spielen aber nicht nur beim Urknall, sondern auch im Leben der Sterne eine wichtige Rolle. Stellen wir uns einen Himmelkörper vor, der bereits eine bestimmte Dichte besitzt. Nach dem Schwarzschildmodell, welches auf hydrostatischen Gesetzen beruht, soll diese Dichte homogen sein, die Form des Himmelkörpers eine Kugel. Der Zentraldruck ist abhängig von dessen Radius. Ist dieser Himmelskörper ein Stern, so gibt es in seinem Lebenszyklus zwei Möglichkeiten, um am Ende ein stabiles Gleichgewicht zu erreichen:
– Abstoßung überflüssiger Masse oder
– Kollaps.

Eine von diesen beiden Optionen tritt ein, wenn die Kernreaktionen eines Tages durch Erschöpfung des Fusionspotentials aufhören, die ihn zwischenzeitlich stabil gehalten haben. In unserem Zusammenhang interessiert zunächst nur der Kollaps.

Dieser Kollaps wird zu einer Singularität, wenn der Stern eine kritische Dichte überschreitet. Der Grenzwert für den zugehörigen Radius, der Schwarzschildradius, betrüge für die Erde 9 mm. Die Singularität, zu der ein Stern kollabiert, nennt man auch Schwarzes Loch.

Eng verwandt mit dem Schwarzschildradius ist – wie eingangs erwähnt – der Ereignishorizont. Er definiert eine Grenze in der Raumzeit, über die nichts hinausdringen kann. Das gilt nicht nur für andere Himmelskörper oder waghalsige Reisende, die diese Membran durchschreiten möchten, sondern auch für elektromagnetische Wellen – also Licht – deshalb ein „Schwarzes" Loch. Kein Signal dringt mehr nach außen. Der Grund liegt in der enormen Krümmung der Raumzeit.

Muss das bedeuten, dass man Schwarze Löcher niemals finden wird, weil man sie nicht sieht? Nicht unbedingt. Es gibt eine Reihe von indirekten Phänomenen, die auf Schwarze Löcher hinweisen könnten:
– Direkte Beobachtung eines Sternkollapses
– direkte Beobachtung der Entstehung vieler Schwarzer Löcher, wenn Sternencluster sich konsolidieren und supermassive Gebilde entstehen,
– das Anwachsen von ursprünglichen Schwarzen Löchern aus der frühen Zeit des Universums; diese Gebilde ziehen weiterhin andere Massen an, die beim Verschwinden ins Schwarze Loch Strahlung aussenden,
– Beobachtung der Spiralbahn eines Himmelkörpers, der sich einem Schwarzen Loch nähert.

Neben den Schwarzen Löchern gibt es vier weitere Sternenkonfigurationen, bei denen relativistische Effekte eine Rolle spielen:
– Weiße Zwerge
– Neutronensterne
– supermassive Sterne und
– relativistische Sternencluster.

Wir wollen hier nur noch die ersten beiden Kategorien betrachten.

Sowohl weiße Zwerge als auch Neutronensterne können – wie Schwarze Löcher – am Ende des Lebenszyklus eines Sterns liegen. Wie sieht nun das Endstadium im Leben eines Sterns wie z. B. unserer Sonne aus?

Irgendwann nähert sich der thermonukleare Prozess, der einen Stern am Brennen hält, dem Ende, weil ihm der Brennstoff ausgeht. Das ist dann der Fall, wenn sich große Mengen Fe-56 und Ni-62 gebildet haben – Kerne mit der höchsten Bindungsenergie. Was dann passiert, hängt von der Masse des Sterns ab. Richtwert ist dabei die Chandrasekhar-Grenze mit 1,44 Sonnenmassen, wie in der Tab. 11.1 dargestellt:

Tab. 11.1: Chandrasekhar-Grenze.

Masse [Sonnenmassen]	Endstadium	Durchmesser [km]
1,44 – 3	Neutronenstern	6 – 100
< 1,44	Weißer Zwerg	3'000 – 20'000
> 3	Schwarzes Loch	–

Die Temperatur und damit die Leuchtfähigkeit Weißer Zwerge wird ausschließlich durch ein degeneriertes Elektronengas gewährleistet. Bei Neutronensternen ist der Gravitationsdruck so groß, dass Elektronen und Protonen zu Neutronen rekombinieren, die sich in seinem Inneren als Supraflüssigkeit ohne innere Reibung konstituieren.

∗∗∗

Der Vergleich zwischen Hawking und Anaximander ist verlockend. Beide Überlegungen und die zugehörigen Texte sind mit etwas Abstand in einer eher geheimnisvollen Sprache gefasst. Beide wollen endgültige Wahrheiten über das Ganze verkünden. Eine Frage, die sich stellt, ist: beeinflusst die eine oder die andere Erkenntnis unsere alltägliche Existenz? Oder anders ausgedrückt: würde Anaximander nicht am Anfang, sondern am Ende der Erkenntnis stehen und umgekehrt Hawking am Anfang, was wäre heute anders? Oder nichts?

12 Astrologie

Prognostica

Zu den Aufgaben des markgräflichen Hofmathematicus gehörten neben Astronomie und Astrologie auch die Tätigkeit als Arzt und das Erstellen von Kalendern. Somit publizierte Simon Marius für die Jahre 1601 bis 1629 seine alljährlichen „Prognostica".

Einerseits nutzte er den Jahreskalender nicht nur für Voraussagen, sondern auch für wissenschaftliche Mitteilungen, z. B. das Prognosticon auf 1613, in welchem er die Distanzen und Umlaufzeiten der Jupitermonde veröffentlichte. Andererseits vermischte er Astrologie und Wissenschaft auch in seinem Hauptwerk, wo er im Mundus im III. Kapitel zur Frage der Benennung der Jupitermonde folgendes ausführte:

> Alle Astrologen sehen den Mars schon immer als einen unheilbringenden Planeten an und er kann auf keine Weise oder sicherlich nur schwer mit dem Jupiter zusammengebracht werden. Dem Jupiter werden ohne Zweifel folgende Eigenschaften zugeschrieben: Frömmigkeit, Gleichmut, Redlichkeit, Gelassenheit, Mäßigung, Ernst und ähnliche Tugenden. Dem Mars wird alles diesem Gegenteilige zugeschrieben; ....

Im Folgenden zwei Beispiele für Marius' Prognostica (Abb. 12.1 und 12.2):

- Prognosticon Astrologicum, Das ist: Außführliche vnd eygentliche Beschreibung deß Gewitters, Krieg, kranckheit, vnd andern Natürlichen zufällen, genommen auß dem Lauff, vnnd Stand der Planeten Fixstern, Finsternussen, etc. Auff das Jar nach vnsers Herrn vnnd Seligmachers Geburt, M. D CI. Allen frommen Christen zur nachrichtung treulich vnd fleissig gestellet. Durch Simonem Marium, Guntzenhusanum Francum, Astronomiae Studiosum. Gedruckt zu Nürnberg, durch Abraham Wagenman, In Verlegung, Johann Lauers.
  - Widmung an Maria von Eyb, geborene Freiin von Crailsheim und Witwe des Johann Martin von Eyb (1536–1588)

- PROGNOSTICON ASTROLOGICUM, Außführliche Beschreibung deß Gewitters, sampt andern Natürlichen Zufällen, auff das Jahr nach der Geburt vnsers Herrn vnd Heylandes Jesu Christi MDCXXIX. Zu einem glückseligen Newen Jahr dedicirt: [...] Herrn Christian, Marggrafen zu Brandenburg [...] Durch SIMONEM MARIUM, Guntzenhusanum Francum, Astronomum & Medicum, gerichtet auff die Elevationem poli 49. grad, 18. min. vnd Longitud. 34. gr. 45. min. der Fürstlichen Statt Onoltzbach. Gedruckt vnd verlegt zu Nürnberg bey Johann Lauern.
  - Widmung an Markgraf Christian (1581–1655), Fürstin Sophie, Graf Friedrich [32]

∗∗∗

In Graz wurde von Kepler verlangt, dass er Logik, Metaphysik, Mathematik und Astronomie lehrte. Die Mathematik gab er auf, da in seinem ersten Jahr die Teilnehmerzahl

https://doi.org/10.1515/9783110762778-012

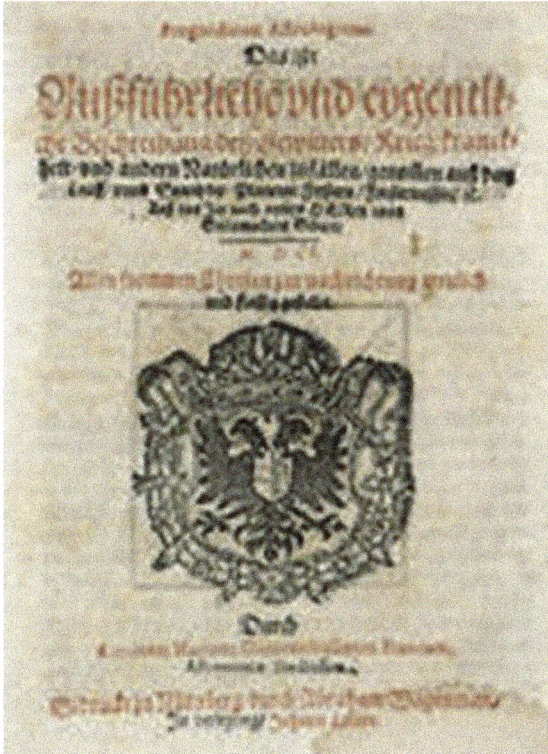

Abb. 12.1: Prognosticon Astrologicum auf das Jahr 1601.

gering war und im zweiten Jahr niemand mehr kam. Stattdessen musste er über Vergil und Rhetorik lesen.

Johannes Kepler wurde ursprünglich nicht durch seine wissenschaftlichen Leistungen in unserem Sinne bekannt, sondern durch die Veröffentlichung seiner „Prognostica". Die Prognostica erschienen in einem jährlichen Kalender und gründeten auf die Regeln der Astrologie, mit denen sich Kepler selbst bekannt machte. Das brachte ihm ein zusätzliches Einkommen von etwa 20 Gulden. Diese Kalender veröffentlichte er sechs Jahre hintereinander. Kepler war nicht ganz von deren wissenschaftlichem Wert überzeugt und bewahrte eine zurückhaltende Einstellung ihnen gegenüber. In einer späteren Stellungnahme gegenüber dem persönlichen Leibarzt des Markgrafen von Baden, Feselius, nannte er die „Astrologie das alberne Töchterchen der weisen Mutter Astronomie".

Abb. 12.2: Prognosticon Astrologicum auf das Jahr 1629.

Wallenstein

Hermanitz ist ein kleines Dorf an der Elbe in Ost-Böhmen. Von 1548 bis 1623 gehörte es der Dynastie der von Waldstein. In seiner Kirche, der Heiligen Maria Magdalena gewidmet, die im Laufe ihrer Jahrhunderte langen Geschichte mehrere Male wieder aufgebaut werden musste, befinden sich zu beiden Seiten des Altars Grabmäler, die fast lebensgroße Abbilder eines Paares in weißem Marmor zeigen: einen Ritter und seine Ehefrau. Die Inschriften um das Relief sind in tschechischer Sprache gehalten. Durch sie wird der Ritter als Vilim der Ältere von Waldstein von Hermanitz identifiziert, der im Jahre 1595 verstarb, und seine Frau Markyta von Smilice, die im Jahre 1593 verstarb. Das Monument war auf Befugnis ihres einzigen überlebenden Sohnes Albrecht Wenzel Eusebius nach dessen Rückkehr von einer Bildungsreise nach Frankreich und Italien um die Wende vom 16ten zum 17ten Jahrhundert errichtet worden. In Italien hatte er Padua besucht, wo Galilei im Jahre 1601 an der dortigen Universität Astronomie lehrte, aber es ist nicht sicher, ob die beiden sich trafen. Waldstein – oder Wallenstein, wie der Mann später genannt wurde – war von dem deutschen Mathematiker Paul Virdung begleitet gewesen. Das wird in einem Brief von Virdung an Kepler aus dem Jahre 1603 bezeugt, in dem er von seiner Reise mit Wallenstein berichtet.

Der deutsche Historiker und Gelehrte Golo Mann (1909–1994), Sohn des Literatur-Nobelpreisträgers Thomas Mann (1875–1955), verfolgte den Namen Wallensteins und seinen Ursprung zurück bis ins 12te Jahrhundert [33]. Nach seinen Forschungen war der ursprüngliche Name des späteren Generals Waldnstein, aber dessen Aussprache war schwierig für die Böhmen. Somit nannten sie seine Vorfahren Waldstein, wogegen die deutschen Muttersprachler ihn später in Wallenstein oder in von Wallenstein änderten. Also handelte es sich dabei um die Umwandlung seines Namens. Wie es in vielen Ländern nicht unüblich ist, leiten Adlige und andere Landeigentümer ihren Familiennamen von dem Grundbesitz ab, auf dem sie leben. Das war bei Wallenstein genauso. Die Burg Waldstein war an einem Ort in der Nähe von Turnau, heute in der Tschechischen Republik gelegen, der von Wäldern umgeben war, von einem Mann, genannt Zdenek, erbaut worden, bevor er sich nach der neu erbauten Burg benannte, und wurde somit genealogisch der Vorfahre Albrecht Wallensteins (Abb. 12.3).

Abb. 12.3: Wallenstein.

Die erste (indirekte) Begegnung zwischen Wallenstein und Johannes Kepler fand im Jahre 1608 statt, während Kepler sich zum ersten Mal in Prag aufhielt. Wallenstein kontaktierte den Astronomen – oder in diesem Fall besser: Astrologen – durch den Vermittler Dr. Stromair, einem Arzt. Stromair erwähnte den Namen seines Auftraggebers jedoch nicht, lediglich, dass er zum Adel gehörte, und er gab Tag und Stunde von dessen Geburt an: der 24. September 1583, nach dem gregorianischen Kalender, um 04:30 Uhr, da es seine Aufgabe war, Kepler um ein Horoskop für seinen Auftraggeber zu bitten. Kepler ging dieser Bitte nach, die für ihn nichts Außergewöhnliches war. Er legte die Geburtsstunde auf 04:30 Uhr und 1 ½ Minuten fest.

Kepler beschreibt seinen Kunden folgendermaßen: „Das er ein wachendes, auffgemundertes, embsiges, unruhiges gemüeth habe, allerhandt neuerungen begührig, dem gemeines menschliches wesen und händel nicht gefallen, sondern der nach neuen unversuchten, oder doch sonsten selzamen mitteln trachte, doch villmehr in gedancken habe, dann er eußerlich sehen und spüren lasset ..." [34]

Zusammenfassend lässt sich sagen: das Horoskop charakterisiert Wallenstein als eine ehrgeizige Person, die während seines Lebens alle Arten von Feinden anziehen würde. Kepler sagte eine Heirat im Alter von 33 Jahren mit einer wohlhabenden Frau voraus (das fand tatsächlich sieben Jahre früher statt). Für die späteren Jahre prognostizierte er unangenehmere Entwicklungen, unter anderem, dass Wallenstein der Anführer einer unzufriedenen Rotte werden würde, aber auch das Versprechen auf ein großartiges und gefährliches Leben.

Das war die erste Version von Keplers Horoskop für Wallenstein. Aber Wallenstein, der von einer starken Beziehung zwischen einer Sternenkonstellation sogar zur Zeit der Geburtsminute und dem weiteren Schicksal der betreffenden Person überzeugt war – im Gegensatz zu Kepler, für den eine Sternenkonstellation nur eine Art von Impuls für die weitere Entwicklung einer Person liefern würde –, verglich sein eigenes Schicksal mit den Voraussagen des Horoskops über die nächsten 16 Jahre. Einige dieser Voraussagen wurden erfüllt, andere nicht, einige traten früher ein, andere später. Also bat er mehrfach um eine Revision des Horoskops bezogen auf modifizierte Geburtsstunden. Kepler selbst berechnete insgesamt fünf Versionen des Horoskops über eine Zeitspanne von insgesamt 40 Minuten. Seine korrigierte Version vom 21. Januar 1625 basierte auf 04:36 ½ Uhr als Geburtszeit. Aber Kepler sah keinen Grund, seine Schlussfolgerungen aus der Version aus dem Jahre 1608 zu modifizieren. Wallenstein war mit dieser Entwicklung nicht zufrieden und bat Ende September 1625 um eine detaillierte Ausarbeitung. Er wollte insbesondere wissen, ob sein Tod durch einen Schlaganfall und außerhalb seines Heimatlandes erfolgen würde. Und ob er Ehren und Reichtum außerhalb seines Heimatlandes erhalten würde. Und ob er in der Lage sein würde, die Kriegskunst in welchem Land und mit wieviel Glück weiterzuführen. Wer würden seine Feinde sein, und ob es wahr wäre, dass seine ärgsten Feinde die Böhmen, seine Landsleute, sein würden?

Während Kepler bis zum Jahre 1625 nicht wusste, wer sein Kunde war, lüftete plötzlich einer der Mittelsmänner, Leutnant Gerhard von Taxis, das Geheimnis, indem er Wallensteins Namen und Position in einem Brief erwähnte, den ihm ein junger Offizier aus Wien, Christoph von Hochkircher überbrachte. Kepler, der nun die Identität seines Kunden kannte, antwortete, dass er bisher nicht das ausgehandelte Entgelt erhalten hatte. Er hatte die Geburtsstunde wie gebeten angepasst, aber seine Antworten auf Wallensteins detaillierte Fragen waren sehr allgemein gehalten gewesen. Es gab tatsächlich nicht viel Neues in dieser Horoskopversion außer einigen geringfügigen Anpassungen bzgl. der Jahre, für die er einige Veränderungen im Schicksal seines Kunden vorausgesagt hatte. So kamen schließlich die beiden berühmten Versionen von Keplers Horoskop für Wallenstein zustande: jene von 1608 und 1625. Es gibt Kopien davon in mehreren renommierten Bibliotheken. Was die Frage nach der Kompensation betrifft, so übergab der Kadett Hochkircher ihm einige abgewertete zwanzig Shilling Stücke, indem er behauptete, dass es zu gefährlich gewesen wäre, die Gesamtsumme auf seiner Reise bei sich zu führen. Nachdem Kepler einen Anwalt beauftragt hatte, die Gesamtsumme einzutreiben, hatte Hochkircher sie bereits für sich selbst ausgegeben.

Später, im Januar 1630, rief Wallenstein sich sein Horoskop wieder in Erinnerung bevor er den König von Ungarn in Regensburg traf. Aber das war, nachdem Kepler bereits eine Anstellung in Sagan angenommen hatte, die Wallenstein ihm angeboten hatte. Hintergrund war, dass Kepler immer noch versuchte, die 11 817 Gulden, die der kaiserliche Hof ihm für seine jahrelangen Dienste schuldete, und die ihm immer noch nicht ausgezahlt worden waren, als er Wallenstein in Prag traf, einzutreiben. Wallenstein schlug eine andersartige Lösung auf Basis von Beiträgen aus der kaiserlichen Börse vor, über die er verfügte. Kepler wurden 1000 Rheinische Gulden pro Jahr und eine wöchentliche Zulage von 20 Gulden Druckkostenzuschuss versprochen. Somit berief Wallenstein vor allen Leuten Johannes Kepler zum Hofastrologen in Sagan, einer Stadt in Niederschlesien. Kepler akzeptierte die Vereinbarung und zog mit Frau und Kind nach Sagan.

Astrologische Konzepte

Johannes Kepler produzierte eine voluminöse Sammlung astrologischer Arbeiten. Unter ihnen gab es die Prognostica, Almanache, Horoskope, aber auch mehrere Abhandlungen über astrologische Fragen. Zu den letzteren gehörte „De fundamentis astrologiae certioribus" („Über die gesicherten Grundlagen der Astrologie") aus dem Jahre 1609 und „tertius interveniens", ein etwas längerer Aufsatz über diesen Gegenstand aus dem Jahre 1610. Sein Prognosticon für 1618, dem Jahre, in dem der 30jährige Krieg begann, steht unter der Überschrift: Kepler, Johannes: „Prognosticon von allerhand bedraulichen Vorboten künftigen Übelstands auff das Jahr 1618 und 1619". Keplers Vermächtnis beinhaltet Horoskope für mehr als 900 Personen aus der Gesellschaft, für zeitgenössische Herrscher und Mitglieder seiner Familie. Die frühesten stammen von 1592, kurz nachdem er seinen Masterabschluss in Tübingen bestanden hatte. Seine Horoskope setzten sich aus Zeichnungen und einer schriftlichen Interpretation zusammen (s. Abb. 12.4). Die Zeichnung enthält eine Anzahl Quadrate, wobei im Zentralquadrat Namen und Geburtsdatum der jeweiligen Person stehen. Weitere Informationen betreffen das Tierkreiszeichen, die Planeten und den Mond.

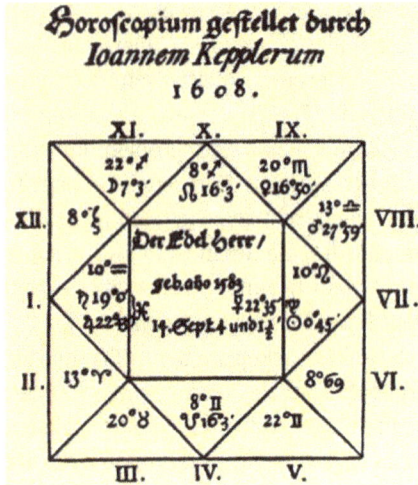

Abb. 12.4: Wallensteins Horoskop 1608 von Johannes Kepler.

Uns heute erscheint es seltsam, dass Astrologie einmal als Pseudo-Wissenschaft anerkannt war. Der deutsche Informationswissenschaftler Walter Oberschelp versuchte noch 2009 eine rationale Bewertung dieser Angelegenheit in einer anerkannten Computer-Fachzeitschrift [35]. Für ihn dreht sich alles um die Frage, die jemand stellt, der sich dem Himmel über ihm zuwendet: wie kann der Himmel oben und die Vorgänge, die sich dort abspielen, in Raum und Zeit verstanden werden? Irgendwann führte dieser Ansatz zu quantitativen Berechnungen. Aber trotzdem blieb der Wunsch bestehen, möglichst einfache Verhältnisse zu entdecken und diese zur Voraussage der Zukunft zu verwenden. Der alte Wunsch, Kommensurabilitäten zu finden, blieb bis in die Moderne erhalten. Die Zukunft berechnen zu können, bedeutete, die Positionen der Sterne und das Vorhaben der Götter berechnen zu können. Das verbirgt sich immer noch hinter der heutigen esoterischen Astrologie.

Trotz aller Vorbehalte, so Oberschelp weiter, der wissenschaftlichen Astronomie gegenüber den Interpretationsmethoden der Astrologie sollte die Motivation für die Astrologie ernstgenommen werden. Deren wichtigste Indikatoren, die so genannten „Aspekte" eines Horoskops, sind ganzzahlige Winkelverhältnisse bezogen auf den Vollkreis, d. h. Winkelkommensurabilitäten des Tierkreises. Konjunktionen und Oppositionen von Himmelskörpern, glaubt man, seien ebenfalls besonders bedeutsam, d. h. gleiche oder um 180° gegenüberstehende scheinbare Winkel zu der Ekliptik, weiterhin Winkel von 90°, 60° oder 120°. Dabei handelt es sich um die uralte Faszination von ganzzahligen Verhältnissen wie wir im Abschnitt weiter oben über die Ordnung der Dinge gelesen haben: gebundene Mondrotation, Verhältnisse von Planetenumlaufperioden etc.

Abb. 12.5: Eger in alter Ansicht.

Johannes Kepler: Sagan und Tod in Regensburg (1628–1630)

Die Endversion von Keplers Horoskop für seinen neuen Meister beinhaltete eine ernsthafte, aber nicht sehr konkrete Warnung für den Anfang des Jahres 1634. Es wurde fertig gestellt in dem Landesteil, der heute zum äußersten Westen der Tschechischen Republik gehört.

Eger und seine Burg

Die alte böhmische Stadt Eger (Abb. 12.5) heißt heute Cheb und zählt 32 000 Einwohner. Sie liegt westlich der Region um Karlovy Vary oder Karlsbad an den Ufern des gleichnamigen Flusses. Während der Hussitenkriege schloss die Stadt sich der Anti-Hussiten-Koalition an. In späteren Jahren folgte Eger der lutherischen Reformation, aber durch die von Kaiser Rudolph II. organisierte Gegenreformation wurde Eger im Jahre 1626 wieder auf Linie gebracht.

Über Eger krönt seine Burg, die Anfang des 12ten Jahrhunderts durch die Hohenstaufen-Dynastie, aus der mehrere römisch-deutsche Könige und Kaiser hervorgingen, errichtet wurde. Heute sind ihre Überreste mit dem berühmten Schwarzen Turm immer noch zu sehen.

Es war in Eger, wo Wallensteins Schicksal besiegelt wurde.

Wallensteins Tod

Am 24. Januar 1634 unterschrieben der König von Böhmen und Kaiser Ferdinand II. ein Amtsenthebungsdokument, mit dem Albrecht von Wallenstein seines Postens als oberster Befehlshaber des kaiserlichen Heeres enthoben wurde. Eine Order ging an alle Generäle, Offiziere und gewöhnliche Soldaten, ihre Loyalität zu dem abgesetzten Generalissimo zu beenden und den Gehorsam gegenüber Wallensteins engen Vertrauten Feldmarshall Christian von Ilow (1585–1634) und Kavalleriegeneral Graf Adam Erdman Trcka von Lipa (1599–1534), seinem Schwager, zu verweigern. Das Dokument schloss mit einer Anweisung, die nichts anderes als ein Todesurteil bedeutete: „Das Haupt der Verschwörung und seine Hauptkomplizen sind gefangen zu nehmen, falls möglich, andernfalls als überführte Übeltäter zu töten."

Unter dem Eindruck dieser fatalen Ereignisse blieben Wallenstein nichts anderes übrig als die Flucht und der Versuch, der kaiserlichen Autorität aus dem Wege zu gehen. Er entschloss sich, sich weiter nach Westen, nach Eger, zu begeben, und hoffte, von dort Kontakt mit dem Feinde aufzunehmen, der in den habsburgischen Territorien operierte.

In der Nacht vom 25. Februar planten drei Männer vom königlichen Inselreich, John Gordon, Oberstleutnant von Trckas Infanterie und gleichzeitig Kommandant von Eger, Walter Leslie (1607–1667), ebenfalls Oberstleutnant, und Dragonerleutnant Walter Butler (1600–1634), den Flüchtigen und gebrochenen Verbannten und seine Anhänger physisch zu liquidieren.

Gordon lud von Ilow, Trcka von Lipa und dessen Schwager Wilhelm Kinsky von Wchynitz (1574–1634) und Kavalleriehauptmann Heinrich Niemann, Wallensteins Sekretär, in sein Haus auf der Burg Eger zum Abendessen ein, wo Butler und seine Männer dann alle Ein- und Ausgänge besetzten. Zwischen 19:00 und 20:00 Uhr stürmte das erste Mordkommando den Speisesaal und brachte alle Gäste um. Einige Minuten später beendete Hauptmann Walter Deveroux (1600–1640) den dramatischen Lebensweg Albrecht von Wallensteins, einstmals Oberbefehlshaber des habsburgischen Heeres, Graf von Friedland, Mecklenburg, Sagan und Glogau, durch einen einzigen Streich im Pachelbelhaus nahe am Markt, das Haus des Stadtkommandanten, wo sein Opfer während des Abends geblieben war. [33]

Sagan

Johannes Kepler erlebte den Abgang seines letzten Arbeitgebers nicht mehr, aber während seines Aufenthaltes in Sagan musste er schon die Konsequenzen des Untergangs seines Meisters tragen.

Heute zählt Sagan oder Zagan, eine Stadt im ländlichen Bezirk Zagan in der polnischen Woiwodschaft Lebus, 26 500 Einwohner. Sie liegt in Niederschlesien halbwegs zwischen Cottbus und Breslau. Im Jahre 1627 kam es in den Besitz Wallensteins, ein Jahr bevor Kepler sich für seinen letzten Auftrag dorthin aufmachte. Aber zuerst wandte Kepler sich im Mai 1628 nach Regensburg, wo seine Familie vorübergehend untergekommen war. Er machte einen Umweg über Linz, um eine Ausgabe der Tabulae für 200 Gulden an seine Bekannten dort zu verkaufen, auf seinem Weg nach Prag, um seine Kündigung als kaiserlicher Mathematiker einzureichen. Inzwischen war seine Familie in Prag angekommen, und zusammen zogen sie weiter nach Sagan, wo Wallenstein eine Unterkunft für sie organisiert hatte.

Natürlich beanspruchte Wallenstein eine Gegenleistung: Astrologie. Andererseits dachte der Herrscher daran, eine Universität in Sagan zu gründen, in der Kepler die erste tragende Säule sein sollte. In dieser Angelegenheit schrieb Kepler an seinen Freund Matthias Bernegger, dass für Bernegger selbst dort die Möglichkeit auf einen Lehrstuhl offenstehen würde.

Kepler war im Juli 1612 mit Matthias Bernegger (Abb. 12.6) bekannt geworden. Bernegger wurde sein Freund, als dieser sich auf dem Weg nach Straßburg befand. Obwohl sie nur einmal zusammentrafen, setzten sie ihre Freundschaft über Briefkorrespondenz bis kurz vor Keplers Tod fort. Bernegger selbst war mit den Leistungen Keplers wohl vertraut. Er war zehn Jahre jünger als der Astronom, geboren 1582 in Hallstatt im Salzkammergut. Berühmt wurde er als Philologe und Professor in Straßburg. In den dreißiger Jahren des 17. Jahrhunderts besuchte und korrespondierte er mit Galilei und organisierte die Veröffentlichung der Werke des Italieners vom Volgare ins Lateinische.

Abb. 12.6: Matthias Bernegger.

Aber ansonsten fühlte sich Kepler nicht besonders glücklich in diesem kleinen und abseitigen Ort Sagan. Er hatte keine intellektuellen Ansprechpartner, mit denen er sich unterhalten konnte, und, was noch schlimmer war: die Gegenreformation drang auch in Sagan ein, und Wallenstein hatte dem nichts entgegenzusetzen.

Trotz alledem ging es Kepler finanziell jetzt besser. Ihm gelang es, seine Ephemeriden-Tafeln mit den Vorausberechnungen der täglichen Planetenposition bis zum Jahre 1636 im Jahre 1630 drucken zu lassen. Das wurde möglich durch den Kauf einer Druckerpresse in Leipzig, die er nach Sagan schaffen ließ. Sein Assistent war ein junger Mann aus dem nahen Lauban, Jacob Bartsch (1600–1632). Kepler mochte Bartsch und brachte schließlich dessen Heirat mit seiner Tochter Susanne, die zu der Zeit in Durlach in Baden lebte, zustande. Dabei nahm Kepler wiederum die guten Dienste von Bernegger in Anspruch, um die Hochzeit am 12. März in Straßburg zu organisieren und statt ihm stellvertretend als Brautvater zu fungieren, da er selbst seine Stellung in Sagan nicht verlassen konnte. Wiederum konnte er sich im selben Jahr am 18. April über die Geburt seiner Tochter Anna Maria erfreuen. Und während die Druckerpresse die Ephemeriden bearbeitete, hatte er sogar Zeit, an einem Fantasieroman über eine Reise zum Mond mit dem Titel „Somnium seu opus Posthumum Astronomia lunaris" zu schreiben (Traum oder posthume Arbeit über die Astronomie des Mondes"), der im Jahre 1634 von seinem Sohn Ludwig veröffentlicht wurde. Diese drei Ereignisse sollten die letzten glücklichen für Johannes Kepler in seinem Schicksalsjahr 1630 sein.

Nachdem Wallenstein abgesetzt worden war, machte sich Kepler wieder Sorgen über seinen Lebensunterhalt. Und er erinnerte sich an die ausstehenden Zahlungen, die der Kaiserhof ihm schuldete: mehr als 10 000 Gulden. Also bereitete er eine Reise nach Linz vor, um die Angelegenheit ein für alle Mal zu regeln. Seine Sorgen verstärkten sich durch die Tatsache, dass sein eigenes Horoskop für sein angehendes 60stes Lebensjahr mögliches Ungemach ankündigte, da es eine erstaunliche Ähnlichkeit mit dem seines Geburtsjahres aufwies. Nachdem er sich von seiner Familie verabschiedet hatte, deren Wohlergehen er seinem Schwiegersohn Bartsch anvertraute, brach er zu seiner Reise auf, die ihn zu einem ersten Halt nach Leipzig führte, wo er sich im Hause von Professor Phillip Müller (1585–1659), einem alten Bekannten, eine Woche lang aufhielt. Er borgte sich 50 Gulden von Müller und reiste weiter nach Nürnberg, um einen weiteren Bekannten zu kontaktieren, Phillip Eckebrecht (1594–1667), Kaufmann und Liebhaberastronom, den er um eine Karte für die Tabulae Rudolphinae gebeten hatte. Diese Karte war noch nicht fertig, und Kepler zog weiter Richtung Linz.

Regensburg

Heute ist Regensburg (Abb. 12.7) die Hauptstadt der Oberpfalz in Bayern mit ungefähr 150 000 Einwohnern. Sie ist gleichzeitig Bischofssitz der Regensburger Diözese. Sie liegt am nördlichen Punkt der Donau an der Mündung des Zusammenflusses von

Abb. 12.7: Regensburg mit der Steinernen Brücke.

Naab und Regen. Während des 30jährigen Krieges wurde Regensburg zu einem sicheren Hafen für protestantische Flüchtlinge aus Österreich.

Das Wetter war schlecht. Es gab Nebel und Dauerregen. Kepler reiste zu Pferde und kam in Regensburg auf der Steinernen Brücke an, wo er in der Nähe im Hause des Händlers Hillebrand Billi Unterkunft fand. Drei Tage später wurde er von hohem Fieber befallen. Kaiser Ferdinand II., der sich zu der Zeit wegen der Krönung seiner zweiten Frau Eleonora von Gonzaga (1598–1655) in Regensburg aufhielt, erfuhr von der Erkrankung seines ehemaligen Protegés und schickte Grüße und 30 Gulden als Geschenk. Das Fieber verschlimmerte sich, und Johannes Kepler starb am 15. November 1530 im Beisein eines Geistlichen. Da sich zu der Zeit wegen der kaiserlichen Feierlichkeiten noch viele alte Freunde und Bekannte von Kepler in der Stadt aufhielten, nahmen sie an seiner Beerdigung auf dem protestantischen Friedhof St. Peter vor den Toren von Regensburg teil. Heute ist das Grab des weltberühmten Astronomen nicht mehr aufzufinden. Nur wenige Jahre nach seinem Tod wurde der Friedhof während der Belagerung von Regensburg durch Bernhard von Weimar (1604–1639) und der anschließenden Wiedereroberung durch bayrische Truppen zerstört. Die Inschrift auf seinem Grabstein lautete:

Mensus eram coelos, nunc terrae metior umbras. // Mens coelestis erat, corporis umbra iacet.

(Die Himmel hab ich gemessen, jetzt mess ich die Schatten der Erde. // Himmelwärts strebte der Geist, des Körpers Schatten ruht hier.)

13 Glaubenskämpfe

Konflikte kündigen sich an

All seine wissenschaftlichen Erkenntnisse führten Galilei langsam, aber unabänderlich zu seiner Entscheidung, sich ein für alle Mal für das Kopernikanische Weltmodell zu entscheiden. Aber trotz seiner aufgeklärten Denkweise ignorierte er Tatsachen, die nicht seinen eigenen Ansichten entsprachen, z. B. die Entdeckung Keplers, dass sich Planeten auf elliptischen statt auf kreisrunden Bahnen bewegten. Kreisbewegungen passten besser zu seiner traditionellen Einstellung zur Natur. Außerdem war er sich wohl bewusst, dass seine Beobachtungen allein nicht ausreichten, um Copernicus ein für alle Mal zu beweisen.

Nichtsdestoweniger führte all dies schließlich und unwiderruflich zu einem ersten Konflikt mit seinen theologischen Herren, obwohl er seinen Gegnern am Florentinischen Hof zu erklären versuchte, dass Copernicus sehr wohl mit der zeitgenössischen biblischen Exegese in Übereinstimmung gebracht werden könnte. Ein Streitpunkt z. B. betraf den biblischen Bericht über die Schlacht bei Gibeon im Buch Josua. Nebenbei: die Diskussion über die Bedeutung dieser Erzählung ist auch heute noch nicht abgeklungen.

Die Geschichte, die im Buch Josua im 10. Kapitel niedergeschrieben wurde, handelt von der Schlacht zwischen den Israeliten und den Amoritern, während der Gott die Bewegungen der Sonne und des Mondes anhielt, um seinen Leuten mehr Zeit zu geben, die Schlacht zu gewinnen. Falls die Sonne jedoch das Zentrum des Universums und somit ohnehin bewegungslos gewesen wäre, wäre die Kopernikanische Kosmos-Theorie nicht mit dem biblischen Bericht vereinbar.

Das ist trotzdem eine seltsame Schlussfolgerung, da Gott, der in der Lage ist, alle möglichen Wunder zu wirken, irgendeinen Weg gefunden hätte, diesen Effekt zu bewerkstelligen – sogar in einem Kopernikanischen System.

Es gab viele exegetische Versuche, dieses Ereignis auf die eine oder andere Weise zu interpretieren. Kürzlich erklärten es israelische Wissenschaftler der Ben-Gurion-Universität in Beerscheba durch eine Sonnenfinsternis am 30. Oktober 1207 v. Chr. Sie benutzten dafür eine andere Übersetzung des alten hebräischen Wortes für „stillstehen", was auch mit „dunkel werden" übersetzt werden kann. Ältere Erklärungen von kritischen Gelehrten identifizieren die Sonne und den Mond mit antiken Gottheiten und deren Passivität als ein Zeichen dafür, dass der Gott der Israeliten sie zwang, nicht in die Schlacht einzugreifen.

Wie dem auch sei, Bernard Shaw (1856–1950) merkte an einer Stelle in seinem Vorwort von „Saint Joan" an, dass „Aufzeichnungen über Josuas Feldzüge keine Abhandlung der Physik" seien. Und genau diesen Punkt vertrat Galilei schon vorher. Er versuchte, den Konflikt dadurch zu vermeiden, dass er biblische Wahrheiten nicht gegen wissenschaftliche Erkenntnisse ausspielen wollte. Seiner Ansicht nach sollten sich Wis-

https://doi.org/10.1515/9783110762778-013

senschaftler darauf beschränken, die Natur zu erkunden und sich nicht in göttliche Wahrheiten einmischen.

Galilei legte diese scheinbar widersprüchliche Einstellung in einem Brief an Benedetto Castelli (1577–1643) vom 21. Dezember 1613 in allgemeinen Begriffen dar. Castelli war ein Benediktinermönch und Mathematikprofessor in Pisa. Er war ein Vertrauter Galileis und unterstützte ihn später bei der Formulierung einer seiner Verteidigungsschriften. In einem weiteren Verteidigungsversuch zwei Jahre später, wiederholte Galilei in einem Brief an die Mutter des Erzbischofs, Christina di Lorena (1556–1637), was er dem Castelli mitgeteilt hatte.

In dem genannten Brief bezog sich Galilei auf eine Diskussion mit dem Erzherzog und der Erzherzogin und weiteren Mitgliedern des Hofes über den bekannten Josua-Passus. Bevor er diesen Punkt weiter ausführte, stellte er seine Prinzipien über seine Betrachtung der Natur und gleichzeitig der Heiligen Schrift klar. Sowohl die Natur als auch die Schrift könnten nicht lügen, sodass beide Wahrheiten sich nicht widersprechen könnten. Aber dann wandte er ein, dass die Schrift nicht immer buchstäblich genommen werden sollte, da sich in der Bibel selbst an mehreren Stellen widersprüchliche Aussagen finden würden. Alles hing von den Kommentatoren ab, die die Wahrheit hinter biblischen Aussagen dem einfachen Volk zu erklären hätten. Der Heilige Geist ließ die Bibel auf eine Weise schreiben, dass gewöhnliche Menschen sie zu ihrem eigenen Heil verstehen könnten. Aus diesem Grunde hätten einige Passagen nur eine augenscheinliche Bedeutung, wenn man sie wörtlich nahm, während die Beobachtung der Natur durch die von Gott geschenkten Sinne nie bezweifelt werden sollte. Seiner Ansicht nach sollte der Versuch nicht erlaubt sein, Bibelstellen zur Widerlegung wissenschaftlicher Ergebnisse zu benutzen. Der einzige Zweck der Bibel bestehe darin, Menschen über die in ihr niedergelegte Lehre zu überzeugen, was unabdingbar für deren Rettung sei. Im Übrigen findet sich so wenig Astronomie in ihr, dass sie niemals mit einem Astronomie-Buch verwechselt werden sollte, da sie nicht einmal die Planeten erwähnt. Galilei behauptete, dass seine Gegner immer wieder die schärfsten Waffen gegen ihn einsetzten, da sie sich ihrer Argumentation selbst nicht sicher wären.

Am Ende des Briefes erklärt er, warum der Josua-Passus nicht ins Ptolemäische System passt. Falls die Sonne sich mit dem Rest der Himmelskörper in 24 Stunden um die Erde bewegte, hätte der gesamte Himmel zum Stillstand gebracht werden müssen. Ihm zufolge ergab sich aus dem Kopernikanischen System eine viel bessere Erklärung für dieses ganze Ereignis.

Galileis bemerkenswerte Einstellung fiel komplett aus seiner Zeit, lange vor dem Anbruch der Aufklärung. Während seines Lebens war die Theologie immer noch die Mutter aller Wissenschaften, so wie es später die Philosophie wurde, bis schließlich jede Generation ihre „Leitwissenschaft" haben würde – wie Chemie, Physik, Genetik und neuerdings die Neurowissenschaften in der Moderne. Somit gab es damals keinen Weg, die Theologie zu umgehen. Und tatsächlich wurde Galileis Brief an Castelli in dem Verfahren gegen ihn hervorgeholt.

Weiterhin prangerte der Dominikanerpater und Kirchengeschichtler Niccolo Lorini in einem Brief vom Februar 1615 an den Kardinal von Santa Cecilia ein Pamphlet der so genannten Galileisten an, indem er sich unter anderem auf diese Episode im Buch Josua bezog. In einer seiner Predigten wies er darauf hin, dass die Kopernikanische Lehre gegen die Bibel gerichtet wäre. Hinter den schriftlichen Nachrichten lag die Absicht, Material für mögliche juristische Verfahren gegen Galilei zu liefern, aber der Autor bat die Adressaten darum, seinen Brief nicht offiziell zu verwenden, sondern ihn geheim zu halten.

Einige Zeit vor dem Josua-Streit hatten sich weitere Verteidiger von Ptolemäus schon im Jahre 1610 in einem Pamphlet „Contro il moto della terra" („Gegen die Bewegung der Erde") gegen die Galileisten zusammengetan, unter ihnen der Philosoph Lodovico delle Colombe (1565–1623). Im Dezember 1614 hielt ein weiterer Dominikaner, Tommaso Caccini (1574–1648), eine Predigt gegen die Galileisten über Apg 1,8, in der er behauptet, dass die Mathematik eine Erfindung des Teufels wäre.

Inzwischen war anderen Gelehrten klar, dass Galilei mit dem Kopernikanischen System liebäugelte. Seine Absicht war, es auf festen wissenschaftlichen Boden zu stellen. Aber die Angriffe und Denunziationen an die Inquisition besonders durch den niederen Klerus nahmen stetig zu. Galilei beklagte sich in einem Brief an Federico Cesi über diese Denunziationen. Zu der Zeit hoffte er immer noch, dass die klerikale Hierarchie auf seine Erkenntnisse anders reagieren würde als der niedere Klerus.

Cesi antwortete am 12. Januar 1615. In diesem Brief bestätigte er, dass Kardinal Roberto Bellarmin ihm mitgeteilt hatte, dass er Copernicus als Häretiker ansah, und die Heilige Schrift zweifelsfrei bestätigte, dass die Erde sich im Zentrum des Universums befände und sich nicht bewegte. Cesi erwähnte außerdem, dass Mathematik und Mathematiker in gewissen Kreisen des niederen Klerus als Instrumente des Teufels und der Quelle aller Häresie angesehen würden. Galilei versuchte in einem Brief vom Mai 1615, sich der Unterstützung durch den Erzbischof Piero Dini, sein Freund und Funktionär am Vatikan, zu versichern. In diesem Brief verzweifelte er fast daran, dass er nicht in der Lage war, die Korrektheit des Kopernikanischen Weltmodells experimentell zu beweisen, und dass seine Gegner intellektuell nicht in der Lage seien, die einfachsten wissenschaftlichen Grundlagen zu begreifen.

Mittlerweile hatte Galilei versucht, Mitglieder der Kongregation vom Kopernikanischen System und seinen eigenen Ansichten zu überzeugen. Er hatte sogar die Unterstützung von Kardinal Orsino erreicht, der beim Papst für ihn intervenierte – allerding ohne positives Ergebnis. Einige Mitglieder beklagten sich über Galileis Eifer und hemmungslose Leidenschaft bei der Verteidigung seiner Positionen. Schließlich gab es für die offizielle Kirche keine andere Möglichkeit mehr, als zu handeln.

Am 25. Februar 1616 wies Papst Paul V. durch Kardinal Millini (1562–1629) das Heilige Offizium an, den Mathematiker Galilei einzubestellen, und ihn zu ermahnen, sich der Unrichtigkeit, dass die Sonne im Zentrum der Welt stehe, zu enthalten. Im Falle der Verweigerung würde er eingekerkert werden. Ansonsten gab es zunächst keinen formellen Inquisitionsprozess gegen Galilei. Am nächsten Tag erschien der Beschul-

digte vor Kardinal Bellarmin in dessen Palast. In der Gegenwart von dem Dominikanerpater Michelangelo Seghezzi da Lodi (1585–1625) und anderen wurde er ermahnt,
das Kopernikanische System nicht länger zu verteidigen. Im Falle des Ungehorsams
wurde Galilei ein formales Verfahren angedroht. Also versprach er, zu gehorchen.
Für alle zukünftigen Diskussionen sollte er die Kopernikanische Theorie als eine
reine Hypothese und nichts anderes behandeln. Später bestätigte Bellarmin in einem
Brief an Galilei, dass er nicht offiziell durch die Inquisition verurteilt worden war.

In einem Brief vom 12. März 1616 an Curzio Picchena (1554–1626), dem 1. Sekretär
am Medici-Hof, berichtete Galilei über die ihm widerfahrene exzellente Behandlung
durch die Kirchenfunktionäre. Während eines Spaziergangs mit dem Papst, der eine
Dreiviertelstunde dauerte, waren Höflichkeiten ausgetauscht worden. Galilei klagte
über die Bösartigkeit seiner Verfolger, wogegen der Papst ihn der hohen Wertschät-
zung durch ihn und der ganzen Kongregation versicherte, und ihm sein gewogenes
Ohr für zukünftige Angelegenheiten anbot. Von diesem Tag an vermied Galilei jede
öffentliche Diskussion über das Kopernikanische Weltmodell.

Es gab weitere Veröffentlichungen über dieses Weltmodell, die Gegenstand von Untersuchungen durch die Inquisition waren. Ein Stein des Anstoßes war ein Buch von
Paolo Foscarini (1565–1616), einem Karmeliter, in dem dieser den Beweis versuchte, dass
das Kopernikanische System in keinem Widerspruch zur Heiligen Schrift stehe. Bellarmin hatte am 12. April 1615 einen ziemlich freundlichen Brief an Foscarini geschrieben,
in dem er versuchte, ihn davon zu überzeugen, dass er sich dadurch auf dem Irrweg
befand, indem er alle zeitgenössischen und historischen Kommentare zur Heiligen
Schrift aufführte, die einstimmig das Ptolemäische System und Aristoteles bestätigten. Er
gab zu, dass Copernicus' Theorie wohl als eine Hypothese diskussionshalber betrachtet
werden könnte, aber zu sonst nichts weiter. Es gab weitere Abhandlungen über das Kopernikanische System, die Anlass zum Streit gaben. Insgesamt handelte es sich um sechs
Arbeiten, die während der letzten paar Jahre in Italien, Deutschland und Irland erschienen und durch ein Dekret vom 5. März 1616 auf den Index Librorum Prohibitorum, den
Index der verbotenen Bücher, gesetzt worden waren. Copernicus' Hauptwerk, „De revolutionibus orbium coelestum", blieb dieses Schicksal vorläufig erspart. Es befand sich in
„Suspension". Man konnte aus ihm unter der Bedingung, dass es nicht die Wahrheit re-
präsentierte, sondern nur eine mathematische Hypothese sei, zitieren, und erfuhr in seinem Vorwort, das ehemals dem Papst Paul III. gewidmet war, sowie am Ende des
X. Kapitels Korrekturen. Diese Korrekturen wurden im Mai 1620 durchgeführt. Danach
konnten die Schriften von Copernicus wieder referenziert werden, aber immer noch
unter dem Vorbehalt, dass sie als reine Hypothese zitiert würden.

Zurück zum Juni des Jahres 1616, als Galileis Befolgung seines Versprechens, sich
von Copernicus fernzuhalten, in einem mündlichen Streitgespräch zwischen ihm und
Francesco Ingoli (1578–1649), einem Theologen und Astronomen, Mitglied der Index-
Kongregation, auf die Probe gestellt wurde. Ingoli fasste die Diskussion in einem Traktat zusammen, der veröffentlicht wurde, und in dem 18 wissenschaftliche und vier
theologische Argumente gegen Copernicus aufgeführt wurden, und bat Galilei, seine

eigenen Argumente ebenfalls schriftlich festzuhalten. Galilei verhielt sich schweigend zu dieser Aufforderung.

Wieder in Florenz (1624–1633)

Privat nahm er die Angelegenheit bei einem zweiten Besuch in Rom im Juni 1624 wieder auf. Er war von seiner Heiligkeit sechs Mal zu langen Diskussionen empfangen worden, erhielt die Bestätigung für eine Pension für seinen Sohn, ein Gemälde und zwei Goldmünzen als Geschenk. Er traf auch einige Kardinäle zum freundlichen Austausch: insgesamt harmonische Verhältnisse zur katholischen Kirche also. Während seines Aufenthaltes erfuhr Galilei, dass die Kirche und der Papst im Besonderen in Wirklichkeit die Anhänger des Copernicus niemals als Häretiker verdammt hatten, aber sie lediglich wegen ihrer Anmaßung getadelt hätten. Wiederum tauchte die Frage auf, ob Astronomie eine Glaubensangelegenheit sei oder nicht. Galilei beließ es dabei und positionierte sich nicht weiter, sondern führte lediglich die Meinungen von anderen an. Der Papst ermutigte sogar Galilei, sich mit der Theorie des Copernicus zu beschäftigen – sogar darüber zu publizieren – unter der Vorbedingung, dass er diese Ideen nach wie vor als reine Hypothese behandelte. Der Papst pries Galilei auch in einem Brief an den Erzherzog Ferdinand der Toscana, in dem er feststellte, dass der Wissenschaftler sein persönliches Wohlwollen erlangt hatte.

Zu der Zeit dachte Galilei über die Ursachen der Gezeiten nach. In einem Brief teilte er Elia Diodati (1576–1661) in Paris, einem Schweizer Juristen und Calvinisten, mit, dass er Gezeiteneffekte sowohl für das Ptolemäische als auch das Kopernikanische System berechnet hätte. Aber auch jetzt ließ er seine tatsächliche Haltung offen.

Saint-Malo

Die Mündung des Flusses Rance in der Nähe von Saint-Malo an der Nordküste der Bretagne in Frankreich bietet einen großartigen Anblick – aber nicht nur wegen der Landschaft, sondern auch wegen einer technischen Anlage, die ihresgleichen irgendwo in der Welt sucht. Fährt man mit einem Ausflugsschiff in die Einfahrt des Schleusentores hinein, weist zunächst nichts auf das Vorhandensein eines technischen Großprojektes hin. Sobald die bewegliche Brücke über der Schleuse hochgezogen ist, kommt der Verkehr auf dem mächtigen Damm, der Saint-Malo mit Dinard in der nördlichen Bretagne verbindet, zum Halt.

Das Geheimnis des in Frage kommenden technischen Aufbaus erschließt sich nicht auf den ersten Blick, sondern ist unter der Oberfläche verborgen: das Gezeitenkraftwerk an der Rance. Aber auch das beeindruckende Bild der Halle innerhalb des Dammes unter der Straße enthüllt nicht notwendigerweise den Zweck der Installation. Es gibt jedoch eine Multi-Media-Ausstellung auf einer Fläche von 300 m^2 über

das Gezeitenkraftwerk, das den Besucher kostenfrei in die Geheimnisse der Energie-
umwandlung durch die Gezeitenkräfte einführt: das erste Gezeitenkraftwerk der
Welt (Abb. 13.1), zwischen 1962 und 1965 errichtet. Das wichtigste Projekt an der Nordküste der Bretagne liefert 600 Millionen kWh pro Jahr als elektrische Energie und
kann somit allein etwa 300 000 Einwohner mit Strom versorgen.

Die Elektrizität wird von 24 mächtigen Generatoren, von denen jeder Einzelne eine
Maximalleistung von 10 Millionen W erzeugen kann, generiert. Sie werden über Turbi-
nen von den durch die Gezeiten entstehenden Wasserströmungen, die zweimal pro Tag
in eine Richtung (von der See in die Mündung der Rance) und zweimal in die entgegen-
gesetzte Richtung (zurück in die See) entstehen, getrieben: Tag für Tag.

Der Ort für dieses Gezeitenkraftwerk wurde sorgfältig ausgewählt. Der Tidenhub
in der Rance-Mündung gehört zu den größten auf der Erde und kann bis zu 14 m erreichen. Grund dafür sind die Tiefe und der Achterwassereffekt des Kanals.

Inzwischen sind andere Länder dem Rance-Beispiel gefolgt. Heute gibt es Gezeiten-
kraftwerke in Kanada, China, Russland, Süd-Korea und dem Vereinigten Königreich.

Abb. 13.1: Gezeitenkraftwerk in der Nähe von St. Malo (W. Meinhart, Hamburg).

Der Dialogo

Galilei war bei schwacher Gesundheit wie viele seiner Zeitgenossen in seinem Alter damals, als eine medizinische Versorgung, wie wir sie heute kennen, nicht gegeben war. Er war dem Rat des Papstes gefolgt und hatte begonnen, sich ernsthaft und umfassend mit dem neuen Weltmodell auseinander zu setzen. Nach langen und sorgfältigen Vorbereitungen brauchte er sechs Jahre, um mit Ptolemäus und Aristoteles abzurechnen. Sein Ansatz war geschmeidig, er verbarg ihn in einen Dialog (oder besser gesagt: Trialog, da drei fiktive Personen beteiligt waren; das Wort „Dialog" bezieht sich wahrscheinlich auf die beiden Weltmodelle, die miteinander wetteiferten) und überließ die Schlussfolgerungen dem Leser, statt sich selbst namentlich und schriftlich festzulegen. Für die Autoritäten jedoch war es offensichtlich, dass es sich bei dem Traktat um eine vollständige Verteidigung des Copernicus durch Galilei handelte, und von da an nahmen die Dinge ihren Lauf.

Für den heutigen Leser ist es unglücklich, dass Galileis Hauptstütze, auf die er die Rechtfertigung des kopernikanischen Systems aufbaute, seine Erklärung der Gezeiten durch die Erdbewegung war, was wissenschaftlich falsch ist.

Abb. 13.2: Gian Lorenzo Bernini: Papst Urban VIII. Zwischen 1635–1640, Musei Capitolini, Rome.

Er nannte das Ergebnis seiner Mühen „Dialogo di Galileo Galilei sopra i due Massimi Sistemi del Mondo Tolemaico e Copernicano", übersetzt: „Dialog von Galileo Galilei über die zwei wichtigsten Weltsysteme, das ptolemäische und das kopernikanische", erschienen im Jahre 1632. Eigentlich hätte die Arbeit auch „Dialog über die wichtigsten Systeme in den Naturwissenschaften, dem Aristotelischem und dem beobachteten" oder so ähnlich betitelt werden können.

Während der vorausgegangenen 16 Jahre, d. h. nach seiner ersten Rüge im Jahre 1616, hatten einige seiner Schüler angefangen, seine Ergebnisse, auf denen Newton seine Bewegungsgesetze ein halbes Jahrhundert später aufbaute, in der Praxis anzuwenden. Dann erschien der Dialogo. Dieses Werk hatte enorme Auswirkungen.

Anfänglich wähnte Papst Urban VIII. (Abb. 13.2) sich in der Illusion, dass er die Nähe der Kirche zu den Wissenschaften dadurch beweisen könnte, indem er diese Veröffentlichung als Aushängeschild benutzte. Der Papst hatte im Jahre 1630 sogar die Veröffentlichung des Dialogo befürwortet. Als ursprünglichen Titel hatte Galilei für das Werk „Über Ebbe und Flut" vorgesehen, da er dachte, sie seien der entscheidende Bewies für die Bewegung der Erde. Papst Urban VIII. bestand auf dem endgültigen Dialogo-Titel, den der Papst selbst vorgeschlagen hatte. Tatsächlich beklagte sich Galilei im August 1631 bei Elia Diodati über die Titeländerung, da er glaubte, dass sein ursprünglicher Titel eine weitere Verbreitung finden würde. Aber die tatsächliche Veröffentlichung brauchte noch ein paar zusätzliche Jahre. Das ist nicht auf die Zögerlichkeit des Papstes zurückzuführen, sondern eher auf die Behandlung des Manuskripts durch diejenige Person, die mit dessen Förderung beauftragt war. Hierbei handelte es sich um den Dominikaner Niccolo Riccardi (1585–1639), ein Gegner Galileis. Er hielt das Vorwort und die Zusammenfassung mehr als ein Jahr lang zurück und gab sie nur auf Druck des Legaten Francesco Niccolini (1584–1650) und dessen Frau Caterina unter der Bedingung frei, dass überhaupt nichts geändert werden durfte. Aber trotz aller Konzessionen an die spätere Zensur durch Galilei, bleiben seine Argumente und die aus kirchlicher Sicht bis zum Schluss nicht kompatibel.

Wir haben an anderer Stelle bereits über den Inhalt des Dialogo berichtet (Kapitel 5).

Auswirkungen

Nach seiner Veröffentlichung und vor seinem Verbot fand der Dialogo weit verbreiteten Beifall in den aufgeklärteren Kreisen der Wissenschaft. Am 19. Juni 1632 schrieb sein alter Freund und Anhänger, Benedetto Castelli, der seinem Lehrer auf den Stuhl der Mathematik in Pisa gefolgt war, einen bewundernden Brief an Galilei, in dem er über intensive Diskussionen mit anderen Forschern, unter anderem mit Evangelista Torricelli, dem Erfinder des Barometers, über dieses Buch berichtete, aber auch über negative Reaktionen von Pater Scheiner, der eine Antwort auf den Dialogo schreiben wollte. Castelli bat Galilei um weitere Exemplare des Buches zum Verteilen. Er leitete auch Anfragen von anderen Leuten, unter ihnen Giovanni Batista Ciampoli (1598–1643),

Mitgründer der Sapienzia, der alten Römischen Universität, Sekretär im Vatikan und zu der Zeit noch Vertrauensperson von Papst Urban VIII., weiter. Castelli bestätigte die Richtigkeit der Überlegungen Galileis über die Gezeiten.

Weiterer Zuspruch kam von Fulgenzio Micanzio (1570–1654), ein Mitglied des Ordens der Serviten Mariens und Teilnehmer im „Ridotto Morosini", einem Kreis von Intellektu-ellen in Venedig, dem auch Galilei angehörte. Micanzios Lob bezog sich insbesondere auf die Erklärung des freien Falls und anderer Bewegungen im Dialogo. In seinem Brief vom 3. Juli 1632 an Galilei frohlockte er über den Angriff auf Aristoteles' Positionen und der der Peripatetiker. In einem weiteren Brief vom 18. September desselben Jahres bedauerte Micanzio die Entwicklung, die inzwischen stattgefunden hatte. Zu der Zeit war es offen-sichtlich, dass Galilei verfolgt wurde, und der Dialogo wohl verboten werden würde. Mi-canzio jedoch versicherte Galilei seiner Überzeugung, dass seine Lehren überall in der Welt, außer in Italien, bewundert und verbreitet würden.

Angesichts des klerikalen Machwerks, das sich gegen den Dialogo zusammen-braute, warnte Campanella Galilei, dass gewisse Kreise im Vatikan eine Gruppe von Gelehrten zusammenzogen, um einen Prozess gegen ihn vorzubereiten. Campanella schien sich jedoch sicher zu sein, dass der Papst aufgeklärt genug sein würde, diesen Bestrebungen zu widerstehen. Er schlug sogar vor, dass Galilei dem Erzbischof schrei-ben sollte und darum bitten, dass er, Campanella, sich der Verteidigung Galileis anschließen möge. Das kam von Rom am 21. August 1632.

Die Diskussion heizte sich auf, und am 11. September nahm Torricelli selbst seine Feder in die Hand, um die Meinungen von Gelehrten, mit denen er verkehrte, zu ver-breiten. Offensichtlich lehnten die Patres Grienberger und Scheiner die Schlussfolgerun-gen des Dialogo ab, wogegen Torricelli selbst darum bat, in Galileis „Anhängersekte", wie er es nannte, aufgenommen zu werden. Campanellas Bestrebungen, für Galilei in der höheren Hierarchie Unterstützung zu finden, waren insofern gescheitert, dass er nicht vorgelassen wurde, seine Argumente an höheren Stellen vorzutragen.

Nachdem Galilei die Vorladung erhalten hatte, vor der Inquisition in Rom zu er-scheinen, schrieb er am 13. Oktober 1632 einen Brief an Kardinal Francesco Barberini (1597–1672), einem Neffen und Vertrauten von Papst Urban VIII. im Vatikan, in dem er sein Erstaunen über diese Aufforderung zum Ausdruck brachte, und bat dringend darum, dass Barberini seinen Einfluss beim Papst gelten mache, um die Angelegenheit zu revidieren. Er hatte wohl mit dem Neid und dem Hass, die seine Schriften bei seinen wissenschaftlichen Konkurrenten hervorgerufen hatten, aber er niemals mit Maßnah-men dieser Art gerechnet. Galilei klagte über sein Alter und seine angeschlagene Ge-sundheit und schlug Alternativen vor, wie es weitergehen sollte: zum einen war er bereit, zu seiner grundsätzlichen Verteidigung all seine alten und neueren Schriften zu konsolidieren und seinen Standpunkt, der seiner Meinung nach mit seinem eigenen Glauben übereinstimmte, zu erläutern. Falls dieses nicht akzeptabel sein würde, war er bereit, den Inquisitoren in seinem Wohnort, in Florenz, gegenüberzutreten.

Anfang 1633 schrieb Galilei einen weiteren Brief an Elia Diodati in Paris, in dem er das Verbot des Dialogos, von dem bereits tausend Exemplare verkauft worden waren, vorhersah, und – als ein mögliches Ergebnis aus dem anstehende Inquisitionsprozess – die zukünftige Behinderung seiner lebenslangen Forschung über die Bewegung.

Inquisition

Was nun folgte, war eine der am meisten kommentierten und dokumentierten Gerichtsverhandlungen in der Menschheitsgeschichte und Gegenstand so vieler Erwägungen und Wirkgeschichte auf die Geisteswissenschaften, der Entwicklung der Aufklärung, ihr Missbrauch im Kampf gegen die Kirche im Allgemeinen und Rosinenpickerei von einzelnen Streitpunkten in jeder Diskussion über die Überlegenheit des menschlichen Geistes und der Naturwissenschaften im Besonderen, dass es fast überflüssig scheint, in die eigentlichen Details des Verfahrens abzusteigen. Aber um die Vervollständigung der Gestalt unseres Helden und ihrer öffentlichen Wahrnehmung willen, ist eine kurze Zusammenfassung der Abfolge der Ereignisse vonnöten:

Die Druckwerke des Dialogos wurden konfisziert, und eine Verhandlung erfolgte. Galileis öffentliche Abschwörung von Copernicus' Lehre erfolgte am 22. Juni 1633 vor dem höchsten Gericht der Inquisition. Die offizielle Begründung war Galileis Forderung gewesen, kirchliche Dogmen zu überdenken, und damit die Kirche selbst anzugreifen. Aus diesem Grund wären sie gezwungen, ein Exempel zu statuieren.

Mit „Inquisition" werden sowohl eine juristische Prozedur wie auch die Institutionen, die sie durchführen, bezeichnet. Sie wurde im späten Mittelalter und in der frühen Neuzeit im Kampf gegen Häretiker angewandt. Sie arbeitete wirkungsvoll seit ihrer Gründung Anfang des dreizehnten Jahrhunderts bis zu ihrem praktischen Verschwinden am Ende des achtzehnten Jahrhunderts. Zur Erreichung ihrer Ziele wurde im späten Mittelalter eine neue Art der Gerichtsbarkeit geschaffen: das Inquisitionsverfahren. Ziel war vor allem die Verurteilung und die Bekehrung von Häretikern und weniger z. B. die Verfolgung von Hexen. Während des Mittelalters gab es keine höhere Behörde oder dauerhafte Institution, um diese Aufgabe zu übernehmen. Sie handelte dann und dort, wo die Kirche es für notwendig erachtete, diese Aufgabe angesichts lokaler Gegebenheiten durchzuführen. Das änderte sich in der frühen Neuzeit. Ursprünglich war die Inquisition als eine innerkirchliche Angelegenheit ersonnen worden, aber später bekam sie einen amtlichen Charakter und diente auch als Vorbild für säkulare Gerichtsverhandlungen.

Die Inquisition versuchte, eine rationale Art der Beweisführung zu praktizieren, indem sie sich auf Zeugenaussagen und dokumentierte Beweise verlies. Die Verhandlungen wurden protokolliert. Eines ihrer Probleme war, dass der Ankläger gleichzeitig als Richter fungierte. Damit ein Inquisitionsverfahren stattfinden konnte, mussten die folgenden Bedingungen erfüllt sein:
- Ein Häretiker musste identifiziert worden sein.
- Ein maßgeblicher Kirchenvertreter musste aktiv werden.
- Die Unterstützung der weltlichen Autoritäten musste sichergestellt worden sein.
- Ein Inquisitor musste benannt werden.

Die Vorgehensweise selbst basiert auf folgendem Muster:
- Der in Frage kommende Häretiker wurde vor dem Beginn von irgendwelchen formalen Verfahrensschritten ermahnt, seine falschen Überzeugungen aufzugeben.
- Bei Nicht-Befolgung wurde ein Termin für den Verfahrensbeginn festgelegt, und erste Zeugen wurden herbeigerufen und verdächtige Dokumente vorgelegt.
- Danach wurde der Angeklagte befragt und dann verurteilt. Er konnte entweder seinem üblen Weg abschwören und mit einer kleinen Bestrafung davonkommen oder uneinsichtig bleiben und hart bestraft werden – im schlimmsten Fall auf dem Scheiterhaufen verbrannt werden. Der Gebrauch der Folter wurde später als letztes Mittel formal zugelassen, aber mit Zurückhaltung ausgeführt, was aber von der Persönlichkeit des Inquisitors abhing.

Das öffentliche Auftreten der Inquisition änderte sich mit Beginn der Neuzeit. Es wurden drei verschiedene regionale Verantwortungsbereiche identifiziert: die Spanische, die Portugiesische und die Römische Inquisition. Für uns hier ist der römische Typus relevant. Sie wurde von Papst Paul III. im Jahre 1542 initiiert und nannte sich „Sacra Congregatio Romanae et universalis Inquisitionis". Sie war durch sechs Kardinäle, die gleichzeitig die Hauptinquisitoren waren, besetzt. Ihre Hauptaufgabe war es, die Weiterverbreitung des Protestantismus und damit verbundene Propagandaschriften in Italien zu verhindern. Eines ihrer wichtigsten Instrumente war der Index Librorum Prohibitorum.

Der Index

Der Index Librorum Prohibitorum (Index der verbotenen Bücher), auch Index Romanus genannt, war ein von der Inquisition verwaltetes Verzeichnis. Katholiken, die diese Bücher lasen, begingen eine schwere Sünde. Wer einige dieser Bücher las, konnte exkommuniziert werden. Zum ersten Mal wurde der Index im Jahre 1559 veröffentlicht. Seine letzte Ausgabe erschien im Jahre 1948 mit Appendices bis 1962 und deckte am Ende mehr als 6000 Bücher ab. Er wurde durch das 2. Vatikanische Konzil im Jahre 1966 abgeschafft.

Der Index wurde unter der Schirmherrschaft der Römischen Inquisition etabliert. Das Indizierungsverfahren selbst folgte dem folgenden Muster:
- Zunächst musste es eine Beschwerde entweder aus der Inquisition selbst oder aus einer anderen Quelle über eine Index würdige Veröffentlichung geben.
- Auf Basis von zwei Expertenmeinungen würde eine Entscheidung gefällt, weiter zu verfahren oder nicht.
- Im Falle einer Bejahung würde ein Beratergremium die Expertisen analysieren und eine Empfehlung an die Kardinalsmitglieder der Inquisition entwerfen. Die Kardinäle würden dann über die Gefahr durch diese Veröffentlichung entscheiden und ihre Beurteilung dem Papst zur endgültigen Entscheidung vorlegen.

Folgende Ergebnisse wären möglich:
- Indizierung
- keine Indizierung, ohne öffentlich zuzugeben, dass ein Indizierungsverfahren stattgefunden hatte
- Einholung weitere Expertenmeinungen

Der Index selbst war in Klassen unterteilt:
- Namen der häretischen Autoren
- häretische Werke
- verbotene Schriften von unbekannten Autoren.

Galileis Verfahren

Nimmt man die oben beschriebenen Vorgänge als Richtschnur, dann entwickelte sich die Sache folgendermaßen:

Galilei wurde zu einer ersten Befragung am 12. April 1633 in Rom aufgefordert. Es waren zwei Personen zugegen: der Hauptbeauftragte Pater Vincenzo Maculano (1578–1667) aus Fiorenzola und der Ankläger des Heiligen Offiziums Carlo Sincer. Nach den üblichen Preliminarien bzgl. der Personendaten von Galilei baten sie ihn um Bestätigung der Autorenschaft des Dialogo-Buches, dann schweiften sie ab zu seinem Besuch in Rom im Jahre 1616 und seine erste Begegnung mit der Inquisition und der Rüge durch Kardinal Bellarmin. Danach folgte eine längere Befragung bzgl. der Einhaltung seines Versprechens, öffentlich die Position von Copernicus nicht mehr zu verteidigen. Damals hatte Galilei versprochen zu gehorchen, und daraufhin hatte Bellarmin in einem Brief an Galilei bestätigt, dass dieser überhaupt nicht von der Inquisition verdammt worden war. Folglich und nach seinem Besuch bei Papst Urban VIII. hatte Galilei praktisch von jeglicher öffentlichen Diskussion über das Kopernikanische Weltmodell abgesehen.

Dann kam die Rede wieder zurück auf das Dialogo-Buch, und seine Fragesteller wollten wissen, ob er vorher irgendeine Erlaubnis erhalten hatte, das Buch drucken zu lassen. Galilei erklärte, dass er die Druckerlaubnis auf dem regulären Wege erhalten hatte, indem er die Namen der autorisierten Patres angab, die er kontaktiert hatte, und die es freigegeben hatten. Er bestand außerdem darauf, dass das Buch nicht eine Verteidigung, sondern eher eine Widerlegung der kopernikanischen Theorien enthielt. Gleichzeitig bestätigte er, dass er seine erste Rüge aus dem Jahre 1616 den Herren des Heiligen Offiziums vorenthalten hatte.

Hiernach wurde Galilei ins Gefängnis des Palastes des Heiligen Offiziums entlassen und aufgefordert, unter Eid zu erklären, dass er über das Verfahren Stillschweigen bewahren würde.

Das zweite Verhör fand auf Bitten von Galilei selbst (nach dem offiziellen Protokoll) am 30. April 1633 in der Versammlungshalle der Kongregation statt. Nach dem er aufgefordert worden war, seine Erklärung abzugeben, fuhr Galilei fort mit der Behauptung, dass es lange her sei, dass er seinen eigenen Dialogo gelesen hatte, und dass er in den vergangenen Tagen Gelegenheit hatte, sich ihm wieder zuzuwenden, und dass es ihm jetzt schien, dass der Inhalt des Buches sich ziemlich von dem unterschied, an was er sich im ersten Verhör am 12. April erinnern konnte. Er gab zu, dass gewisse Passagen in ihm tatsächlich als eine Verteidigung des Copernicus interpretiert werden könnten, besonders die Diskussion über die Sonnenflecken und die Gezeiten. Er gestand ein, dass ein außenstehender Leser von diesen Passagen auf die Korrektheit des kopernikanischen Weltsystems geschlossen haben könnte, aber dass es niemals seine ursprüngliche Absicht gewesen war, das zu beweisen. Er hatte sogar die Vermessenheit zu behaupten, dass, hätte er dasselbe Werk noch einmal zu schreiben, er kein Problem damit hätte, die gesamte Argumentation zugunsten der traditionellen Weltsicht auseinander zu nehmen Er gab zu, dass er den Traktat von Anfang an aus Eitelkeit geschrieben hätte.

Nach einer kurzen Unterbrechung kam Galilei mit der Idee zurück, einen Fortsatz zum Dialogo zu schreiben – als logische Folge, da am Schluss der jetzigen Ausgabe die drei Diskutanten ja vereinbart hatten, sich wieder zu treffen, um über die Konsequenzen aus den vorhergehenden Erörterungen nachzudenken. In diesem Fortsatz würde es ihm leichtfallen, den falschen Eindruck, der durch den Dialogo bisher entstanden war, zu widerlegen.

Am selben Tag wurde unter Zustimmung des Kerkermeisters des Heiligen Offiziums, Francesco Ballestra, entschieden, dass dem Angeklagten wegen seines hohen Alters und seiner angeschlagenen Gesundheit der Palast des Großherzogs der Toskana als neues Gefängnis zugewiesen wurde.

Das dritte Verhör fand vor denselben Zeugen und am selben Ort wie beim zweiten am 10. Mai 1633 statt. Während dieser kurzen Zusammenkunft gewährte der Bevollmächtigte dem Galilei eine Frist von acht Tagen für die Verfassung einer schriftlichen Verteidigung gegen die Beschuldigungen, die der Angeklagte versprach zu erstellen, allerdings nicht als Entschuldigungsschreiben, sondern eher als eine Erklärung seiner ursprünglichen Absichten. Um seine Einstellung zu begründen, legte er ein früheres Zeugnis über seine Person von Kardinal Bellarmin vor.

Galilei entwarf seine Verteidigung am selben Tag. Sie beinhaltete im Wesentlichen drei Elemente:

- Seine Rechtfertigung, warum er über den Brief Bellarmins von vor 16 Jahren nicht informiert hatte, als er um die Druckerlaubnis für den Dialogo nachgesucht hatte, da er angenommen hatte, dass die entsprechende Person über den Inhalt dieses Briefes ohnehin durch die Akten der Inquisition, die nahezu identisch mit Bellarmins Brief an ihn seien, unterrichtet gewesen wäre.
- Weiterhin, dass er ohne Absicht oder Arglist Passagen geschrieben hätte, in denen er sich den früheren Auflagen widersetzte, sondern lediglich aus Eitelkeit, und dass er bereit sei, diese Fehler zu korrigieren.
- Und schließlich bat er seine Richter, seine angeschlagene Gesundheit und sein Alter von 70 Jahren zu berücksichtigen und ihm zu verzeihen.

Inzwischen hatte Francesco Niccolini, der Florentinische Botschafter in Rom, beim Papst interveniert und ihn um Nachsicht für Galilei gebeten, und der Papst hatte ihm versichert, dass alles für das verhältnismäßige Wohlbefinden für den Angeklagten getan würde, was seine augenblickliche Unterbringung betraf, aber über seine zukünftige „Gefangenschaft", möglicherweise für einige Zeit in einem Kloster, müsste das Gericht noch entscheiden. Nach wie vor überließ der Papst alles Wohlwollen dem Ermessen des Großherzogs, um selbst keine Präzedenz zu setzen. Niccolini teilte diesen Umstand Andrea Cioli (1563–1641), dem Sekretär des Großherzogs, in einem Brief vom 19. Juni 1633 mit. Gleichzeitig informierte er Cioli, dass das Tribunal bereits beschlossen hatte, den Dialogo zu verbieten.

Das letzte Verhör fand am 21. Juni 1633 statt. Galilei machte eine Aussage, in der er behauptete, dass er lange Zeit unschlüssig gewesen sei, welches der beiden Weltmodelle, das ptolemäische oder das kopernikanische, das richtige wäre, aber dass er nach der Vorladung durch die Inquisition zu dem Ergebnis gekommen sei, dass das ptolemäische ohne Zweifel wahr sei. Er verteidigte die Abfassung des Dialogo als eine Übung, die Argumente für oder gegen das eine oder das andere System auf systematische Weise gegeneinander abzuwägen. Da alle wissenschaftlichen Argumente weder das eine noch das andere bevorzugten, war er zu dem Schluss gekommen, dass nur höhere Lehren die letzte Antwort geben könnten.

Seine abschließende Erklärung zur Sache war, dass er die Lehren des Copernicus nicht länger unterstütze, und dass er sie, nachdem er im Jahre 1616 dazu aufgefordert worden war, sich von ihnen fernzuhalten, tatsächlich niemals vertreten hatte. Galilei unterschrieb seine Entsagung und wurde zu seinem Quartier zurückgebracht.

Einen Tag später wurde das Urteil verkündet. Zusammengefasst enthielt es die folgenden Elemente:

– Eine Referenz zu der Affäre von 1616 und Galileis feierliches Versprechen, das Kopernikanische System niemals wieder zu verteidigen.
– Bestätigung, dass die Erde das unbewegliche Zentrum der Welt sei. und dass die Sonne sich nicht im Zentrum befinde, und dass Gegenteiliges unvereinbar mit dem Glauben sei.
– Die Untersuchung des Dialogo-Buches ergab, dass Galilei wieder versuchte hatte, durch Täuschung für das Kopernikanische System zu werben, obwohl er vorgab, einen halb-objektiven Vergleich zwischen den beiden Weltsystemen vorgenommen zu haben.
– Galileis Geständnis, dass er während der letzten 12 Jahre an dem Buch mit dem Ziel, das Kopernikanische System aus persönlicher Eitelkeit zu verbreiten, gearbeitet hatte.
– Eine Referenz zu seiner schriftlichen Verteidigung vom 10. Mai.

Das Urteil fand Galilei der Häresie schuldig, womit er alle Strafen für so ein Vergehen verdient hätte. Der Dialogo wurde verboten. Falls Galilei jedoch bereit wäre, seinem Fehler noch einmal in der Form, wie es das Gericht zu diesem Zweck vorbereitet hatte, abzuschwören, würde man geneigt sein, die vorgesehene Strafe durch eine Buße, die das wöchentliche Rezitieren der sieben Bußpsalmen für die nächsten drei Jahre beinhaltete, zu ersetzen. Gleichzeitig wurde er zu einer weiteren Haftstrafe für eine durch das Gericht noch zu bestimmenden Zeit verurteilt.

Das Urteil wurde von sieben der zehn Richter unterschrieben. Unter den dreien, die es nicht unterschreiben, befand sich Francesco Barberini.

Danach unterschrieb Galilei das Formular, in dem er die Struktur des allgemein anerkannten Weltsystems in Einklang mit der Heiligen Schrift akzeptierte, bestätigte, dass seine vergangene Einstellung falsch gewesen war, versprach, für alle Zeit auf eine Wiederholung solcher Falschheiten zu verzichten und den Anweisungen zur Buße, die ihm am 22. Juni 1633 auferlegt worden war, zu folgen.

> Ich, Galileo Galilei, habe abgeschworen wie oben.

Nach einer Beschwerde in einem Brief vom April 1633 des Gelehrten Gabriel Naudé (1600–1653) an den Philosophen Pierre Gassendi in Paris war es Galileis Gegnern schon vor dem Urteil gelungen, den Dialogo vom Markt zu nehmen. In diesem Brief klagte Naudé darüber, dass das Buch in Italien wegen der Intrigen der Jesuitenpatres, besonders Pater Scheiners, nicht mehr zu haben wäre. Hierbei handelte es sich um einen ersten Versuch, Galilei als Märtyrer der Wissenschaft darzustellen.

Nach Viviani, der in seiner Biografie von Galilei bestätigte, dass sein Meister als treuer Katholik akzeptiert hatte, bzgl. Copernicus falsch zu liegen, wurde Galilei nach fünf Monaten aus der Gefangenschaft entlassen. Er konnte jedoch wegen einer dort grassierenden Pest nicht nach Florenz zurückkehren. Somit musste er sich mit seinem Exil in der Wohnung seines guten Freundes Erzbischof Piccolomini (1596–1671) in Siena zufrieden geben, von wo er schließlich aufs Land in der Nähe von Florenz umzog.

Dieser Bericht wird teilweise durch einen Brief von Niccolini an Cioli vom 26. Juni unterstützt, in dem Niccolini berichtet, dass der Papst kurz nach dem Urteil interveniert hätte, Galilei vorläufig in den Gärten von Trinita di Monte in Siena unterzubringen. Inzwischen begann Niccolini mit Barberini zu verhandeln, Galileis eigenes Landhaus in der Nähe von Florenz als den Ort seines Exils zu nominieren, sobald die Pest abgeklungen sein würde.

Simon Marius und die Kirche

Simon Marius hatte nicht unter den Nachstellungen der Kirche zu leiden. Es gab daher nur wenige Punkte der Kritik, was seine Glaubensposition anbetrifft. Eines der Argumente, welches bei Johannes Kepler Missfallen erregt hatte, betraf die Nennung der Heiligen Schrift neben der Größe der Himmelskörper, den Venusphasen und den jovialischen Planeten im Mundus. [4] Kepler wörtlich dazu:

Widersprecht, Theologen, er tut etwas ganz Ungehöriges; er will die Autorität der Bibel missbrauchen. [25]

Da sowohl Johannes Kepler als auch Simon Marius der lutherischen Konfession anhingen, gab es auf der Glaubensebene wenig Anlass zu Konflikt zwischen den beiden – anders als etwa deren Verhältnis zu dem Jesuitenpater Christoph Scheiner, der ebenfalls astronomisch tätig war. Unter dessen Schirmherrschaft veröffentlichte J. G. Locher im Jahre 1614 sein Buch „Disquisitiones Mathematicae", in dem Scheiner Simon Marius als Calvinisten titulierte [16]. Trotzdem divergierten Kepler und Marius im Verständnis des lutherischen Glaubens. Marius hing eher einer traditionellen Strömung an, während Kepler im Streit mit dem württembergischen Konsistorium lag, was daran lag, dass er sich weigerte die Konkordienformel in der ihm vorgelegten Fassung zu unterschreiben (davon weiter unten mehr). Kepler versuchte konsequent, Theologie und Astronomie auseinander zu halten.

Johannes Kepler: Graz, Prag, Linz (1597–1626)

Schlimme Vorzeichen und die Gegenreformation in Graz

Kepler heiratete Barbara Müller am 27. April 1597. Danach stieg sein Jahresgehalt von 150 auf 200 Gulden. Unter dem Strich wurde seine Ehe nicht eine wirklich glückliche, obwohl aus ihr zwei Kinder hervorgingen, der Sohn Heinrich und die Tochter Susanne, die beide wenige Wochen nach der Geburt starben (Keplers Frau brachte eine Tochter von ihrem ersten Mann mit in die Ehe), da Barbara den Ideen ihres Mannes nicht folgen konnte. Kepler führte ihren melancholischen Zustand auf eine unglückliche Konstellation zwischen Jupiter und Venus bei ihrer Geburt zurück.

Nach heutigen Maßstäben war Kepler eine abergläubische Person. Wegen seiner körperlichen Schwäche und einer Vielzahl von Leiden befand er sich ständig auf der Ausschau nach geheimnisvollen Anzeichen, die ihm eine neue Krankheit anzeigen würden. Beispielsweise meinte er, eine blutfarbige, kreuzförmige Verfärbung auf seinem linken Fuß entdeckt zu haben, die er mit ähnlichen, die ihm aus Ungarn berichtet worden waren, die auf menschlichen Körpern, Wänden und Häusern gesehen und als Zeichen einer herannahenden Pest interpretiert worden waren, verglich.

Im Jahre 1598 hatte die Gegenreformation an Kraft gewonnen. Im Herbst des Jahres verfügte der junge Erzherzog Ferdinand, der von den Jesuiten erzogen worden war, dass sämtliche protestantischen Lehrer der Klosterschule mit Johannes Kepler als einzige Ausnahme, von dem sich die Autoritäten eine Konversion zum Katholizismus erhofften, das Land unter Androhung der Todesstrafe verlassen mussten. Kepler behielt sogar sein Gehalt, aber er durfte auf keinen Fall weiter lehren. Jetzt erinnerte Kepler sich an eine Einladung von Brahe aus Wandsbek, sich ihm in Schloss Benatek anzuschließen und mit ihm zu arbeiten.

Kepler kam nicht zu spät. Der Erzherzog hatte am 17. Juli eine neue Direktive er-
lassen, nach der alle Einwohner von Graz den neuen Galuben widerrufen und öffentlich den Glauben des Herrschers annehmen mussten. Jeder der sich nicht daran hielt,
musste augenblicklich das Land verlassen. Auch für Kepler gab es dieses Mal keine
Ausnahme. Er musste sogar eine Strafe von 10 Talern bezahlen, weil er seine erste
Tochter Susanne protestantisch hatte taufen lassen. Die einzigen Konzessionen für
ihn waren ein Entlassungsgehalt für ein halbes Jahr und ein Empfehlungsschreiben,
das voller Lobes über sein Engagement als Lehrer an seiner Schule war.

Kepler teilte Brahe diese Entwicklung mit. Brahe antwortete mit der Nachricht,
dass der Kaiser die Bedingungen für Kepler Anstellung akzeptiert hatte. Er bestätigte
außerdem, dass Longomontanus ihn verlassen hatte und nach Dänemark zurückgekehrt war. Also verließ Kepler zusammen mit seiner Frau und seiner Stieftochter in
der Gesellschaft von zwei Lastwagen voller Haushaltsgegenstände Graz für immer in
Richtung Prag. Über die weitere Entwicklung des Verhältnisses zwischen Brahe und
Kepler über Kepler Anstellung am kaiserlichen Hof ist ja bereits an anderer Stelle dieses Buches berichtet worden

Endspiel in Prag

Wieder zeigten schlimme Vorzeichen das Herannahen der Endphasen von Johannes
Keplers Anstellung in Prag an. Es war im Jahre 1611. Zuerst erkrankte sein Sohn Fried-
rich an Pocken und starb. Kurz danach auch seine Frau Barbara, die sich bei ihrem
Kind angesteckt hatte.

Kaiser Rudolphs Stellung geriet durch die Pläne seines Bruders Matthias (1557–1619)
mehr und mehr in Gefahr. Rudolph dankte am 23. Mai 1611 ab, und Matthias wurde am
13. Juni Kaiser. Wegen der politischen Turbulenzen war Kepler nicht in der Lage, seine
wissenschaftliche Arbeit fortzusetzen. Der abgedankte Rudolph überzeugte den Astronomen jedoch, bis zu seinem Tode am 20. Januar 1612 bei ihm zu verharren. Dann war
Kepler ein freier Mann. Er vertraute seine beiden überlebenden Kinder zunächst einer
ihm bekannten Witwe in Kunstadt in Mähren an, ein Jahr später einer anderen Familie
in Wels in Oberösterreich. Als alleinstehender Mann kam er im Mai 1612 in Linz an.

Wissenschaft und Theologie

Das ambivalente Verhältnis zwischen Wissenschaft und Theologie verblieb mitnich-
ten nur ein Thema am Beginn der Neuzeit, als Johannes Kepler damit rang. Es setzte
sich weit über jene Ära hinaus bis heute fort. Ein Beispiel dazu findet sich in einem
Brief des Studenten Ernst Eduard Kummer (1810–1893) an seine Mutter. Er wollte mit
der Theologie aufhören und sich anderen Dingen zuwenden:

> Glauben Sie nicht, dass ich von ängstlichen Zweifeln umstrickt sei, nein, es ist nie klarer vor meine Seele getreten, dass der Mensch unter jeder Bedingung recht handeln soll, ohne irgend einen Lohn zu sehen, aber ich halte nicht das äußere Glück für das höchste Gut des Menschen, sondern die Seelenruhe, welche aus dem Bewusstsein hervorgeht, recht gehandelt zu haben. Solange ich dies Bewusstsein haben werde, werde ich mich nie von einem niedrigen Unmute hinreißen lassen, an einem Gott und einer Unsterblichkeit zu verzweifeln, wenn ich, auch auf dem Wege der Vernunft, erkannt habe, dass der Geist unsterblich ist, und dass ein Gott ist, welcher diesen Geist ins Dasein gerufen hat, nicht um ihn zu vernichten, sondern um ihn zu seiner höchsten Vollkommenheit sich erheben zu lassen, in welcher seine Seligkeit bestehen wird. Jetzt kann ich mit gutem Gewissen nicht fortfahren Theologie zu studieren, darum habe ich es aufgegeben, und habe mir die Mathematik erwählt, weil es die Wissenschaft ist, in welcher der tiefer forschende von anderen nicht missverstanden, oder für gottlos und schlecht gehalten wird, sondern in welcher was einer Wahres findet von allen anerkannt werden muss und anerkannt wird … [36]

Kummer hat die Mathematik gewählt, weil er annahm, dass sie ideologisch neutral wäre ohne Zank über Häresie zwischen Theologen. Das war jedoch nicht die Art und Weise, mit der Kepler dieses Problem zu seiner Zeit anging.

Wahrheit

Es sind in Hülle und Fülle Diskussionen über das unmögliche oder ausgeschlossenen „Dritte" oder besser „Tertium non datur", was bedeutet, dass es nur „wahr" oder „falsch" gibt und nichts dazwischen, geführt worden. Mathematiker begründen dieses Konzept beispielsweise mit der Goldbach-Vermutung (1690–1764), dass jede Zahl > 2 nur aus zwei Primzahlen gebildet werden kann – bis heute weder bewiesen noch widerlegt. Einer der eifrigsten Anhänger des Tertium non datur war David Hilbert (1862–1943), der in einem Vortrag am 3. September 1928 in Bologna folgendes Statement abgab:

> Denn wie wäre es mit der Wahrheit unseres Wissens überhaupt und wie mit der Existenz und dem Fortschritt der Wissenschaft bestellt, wenn es nicht einmal in der Mathematik sichere Wahrheit gäbe?

und weiter:

> In der Mathematik gibt es kein Ignorabimus, wir können vielmehr sinnvolle Fragen stets beantworten, und es bestätigt sich, was vielleicht schon Aristoteles vorausfühlte, dass unser Verstand keinerlei geheimnisvolle Künste treibt, vielmehr nur nach ganz bestimmten aufstellbaren Regeln verfährt – zugleich die Gewähr für die absolute Objektivität seines Urteilens.

Das Tertium non datur hat auch Eingang in die Boolesche Logik gefunden und spielt eine wichtige Rolle in Computern. Aber lange vor seiner Formalisierung fand es sich im Unterbewusstsein von Keplers Denken und letztendlicher Zielsetzung: in der Wissenschaft, in der Astronomie, konnte es nur eine Wahrheit geben, wogegen er ambivalent blieb, was die Theologie betraf, welches der drei Gedankengebäude – Katholizismus, Luthertum oder Calvinismus – das wahre wäre, wie wir weiter unten lesen werden.

Nebenbei ist die Frage nach dem Tertium non datur in Mathematik und Logik keinesfalls entschieden, wie man bei Osterhage, „Mathematical Theory of Advanced Computing" [37] nachlesen kann.

Abb. 13.3: Linz.

Linz

Linz ist die Hauptstadt von Oberösterreich und liegt an der Donau knapp nördlich der Ausläufer der Alpen (Abb. 13.3). Sie wurde um 400 v. Chr. von den Kelten gegründet. Später wurde sie von den Römern zu einer befestigten Burg erweitert. Im frühen Mittelalter entwickelte sich Linz zu einer echten Stadt, und wurde im 13. Jahrhundert Regierungssitz. Kaiser Friedrich III. (1415–1493) residierte dort von 1458 bis 1462, und somit wurde die Stadt für kurze Zeit das Zentrum des Heiligen Römischen Reiches. Während der Reformation wurde Linz zunächst protestantisch, aber nach 1600 gewann die Gegenreformation an Boden. Das war die Zeit, als Kepler sich dort aufhielt.

In der Neuzeit gelangte Linz abermals zu einer gewissen Bekanntheit, dadurch dass Adolf Hitler dort die Schule besuchte und große Pläne nach dem „Anschluss" Österreichs an Deutschland für Linz entwickelte. Linz wurde ein Zentrum der Rüstungsindustrie („Hermann-Göring-Werke" – heute Voest Alpine) und der chemischen Industrie („Stickstoffwerk Ostmark" – später Chemie Linz).

Linz war jener Ort, an dem Johannes Kepler die längste Zeit ununterbrochen lebte – insgesamt 14 Jahre. Er unterrichtete Mathematik und Latein an einer kleinen protestantischen Schule, die im Jahre 1550 gegründet worden war, – eine Stelle, die für ihn von wohlmeinenden Mäzenen geschaffen worden war. Sie waren in dieser ziemlich provinziellen Stadt praktisch die einzigen Personen, die die Bedeutung ihres Protegés kannten. Die Schule wurde entlang den Richtlinien, die von dem Reformator Philipp Melanchthon (1497–1560) in Sachsen entwickelt worden waren, geführt. Der Schuldirektor war angewiesen worden, sich strikt an die Confessio Augustana zu halten und Sekten aus dem Wege zu gehen.

Im Jahre 1613 heiratete Kepler zum zweiten Mal. Seine Frau, Susanna Reuttinger (1595–1635), war bürgerlicher Abstammung aus Eferding in Oberösterreich. Sie hatten sechs Kinder zusammen, von denen drei in einem sehr frühen Alter starben.

Ausgangspunkt und Chronologie

Viele Jahrhunderte nach Kepler, im Jahre 1968, schrieb der deutsche Theologe Dietrich Wiederkehr: „… dass in Jesus Christus eine Tatsache gesetzt ist, durch die alles Frühere und alles Spätere eine Mitte bekommen hat, …" [38]

Es war dieser zentrale Ursprung in unserem Raumzeit-Koordinatensystem, dem sich Johannes Kepler als nächstes zuwandte. Wiederkehr identifizierte diesen Zeitpunkt mit der Kreuzigung Christi, wogegen Kepler einen Zeitpunkt etwa 30 Jahre früher suchte: das Jahr von Christi Geburt. Kepler hatte zeitweilig sein astronomisches Interesse beiseitegelegt und widmete sich in Linz als erster Aufgabe der Chronologie.

Im Jahre 525 präsentierte der Mönch Dionysius Exiguus (470–540) seine Christliche Chronologie in Rom. Es handelte sich um eine Art Nebenprodukt seiner Arbeit, den Osterzyklus zu berechnen.

Exiguus gründete seine Berechnungen auf den so genannten Alexandrinischen Zyklus, der einen 19jährigen Mondzyklus mit einem 28jährigen Sonnenzyklus kombinierte. Bis zu seiner Zeit basierten Chronologien auf den Jahren nach der Herrschaft von Diokletian (236/245–312). Exiguus vervollständigte seine Osterntafeln um eine zusätzliche Referenzspalte: „anni ab icarnatione Domini" (Jahre nach der Inkarnation des Herrn), beginnend am 1. Januar 533, welches mit dem Jahr 248 nach Diokletian korrespondierte. Aus den Tafeln des Exiguus berechneten andere Menschen die Geburt Christi (1 n. Chr.; die „0" war damals noch nicht als Ziffer bekannt) für das Jahr 754 nach der Gründung Roms. Weitere 500 Jahre mussten vergehen, bevor die Christliche Chronologie Eingang in die Öffentlichkeit und auf offiziellen Dokumenten fand, da die Herrscher weiterhin die Zeit in Jahren nach ihrer Thronbesteigung zählten.

Die Chronologie des Exiguus blieb nicht ohne kritische Reaktionen. Im Jahre 1991 veröffentlichte Heribert Illig, ein deutscher Publizist und Herausgeber, seine Theorie, dass 297 Jahre Geschichte zwischen September 614 und 911 nicht wirklich stattgefunden hätte. Er nannte diese Zeitspanne das „erfundene Mittelalter", und schlug eine

Anpassung bestehender Chronologie vor. Ernsthafte Gelehrte wiesen diese Ideen später zurück.

Kepler jedoch kam in seiner Komputistik zu dem Schluss, dass König Herodes bereits vier Jahre vor dem Wendepunkt der Geschichte gestorben war. Das bedeutete, dass Christi Geburt im Jahre 5 vor unserer Zeitrechnung stattgefunden haben musste. Kepler gab sein Manuskript im Jahre 1613 zum Druck mit Hilfe der guten Dienste seines neuen Freundes Bernegger in Straßburg frei. Der ursprüngliche Titel auf Lateinisch lautete:

> De vero anno natali Christi (Das wahre Jahr der Geburt Christi)

Tatsächlich ist das genaue Jahr von Christi Geburt nicht bekannt. Sogar seine Zeitgenossen kannten es nicht, und die Erzählungen in den Evangelien widersprechen sich und sind unhistorisch. Heute gibt es den Konsens, dass Christus zwischen 7 und 8 vor unserer Zeitrechnung geboren wurde. Ein zusätzliches Zählproblem liegt in der Tatsache begründet, dass das Jahr 0 nicht existiert, da die Ziffer 0 in Europa bis zum Ende des Mittelalters nicht in Gebrauch war.

Der Häretiker

In Prag hatte man Kepler in Frieden gelassen, was Fragen nach seinem Glauben anging, aber in Linz wiederholte sich die Geschichte im Vergleich zu seinen Grazer Jahren. Im Zentrum eines größeren Disputs war ein Mann, der sowohl ein Landsmann aus Württemberg als auch ein ehemaliger Stipendiat des Herzogs war: der Kirchenmann Daniel Hitzler (1575–1635). Hitzler fungierte als Superintendent für Schulen. Ansonsten handelte es sich um eine unbedeutende Person. Der Konflikt – hervorgerufen durch Hitzler – konzentrierte sich auf die Konkordienformel.

Um den Konflikt und seine Zusammenhänge zu verstehen, ist es wichtig, zu bedenken, dass zurzeit von Keplers Auftreten die gesamte Theologie sich um die Auseinandersetzungen mit den Gegnern anderer Konfessionen drehte. Im Mittelpunkt der Auseinandersetzung stand die Sorge um das Heil. Zusätzlich zu den theologischen Widersprüchen dominierten politische Umstände die Agenda, da der Glaube an die Konfession des jeweiligen Herrschers gebunden war. Diese Gemengelage war also die spirituelle Umgebung, in der Kepler bzgl. seiner eigenen Überzeugungen klarkommen musste, und die Randbedingungen, die seine Existenz bestimmten.

Die allerersten Wurzeln des Konflikts finden sich lange vor Linz. Alles hatte schon mit Keplers Taufe begonnen. Als er geboren wurde, war eine protestantische Taufe in Weil der Stadt nicht möglich, sodass angenommen werden muss, dass er als Katholik getauft worden war. Als ihn die Jesuiten in späteren Jahren zum Katholizismus konvertieren wollten, erklärte er, dass er die katholische Kirche eigentlich überhaupt nicht verlassen hatte, aber – und das war der springende Punkt – er immerwährend durch die wahren Lehren der Kirche unterwiesen worden war, indem er allerdings Bezug nahm auf die Confessio Augustana. Also war Kepler lutheranisch erzogen worden.

Schon sehr früh in seiner Jugend, im Alter von etwa 12 Jahren, begann er sich Kopfzerbrechen über theologische Probleme zu machen. Dabei handelte es sich um Fragen des Abendmahls und der Person Christi. Später erregten Themen wie die Frage nach der Prädestination und Luthers unfreier Wille seine erhöhte Aufmerksamkeit.

Erste ernsthafte Auseinandersetzungen über die Abendmahlsdoktrinen waren in Adelberg zwischen ihm und der jungen Predigergemeinschaft dort aufgekommen. Die Kontroverse drehte sich um die Widerlegung von Zwinglis (1484–1531) Interpretation. Für Zwingli war das Abendmahl, so es die Kirche zelebrierte, lediglich ein Erinnerungsmahl mit einiger symbolischer Kraft. Für Kepler selbst führte die Diskussion auf den direkten Weg zum Verständnis der beiden Naturen Christi. Vergeblich versuchte er zwischen calvinistischen und lutherischen Positionen zu vermitteln. Später in Maulbronn wuchsen und belasteten ihn seine Zweifel. Immer mehr hatte er Schwierigkeiten, Menschen zu verdammen, die nicht der einen oder anderen Konfession angehörten.

Als Johannes Kepler in Graz als Mathematiklehrer tätig war und den Wunsch äußerte, nach Württemberg zurückzukehren und dort als Pfarrer zu arbeiten, war niemand in Tübingen daran interessiert, ihn als Theologen wieder zu haben. Seine theologischen Ansichten passten nicht in das konfessionelle lutherische Umfeld in Württemberg. Mit seinem Mysterium cosmographicum gab er seine theologischen Ambitionen endgültig auf und begann mit dem Studium des Buches der Natur als Offenbarung von Gottes Schöpfertum. Wir wissen wenig über die Einzelheiten von Keplers Überzeugungen damals, obwohl es einen Briefwechsel zwischen ihm und einem Freund, Colmann Zehetmair gibt, in dem Zehetmair auf einen Aufsatz Keplers aus dem Jahre 1599, der sich mit der Vorstellung Keplers über das Abendmahl befasst, Bezug nimmt. In diesem Aufsatz bezweifelte Kepler anscheinend die Präsenz der Substanz von Christi Leib, aber akzeptierte die Zueignung der Früchte und Verdienste seines Todes während der Zelebrierung. Kepler fing an, die Realpräsenz als etwas Absurdes wahrzunehmen. Das näherte ihn etwas den Calvinisten an. Nach seiner Deutung waren Calvinisten und Jesuiten näher beieinander als beide Seiten zugaben, da beide ihre Auslegungen von den Patristen und Scholastikern herleiteten.

In Prag dachte Kepler nach wie vor für sich über theologische Fragestellungen nach, aber das führte dort nicht zu irgendwelchen äußeren Konflikten. Seine drei Kinder, die in Prag geboren wurden, wurden alle von utraquistischen Geistlichen getauft, wogegen die Begräbnisansprache für seine Frau von Matthias Hoe von Honegg (1580–1645), einem einflussreichen Lutheraner und scharfen Kritiker des Calvinismus, gehalten wurde. Er war Mitglied des Direktoriums der Deutschen Kirche in Prag geworden und versuchte Kepler von seinen calvinistischen Neigungen abzubringen. Aber Keplers Hauptsorge zu der Zeit hatte mehr mit den Geistern zu tun, die die Kometen bewegten, die Kepler dadurch überwand, dass er entschied, dass die Sonne die Zentralbewegerin der Welt sei.

In einem Briefwechsel mit Johannes Pistorius d. J. (1546–1608), einem deutschen Arzt und Theologen, der zum Luthertum konvertiert war, wurde Kepler gezwungen, seine Stellung zum Katholizismus offen zu legen. In einem Brief vom 15. Juni 1607 kritisierte Kepler die katholische Hierarchie in dem Sinne, dass sie sich von den Unterweisungen Christi und der Apostel zugunsten der Eitelkeiten und Nichtigkeiten der Welt abgewandt hätte. Gleichzeitig bat er seinen Korrespondenten, diesen sehr offenherzigen Brief zu vernichten, was aber anscheinend nicht passierte, sondern Pistorius antworte Kepler dahingehend, dass dieser keine Ahnung von Theologie besäße und wieder zur Mathematik zurückkehren sollte. Was Kepler dann auch tat.

Im Jahre 1610 schrieb er einen Brief an Hafenreffer, in dem er ankündigte, dass er an einem „conceptum Germanicum" arbeitete, in dem er versuchen würde, einen Weg zum Frieden zwischen den Konfessionen zu ebnen. Während er noch in Prag weilte, hatte Kepler im Jahre 1609 aus zwei Gründen einen Briefwechsel mit Repräsentanten der Lutherischen Kirche von Württemberg, besonders mit seinem alten Bekannten Hafenreffer, begonnen: zuallererst, weil Kepler spürte, dass seine Stellung wegen politischer Turbulenzen in Prag nicht sicher war. Aber seine Adressaten waren alles andere als begeistert, ihn wieder um sich zu haben. Und das stand in Zusammenhang mit dem zweiten Grund: Keplers Haltung zu der Bedeutung des Abendmahles und seine Interpretation der Christologie. Aus beiden Gründen sah Kepler sich nicht in der Lage, die Konkordienformel zu unterschreiben, auch unter dem Vorbehalt, dass man von der Verdammung der Calvinisten absehen würde, da er sich selbst als einen Brückenbauer zwischen den Konfessionen sah. Das alles schrieb er dem Herzog Johann Friedrich von Württemberg (1582–1628) im Frühjahr 1609. Der Briefwechsel zu diesem Thema setzte sich bis ins Jahr 1615 fort.

Da Kepler die Allgegenwart der Person Christi ablehnte, wurden seine Bestrebungen nach einer Anstellung in Württemberg, die er dem Herzog und des Herzogs verwitwete Mutter Sybille (1564–1614) vortrug, dem Konsistorium zur Kenntnis gebracht. Dieses fertigte eine Expertise mit einem absolut negativen Ergebnis an, in dem angedeutet wurde, Kepler sei ein verkappter Calvinist. Das half ihm alles nichts, und Kepler landete in Linz.

Keplers Zugang zu den Doktrinen, die ihn beschäftigten, war rational und gründete auf seinem Verständnis von Wirklichkeit. Somit lehnte er die Allgegenwart Christi genauso ab, wie es Calvin getan hatte, und damit auch dessen lokale Gegenwart während der Abendmahlzeremonie. Kepler argumentierte mit Christi raumzeitlicher Natur, und dass er seit seiner Himmelfahrt im Himmel residierte. Gott hatte alle Orte und den gesamten Raum erschaffen. Er benötigte keinen bevorzugten Platz auf der Erde, aber war in seinen Handlungen überall gegenwärtig. Aber da Christus selbst im Himmel residierte, musste er von jedem Ort auf Erden abwesend sein. Das war seine Haltung, als Hitzler ihn vom Abendmahlssakrament in Linz ausschloss.

Und weiterer Ärger kam aus einer anderen Ecke. Der Statthalter Hanns Jakob Löhl, der im Auftrag von Rudolph II. handelte, hatte im Jahre 1600 im Zuge der Gegenreformation die Aufhebung der Schule, in der Kepler angestellt war, angeordnet.

Diese Schule existierte aber im Verborgenen bis zum Jahre 1609 weiter, als sie nach einem kaiserlichen Erlass wieder offiziell öffnete.

Inzwischen zog sich Keplers Konflikt mit Hitzler hin, und er diskutierte die Gründe, warum er die Konkordienformel nicht unterschrieb, mit anderen Geistlichen, die bereit waren, ihn am Tisch des Herrn teilnehmen zu lassen. Hitzler selbst wurde in einem Beschluss durch das Württembergische Konsistorium bestätigt, der darlegte, dass Kepler die Allgegenwart Christi leugne und sich deshalb in dieser Angelegenheit auf die Seite der Calvinisten schlug. Somit blieb seine ausweglose Situation bestehen. Zudem freundete sich Kepler mit dem dem Calvinismus zugewandten Erasmus von Starhemberg d. Ä. (1575–1648) in Eferding an, aus dem seine zweite Frau, Susanna Reuttinger, stammte.

Trotz all dieser Schwierigkeiten nahm Kepler seine Verantwortung als christlicher Familienvater ernst genug, um ein kleines Unterweisungsbuch für seine Familienmitglieder, basieren auf seine eigene Interpretation des Heiligen Sakraments über Leib und Blut Christi, zu schreiben. Dieses Buch wurde im Jahre 1617 in Prag verfasst. Kepler nutzte verschiedene liturgische Agenden als Quellen – insgesamt drei: die offizielle Württembergische, eine von Hitzler für Linz revidierte und die traditionelle des deutschen Theologen Veith Dietrich (1506–1549) aus Nürnberg. Im Ergebnis stellte Keplers Konsolidierung eine Art Mischung dar, insbesondere bzgl. der Abfassung der Einsetzungsworte.

Natürlich erreichte Keplers Schrift das Konsistorium in Württemberg. Hafenreffer und seine Kollegen interpretierten dieses kleine Unterweisungsbuch zum privaten Gebrauch als eine Art Manifest über Kepler Glauben und gleichzeitig eine Kritik an der offiziellen Gottesdienstordnung. Das war der Ausgangspunkt für einen langen Briefwechsel zwischen ihnen, besonders Hafenreffer, Mästlin, und Kepler. Aber auch in Linz wurde Kepler wegen seiner konfessionellen Einstellungen für einen Häretiker gehalten. Kepler verteidigte sich, indem er beteuerte, dass seine Interpretation der Heiligen Schrift überhaupt nicht als etwas Neuartiges angesehen werden konnte. Seiner Ansicht nach standen sich Lutheraner und Calvinisten näher, als deren gegenseitige Verurteilungen den Anschein gaben.

Sowohl Mästlin als auch Hafenreffer versuchten, Keplers Temperament und Ansichten zu moderieren, da sie befürchteten, dass er sich nicht nur in spiritueller sondern auch in persönlicher Gefahr befand, da zur damaligen Zeit der Ausschluss von der Kirche gleichzeitig auch Ausschluss vom Rest der Gesellschaft bedeutete.

Im Zuge des Hexenprozesses gegen seine Mutter (s. oben Kap. 3), kam Kepler – wie berichtet – wieder zu einem Kurzbesuch nach Württemberg und traf Hafenreffer persönlich, um ihn zu bitten, in seinem Sinne bei Hitzler zu intervenieren, damit er am Abendmahl teilnehmen konnte, aber Hafenreffer lehnte letztlich ab. Die weitere Diskussion in Briefform liest sich wie ein Dialog der Tauben. Hafenreffer argumentierte wie ein lutherischer Theologe, während Kepler in der Frage der Allgegenwart Christi die Rationalität eines Mathematikers und Astronomen ins Spiel brachte. Hafenreffer spürte diese Einstellung und bemerkte an einer Stelle: „Mathematiker – Sie fangen an, dumm zu werden." Er deutete an, dass Kepler seinen Geist durch den Gebrauch geometrischer Konstrukte in der Diskussion theologischer Wahrheiten seinen Geist verwirren würde. Dagegen argumentierte Kepler, dass Hafenreffers und die Position anderer Theologen nur geglaubt werden konnten, wenn er seine Augen als Geometer verschließen würde. Auf diese Weise wurde Kepler zu einem echten Vertreter der Tragödie der konfessionellen Ära zwischen Mittelalter und Neuzeit. Der letzte Brief Hafenreffers an Kepler in dieser Angelegenheit war vom 31. Juli 1619.

Weitere Einzelheiten zur Frage von Keplers Glauben kann man in J. Hübner, „Die Theologie Johannes Keplers zwischen Orthodoxie und Naturwissenschaft", Tübingen, 1975, nachlesen. [39].

Credo

Im Jahre 1618 entwarf Kepler eine weitere theologische Arbeit, die im Jahre 1623 anonym veröffentlicht wurde. Sie lautete: „Glaubensbekandtnus und Ableitung allerhand desthalben entstandener ungütlichen Nachreden." Bernegger ließ 100 Exemplare in Straßburg drucken. Im Grunde handelte es sich um eine Zusammenfassung von Keplers Streit mit den kirchlichen Autoritäten und die Verteidigung seiner eigenen Position.

Abschließend gründete er seinen eigenen Glauben auf die patristischen Lehren und beschuldigte die drei Konfessionen Katholizismus, Luthertum und Calvinismus, sie hätten die Wahrheit zerstört, die er, Kepler jetzt stückweise wieder zusammenflicken musste. Zu diesem Traktat hat es niemals eine Reaktion aus Württemberg gegeben. Als Bernegger versuchte, Kepler in seiner Bewerbung für einen Posten in Straßburg zu unterstützen, indem er seinen Traktat einem der Ratsherren zeigte, lehnte dieser eine Berufung aus konfessionellen Gründen ab.

Es gibt ein bemerkenswertes Detail in dieser Abhandlung, das besonderer Erwähnung verdient. In gewissen Einzelheiten bezog sich Kepler in seiner Argumentation auf das Buch von Marcus Antonius de Dominis (1560–1624) „De republica ecclesiastica".

De Dominis starb im Jahre 1624 als Häretiker in einem römischen Kerker, aber für Kepler war er ein potentieller Retter des Christentums. In seinem Buch „De stella nova in pede serpentarii, et qui sun ejus exortum de novo iniit, trigono igneo" (Über die Bedeutung der Nova von 1604 am Fuße des Schlangenträgers), das im Jahre 1606 herauskam, spekulierte Kepler über die Möglichkeit, dass ein Mann aufstehen würde, der in der Lage wäre, den Konflikt zwischen den Konfessionen durch die Einberufung eines Konzils zu beenden. Kepler sprach dieses Thema auch in einem Brief an Herwart von Hohenburg (1553–1622), einem bayrischen Staatsmann und Gelehrten, an, indem er die Himmelssphären mit der Kirchenhierarchie verglich. Indem er die Entdeckung der Nova mit den analytischen Instrumenten seiner Prognostica anging, sah er seine Vision in der Person de Dominis erfüllt. Kepler äußerte sich ähnlich in einem weiteren Brief an Hafenreffer am 28. November 1618, in welchem er behauptete, dass de Dominis der richtige Mann wäre, die Wunden des Religionskrieges zu heilen, was er, Kepler, kommen sah. Natürlich, nach dem Tod de Dominis schmolzen Keplers Hoffnungen und die Gültigkeit seines Prognosticons zu nichts dahin.

Nachdem Johannes Kepler sich in religiösen Konflikten und Streit verstrickt und seine wissenschaftliche Aufmerksamkeit anderen Dingen zugewandt hatte, versuchte er im Jahre 1615 endlich wieder zur Astronomie zurückzukehren, aber er musste den Gedanken an kontinuierliche Arbeit an diesem Gegenstand aufgeben, da er sein Augenmerk auf einige dramatische Ereignisse im Zusammenhang mit dem Schicksal seiner Mutter richten musste, wovon bereits zu Anfang im Abschnitt über Hexenverfolgung berichtet worden war.

Aufruhr und weitere Kreativität

Im Jahre 1616 veröffentlichte Francesco Ingoli, ein zukünftiges Mitglied der Indexkongregation, der eine herausragende Rolle im Verfahren gegen Galilei spielte, ein Pamphlet gegen das kopernikanische System, betitelt: „Desitu et quiete Terrae contra Copernici systema disputatio." Kepler wurde durch die Vermittlung Tommaso Mingonis um eine Erwiderung auf diesen Traktat gebeten. Kepler benötigte für seine Antwort zwei Jahre, aber er vernichtete Ingolis schwache Argumentation gründlich. Um seine Argumente zu verstärken, fügte er der Korrespondenz ein Exemplar seiner „Epitome" bei. Aber Ingoli antwortete, dass er sich auch durch eine solche Autorität wie Kepler nicht eingeschüchtert fühlte. Dieser ganze Disput war auch Galilei wohl bekannt.

Kurz nach Ausbruch des 30jährigen Krieges starb Kaiser Matthias II., und sein Cousin wurde in Frankfurt am Main zum Kaiser Ferdinand II. gekrönt. Er tat sich mit dem bayrischen Herzog Maximilian (1573–1651), dem er Oberösterreich verpfändete, zusammen, um Unterstützung für seinen Krieg in Böhmen zu gewinnen. Somit zog Maximilian im Juni 1620 nach Linz. Der Krieg erreichte schließlich auch diese Provinzstadt. Nachdem Ferdinand die Schlacht am Weißen Berg zu seinen Gunsten entschieden hatte, begann er die schonungslose Ausrottung des Protestantismus in Böhmen. Aber Johannes Kepler blieb eine Ausnahme. Er verblieb in seiner Stellung als kaiserlicher Mathematiker auch unter Ferdinand.

14 Weltharmonie

Harmonices Mundi

Im Jahre 1619 vollendete Kepler endlich sein Opus Major, an dem er mit Unterbrechungen gearbeitet hatte, während er gleichzeitig die Tabulae Rudolphinae bearbeitete und zusammenstellte. Der Titel lautete:

> Joannis Kepleri Harmonices Mundi Libri Quinque (Die fünf Bücher der Weltharmonie von Johannes Kepler) (Abb. 14.1).

Er widmete das Werk König Jakob I. (1566–1625) von Großbritannien.

Weite Teile der Weltharmonik vermitteln den Eindruck eines Lehrbuchs über Musiktheorie, besonders im Dritten Buch, das „Eigentlich Harmonische Buch", wie Kepler es nannte. In diesem erarbeitete er eine komplette Musiktheorie, indem er die ausführlichen Arbeiten Vincenzo Galileis (1520–1591), Galileos Vater, berücksichtigte. „Musik" sollte nach Kepler helfen, „den Plan der Schöpfung zu entdecken". [40]

Bzgl. der Entstehungsgeschichte seiner Weltharmonik schrieb Kepler im Jahre 1619:

> … Als ich vor 24 Jahren auf diese Betrachtungen [geometrisch bedingter harmonischer Proportionen] verfiel, habe ich zuerst untersucht, ob die Planetensphären um gleiche Beträge voneinander abstehen … Schließlich kam ich zu den fünf räumlichen [platonischen] Figuren. Hier ergab sich eine Zahl der Planetenkörper und eine Größe der Abstände, die nahezu richtig war …

> Die Astronomie wurde nun in den vergangenen 20 Jahren vervollkommnet [durch Beobachtungsdaten Brahes]; aber siehe da, die Abstände stimmten immer noch nicht mit den [durch die] räumlichen Figuren [überein], auch zeigten diese keine Ursachen für die in so ungleicher Weise auf die Planeten verteilten Exzentrizitäten …

> So kam ich allmählich, insbesondere in den letzten drei Jahren, auf die Harmonie, indem ich kleine Abweichungen der räumlichen Figuren duldete. Dazu bestimmte mich einerseits der Gedanke, dass die Harmonien die Rolle der Form spielten, die die letzte Hand anlegte, die Figuren dagegen die Rolle der Materie, die in der Welt die Zahl der Planetenkörper und die rohe Ausdehnung der räumlichen Bereiche ist. Andererseits lieferten die Harmonien auch die Exzentrizitäten, welche die räumlichen Figuren nicht einmal in Aussicht stellten. Oder: die Harmonien gaben der Statue Nase, Augen und die übrigen Glieder, während die räumlichen Figuren nur die äußere Größe der rohen Masse vorgeschrieben hatten. [40]

Auf diese Weise wurde die pythagoreische Idee über die himmlischen Harmonien zur führenden Idee seiner Forschung. Und so versuchte er seine eigenen Entdeckungen durch die Neu-Interpretation des pythagoreischen Konzeptes der Sphärenmusik zu stützen. Seine Planetengesetze wurden praktisch zu einem Beiprodukt seiner Untersuchungen der Sphärenmusik.

Schon Pythagoras war zu dem Schluss gekommen, dass es eine Art Verbindung zwischen Mathematik und Musik geben müsste. Er leitete das von der Tatsache ab, dass es z. B. eine Beziehung zwischen der Tonhöhe und der Saitenlänge eines Musik-

https://doi.org/10.1515/9783110762778-014

Ioannis Keppleri

HARMONICES
MVNDI

LIBRI V. Qvorvm

Primus Geometricvs, De Figurarum Regularium, quæ Proportiones Harmonicas constituunt, ortu & demonstrationibus.

Secundus Architectonicvs, seu ex Geometria Figvrata, De Figurarum Regularium Congruentia in plano vel solido:

Tertius propriè Harmonicvs, De Proportionum Harmonicarum ortu ex Figuris; deque Naturâ & Differentiis rerum ad cantum pertinentium, contra Veteres:

Quartus Metaphysicvs, Psychologicvs & Astrologicvs, De Harmoniarum mentali Essentiâ earumque generibus in Mundo; præsertim de Harmonia radiorum, ex corporibus cœlestibus in Terram descendentibus, eiusque effectu in Natura seu Anima sublunari & Humana:

Quintus Astronomicvs & Metaphysicvs; De Harmoniis absolutissimis motuum cœlestium, ortuque Eccentricitatum ex proportionibus Harmonicis.

Appendix habet comparationem huius Operis cum Harmonices Cl. Ptolemæi libro III. cumque Robertide Fluctibus; dicti Flud. Medici Oxoniensis speculationibus Harmonicis; operi de Macrocosmo & Microcosmo insertis.

Cum S. C. Mᵗⁱˢ. Priuilegio ad annos XV.

Lincii Austriæ,

Sumptibus Godofredi Tampachii Bibl. Francof.
Excudebat Ioannes Plancvs.

Anno M. DC. XIX.

Abb. 14.1: Titelseite der Harmonices Mundi.

instrumentes gab. Harmonische Intervalle konnten durch die Proportionen ganzer Zahlen ausgedrückt werden. Somit war ein Ton nichts anderes als die Verkörperung einer Zahl. Pythagoras übertrug diese Erkenntnis auf die Ordnung des Kosmos, die durch die regelmäßige Bewegung der Himmelskörper in irgendeiner Harmonie der Sphären, auf denen sie sich entlang bewegten, zum Ausdruck kam.

Die Ordnung der Welt war das Ergebnis ihre mathematischen Strukturen. Genau wie Musik einen mathematischen Kern besaß, musste der Rest der Welt auf mathematischen Gesetzen gründen.

Nachdem die Musiktheorie der Pythagoreer für eine gewisse Zeit in Vergessenheit geraten war, wurde sie von Ancius Manlius Severinus Boethius, der von 480 bis 524 lebte, wiederentdeckt. In seinen fünf Bücher „De institutione musica" unterteilte er die Musik in eine hierarchische Struktur:
- Musica mundane – die Sphärenmusik
- Musica humana – das Wechselspiel zwischen Körper und Seele sowie zwischen den Menschen selbst
- Musica instrumentalis – Stimmen und Instrumente.

So geht aus der Weltharmonik Keplers Überzeugung hervor, dass himmlische Bewegung nichts anderes als kontinuierliche sechsstimmige Musik (die vom Verstand und nicht vom Ohr gehört werden muss) sei, verursacht durch Dissonanzen, Synkopen und Kadenzen über unermesslich lange Zeiten hinweg. Es sei nicht erstaunlich, dass der Mensch als Imitator des Schöpfers dann auch die mehrstimmige Gesangskunst, die den Alten nicht bekannt war, entdeckt hätte.

Nach Kepler sind reale musikalische Harmonien nichts anderes als materielle Verwirklichung der Sphärenharmonien ganz im Sinne von Pythagoras und Boethius. An diese Wahrheit glaubte Kepler und versuchte, sie durch das Studium der Planetenbewegungen zu beweisen, dass ihm dadurch, in seiner Vorstellung, Einblick in Gottes Gedanken geben würde.

In seiner Zeit war Kepler keineswegs die einzige Person, die versuchte, den Kosmos durch Rückgriff auf Elemente der Musik zu harmonisieren. Der englisch Arzt Robert Fludd, der von 1574 bis 1637 lebte, veröffentlichte ein esoterisches Buch unter dem Titel „Ultriusque cosmic maioris scilicet et minoris Metaphysica, physica atque technica Historia", in welchem er den Makrokosmos, d. h. das Universum, zum Mikrokosmos, also der Welt des Menschen, als Grundlage für seine Weltharmonie in Beziehung setzte. In diesem Buch schlug er ein „kosmisches Monochord" als Hauptelement seiner Weltharmonie vor. Dieser Ansatz wurde von Kepler als ungeeignet zurückgewiesen. Kepler argumentierte, dass Fludd physikalische Größen unterschiedlicher Dimensionen vermischen und empirische Tatsachen ignorieren würde.

Kepler spekulierte, dass das Gefühl für Musik und die Bevorzugung der Harmonie möglicherweise ein Ergebnis der Evolution sein könnte, und dass harmonische Proportionen den Menschen „eingeboren" seien. Wie dem auch sei, glaubte er, dass Gott zwei wichtige Prinzipien beachtet hatte, als er mit allem begann: ein geometrisches, das wichtig war für die sphärische Gestaltgebung, und ein harmonisches, welches die Sphärenmusik verursacht.

Was die mögliche Harmonie unter allen damals bekannten sechs Planeten betrifft, spekulierte er: „Falls es eine einzige sechsfache Harmonie oder unter mehreren eine besonders herausragende geben würde, wäre man in der Lage, die Konstellation der Welt zum Zeitpunkt ihrer Erschaffung zu entdecken." Das hört sich ganz ähnlich an wie ein Kommentar zur Entdeckung der kosmischen Hintergrundstrahlung in unserer Zeit.

Natürlich war es nicht einfach für Kepler, der durchschlagenden Überzeugungskraft von Brahes Beobachtungsdaten zu folgen und die Ellipse statt eines Kreises, der für ihn und seine Zeitgenossen das vollkommenste geometrische Gebilde war, für die Planetenbahnen zu akzeptieren. Aber, wie er schrieb: „Wenn die berechneten Werte nicht übereinstimmten, wäre unsere gesamte Arbeit vergeblich gewesen." Somit wird die Richtigkeit einer Theorie nach Kepler durch Vergleich mit Beobachtungen und Experiment entschieden, sogar, wenn experimentelle Daten der vorherrschenden Meinung oder tausend Jahre alten Dogmen entgegenstehen.

Und er schrieb, dass bzgl. der Meinung der Heiligen über die Dinge der Natur, er mit diesem einem Wort antworte: in der Theologie gelte das Gewicht der Autoritäten, aber in der Philosophie dasjenige des Vernunftgrundes.

Diese Art zu Denken und diese Einstellung machten Kepler zu einem der wichtigsten Begründer moderner Naturwissenschaft.

Wir wollen uns nun die Struktur des Buches selbst ansehen:

Das erste Buch entwickelt die Bedeutung von „Harmonie" von geometrischen Überlegungen her. Es gründet auf Euklids Elemente. Kepler versucht zu ergründen, welcher der regulären Polyeder mit Hilfe eines Zirkels und eines Lineals, d. h. durch Kreise und Linien, konstruiert werden können und welche nicht.

Im zweiten Buch untersucht er die Kongruenz von regulären Polyedern. Er verwendet den Begriff „kongruent" jedoch anders als es heute üblich ist. In seinem Verständnis sagt Kongruenz etwas über die Fähigkeit eines regulären Polyeders aus, eine ebene Oberfläche mit gleichen oder anderen Polyedern komplett oder teilweise auszufüllen, oder reguläre oder teilweise reguläre Körper auszubilden.

Die verbleibenden drei Bücher handeln von Musik und dem Verhältnis zwischen Astrologie und Astronomie und anderen mystischen Konzepten.

Kepler hielt Ausschau nach den musikalischen Intervallen, die bereits dem Pythagoras bekannt waren, zwischen den Planetenbahnen. Wiederum musste er eine Vielzahl von Permutationen in Angriff nehmen. Schließlich fand er zwei Größen, die seine Erwartungen erfüllten: die maximale und minimale Bahngeschwindigkeit der Planeten, d. h. die Geschwindigkeit am Perihel am nächsten zur Sonne und die Geschwindigkeit am Aphel der Ellipse am weitesten entfernt von der Sonne im Verhältnis zueinander. Das Ergebnis führte zu folgenden Werten:

– Saturn: 5:4 oder große Terz
– Jupiter: 6:5 oder kleine Terz
– Mars: 3:2 oder Quinte
– Erde: 16:15 oder Halbton
– Venus: 25:24 oder Diesis
– Merkur: 12:5 oder jenseits der Oktave.

Was die Hörbarkeit der Sphärenmusik angeht, erklärte Kepler, dass sie in dem Sinne begrenz wäre, als sie lediglich vom Geist empfangen werden könnte und nicht durch das Ohr. Somit hat er der Notwendigkeit von Harmonie als treibende Kraft hinter seiner Forschung bis zur äußersten Grenze nachgegeben, bis er jeden Boden unter seinen Füßen verloren hatte. Diejenigen, die nach ihm kamen, mussten von dieser Höhe wieder herabsteigen bis fast zur vollständigen Auflösung seiner Harmonie.

Bevor wir uns den drei Keplerschen Gesetzen zuwenden, hier noch einmal eine kurze Einschätzung von Kepler zur Hörbarkeit der Musik. So schreibt er, dass natürlich keine Noten am Himmel seien, und die Bewegung so gewaltig wäre, dass durch die Reibung am Äther (der „himmlischen Luft") eine Art Brummen oder Pfeifen entstehen würde.

Das fünfte Buch beinhaltet die drei Keplerschen Gesetze, die er kurz nach dem Fenstersturz in Prag im Jahre 1618 entdeckt hatte. Bemerkenswert ist, dass diese drei Gesetze auch Grundlage waren für die Rechtfertigung von mystischen Vermutungen.

Entgegen allen Erwartungen wurde Keplers „Weltharmonik" nicht vom Heiligen Offizium auf den Index verbotener Bücher gesetzt, aber stattdessen sein Lehrbuch „Epitome Astronomiae Copernicanae" (Der Inbegriff der Kopernikanischen Astronomie).

Die drei Keplerschen Gesetze

Dies sind die drei Keplerschen Gesetze, die Eckpfeiler der Astronomie, die auch heute noch in jedem ernst zu nehmenden Lehrbuch zu finden sind:

I. Die Planeten bewegen sich auf elliptischen Bahnen. In einem gemeinsamen Brennpunkt steht die Sonne.
II. Die Verbindungslinie Sonne-Planet überstreicht in gleichen Zeiten gleich große Flächen (Abb. 14.2).
III. Die Quadrate der Umlaufzeiten zweier Planeten verhalten sich wie die dritten Potenzen der großen Halbachsen ihrer Bahnen:

$$T_1^2/a_1^3 \ = \ T_2^2/a_2^3 \ = \ T_3^2/a_3^3 \ = \ ....$$

Die Keplerschen Gesetze gelten für alle periodisch wiederkehrenden Körper in unserem Sonnensystem, d. h. für die Planeten, aber auch für die Erde und ihren Mond, und natürlich für künstliche Erdsatelliten. Keplers Beobachtungen als Grundlage für die Herleitung seiner Sphärenharmonie auf Basis der maximalen und minimalen Bahngeschwindigkeit an Perihel und Aphel deckt sich mit dem zweiten Gesetz. Es ist in Übereinstimmung mit dem Energieerhaltungssatz, welcher besagt, dass die Gesamtenergie eines umlaufenden Körpers konstant bleibt. Die potenzielle Energie ist in einem Minimum am Perihel, in einem Maximum am Aphel. Umgekehrt befindet sich die kinetische Energie am Perihel im Maximum und am Aphel im Minimum.

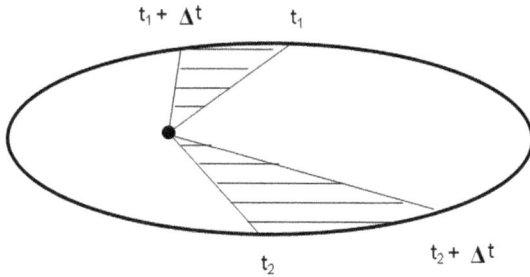

Abb. 14.2: 1. und 2. Keplersches Gesetz.

Unter bestimmten vereinfachenden Annahmen kann das Gravitationsgesetz aus Keplers drittem Gesetz hergeleitet werden. Das führt dann direkt zur Ursache der beobachteten Bewegungen selbst.

Simon Marius

Der Mann aus Ansbach nimmt wie Galilei sein Leben lang keine Notiz von den keplerschen Gesetzen.

Im Mundus unter „II. Die Größe der Kreisbahnen" – es geht um die Geschwindigkeiten der Jupitermonde im Vergleich mit der Umkreisung der Planeten um die Sonne – schreibt er: „Ob aber dieses Ansteigen oder Nachlassen der Geschwindigkeit (der Jupitermonde) von der Kreisbewegung des Jupiter selbst und allein abhängt oder nicht, gleichwie Herr Kepler, der kaiserliche Mathematiker, über die Sonne und ihre Planeten Merkur, Venus, Mars, Jupiter und Saturn schlüssig vermutet hat, ist mir bis jetzt ungewiss und von mir nicht beobachtet. Aber wenn ich es auch nicht sicher behaupten kann, so kann ich es auch nicht völlig leugnen. Deshalb äußere ich keine Meinung über diese Sache."

Und weiter:

Um aber die Wahrheit zu sagen, ich missbillige völlig diese Methode, die große oder geringe Geschwindigkeit dieser Himmelskörper zu betrachten. Denn was haben die Himmelskörper zu tun mit unseren Maßangaben, nämlich in Stadien, Meilen usw., die auf der Oberfläche der Erde üblich sind? ....

15 Werke

Galileo Galilei

La Bilancetta

Im Alter von 24 Jahren trat Galilei zum ersten Mal öffentlich auf. Er hielt zwei Vorlesungen vor der Florentiner Akademie über die Gestalt, Lage und Größe von Dantes Hölle. Aber seine erste überlieferte Abhandlung aus dem Jahre 1586 handelte von der hydrostatischen Waage, la Bilancetta (Abb. 15.1). Er war damals 22 Jahre alt und hatte sein Medizinstudium in Pisa, das er zunächst seinem Vater zuliebe begonnen hatte, abgebrochen, um sich autodidaktischen Studien der Mathematik zuzuwenden. La Bilancetta diente der Feststellung des spezifischen Gewichts und basierte auf Überlegungen von Archimedes über schwimmende Körper.

In dieser Abhandlung beschreibt er eine Methode, das spezifische Gewicht verschiedener Substanzen zu bestimmen. In der Einleitung bringt er seine Zweifel über die Richtigkeit der Geschichte von Herons Krone zum Ausdruck. Galilei deutete an, dass irgendein antiker Schriftsteller, der keine wirkliche Ahnung von Mathematik hatte, diese Geschichte gehört und dann aufgeschrieben hatte, was er glaubte, verstanden zu haben. Nachdem er des Archimedes „Über schwimmende Körper" studiert hatte, glaubte Galilei vielmehr, dass der alte Grieche ein Instrument gebaut haben musste, das viel komplexer war, als die Geschichte unterstellte. Somit entwickelte er eine Methode, von der er annahm, dass Archimedes sie angewandt hatte.

Die Aufgabe bestand darin, ein Gerät zu finden, um die Anteile unterschiedlicher Materialien, die in einem Festkörper zusammengemischt waren, zu bestimmen. Galilei ging Schritt für Schritt vor. Zunächst schlug er vor, einen Festkörper aus ein und demselben Material an das eine Ende der Balkenwaage zu platzieren. Dessen Gewicht sollte durch einen anderen Körper mit dem gleichen Gewicht ausgeglichen werden. Tauchte man jetzt den ersten Körper in Wasser, so war er so viel leichter, wie die Menge Wasser wog, die er verdrängte. Um die Waage jetzt ins Gleichgewicht zu bringen, musste das Gegengewicht näher ans Zentrum gebracht werden. Diese Korrektur hing offensichtlich vom spezifischen Gewicht des Festkörpers aus ein und demselben Material ab. Für Körper derselben Größe aus leichterem Material war der Ausgleich entlang des Waagebalkens geringer, aber mehr, falls das Material schwerer war.

Für einen Körper aus einer Mischung aus zwei verschiedenen Materialien ist die Reihenfolge folgendermaßen (Abb. 15.2):
– Bestimme den genauen Punkt auf der Waage für Material 1 unter Anwendung der oben beschriebenen Vorgehensweise mit Gegengewicht nach Untertauchen (Punkt 1).
– Mache dasselbe für Material 2 (Punkt 2).
– Mache dasselbe für die Mischung aus den beiden Materialien (Punkt 3).

https://doi.org/10.1515/9783110762778-015

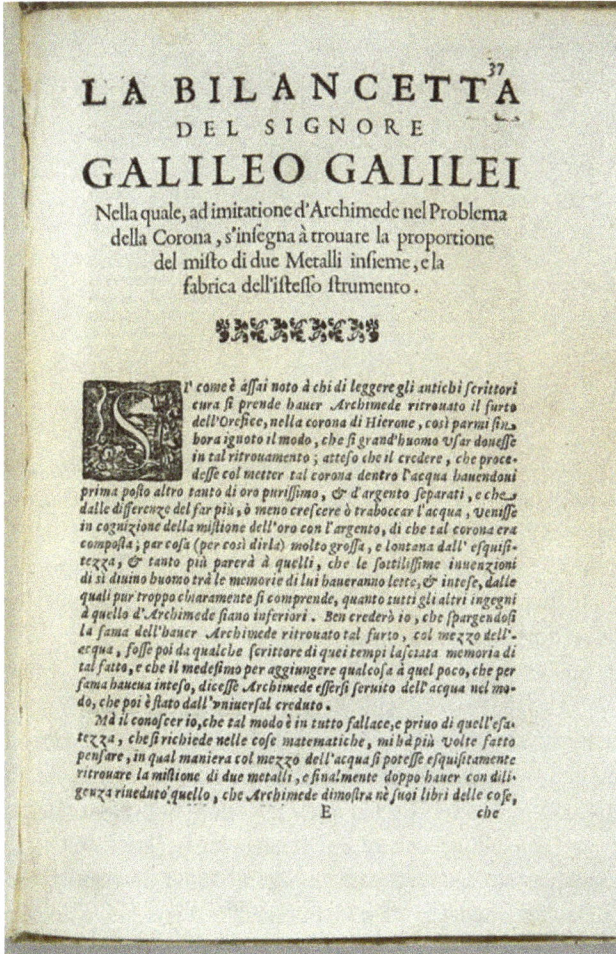

Abb. 15.1: Titelblatt von „La Bilancetta", Bologna 1656.

Der Ausgleichspunkt auf der Waage für letzteres muss dann irgendwo zwischen dem für das schwerere und dem für das leichtere Material liegen. Das Verhältnis der Zusammensetzung der beiden Materialien entspricht dem Verhältnis der Abstände zwischen Punkt 1 und Punkt 3 und Punkt 2 und Punkt 3.

Mit der „Bilancetta" zeigte der 22jährige Galilei zum ersten Mal seine einzigartige Eigenschaft, mathematisches Denken mit technischer Fertigkeit in Verbindung zu bringen. Er brach zudem mit der Tradition, wissenschaftliche Werke in Latein zu veröffentlichen, indem er die Alltagssprache „Volgare" verwandte – ähnlich wie Luther die deutsche Sprache in seinen theologischen Schriften populär machte.

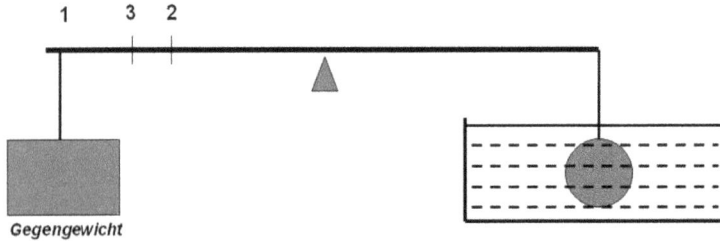

Abb. 15.2: La Bilancetta; Funktionsweise.

De motu

Galilei nannte sein erstes wichtiges Werk, geschrieben zwischen 1589 und 1592 „De motu antiquiora" oder kurz „De motu", das bereits an anderer Stelle erwähnt wurde. Die meisten Gelehrten stimmen darin überein, dass es während seiner Zeit in Pisa geschrieben wurde. Es besteht aus 23 Kapiteln und einer Handvoll zusätzlicher Anmerkungen. Es wurde jedoch nicht vor 1854 veröffentlicht, nachdem es Bestandteil der Herausgabe von Galileos Werke durch Eugenio Alberi (1807–1878) wurde.

Es war Vivianis Biografie, die lange Zeit die wichtigste Quelle war, um Galileis Arbeit in Pisa zu verstehen. Heute wissen wir, dass Vivianis Bericht – wie es Usus und legitim zu der Zeit war – so geschneidert war, die Bewunderung dieses Biografen für seinen Lehrer auszudrücken. Viviani erwähnte weitere Professoren an der Universität, die an der Diskussion der Interpretation von Galileis Ergebnissen teilnahmen. In dem daraus erfolgenden akademischen Disput spielten Borro und Buonamici eine wichtige Rolle.

Es war keineswegs Galilei gewesen, der erstmalig das Problem der Bewegung von Körpern unterschiedlichen Gewichts ansprach. Der Disput kochte schon lange vorher in griechischer, arabischer und anderer Literatur – aber hauptsächlich auf philosophischer Basis. Galileis Ansatz war experimenteller Art und widersprach dem philosophischen Konsens. Aber auch, was seine Methoden betraf, so war er auch nicht der Erste, der sie anwandte. Es gab Vorläufer, die Aristoteles überprüft und Nichtübereinstimmung mit dem antiken Philosophen festgestellt hatten.

Im Jahre 1675 veröffentlichte Borro seine Schrift „De motu gravium et levium" [41]. Er behauptete, dass die Bewegungen der vier Elemente, aus denen alle anderen Substanzen in unterschiedlichen Zusammensetzungen gemacht waren, von deren Form abhingen. Borro nahm an, dass die Elemente keine Substanzen an sich seien, sondern etwas zwischen Substanz und Akzidentien. Borro führte auch Experimente mit Holz- und Bleikörpern durch, die er aus einem Fenster fallen ließ.

In Buonamicis Werk „De motu" hielt sich der Autor streng an das Aristotelische Konzept von Bewegung bzw. Wandel im Allgemeinen und stimmte darin nicht mit Borro überein. In der Einleitung erwähnte Buonamici, dass sein Buch ein Ergebnis von weitreichenden akademischen Diskussionen über diesen Gegenstand an seiner

Universität sei. Als also Galilei die Bühne betrat, befand sich die Debatte in Pisa bereits in vollem Schwung, und die Pisa-Professoren lösten seine Forschungen aus und spielten dabei eine fundamentale Rolle. In seinem eigenen Werk „De motu antiquiora" zitierte er Borros Veröffentlichung. Auf diese Weise stand „De motu antiquiora" lediglich für eine spezielle Sicht in einem Disput, der zu der Zeit bereits im Gange war.

Die Grundtendenz von Galileis „De motu" wurde bereits weiter oben im Abschnitt „Mechanistische Weltbilder" ausgeführt. Die Aufwärtsbewegung erklärte er durch einen Mechanismus, der die Schwere eines Körpers zeitweise und abnehmend hinweg nimmt. Für fallende Körper nahm der das Gegenteil an: die natürliche Leichtigkeit eines Körpers wird durch eine an ihm behaftete Kraft, die stetig zunimmt, aufgehoben, was zur Beschleunigung führt.

In seiner Abhandlung bezog er sich auch auf seine Co-Professoren, indem er sogar Borro namentlich erwähnte. Borro gründete seine Erklärung über frei fallende Körper auf die Theorie von Aristoteles, dass deren Bewegung von der relativen Zusammensetzung der Elemente (Luft, Feuer, Wasser, Erde) des Mediums, in dem sie sich bewegen, z. B. in der Luft, abhängt. Averroes (1126–1196) hatte eine Theorie entwickelt, dass Luft in seiner eigenen Umgebung schwerer ist, und dass Körper, die mehr Luft als andere enthielten (beispielsweise Holz gegenüber Blei), schneller fielen. Borro nahm diese Gedanken auf, um seine eigenen Beobachtungen zu erklären. Galilei wies diese Erklärung durch den Vergleich der relativen Gewichte der vier Elemente untereinander zurück. Daraus schloss er, dass Blei schneller fallen musste, da es aus größeren Anteilen Erde und Wasser bestand. Aus dieser Argumentation wird ersichtlich, dass alle damaligen Wissenschaftler immer noch dem antiken Konzept der vier fundamentalen Elemente der Natur folgten. Borro behauptete sogar, dass es mehr Luft im Blei als in Eisen gäbe, weshalb Eisen in Luft schwerer sein müsste. Sowohl Galilei als auch sein Kollege Buonamici waren sich einig, dass die Annahme, es gäbe mehr Luft in Blei als in Eisen, nicht stimmte. Während Buonamici auf der Basis des relativen Inhalts von Luft in Blei oder Eisen argumentierte, gründete Galilei seine Schlussfolgerungen auf den einfachen Vergleich der relativen Gewichte der drei Substanzen, ohne auf die spekulative Zusammensetzung dieser Substanzen Rücksicht zu nehmen.

Beide Gelehrte waren der Meinung, dass leichtere Körper anfänglich schneller fielen als schwerere, aber während ihres Falles würden die schwereren ihre Beschleunigung erhöhen. Das Phänomen der Beschleunigung wurde immer noch durch die Impetustheorie erklärt. Galilei selbst trat nicht mit einer besseren Erklärung hervor, obwohl er diejenigen seiner Kollegen ablehnte. Er konstatierte die Notwendigkeit für einen komplett neuen Ansatz, das beobachtete Phänomen zu beschreiben.

Beschleunigung blieb das wichtigste ungelöste Problem. Aristoteles behauptete, dass, je näher ein Körper seiner natürlichen hierarchischen Position käme, desto schneller er sich bewegte – beschleunigt. Dabei handelte es sich um „natürliche Bewegung" im Gegensatz zu „erzwungener Bewegung". Man nahm an, dass sich Objekte, die einer erzwungenen Bewegung ausgesetzt waren, verlangsamten. In seinem Werk stellte Galilei diese Erklärung der natürliche Bewegung durch ein Gedankenexperiment in Frage, indem er die Geschwindigkeit von fallenden Körpern aus unterschiedlichen Höhen verglich (nach der Theorie, dass ein Objekt, welches von einem sehr hohen Turm fiel, an irgendeiner Stelle auf seinem Weg langsamer fallen würde als dasselbe Objekt, das von einer sehr niedrigen Plattform aus fiele).

Und schließlich kam Galilei zu dem Schluss, dass es so etwas wie „natürliche Aufwärtsbewegung" als eine inhärente Eigenschaft von Körpern, wie Aristoteles behauptet hatte, nicht gab. Alle physikalischen Objekte waren mit einem Gewicht behaftet, und wenn Aufwärtsbewegung beobachtet wurde, war das eine Folge des Archimedischen Prinzips. Was die Frage angeht, ob Galilei in seinen frühen Jahren tatsächlich wirkliche Experimente ausführte – wenn auch nicht vom Schiefen Turm –, so gibt es daran wenig Zweifel angesichts der Tatsache, dass seine Zeitgenossen Borro und Buonamici die ihrigen in deren jeweiligen Veröffentlichen erwähnten.

Sidereus Nuntius

Galilei richtete sein Teleskop auf den Mond und fand, dass die Oberfläche des Mondes rau und uneben war, aus Höhen, Schluchten und Kratern bestand. Die anderen Planeten erschienen ihm scheibenartig und nicht punktartig wie entfernte Sterne, wobei er vier Jupitermonde entdeckte (wie bereits im Kapitel 9 „Prioritäten" berichtet), und die Venusphasen beobachtete. Obwohl er nicht der Einzige war, der sie nachwies, entdeckte er die Sonnenflecken. Er fand auch, dass nebulöse Objekte wie die Milchstraße in Einzelsterne aufgelöst werden konnten. Im März 1610 veröffentlichte Galilei – wie erwähnt – seine Ergebnisse unter dem Titel „Sidereus Nuntius". Und er begann, die uralten Glaubenswahrheiten über die Struktur des Universums in Frage zu stellen, und kam schließlich zu seinem ersten Bruch mit dem traditionellen Weltkonzept.

Bereits im Jahre 1597 hatte er einem engen Kollegen schriftlich mitgeteilt, dass Copernicus gegenüber Ptolemäus im Recht sei. Wie berichtet, schrieb er im selben Jahr auch an Kepler, der ihm sein „Mysterium cosmographicum" geschickt hatte, über seine Ansichten, aber gleichzeitig bestand er ja darauf, dass er sich in der Öffentlichkeit nicht zum Narren machen wollte, und deshalb Copernicus´ Theorie nicht öffentlich unterstützen würde.

Im selben Jahr veröffentlichte Galilei Grundsätze über die Struktur des Kosmos auf der Grundlage von Aristoteles und Ptolemäus. Diese zweispurige Haltung kam durch die Tatsache zustande, dass er zu der Zeit nicht im Besitz ausreichenden wissenschaftlichen Materials war, um die Kopernikanische Theorie beweisen zu können. Andererseits wollte er seine akademische Karriere auch nicht gefährden. Diese ambivalente Haltung behielt er für einige Zeit während seiner beruflichen Existenz bei. Tatsächlich verwendete er Argumente der Aristotelischen Denkrichtung, um die Behauptung, dass die Erde sich bewegen würde, lächerlich zu machen, z. B. über die verheerenden Auswirkungen, die solche Bewegungen auf fallende Körper und den Vogelflug haben würden. Und bis zum Jahre 1610 handelten seine weiteren Schriften von praktischen Dingen wie den Bau militärischer Befestigungsanlagen und der Ballistik.

All dies änderte sich nach seinen eigenen Entdeckungen mit Hilfe des Teleskops: Jupiter wurde umkreist von einer eigenen Gruppe von Himmelskörpern – seinen Monden. Galilei war bewusst, dass seine Entdeckung unerhört war. Indem er dieses in seinem Pamphlet Sidereus Nuntius veröffentlichte, brach er mit einer zweitausend Jahre alte Tradition, dass die Erde der einzige Himmelskörper war, der von anderen – den Planeten – umkreist wurde.

Der Sidereus Nuntius ist ein Traktat, in welchem Galilei seine astronomischen Ergebnisse sowie die Schlussfolgerungen, zu denen er geführt wurde, konsolidierte. Er war grundsätzlich an andere Gelehrte und nicht an die allgemeine Öffentlichkeit gerichtet. Er stufte seine Ergebnisse als „nie gehörte Neuigkeiten" ein, die mittels seines neuen Instrumentes, dem Teleskop, hervorgebracht worden waren. Als Beispiel erwähnte er die Anzahl Fixsterne, die er dadurch gesehen hatte, und die die Anzahl, die durch das bloße Auge zu sehen sind, um den Faktor zehn übertrafen. Wenn er das Teleskop auf den Mond richtete, wurde dessen Durchmesser um den Faktor 30, seine Oberfläche um den Faktor 900 und sein Volumen 22 000-mal vergrößert.

Eines der Probleme, auf die er traf, bestand darin, wie man die Entfernungen zwischen verschiedenen Sternen messen könnte. Schließlich fand er eine Methode durch Anwendung des Strahlensatzes in Kombination mit dem Satz des Pythagoras.

Der Mond

Galilei fügte viele Zeichnungen seiner Beobachtungen in den Text ein, wobei die erste ein Bild des Mondes mit seinen Tälern und Bergen und dem Erdschein war, den er als erster Mensch beobachtete und dokumentierte. An einer Stelle in seinen Beschreibungen fügte er die revolutionäre Bemerkung ein, dass die Erde selbst ähnliche Besonderheiten während ihres Umlaufs aufweisen müsste, wogegen bis dahin die kanonische Weisheit die Erde bewegungslos im Zentrum des Universums festlegte.

Seine Erklärung, warum die Oberflächenmerkmale des Mondes nicht mit dem bloßen Auge beobachtet werden können und der Rand des Monde immer ziemlich glatt erschien, hat sich jedoch über die Zeiten nicht gehalten, da er dies auf die Eigenschaften eines alles erfüllenden kosmischen Äthers zurück führte, dessen Existenz lange Zeit als real angenommen wurde – bis zum Fehlschlag des Michelson-Morley-Experiments, der wiederum von Einstein durch die Einführung der Speziellen Relativitätstheorie erklärt wurde.

Eine weitere Beobachtung Galileis war, dass die Tiefen und Höhen auf der Mondoberfläche jene auf Erden signifikant übertrafen. Mit Hilfe trigonometrischer Berechnungen legte er die Höhe eines bestimmten Berges auf vier italienische Meilen fest, wogegen seines Wissens nach kein Berg auf Erden existierte, der höher als eine Meile war. Die Zeichnungen des Mondes wurden zu verschiedenen Zeitpunkten erstellt: während unterschiedlicher Nachtstunden und auch während unterschiedlicher Mondphasen.

Fixsterne und die Milchstraße

Ein Rätsel für Galilei war die Tatsache, dass die Fixsterne durch sein Instrument nicht so wie der Mond vergrößert werden konnten. Er nahm an, dass die Helligkeit der Sterne durch eine Art haariger Strahlen erzeugt wurde, falls die Sterne selbst tatsächlich eine Art Kugel waren. In anschließenden Zeichnungen ergänzte er die bestehenden Sternkreiszeichen durch seine neu beobachteten Sterne in deren Bilde.

Ein weiteres revolutionäres Ergebnis war, dass die Milchstraße nichts anderes als eine Ansammlung einer unzählbaren Anzahl von Fixsternen war, und das traf auch auf andere kosmische Objekte zu, die bis dahin als Nebel bekannt waren.

Die Jupitermonde

Über die Entdeckung der Jupitermonde, den Prioritätenstreit mit Simon Marius ist in diesem Buch bereits an verschiedenen Stellen berichtet worden, aber im Folgenden noch einmal die wichtigsten Erkenntnisse aus dem Sidereus Nuntius.

Bezogen auf die Relevanz für das „richtige" Weltmodell, war Galileis wichtigste Entdeckung die der vier Monde, die den Jupiter umkreisen. In einer Reihe von 65 akribisch hergestellten Zeichnungen detaillierte er die Positionen dieser Monde vom 27. Januar bis zum 2. März 1610. Er konnte nicht anders, als dies als weiteren Beweis für die Kopernikanische Theorie ansehen, die die Sonne ins Zentrum des Universums versetzte. Jupiter umkreiste die Sonne und wurde gleichzeitig von vier „Planeten" umkreist, genauso wie die Erde von ihrem Mond, die sich auch um die Sonne bewegte. Nachdem auch Simon Marius aus Gunzenhausen in Bayern dieses Phänomen beobachtet hatte, kam es zu dem Streit, der bereits in Kapitel 9, „Prioritäten", behandelt worden ist.

Weitere Veröffentlichungen während seines Aufenthaltes in Padua beinhalteten den Tractatus de Sphaera (Abhandung über die Kugel) für Studenten und ein Papier über die Erscheinung der Supernova von 1604, sowie einen Traktat über Hydrostatik Ende 1606.

Il Saggiatore

Gegen Ende des Jahres 1618 wurden drei verschiedene Kometen entdeckt. Natürlich wurden Vertreter der Wissenschaft, unter ihnen Galilei, um Erklärung dieser neuen Himmelskörper ersucht. Galilei äußerte sich zunächst nicht dazu. Ein Professor der Mathematik, Orazio Grassi (1583–1654), ein Jesuit, lieferte in einer öffentlichen Vorlesung am Collegio Romano eine Erklärung. Grassi verfocht die Ansicht, dass Kometen echte Himmelskörper seien, die sich jenseits des Mondes bewegten. Er gründete seine Erklärung auf Tycho Brahes Weltmodell. In Brahes System wandern alle Planeten um die Sonne, während die Sonne und der Mond sich um die Erde bewegen. Grassis Vortrag wurde im Frühjahr 1619 auch unter dem Titel „De Tribus Cometis Anni MDCXVIII" (Über die drei Kometen des Jahres 1618) veröffentlicht.

Galilei wurde von prominenten Leuten und Freunden aufgefordert, diese Schrift zu kommentieren. Das machte er, aber nicht persönlich, sondern den Dienst eines seiner Schüler, Mario Guiducci (1585–1646), in Anspruch nehmend in einem Vortrag in Florenz, der von seinem Meister im Juni desselben Jahres entworfen worden war. Der Vortrag wurde unter dem Titel „Discorso delle Comete" veröffentlicht. In dieser Schrift focht Guiducci (Galilei) die wissenschaftliche Argumentation Grassis an, da Galilei Kometen für eine optische Täuschung hielt.

Abb. 15.3: Franceso Villamenas Titelseite für Il Saggiatore, Rom 1623.

Grassi beließ es aber dabei nicht, sondern konterte mit einem Traktat „Libra astronomica ac philosophica", den er im Oktober unter dem Pseudonym Lotario Sarsi Sigensano veröffentlichte. Im Juni 1620 antwortete Guiducci selbst in einem Brief an Grassi auf diese Veröffentlichung.

Im Januar 1621 wurde Galilei zum Konsul der Accademia Fiorentina gewählt. Er war nunmehr ausreichend aufgebracht über Grassis letzte Veröffentlichung zu diesem Thema, sodass er sich die Zeit nahm und eine lange Erwiderung ausarbeitete und seine Grundsätze über wissenschaftliche Methoden niederlegte. Er beendete das Manuskript des Saggiatore (Abb. 15.3) im Oktober 1622 und schickte es der Accademia dei Lincei zur Überprüfung. Im Februar 1623 wurde seine Schrift von den Zensoren freigegeben. Später, im Oktober desselben Jahres wurde sie veröffentlicht. Somit waren insgesamt vier Jahre seit der Entdeckung der Kometen bis zu Galileis Stellungnahme vergangen. Galilei widmete die Schrift Papst Urban VIII.

Bei Il Saggiatore (Der Prüfer mit der Goldwaage) handelt es sich nicht so sehr um eine wissenschaftliche Publikation, indem sie nichts Neues in Theorie und Entdeckungen enthielt. Vom wissenschaftlichen Standpunkt aus gesehen bestand der wichtigste Beitrag in Galileis fester Haltung zu wissenschaftlichen Methoden. An mehreren Stellen in der Schrift bestätigte er, dass die Natur nur verstanden werden könnte, wenn rationale Deduktionen und experimentelle Verifizierung angewandt würden. Er lehnte den scholastischen Ansatz der Ableitung wissenschaftlicher Fakten von religiösen Wahrheiten oder die bis dahin ausschließliche Berufung auf akzeptierte antike philosophische Modelle als unbezweifelbare Grundlagen ab.

Was die Kometen betraf, lag er jedoch falsch, da er sie für eine Art von Illusion hielt. Und es gab auch nichts Neues bzgl. der Kopernikanischen Frage, die Galilei wohlweislich ausließ.

Andererseits gibt das gesamte Werk Auskunft über Galileis Charakter selbst. Es trieft von Sarkasmus, Eitelkeit und Empfindlichkeit. Das kann auf die damaligen Umgangsformen zurückzuführen sein, aber die Fragen nach Prioritäten bei Entdeckungen scheinen die ganze Zeit einen ziemlichen Teil der Diskussionen dominiert zu haben – ganz ähnlich wie in unserer Gegenwart.

Diese sind die hervorstechenden Aussagen des Saggiatore:

> Gleich zu Anfang beklagt sich Galilei über Neider und Nörgler, die entweder seine Ergebnisse stehlen oder seine Veröffentlichungen missbilligen. Er machte weiter so, indem er als Beispiel die Rezeption seiner Erweiterungen des Archimedischen Prinzips zitierte, weiterhin die Angriffe auf seine Briefe über die Sonnenflecken.

Dann wandte er sich den Plagiatoren zu und griff Simon Marius aus Gunzenhausen heraus, wie bereits weiter oben ausgeführt.

Ein enger Freund hatte Galilei geraten, sich aus den Streitereien mit seinen Gegnern herauszuhalten, was er auch für eine gewisse Zeit tat, aber schließlich konnte er nicht anders, als seine Erwiderungen schriftlich niederzulegen. Dann wandte er sich Grassi zu.

Obwohl es für ihn offensichtlich war, dass Grassi und Sarsi ein und dieselbe Person waren, verunglimpfte er den „Namen, der in der Welt gänzlich unbekannt sei", Sarsi, und holte ganz allgemein aus gegen Leute, die ihre Identität aus welchen Gründen auch immer maskierten, sah somit keinen Anlass, sein Temperament zu zügeln oder jedes Wort in seiner Erwiderung auf die Goldwaage zu legen.

Dann erzählte er seine Version über die Auseinandersetzung über den Kometen, wie oben berichtet. Galilei behauptete, dass Grassi an seinem Krankenbett gewesen sei, als die Kometen beobachtet worden waren, und er, Galilei, einige verbale Kommentare zu diesem Ereignis abgegeben hätte, die Grassi dann in seinem Vortrag verwendet hatte, ohne dies als private Kommunikation anzugeben. Galilei ging sogar so weit, Grassi gegen Sarsis Veröffentlichung auszuspielen, obwohl beide Namen sich auf dieselbe Person bezogen. So geht das weiter durch den ganzen Traktat. Das war das Spiel: Grassi war eine ehrenwerte Person, aber Sarsi nur ein Hochstapler. Vielmehr bemerkte Galilei an einer Stelle, dass Sarsi ihn und Grassi in Frieden lassen sollte.

Während dieser Tirade schob Galilei einen Kommentar ein, der sein ganzes wissenschaftliches Vorgehen bezeugt und wirklich die Grundlage seines Lebenswerkes war:

> Die Philosophie ist in dieses großartige Buch geschrieben – ich meine das Universum –, welches unserem Staunen für immer offensteht, aber es kann nicht verstanden werden, wenn man vorher nicht seine Sprache verstanden hat und die Buchstaben, in denen es geschrieben steht, interpretiert. Es ist in der Sprache der Mathematik geschrieben, und seine Buchstaben sind Dreiecke, Kreise und andere geometrische Gebilde, ohne die es menschenunmöglich ist, auch nur ein einziges Wort von ihm zu verstehen; ohne diese irrt man in einem dunklen Labyrinth umher.

Weiterhin lehnt Galilei Tychos Brahes Erklärung für die Kometen ab. Brahe war von Sarsi zitiert worden. Aber noch mehr – Galilei bleibt hier nicht stehen, sondern verhöhnt Brahe als jemand, der nicht in der Lage sei, sich unter allen Umständen aus seinem eigenen Gemütszustand zu befreien.

Dann wendet Galilei sich dem Diskussionsgegenstand selbst zu: dem Kometen. Seine Grundannahme bestand darin, dass ein Komet nur eine Art Erscheinung ist, obwohl er zugeben musste, dass er bisher noch keine Erklärung dafür hatte, wie diese zustande kommt. Seine Gegner meinten, dass ein Komet ein wirklicher Himmelskörper sei, und Sarsi gründete seine Meinung unter anderem auf antike Schriftsteller. Die letztere Tatsache führt Galilei wiederum dazu, jene Gelehrten, die ihre Theorien von antiken Schriften herleiten, zu verhöhnen. Er zählt sich selbst zu den wenigen aufgeklärten Menschen mit wenigen Anhängern gegenüber der Masse unaufgeklärter mit einer großen Gefolgschaft.

Er zerreißt Sarsis Dokument Stück für Stück, indem er versucht logische Inkonsistenzen darin nachzuweisen, und durch Haarspalterei, indem er Formulierungen, die vage und unpräzise erscheinen, wie „unregelmäßige Bahn" oder „unendliche Anzahl Sterne", heraussucht. Für Galilei bestätigen solche Ausdrücke nur, dass Sarsi nicht weiß, worüber er schreibt.

In der nächsten Runde geht es um die Prioritäten bzgl. der Erfindung des Fernrohrs. Während Sarsi behauptet, dass Galilei das Instrument aus irgendeiner anderen Quelle adaptiert hätte, bleibt Galilei dabei, dass er selbst es erfunden hat (diese Geschichte ist bereits weiter oben im Kapitel 7 „Instrumente" erzählt worden). Er stellte sogar die Reihenfolge der Geschehnisse auf den Kopf: er entdeckte und untersuchte astronomische Objekte nicht, weil er das Teleskop zur Verfügung hatte; er behauptet, dass, weil er astronomische Entdeckungen tätigen wollte, er das Instrument überhaupt erfunden hatte. Und er war nicht durch die Vorarbeit irgendeines anderen Menschen (z. B. den Brillenmacher) inspiriert worden, sondern hätte die Funktionen seiner Erfindung durch rein logisches Nachdenken über die Eigenschaften optischer Linsen hergeleitet. Dann fährt er fort über „Vergrößerung", die Länge des Tubus, und kommt zurück zu der Unterstellung, dass ein Komet eine Art Spielzeug-Planet sei, vergleichbar den Bildern der Sonne oder des Mondes, die man in einem Tümpel sieht.

Ernsthafter gibt Galilei zu, dass es Naturphänomene gibt, die möglicherweise nicht erklärbar sind, da die menschlichen Sinne begrenzt seien, und darum hätte er selbst auch keine Erklärung für die Kometen. Das betraf insbesondere den Kometenschweif. Sarsi hatte behauptet, dass Kepler Galileis Annahme über eine optische Täuschung ablehnte, was Galilei bestritt.

Galilei sprach dann einige Aspekte bzgl. allgemeiner Aussagen über die Unebenheit der Oberflächen von Himmelskörpern und die Planetenbewegungen an.

Der letzte Abschnitt ist deshalb so interessant, weil er etwas aussagt über Galileis Nähe zur modernen Physik. Er handelt von Wärme und Bewegung und insbesondere vom Wesen der Wärme selbst. Im Zentrum der Auseinandersetzung steht Aristoteles´ Standpunkt, dass Bewegung die Ursache von Wärme ist, den Sarsi verteidigt. Grundsätzlich stimmte Galilei dem zu, aber er argumentierte, dass Aristoteles daraus die falschen Schlussfolgerungen gezogen hatte – z. B., dass ein Pfeil, der von einem Bogen geschossen würde, durch seine Bewegung durch die Luft Feuer fing. Aber Galilei selbst kam zu falschen Schlussfolgerungen gegenüber modernen Maßstäben, obwohl er sich dem mechanischen Wärmeäquivalent annäherte. Die Auseinandersetzung setzte sich fort über den mutmaßlichen Gewichtsverlust eines Körpers, der Wärme abstrahlte. Galilei nahm an, dass Wärme durch eine Art Feuerteilchen transportiert wird und stimmte auf dieser Weise der Idee zu, dass Bewegung die Ursache von Wärme sei. Er ging sogar so weit in seinen Spekulationen, dass Licht von solchen Feuerteilchen auf der Ebene von Atomen erzeugt wird. Aber er gab zu, dass er wirklich nicht verstanden hatte, wie das alles zustande kam.

Es mussten weitere 217 Jahre vergehen, bevor Robert Julius Mayer den Energieerhaltungssatz, den I. Hauptsatz der Thermodynamik (wie im Kapitel 9 „Prioritäten" ausführlich berichtet), und damit die Möglichkeit der Umwandlung von kinetischer Energie in Wärme und umgekehrt, aufzeigte.

Und es vergingen darüber hinaus weitere 60 Jahre, bis Max Planck und etwas später Niels Bohr die Aberregung von Elektronen in Atomen als eine Erklärung für die Lichtemission fanden.

Il Saggiatore war die Frucht vieler Jahre kreativen Nachdenkens und wurde auch als „Manifest der neuen Wissenschaft" bezeichnet. Es diente definitiv als Vorläufer des Dialogo.

Grassis Schrift wurde später von jesuitischen Astronomen aufgenommen und von Giovan Battista Riccioli (1598–1671) unter dem Titel „Almagestum Novum" auf Basis des Braheschen Modells weiterentwickelt.

Dialogo sopra i due Massimi Sistemi del Mondo Tolemaico e Copernicano

Der Dialogo und seine Wirkungen in Galileis Leben ist bereits ausführlich im Abschnitt „Kritik an Aristoteles" (Kap. 5) und im Kapitel 13 „Glaubenskämpfe" behandelt worden, sodass sich weitere Details an dieser Stelle erübrigen. Hier noch einmal eine kurze Zusammenfassung zur Struktur von Galileis Hauptwerk:

Nach einleitenden Bemerkungen allgemeiner Art umreißt Galilei die Struktur seines Buches. Er wollte drei wichtige Gegenstände behandeln:

– Die Gesetze der Bewegungen auf der Erde führen zu nicht-schlüssigen Ergebnissen über die Bewegung der Erde.
– Himmelsphänomene und schließlich
– die Gezeiten.

Der Gesamttext ist in Beratungen an vier konsekutiven Tagen unterteilt.

Die Eingangsdiskussion drehte sich um die elementaren Grundsätze, die einen wissenschaftlichen Diskurs überhaupt zulassen: zwei verschiedene Substanzen der Natur, wie eine himmlische und eine elementare, das Wesen der Zahlen als solche, die Anzahl Dimensionen und die Tatsache, dass jeder wissenschaftliche Fortschritt als Auslöser immer ein vorausgegangenes Defizit hat. Salviati versucht durch einen deduktiven Ansatz die Zahlen von der Mystik zu befreien. Und indem er geometrische Methoden heranzieht, beweist er definitiv, dass es nie mehr als drei Dimensionen geben könnte. Als diese Diskussion geführt wurde, hatte natürlich noch niemand von der Stringtheorie der modernen Physik, die 10 oder mehr Dimensionen benötigt, je nach der Version, die man gerade betrachtet, gehört.

Bevor die Diskutanten dann zur Bewegungsproblematik vorstoßen, wird über die Frage nach der Perfektion eines Körpers lang und breit debattiert, wobei der Verteidiger des Aristoteles behauptet, dass die Wissenschaft nicht immer rigider mathematischer Beweise zur Erklärung der Natur bedürfe. In der Tat fährt Simplicio während der ganzen Debatte fort, zu behaupten, dass die Berufung auf seinen antiken Meister (Aristoteles) ein ausreichender Beleg gegenüber jedweder von Salviati vorgebrachten beobachteten Tatsachen ist, was wiederum von dem letzteren zurück gewiesen wird. Unter dem Strich verwendet Galilei diesen Gedankenaustausch, um ein für alle Mal mit Aristoteles selbst abzurechnen.

Discorsi

Trotz aller Rückschläge, die er durch die Inquisition erlitten hatte, begann Galilei schon im Juli 1633, als er sich noch in Siena in Gefangenschaft befand, ein weiteres großes Werk. Er nannte es „Discorsi e Demonstrazioni Mathematiche intorno a due nuove scienze" (Unterredung und mathematische Demonstration über zwei neue Wissenszweige die Mechanik und die Fallgesetze betreffend), oder kurz „Discorsi". Als er es fertiggestellt hatte, musste er feststellen, dass eine Veröffentlichung im Einflussbereich der katholischen Kirche nicht möglich war. Somit erfuhr der Rest der Welt von diesem Werk erst, nachdem es Matthias Bernegger ins Lateinische übersetzt hatte und es unter dem Titel „Systema cosmicum" bei Elsevier, gedruckt von David Hautt (1603–1677) in Straßburg, veröffentlichte.

Es scheint jedoch, dass Galilei nicht ganz zufrieden mit dem Vorstoß Berneggers war. Das kam in einem Brief vom 19. Januar 1634 von Pierre Gassendi zum Ausdruck. In diesem Brief kündigte er den Versand eines Buches von einem Maarten von den Hove (1605–1639), einem holländischen Astronomen aus Leyden, der das Kopernikanische Weltmodell lehrte, an. Gleichzeitig bat Gassendi um Linsen hoher Qualität für deren Teleskop, die offensichtlich in seinem Land (Frankreich) nicht verfügbar waren, im Gegensatz zu denjenigen, zu denen Galilei Zugang hatte.

Bernegger selbst bestätigte in einem Brief vom Februar 1634 an Elia Diodati, dass er die Discorsi revidieren und übersetzen würde und hoffte, sie im Sommer 1635 drucken zu lassen (wie es auch geschah). Der Frankfurter Buchhändler Clemens Schleich (1569–1638) würde die Kosten übernehmen und für die Verbreitung sorgen. Bernegger verwechselte die Verlegung Galileis damals nach Florenz mit dessen Freilassung.

Die Struktur der Discorsi und ihre literarische Methode folgen den Linien des Dialogo: die Diskussion teilt sich auf Beratungen an vier aufeinander folgenden Tagen auf, und sie wird von den bereits bekannten Protagonisten Sagredo, Salviati und Simplicio geführt. Der Hauptunterschied zum Dialogo ist, dass es sich bei dem Diskussionsgegenstand nicht um konkurrierende Weltsichten handelte, und somit keine neuen Kontroversen versuchen würde, sondern das ganze Buch, obwohl es in Form einer Diskussion unter Gelehrten konzipiert war, in Wirklichkeit als eine Art Lehrbuch ähnlich dem Buch der Elemente von Euklid zu dessen Zeit verstanden werden sollte. Genau wie Euklid seine Lehrsätze in eine Folge von „Konstruktion" und „Beweis" strukturierte, ging Galilei im hinteren Teil der Discorsi mit einer Folge von „Thorem" und „Proposition" vor. Außerdem ist der Text fast vollständig frei von Polemik gegen Aristoteles.

Jetzt war Galilei ein international bekannter Wissenschaftler, und er sich dessen auch bewusst. Er artikuliert seine Ideen durch den Mund des Salviati mit einer gelegentlichen Referenz zu einem ominösen „Akademiker, unserem Freund".

Hier ist eine Zusammenfassung des Buches:

Der erste Tag ist ausgefüllt mit einer detaillierten Wiederaufnahme (in Bezug auf De motu antiquiora und dem Dialogo) der Problematik des freien Falls.

Am zweiten Tag wird Statik behandelt, besonders unter Berücksichtigung der inhärenten Stabilität eines Körpers unter seinem eigenen Gewicht.

Am dritten Tag wird das Thema Bewegung, besonders die Beschleunigung, wieder aufgenommen, und hier finden wir eine Verbindung zu Robert Mayer und die Transformation von potentieller zu kinetischer Energie.

Das Buch endet am vierten Tag mit mathematischen Beschreibungen des Wurfs.

Im Einzelnen beginnt die Diskussion mit der Diagnose, dass zu der Zeit immer mehr Maschinen und mechanische Geräte gebaut und dem allgemeinen Gebrauch zugeführt würden, und die Frage nach den Ursachen, die diese Apparate antreiben und welche natürlichen Phänomene dahinter stecken, stellt sich. Die Disputanten stimmen darin überein, dass die Basis für all dieses in den Gesetzen der Geometrie zu finden ist, besonders in jenen, die sich mit den Proportionen befassen. Erstaunlicherweise vertritt Salviati den Standpunkt, dass wirkliche Maschinen gegenüber idealen Maschinen unvollkommen sind, und damit antizipiert er die Debatte, die viele Jahre später im Jahre 1865 mit der Formulierung des II. Hauptsatzes der Thermodynamik durch Rudolf Clausius (1822–1888) beendet wurde. Dieses Gesetz kann folgendermaßen ausgedrückt werden:

Alle natürlichen Prozesse sind irreversibel.

Das führt weiter zu der Spekulation, dass die Natur offensichtlich einige Beschränkungen bzgl. der Zusammensetzung ihrer Objekte vorgesehen hat. Die Grenzen manifestieren sich unter anderem in der Größe und Form der Objekte. Das trifft genauso auch für von Menschen gemachte Objekte zu.

Nach diesen allgemeinen einführenden Überlegungen fahren die Drei fort, sich wieder dem Thema der Bewegung zuzuwenden, indem sie dieses Mal mit der Beziehung zwischen Vakuum und Bewegung beginnen, bis sie schließlich wieder bei der Bewegung einer Kanonenkugel landen. Weitere Aspekte, die behandelt werden, beschäftigen sich mit unterschiedlichen Widerständen umgebender Stoffe beim freien Fall, dem spezifischen Gewicht, um beim Archimedischen Prinzip anzukommen, ohne dieses jedoch explizit zu erwähnen. Ein Streitpunkt entsteht zwischen Salviati und Simplicio über das Gewicht der Luft selbst. Salviati schlägt schließlich zwei unterschiedliche experimentelle Methoden vor, das Gewicht von Luft zu messen, womit der Konflikt beigelegt wird.

Von den Experimenten des freien Falls konzentriert sich die Diskussion auf Bewegungen entlang einer schiefen Ebene und der des Pendels und die Gesetze, die dafür relevant sind. Weitere verwandte Aspekte zu dem komplexen Thema Bewegung betreffen Reibung und die Akustik bzgl. der Vibration von Saiten auf Musikinstrumenten. Damit schließt der erste Tag.

Der zweite Tag beginnt mit Schädeln und Knochen. Es geht um die Grenzen des möglichen Gewichts von riesigen hypothetischen Tieren und um die Erklärung, warum massige Fische im Wasser nicht unter ihrem eigenen Gewicht kollabieren. Dann geht die Diskussion weiter, um Erklärungen für auf von Menschen gemachte Objekte wie Säulen und Brücken, bis man schließlich bei den Grundlagen der Statik und den Hebelgesetzen ankommt.

Nach den relativ knappen Diskussionen des zweiten Tages beginnt der dritte Tag mit einem Gegenstand, der bereits ausführlich in vorhergehenden Schriften Galileis diskutiert worden war: natürliche Bewegung und Beschleunigung. Wiederum geht es um das inkrementale Anwachsen der Geschwindigkeit, also wiederum die Berührung mit dem Konzept der Infinitesimalrechnung, die ja erst noch Jahre später von Leibniz und Newton entwickelt werden sollte. Indem sie sich wiederum mit dem Beispiel des senkrechten Wurfs beschäftigen, tauchen in dem Diskurs Vorstellungen über potenzielle und kinetische Energie auf, ohne dass diese explizit formuliert werden. Aber schlussendlich kommt der ganze Gedankengang nahe an den I. Hauptsatz der Thermodynamik heran. Als es jedoch zur Frage nach der wirklichen Ursache von Beschleunigung beim freien Fall kommt, muss Salviati passen.

Es ist an diesem dritten Tag des Diskurses, dass Galilei sein Konzept „Theorem – Proposition" einführt. Er lässt das durch Salviati erledigen, indem dieser in mehreren Beispielen Forschungsergebnisse des ominösen Autors, der bereits erwähnt wurde (Galilei selbst) präsentiert:

Theorem 1: Die Zeit, in welcher irgendeine Strecke von einem Körper von der Ruhelage aus mittels einer gleichförmigen beschleunigten Bewegung zurückgelegt wird, ist gleich der Zeit, in welcher dieselbe Strecke von demselben Körper zurückgelegt würde mittels einer gleichförmigen Bewegung, deren Geschwindigkeit gleich wäre dem halben Betrag des höchsten und letzten Geschwindigkeitswertes bei jener ersten gleichförmig beschleunigten Bewegung: (Proposition: geometrischer Beweis).

Theorem 2: Wenn ein Körper von der Ruhelage aus gleichförmig beschleunigt fällt, so verhalten sich die in gewissen Zeiten zurückgelegten Strecken wie die Quadrate der Zeiten (Proposition: geometrischer Beweis).

Der vierte Tag ist der Physik des Wurfs gewidmet.

Theorem 1: Ein gleichförmig horizontaler und zugleich gleichförmig beschleunigter Bewegung unterworfener Körper beschreibt eine Halbparabel. [18]

Die Discorsi waren bereits im Jahre 1635 fertig gestellt worden. In einem Brief an Diodati vom 9. Juni informierte Galilei ihn, dass er dem Fürsten Mattia de Medici (1613–1667) eine Kopie der ersten beiden Dialoge gegeben hatte.

Er kam ein Jahr später auf die Angelegenheit in einem Brief vom 21. Juni 1636 an Micanzio zurück, in dem er seine Verhandlungen mit Elsevier, der anscheinend während der Zeit wegen der optischen Linsen für Bernegger und der Veröffentlichung der Discorsi in Venedig weilte, bestätigte. Gleichzeitig bat er Micanzio, dafür zu sorgen, dass Elsevier zwei seiner Werke, deren lateinische Version ständig nachgefragt wurde, neu auflege; dabei handelte es sich um Werke über die Sonnenflecken und in Wasser schwimmenden Körpern, offensichtlich Auszüge aus seinen anderen wichtigen Veröffentlichungen. Er wünschte auch, dass Elsevier eine Kopie der Anleitung zum Gebrauch seines Sektors – wiederum in Latein – für Bernegger herausgab. Dieser Kommunikation folgte eine Fortsetzung am 16. August, begleitet von seinem Buch über die Bewegung (De motu). In beiden Briefen bezog sich Galilei auf einen seiner Neffen, Alberto Cesare (1615–1692), der in Bayern lebte, und den er finanziell unterstützen wollte, und den er einlud, ihn in Arcetri zu besuchen und dort eine Weile zu bleiben.

Johannes Kepler

Mysterium cosmographicum

Das Mysterium cosmographicum ist bereits an mehreren Stellen, insbesondere im Kapitel 11 „Kosmologie" ausführlich behandelt worden, sodass sich hier eine Wiederholung erübrigt. Gleiches gilt auch für

Harmonices Mundi,

der ein eigenes Kapitel 14 „Weltharmonie" gewidmet wurde.

Epitome astronomiae Copernicanae

Bereits während seiner Arbeit an seiner „Harmonie" beschäftigte Kepler sich mit einem Lehrbuch „Epitome Astronomiae Copernicanae". Dieses Buch sollte der Popularisierung des Kopernikanischen Weltmodells dienen und es erklären. Kepler fügte in ihm gleichzeitig solche Elemente seiner Gedankenwelt ein, wie sie vollständig in „Harmonices Mundi" erschienen. In typischer Lehrbuchmanier bestand das Werk aus einer Reihe von Fragen und Antworten. Kepler begann es im Jahre 1615 und beendete es Im Jahre 1621. Die „Epitome" bestanden aus drei Bänden, die nacheinander in den Jahren 1617, 1620 und 1621 veröffentlicht wurden. Jeder Band wiederum beinhaltete separate Bücher oder Kapitel – insgesamt sieben. Unter anderem enthielten die „Epitome" Keplers Drittes Gesetz. Band I wurde am 28. Februar 1619 auf den Index verbotener Bücher gesetzt.

Tabulae Rudolphinae

Seit seiner ersten Begegnung mit Tycho Brahe war Kepler mit der Herausgabe der Tabulae Rudolphinae beschäftigt. Er hatte hin und wieder an diesen astronomischen Tafeln gearbeitet. Die mathematischen Berechnungen waren mühsam und zeitraubend. Dann, im Jahre 1617, als er gerade mit seiner Weltharmonie begonnen hatte, hielt Kepler ein Büchlein in der Hand, welches einen Weg aufzeigte, seine Aufgabe zu erleichtern. Es nannte sich „Mirifici Logarithmorum Canonis Descripto" (Der wunderbare Kanon der Logarithmen) von dem Schotten John Napier (1550–1617), Lord von Merchiston, einem Mathematiker und Theologen. Das Wort „logarithm" hatte Napier von „logarithmanteia", was so viel bedeutet wie „Begriffsvorhersage durch Zahlen und umgekehrt", zuerst geprägt von dem deutschen Mathematiker und Astronomen Caspar Peucer (1525–1602), in seinem „Commentarius des praecipius divinationem generibus" (Kommentare zur Natur von den Vorhersagen), veröffentlicht im Jahre 1553. Als Logarithmus einer Zahl wird der Exponent, mit dem eine vorher festgelegte positive reelle Zahl, die Basis, gewöhnlich 10, potenziert werden muss, um die gegebene Zahl, den Numerus, zu erhalten, bezeichnet. Napier präsentierte Logarithmentafeln in seinem Werk, aber ohne zu erklären, wie er sie hergeleitet hatte. Kepler hielt sie für unzuverlässig und erstellte seine eigenen Tafeln durch Rückgriff auf das 5. Buch der Elemente von Euklid. Er widmete das Buch, in dem er seine Methode im Detail beschrieb, Phillip III. (1581–1643), Landgraf von Hessen-Butzbach, der es im Jahre 1624 in Marburg drucken ließ.

Nach 22 Jahren erfüllte Johannes Kepler seinen Vertrag mit dem Kaiserreich und schloss seine Arbeit an den Tabulae Rudolphinae im Jahre 1624 ab. Obwohl der Inhalt geschafft war, zog sich die Drucklegung aufgrund von Streitigkeiten mit Brahes Erben, fehlenden Geldmitteln und der Suche nach einer geeigneten Druckerei hin. Leider war die Druckerei von Johannes Plank in Linz, die Kepler bevorzugte, während eines Bauernaufstandes abgebrannt, während gleichzeitig Soldaten Quartier in seinem Haus nahmen, was kontinuierliche Arbeit unmöglich machte. Diese beiden Ereignisse veranlassten Kepler schließlich, Linz in Richtung Ulm mit seiner Familie zu verlassen.

Ulm liegt an der Donau an der Grenze zwischen Baden-Württemberg am südlichen Zipfel der Schwäbischen Alp etwa 170 km nördlich von München mit heute mehr als 125 000 Einwohnern. Es ist berühmt wegen seiner gotischen Kathedrale mit dem weltweit höchsten Kirchturm von 161,53 m (Abb. 15.4). Wegen ihrer privilegierten Lage an der Kreuzung wichtiger Handelsstraßen wurde sie während des Mittelalters freie Reichsstadt. Um 1500 erreichte die Stadt ihren Höhepunkt städtebaulicher Entwicklung. Während der Reformationsturbulenzen wurde Ulm protestantisch, aber verlor ihre Unabhängigkeit und wurde Kaiser Karl V. unterworfen. Die Stadt verlor den größten Teil ihres Reichtums und Wohlstands während des 30jährigen Krieges.

Kepler zog mit seiner Familie in die Kohlgasse 8, dem Haus eines Arztes. Hier bereitete er die Tabulae Rodulphinae zum Druck vor. Sie wurden von Jonas Saur unter dem vollen Titel

„Tabulae Rudolphinae, quibus astronomicae scientiae, temporum longinquitate collapsae restauratio continentur"

veröffentlicht.

Abb. 15.4: Ulmer Münster.

Diesen Tafeln waren als Referenzwerke die Alfonsischen Tafeln aus dem 13. Jahrhundert und die Tabulae Prutenicoe Coelestium Motuum von Erasmus Reinhold (1511–1553) aus dem Jahre 1551 vorausgegangen. Ihre wichtigste Kompilation besteht in einer Sammlung von Tabellen und Regeln für die Vorhersage von Planetenpositionen. Die mittlere Abweichung zwischen berechneten und beobachteten Planetenpositionen in den älteren Tafeln betrug 5°, wogegen diese in den Tabulae Rudolphinae auf 10′ reduziert wurde. Neben einem weiteren Katalog von 1005 Fixsternen mit ihren Positionen beinhalteten sie Refraktionstabellen, Logarithmen und eine Liste von wichtigen Städten in der Welt.

Insgesamt bestand das Buch aus 120 Textseiten und weiteren 119 Seiten mit den Tafeln selbst. Das Frontispiz war von Kepler selbst entworfen und von Georg Celer (1599–1632), einem Grafiker aus Nürnberg, umgesetzt worden. Es stellt bedeutende Astronomen dar, die im Tempel der Urania versammelt sind (Abb. 15.5). Aus kommerzieller Sicht wurde das Buch kein Erfolg. Um seine Attraktivität zu erhöhen, schuf Kepler im Jahre 1628 einen Nachtrag „Sportula" von vier Seiten mit Anweisungen, wie die Tafeln auch für astrologische Zwecke genutzt werden konnten.

Das Originalmanuskript war sicher von Linz in einem Pferdegespann, statt wegen des damals vereisten Flusses per Schiff, entlang der Donau nach Ulm transportiert worden. Das war zum Jahreswechsel von 1626 auf 1627. Die Drucklegung lief alles andere als glatt. Es gab ständige Meinungsverschiedenheiten zwischen Kepler und dem Druckmeister. Die fanden parallel zu den Streitigkeiten mit Brahes Erben über den Verkaufspreis des Buches statt, der schließlich durch die Schlichtung eines Vermittlers auf 3 Gulden für die Frankfurter Buchmesse im Oktober 1627 festgesetzt wurde. Da Tengnagel im Jahre 1622 gestorben war, schrieb Brahes Sohn Georg die Einleitung zu dem Werk, die ja den Erben Brahes bereits zugestanden worden war.

In Ulm lebte ein weiterer Bekannter von Johannes Kepler: Johann Baptist Hebenstreit (1548–1638). Hebenstreit war Schulleiter am dortigen Gymnasium. Er war an der berühmten Kometenkontroverse von Ulm zwischen einer Reihe von Mathematikern, Philosophen und Theologen über die Bedeutung der zu Beginn des 30jährigen Krieges im Jahre 1618 entdeckten Kometen, darunter auch ein von Kepler beobachteter, beteiligt gewesen. In der Kontroverse war es darum gegangen, ob die Kometen lediglich Naturphänomene oder aber Zeichen von Gottes Zorn und Strafgericht waren. Die Kontroverse endete unentschieden und war durch die Vermittlung René Descartes im Jahre 1619 abgeschlossen worden.

Als jedoch Hebenstreit erfuhr, dass Kepler sich auf seinem Weg nach Ulm befand, überredete er den Stadtrat, Kepler zu bitten, etwas Ordnung in die Maße und Gewichte, die in Ulm in Gebrauch waren, zu bringen. Kepler folgte dieser Aufforderung in Form eines Messingkessels, der alle geeichten Maße, also Länge, Volumen und Gewicht, enthielt. Dieser Kessel ist heute noch im Museum in Ulm besichtigen. Später schrieb Hebenstreit ein langes lateinisches Gedicht über die Bedeutung des Frontispizes der Tabulae – insgesamt 46 Verse, das als Epigramm dem Hauptkörper des Werkes angefügt wurde.

Nachdem er die Tabulae fertig gestellt hatte, gab es für Kepler in Ulm nichts mehr zu tun. Also ging er zu Ostern 1628 für einen Kurzbesuch zurück nach Prag. Zu der Zeit liefen die Festivitäten für die Krönung des Sohnes von Kaiser Ferdinand zum König von Böhmen auf vollen Touren. Kepler wurde vom Kaiser empfangen und übergab ihm

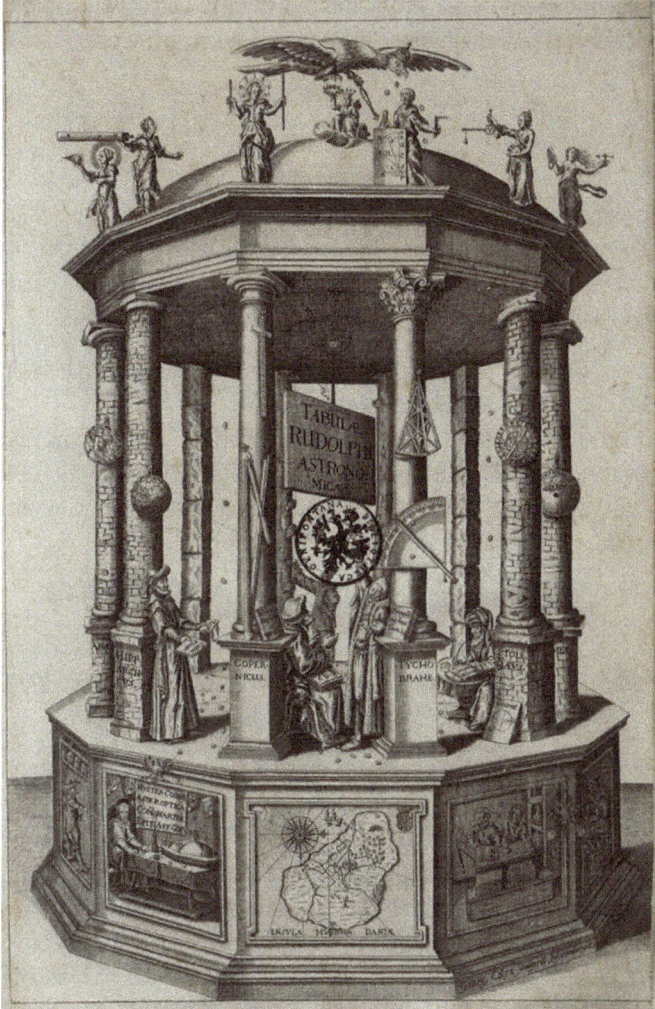

Abb. 15.5: Frontispiz der Tabulae Rudolphinae.

ein Exemplar der Tabulae, nachdem er eine Zusicherung über eine Vergütung über 4000 Gulden als Gegenleistung für ein Widmungsbegleitschreiben zu dem Buch erhalten hatte. Diese Vergütung war ursprünglich an die Bedingung geknüpft, dass Kepler zum katholischen Glauben konvertieren sollte. aber er lehnte das ab. Er blieb sogar bei seiner Ablehnung, als man ihm die Position eines Mathematikprofessors an der Prager Universität anbot. Er argumentierte, dass er im Herzen bereits ein Katholik sei, da er zur Gemeinschaft aller getauften Christen gehörte, obwohl das nichts mit einer offiziellen Zugehörigkeit zur katholischen Kirche zu tun hätte. Soweit hatte er sich bereits in seiner Korrespondenz über mathematische Probleme mit dem Jesuiten Paul Guldin (1577–1643), einem Astronomen und Mathematiker in Graz und Wien, geäußert.

Die vollständigen Werke

Die Bayrische Akademie der Wissenschaften arbeitet an einer historisch-kritischen Edition der kompletten Werke Johannes Keplers. Die folgende Liste beinhaltet den aktuellen Stand (2023) und vermittelt eine Idee über das gewaltige Volumen der Schriften, die Kepler in seinem Leben verfasst hatte:

Band I: Mysterium Cosmographicum. De Stella Nova. Hrsg. von Max Caspar. 1938. 2. unveränderte Auflage 1993. XV, 493 S., 32 Abb., 2 Tafeln.
Enthält: Mysterium Cosmographicum (1596) 3–80 / Joachim Rheticus: Narratio prima, una cum Encomio Borussiae scripta (1596) 81–145 / De Stella Nova (1606) 149–356 / De Iesu Christi vero anno natalitio (1606) 357–390 / Gründtlicher Bericht von einem Newen Stern (1604) 393–399

Band II: Astronomiae Pars Optica. Hrsg. von Franz Hammer. 1939. 465 S., 101 Abb., 2 Tafeln.

Band III: Astronomia Nova. Hrsg. von Max Caspar. 1937. 2. unveränderte Auflage 1990. 487 S., 112 Abb., 1 Tafel.

Band IV: Kleinere Schriften 1602–1611. Dioptrice. Hrsg. von Max Caspar und Franz Hammer. 1941. 525 S., 51 Abb.
Enthält: De Fundamentis Astrologiae certioribus (1601) 7–35 / De Solis Deliquio (1605) 39–53 / Außführlicher Bericht Von dem diß 1607. Jahrs erschienenen Cometen (1608) 57–76 / Phaenomenon singulare seu Mercurius in Sole (1609) 79–98 / Antwort Auff Röslini Discurs (1609) 101–144 / Tertius Interveniens (1610) 147–258 / Strena seu De Nive Sexangula (1611) 261–280 / Dissertatio cum Nuncio Sidereo (1610) 283–311 / Narratio de observatis a se quatuor Iovis satellitibus (1611) 315–325 / Dioptrice (1611) 329–414

Band V: Chronologische Schriften. Hrsg. von Franz Hammer. 1953. 470 S. 4°.
Enthält: De vero anno natali Christi (1614) 7–126 / Widerholter Außführlicher Teutscher Bericht [vom Geburtsjahr Christi] (1613) 129–201 / Ad Epistolam Sethi Calvisii Chronologi Responsio (1614) 205–217 / Eclogae Chronicae (1615) 221–370 / Kanones Pueriles (1620) 373–394

Band VI: Harmonices Mundi. Hrsg. von Max Caspar. 1940. 563 S., 122 Abb. 4°.
Enthält: Harmonices Mundi Libri V (1619) 7–377 / Apologia adversus Demonstrationem Analyticam Roberti de Fluctibus (1622) 381–457

Band VII: Epitome Astronomiae Copernicanae. Hrsg. von Max Caspar. 1953. 617 S., 178 Abb.

Band VIII: Mysterium Cosmographicum. Editio altera cum notis. De Cometis. Hyperaspistes. Bearbeitet von Franz Hammer. 1955. 517 S., 47 Abb., 3 Falttafeln.
Enthält: Mysterium Cosmographicum (Editio altera) (1621) 7–128 / De Cometis libelli tres (1619–1620) 131–262 / Tychonis Brahei Dani Hyperaspistes (1625) 265–437

Band IX: Mathematische Schriften. Hrsg. von Franz Hammer. 1955. 561 S., 108 Abb.
Enthält: Nova Stereometria Doliorum Vinariorum (1615) 7–133 / Messekunst Archimedis (1616) 137–274 / Chilias Logarithmorum (1624) 277–352 / Supplementum Chiliadis Logarithmorum (1625) 353–426

Band X: Tabulae Rudolphinae. Bearbeitet von Franz Hammer. 1969. 546 S., davon 107 Faksimiles, 20 Abb., 1 Falttafel (Faksimile), 1 Kupferdruck, 4seitiger Zusatz.

Band XI,1: Ephemerides novae motuum coelestium. Bearb. von Volker Bialas. 1983. 597 S., davon 252 Faksimiles, 64 Abb.
Enthält: Ephemerides Novae Motuum Coelestium ab anno 1617[–1620] (1617/1619) 7–134 / Ephemeridum Pars Secunda ab anno 1621 ad 1628 (1630) 135–300 / Ephemeridum Pars Tertia a 1629 in 1636 (1630) 301–458 / Jakob Bartsch Offener Brief an Johannes Kepler (1628) 461–465 / Ad Epistolam Bartschii Responsio (1629) 467–473 / De raris mirisque Anni 1631 Phaenomenis (1629) 475–482

Band XI,2: Calendaria et Prognostica, Astronomica minora. Somnium. Bearbeitet von Volker Bialas und Helmuth Grössing. 1993. 563 S., davon 44 Faksimiles, 8 Abb.
Enthält: Practica Auff 1597 (1596) 7–17 / SchreibCalender Auff 1598 (1597) 19–44 / Practica Auff 1599 (1598) 45–55 / Collectanea ad Prognosticum Anno 1600 59 / Calendarium und Bericht vom feurigen Triangel 1603 (1602) 61–79 / Prognosticum auf 1604 (1603) 81–100 / Prognosticum auf 1605 (1604) 101–123 / Prognosticum auf 1606 (1605) 125–135 / SchreibCalender Auff 1618 (1617) 137–153 / Prognosticum auf 1618 (1617) 155–172 / Prognosticon auf das 1618. und 1619. Jahr (1618) 173–188 / Prognosticum auf 1620 (1619) 189–215 / Discurs Von der Grossen Conjunction 1623 Sambt Prognostico (1623) 217–245 / Prognosticum auf 1624 (1623) 247–264 / Appendix ad Progymnasmatum Tomum Primum (1602) 269–272 / Astronomischer Bericht Von Zweyen im 1620. Jahr gesehenen Mondsfinsternussen (1621) 275–293 / Terrentii Epistolium Cum Commentatiuncula Joannis Kepleri (1630) 297–314 / Somnium Seu Opus posthumum de Astronomia Lunari (1634) 317–438

Band XII: Theologica. Hexenprozeß. Tacitus-Übersetzung. Gedichte. Bearbeitet von Jürgen Hübner, Helmuth Grössing, Friederike Boockmann und Friedrich Seck. Redaktion: Volker Bialas. 1990. 444 S., 8 Abb.
Enthält: De Omnipraesentia Christi 7 / Unterricht Vom H. Sacrament (1617) 11–18 / Glaubensbekandtnus (1623) 21–38 / Notae ad Epistolam Matthiae Hafenrefferi (1625) 39–62 / Conclusion Schrifft [Hexenprozeß gegen Katharina Kepler] (1621) 65–100 / Taciti Historische Beschreibung. Das Erste Buch (1625) 103–175 / Gedichte 177–265

Band XIII: Briefe 1590–1599. Hrsg. von Max Caspar. 1945. 432 S., 63 Abb.

Band XIV: Briefe 1599–1603. Hrsg. von Max Caspar. 1949. 520 S., 62 Abb., 1 Tafel. 2. unveränderte Auflage 2001.

Band XV: Briefe 1604–1607. Hrsg. von Max Caspar. 1951. 2. unveränderte Auflage 1995. 568 S., 95 Abb., 1 Tafel.

Band XVI: Briefe 1607–1611. Hrsg. von Max Caspar. 1954. 482 S., 45 Abb.

Band XVII: Briefe 1612–1620. Hrsg. von Max Caspar. 1955. 535 S., 22 Abb.

Band XVIII: Briefe 1620–1630. Hrsg. von Max Caspar. 1959. 592 S., 42 Abb., 1 Tafel.

Band XIX: Dokumente zu Leben und Werk. Bearb. von Martha List. 1975. 551 S., 4 Abb.

Band XX,1: Manuscripta Astronomica (I). Bearb. von Volker Bialas. Unter Mitwirkung von Friederike Boockmann. 1988. 592 S., 1 Faksimile, 104 Textabb.
Enthält: Apologia Tychonis contra Ursum scripta 15–62 / Judicium de hypothesibus Tychonianis 65–82 / Refutatio libelli, cui titulus Capnuraniae Restinctio 85–87 / Catalogus librorum a Tychone Brahe scriptorum [confectus] 91–95 / Problemata astronomica 99–144 / De motu terrae 147–180 / Aristotelis Buch von der oberen Welt. [13. und 14. Kapitel] 150–167 / Responsio ad Ingoli Disputationem 168–180 / Hipparchus 183–268 / Lunaria 271–320 / Restitutionum lunarium adversaria 321–392 / Consideratio observationum Regiomontani et Waltheri 395–455

Band XX,2: Manuscripta Astronomica (II). Commentaria in Theoriam Martis. Bearbeitet von Volker Bialas unter Mitwirkung von F. Boockmann / J. Kuric / I. Noeggerath. 1998. 651 S., 1 Faksimile, ca. 250 Abb.
Enthält: Vorarbeiten zu Astronomia Nova

Band XXI,1: Manuscripta astronomica (III). De calendario Gregoriano. Manuscripta mathematica. Bearbeitet von Volker Bialas / Friederike Boockmann / Eberhard Knobloch. Unter Mitwirkung von Hella Kothmann / Johanna Kuric / Hans Wieland. 2002. 699 S., 1 Faksimile.
Enthält: Eclipses Lunae et Solis 9–212 / Vorarbeiten zum Mysterium Cosmographicum 215–242 / Vorarbeiten zu Astronomiae Pars Optica 243–261 / Vorarbeiten zu De Stella Nova 263–290 / Ergänzungen zu Commentaria in theoriam Martis 291–308 / Vorarbeiten zu Narratio de observatis a se quatuor Iovis satellitibus 309–312 / Vorarbeiten zu Epitome Astronomiae Copernicanae 313–329 / Vorarbeiten zu Tabulae Rudolphinae 331–345 / De Calendario Gregoriano (lateinische wie deutsche Schriften) 349–439 / De quantitatibus libelli 445–461 / De genesi magnitudinum 462–480 / Manuscripta Arithmetica 481–519 / Manuscripta Geometrica 521–590

Band XXI,2.1: Manuscripta harmonica. Manuscripta chronologica. Bearbeitet von Volker Bialas / Friedrich Seck. 2009. 552 S.
Enthält: De stellis 7–15 / Brevis et dilucida explicatio fundamentorum harmonicorum 16–19 / Ex dialogis Vincentii Galilaei De musica 20–31 / Appendix ad Harmonices

Mundi librum V (Keplers Kommentar zur Harmonik des Ptolemäus) 32–108 / In libellum Sleidani de IV monarchiis 111–145 / De septuaginta hebdomadibus in Daniele discursus 146–178 / Chronologia a mundo condito 179–444 / Astronomia Chronologiae Salutem plurimam 445–458 / Dispositio historicorum in chronologia 459–461

Band XXI, 2.2: Manuscripta astrologica. Manuscripta pneumatica. Bearbeitet von Friederike Boockmann / Daniel A. Di Liscia. Unter Mitwirkung von Daniel von Matuschka / Hans Wieland. 2009. 699 S.
Enthält: Keplers Horoskopsammlung 3–492 [42]

Simon Marius

Mundus Iovialis

Marius' Hauptwerk ist der Mundus Iovialis (Abb. 15.6), aus dessen Inhalt wir bereits des Öfteren zitiert haben. Dieses Werk liegt in einer Ausgabe von 1988 [16] vor – und zwar in lateinischer Fassung und gleichzeitig deutscher Übersetzung. Diese Übersetzung ist von Schülern des Leistungskurses Latein im Rahmen ihrer Facharbeiten am Simon-Marius-Gymnasium in Gunzenhausen unter der Anleitung der Oberstudienräte Joachim Schlör und Alois Wilder erarbeitet worden. Basis des lateinischen Textes waren Drucke, die sich in der Nürnberger Stadtbibliothek, in der Bibliothek von Wolfenbüttel und in der Staatlichen Bibliothek Ansbach befinden.

Der vollständige lateinische Titel lautet:

„Mundus Iovialis Anno M.DC.IX. Detectus Ope Perspicilli Belgici, Hoc est, Quatuor Jovialium Planetarum, Cum Theoria, Tum Tabulæ, Propriis Observationibus Maxime Fundatæ, Ex Quibus situs illorum ad Iovem, ad quodvis tempus datum promptissimè & facilimè supputari potest. Inventore & Authore Simone Mario Guntzenhusano, Marchionum Brandenburgensium in Franconiâ Mathematico, puriorisque Medicinæ Studioso.“

(Nürnberg, Johann Lauer, 1614)

Das Buch besteht aus drei Teilen. Im ersten wird die Welt des Jupiters aus allgemeiner Perspektive betrachtet, was Größe, Trabanten und Bewegung betrifft. Im zweiten Teil berichtet Marius von sieben Phänomen, mit deren Hilfe diese Bewegungen beschrieben werden können:

I.   Die Monde halten sich nicht an festen Orten auf, sondern bewegen sich bald östlich, bald westlich vom Jupiter.
II. Jeder Mond hält eine besondere Grenze ein, nämlich die seiner größten Elongation.
III. Die Geschwindigkeit der Monde ist am größten in der Nähe, in weiter Entfernung vom Jupiter am geringsten.
IV. Die periodischen Umläufe der Monde sind unterschiedlich.
V.   Die Bewegungen sind nicht auf die Erde hin, sondern auf den Jupiter als Zentrum ausgerichtet.

VI. In bestimmten Konstellationen untereinander weichen die Mondbewegungen von der Ekliptik ab.

VII. Sie erscheinen nicht immer in gleicher Größe, sondern bald größer, bald kleiner.

Im dritten Teil werden diese Phänomene theoretisch gedeutet, gefolgt von einem Tabellenwerk, in dem die Stellung der Jupitermonde für einen vorgegebenen Zeitpunkt berechnet werden können.

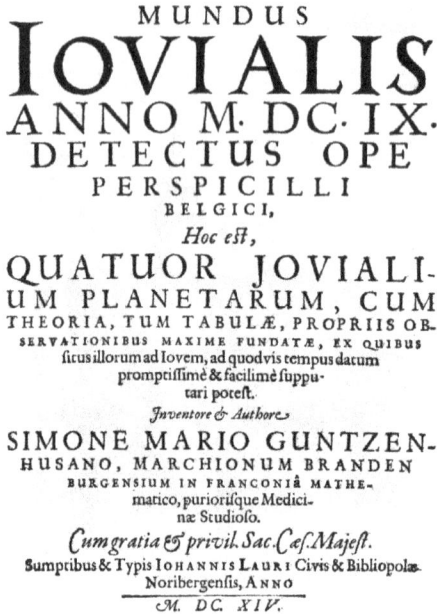

MUNDUS
IOVIALIS
ANNO M· DC· IX·
DETECTUS OPE
PERSPICILLI
BELGICI,

Hoc est,

QUATUOR JOVIALI-
UM PLANETARUM, CUM
THEORIA, TUM TABULÆ, PROPRIIS OB-
SERVATIONIBUS MAXIME FUNDATÆ, EX QUIBUS
situs illorum ad Iovem, ad quodvis tempus datum
promptissimè & facilimè suppu-
tari potest.

Inventore & Authore

SIMONE MARIO GUNTZEN-
HUSANO, MARCHIONUM BRANDEN
BURGENSIUM IN FRANCONIâ MATHE-
matico, puriorifque Medicinæ Studioso.

Cum gratia & privil. Sac. Cæf. Majeft.

Sumptibus & Typis IOHANNIS LAURI Civis & Bibliopolæ
Noribergenfis, ANNO
M. DC. XIV.

Abb. 15.6: Titelblatt des Mundus Iovialis.

Die vollständigen Werke

Die Simon Marius Gesellschaft in Nürnberg hat auf ihrem Marius-Portal eine komplette Liste der Werke von Simon Marius veröffentlicht, die hier wiedergegeben wird:

Kurtze und eigentliche Beschreibung des Cometen

Kurtze und eigentliche Beschreibung des Cometen oder Wundersterns/ So sich in disem jetzt lauffenden Jar Christi unsers Heilands/ 1596. in dem Monat Julio/ bey den Füssen deß grossen Beerens/ im Mitnächtischen Himmel hat sehen lassen. Gestellet durch Simonem Maierum Guntzenhusanum Alumnum Sacrifontanum.

Widmung Markgraf Georg Friedrich (1539–1603)

(Nürnberg, Paul Kauffmann, 1596)

Beiträger (Epigramme):

Christian Gochsemius aus Kitzingen scheint ab 1601 in Straßburg studiert zu haben, wo er 1602 und 1603 Disputation unter dem Vorsitz des Juristen Paul Graseck (1561–1601) verteidigte. 1608 fand dann eine Disputation unter seinem Vorsitz im mährischen Brünn statt.

Augustin Lanius aus Ansbach scheint ein enger Freund von Marius gewesen zu sein, der ihm bei den Berechnungen zu seinen 1599 veröffentlichten Tabulae Directionum Novae half. Im Mundus Iovialis von 1614 bezeichnete er über ihn als überaus gelehrten und belesenen Mann, „der nun in Halle in Sachsen als Privatmann lebt […]. Er arbeitete zu jener Zeit als Organist in Heilsbronn und da wir Nachbarn und längst gute Freunde waren, hatte er fast ständig in meine Tätigkeit Einsicht."

Georg Ziegelmüller aus Wassertrüdingen trat 1596 seine erste Stelle in Feuchtwangen an, 1601 wurde er Kaplan und hatte parallel dazu die Kantorenstelle an der Lateinschule inne. 1606 wurde er Pfarrer in Gräfensteinberg, 1612 in Berzoglheim, wo er 1614 starb.

Hypotheses de systemate mundi
Manuskript, Ansbach 1596

Die „Hypotheses de systemate mundi" kursierten zu Lebzeiten von Marius eventuell als Manuskript. Ein gedrucktes Exemplar der Schrift wurde nie aufgefunden. Vermutlich existierte dieses Werk nicht.

Eigene Stellungnahme des Simon Marius im Mundus Iovialis

„Meinung über das Weltensystem, welche in ihrer Art mit der des Tycho übereinstimmt. Auf diese stieß ich im Winter zwischen den Jahren 1595 und 1596, als ich zum ersten Mal Kopernikus las. Zu dieser Zeit war ich noch in der Schule zu Heilsbronn und mir war noch nicht einmal der Name Tychos, umso weniger seine Annahme bekannt. Diese sah ich endlich als Skizze im Herbst des folgenden Jahres bei dem verehrungswürdigen und hochgelehrten Markus Franziskus Raffael, einem Pastor der Gemeinde Ansbach, der jetzt ruht in Christus. Diese Skizze war selbigem von einem Studenten aus Wittenberg übersandt worden. Als Zeugen dafür, dass dies von mir herausgefunden worden ist, habe ich mehr als einen: Nämlich außer dem eben genannten, überaus gelehrten Mann sogar alle damaligen Mitglieder des berühmten Konsistoriums, denen ich nach dem Osterfest des Jahres 1596 meine Vermutungen mit Erklärung darbot".

Tabulae Directionum Novae
Tabvlae Directionvm Novæ. Universæ penè Europæ inservientes in quibus. I. Verissimus antiquorum Astrologorum ipsisusque Ptolemæi duodecim cœli domicilia distribuendi modus non tam restitutus, quam de nouo inuentus. II. Directionis Ptolemaicæ vtriusque tam artificiosæ quam vulgaris facilior & exactior ratio. III. Constituendi aspectus vsitata ratio emendata, atque antiquorum (à neotericis huc vsque neglecta, vel potius non intellecta) in lucem reuocata. Omnia ex vno eodemq[ue]; fundamento promanantia, Methodo

facilima, verißima, planeq[ue]; naturalit[e]r aduntur. Autore Simone Mario Guntzenhusano, Stipendiario & Alumno Sacrifontano.
    Widmung
    Markgraf Georg Friedrich (1539–1603)
    (Nürnberg, Christoph Lochner, 1599)
    Mitarbeiter
Über Augustin Lanius schreibt Marius am Ende der Vorrede: „Die tabulae vero
domorum habe ich meinem besonderen Freunde und treuen Mitarbeiter, dem talent-
vollen jungen Manne Aug. Lanius aus Ansbach zur Berechnung gegeben, nachdem ich
ihm vorher die Rechnungsweise gezeigt hatte" (Deutsche Übersetzung zitiert nach Joseph Klug: Simon Marius aus Gunzenhausen und Galileo Galilei. München 1904,
S. 402).

Die Ersten Sechs Bücher Elementorum Euclidis
Die Ersten Sechs Bücher Elementorum Evclidis, In welchen die Anfäng vnd Gründe der
Geometria ordenlich gelehret / vnd gründtlich erwiesen werden / Mit sonderm Fleiß
vnd Mühe auß Griechischer in vnsere Hohe deutsche Sprach übergesetzet / vnd mit ver-
ständtlichen Exempeln in Linien vnd gemeinen Rational Zahlen / Auch mit Newen Figuren / auff das leichtest vnd aigentlichest erkläret: Alles zu sonderm Nutz denjenigen / so
sich der Geometria / im Rechnen / Kriegßwesen / Feldtmässen / Bauen / vnd andern
Künsten vnnd Handtwerckern zugebrauchen haben: Auß Befehl Deß Edlen vnd Ge-
strengen Herrn / Hanß Philip Fuchß von Bimbach / zu Möhrn / Alten Rechenberg vnd
Schwaningen / Obristen: Durch Simonem Marium Guntzenhusanum Franc. Fürstlichen
Brandenb: bestalten Mathematicum, vnd Medicinæ Utriusq[ue], Studiosum.
    Widmung, verfasst von Simon Marius und Fuchs von Bimbach: Markgrafen Chris-
tian (1581–1655) und Joachim Ernst (1583–1625)
    (Ansbach, Paul Böhem, 1610)

Astronomische und Astrologische beschreibung deß Cometen
Astronomische vnd Astrologische beschreibung deß Cometen so im November
vnd December vorigen 1618. Jahrs ist gesehen worden / Genommen vnd Gestelt auß
eygnen Observationibus dabey auch andere sachen kurtz eingemischet werden.
Durch Simon Marium Guntzenhusanum, Fürstlichen Brandenburgischen bestelten
Mathematicum vnnd Medicum.
    Widmung Markgrafen Christian (1581–1655) und Joachim Ernst (1583–1625)
    (Nürnberg, Johann Lauer, 1619)

Gründliche Widerlegung der PositionCirckel
Gründliche Widerlegung der PositionCirckel / Claudij Ptolomæi, vornemblichen aber / Jo-
hannis Regiomontani; mit grosser Mühe vnnd vielem Nachdencken / so wol auß Ptolo-

mæo selbsten / als auch allen andern vortrefflichen Astrologen, so von Ptolomæi Zeiten an / biß auff Regiomontanum gelebet / vnd von directionibus Theoricè und Practicè ge-schrieben: zusammen gezogen / Durch Simon Mairn / F.F.B.B. bestellten Mathematicum vnd Medicum. An jetzo aber auff vornehmer vnd Kunstliebender Personen Communica-tion vnd Begehren allen der Astrology zugethanen / zu sonderbarem Gefallen vnd Nutz in offentlichem Truck erstmals publiciert / Durch Danielem Mögling Würtemberg. Phil. ac Med. Doctorem, auch Landtgräv. Hessischen Hoff-Med. vnd Math. zu Butzbach / etc.

Marius versucht hier die in der Astrologie gebräuchliche Häusereinteilung des Regiomontanus zu widerlegen.

Widmung Philipp Eckebrecht

(Frankfurt am Mayn: Lukas Jennis 1625)

Beiträger (Widmung und Vorrede):

Daniel Mögling (1596–1635) war Alchemist und Rosenkreuzer.

Kalender 1601 bis 1629

mit den jeweiligen Überschriften „Alter und neuer Schreibkalender auf das Jahr 1601" und „Prognosticon Astrologicum auf das Jahr 1601" (Abb. 15.7 für das Jahr 1606)

Abb. 15.7: Beispiel Schreibkalender auf das Jahr 1606.

Sammelbände

Zwölff Astronomorum Meynung oder Muthmassungen/ von Ruh und Unruh/ Deß 1627. Jahrs; Auß benandten Authoribus zusammen gebracht, und dem Gönstigen Leser vor Augen gestellet.

(Nürnberg: Fuld 1627)

Achtzehen Astronomorum unnd Prognosticanten/ urtheil unnd muthmassung/ auß anlaitung Himmlischer Influentzen Von Krieg und Friden Deß Jahrs M. DC. XXVII.

Bericht/ was sechzehen Astronomi oder Calender-Schreiber inn ihren grossen Practicken setzen/ von Krieg- und Kriegsgeschrey/ dieses 1628 Jahr.

(Nürnberg: Caspar Fuld) [51]

16 Leben und Wirkgeschichte

Abgeschiedenheit

Auf persönliche Anweisung des Papstes, was seine strenge Isolation von der Außenwelt, angeht, durfte Galilei im Jahre 1633 im Alter von 70 Jahren an seinen Landsitz „Gioellea" in Arcetri (Abb. 16.1) in der Nähe von Florenz zurückkehren. Er blieb unter Hausarrest, und jegliche Lehrtätigkeit war ihm verboten. Er durfte seine Ärzte in Florenz wegen eines schmerzhaften Leistenbruchs ebenfalls nicht aufsuchen. Aber er erhielt die Erlaubnis, seine Töchter im San Matteo Kloster zu besuchen. Die Gebete der sieben Bußpsalmen erfüllte seine Tochter Celeste, solange sie lebte. Weitere soziale Kontakte waren eingeschränkt. Er konnte jedoch weniger umstrittene Forschungen weiter ausüben, aber jedwede Veröffentlichung war untersagt.

In einem Brief an Galilei vom 3. Januar 1634 bestätigte der Philosoph und Platon-Experte Girolamo Bardi (1603–1667), der zu der Zeit in Pisa lebte, Galileis Umzug von Siena in sein Domizil auf dem Lande. In diesem selben Brief beglückwünschte und ermutigte er Galilei wegen dessen Absicht, wieder zu veröffentlichen, und informierte ihn über sein eigenes Vorhaben einer ersten Vorlesung über Platon, gekleidet in eine Gegenrede gegen Aristoteles.

Im März 1634 gab Galilei eine kurze Beschreibung an Diodati über seine Zeit in Rom und darüber, was ihm kurz nach dem Umzug in sein Landhaus geschah. Obwohl er im Hause des toskanischen Botschafters eine ziemlich komfortable Unterkunft gefunden hatte, bezeichnete er diese weiterhin als „Kerker". Er deutete an, dass er bereits einen neuen Traktat über die Mechanik während seines Aufenthaltes in Rom entworfen hatte (die Discorsi). Was die Verhandlungen wegen des Dialogo betrifft, so versuchte er, die Beleidigungen gegen sein Leben und seinen Ruf zu ignorieren. Vier Monate später schrieb er wiederum an Diodati und gab dieses Mal eine ziemlich lange Beurteilung seiner Leiden. Er beklagte sich darüber, dass er seine Zeit auf dem Lande zubringen musste, statt nach Florenz zu ziehen, wo er gehofft hatte, sich seinem Freundeskreis und bedeutenden Persönlichkeiten anzuschließen, um interessante Fragen der Wissenschaft und der Welt zu diskutieren. In der Tat hatte er Besuch von einem Abgesandten der Inquisition, der ihn ermahnte, in Zukunft von solchen Ansinnen abzusehen, anderenfalls er nach Rom zurück gebracht würde. Dann berichtete er vom Tod seiner älteren Tochter, die er zusammen mit ihrer Schwester im nahe gelegenen Kloster regelmäßig besucht hatte. Seine Isolation wird dokumentiert durch den anhaltenden Zorn seiner Verfolger und das Abfangen seiner Korrespondenz mit Persönlichkeiten im Ausland.

Namhafte Repräsentanten der Wissenschaft an der Universität von Pisa und Mitglieder des Jesuitenordens veröffentlichten weiterhin Schriften, die gegen die von ihm im Dialogo entwickelten Theorien gerichtet waren. Galilei jedoch zögerte nicht,

https://doi.org/10.1515/9783110762778-016

Diodati die optischen Linsen, um die Gassendi gebeten hatte, und die er zuvor erhalten hatte, anzuvertrauen.

Ein Brief vom Inquisitor Muzzarelli an Kardinal Barberini vom 10. März 1638 berichtet von der tag-täglichen Überwachung von Galileis Leben und Gewohnheiten. Grund für diesen Brief war die Bitte, dem Schuldigen den Besuch einer kleinen Kirche in der Nähe seiner Wohnstatt zu erlauben. In diesem Brief erklärt Muzzarelli, dass Galileis Sohn für eintausend Scudi Jahresgehalt vom Großherzog angestellt worden war, auf seinen kranken und nahezu blinden Vater Acht zu geben und darauf, dass die Forderungen, die nach den Verhandlungen festgelegt worden waren, was seine Kontakte und Bewegungen angeht, richtig beachtet wurden.

Trotz alledem unterhielt Galilei jedoch ausgiebige Briefwechsel mit Freunden und Gelehrten in Italien und im Ausland.

Er hielt Kontakt zu Bernegger, dem er am 15. Juli 1636 als Antwort auf die Bitte nach optischen Linsen oder gar eines kompletten Teleskops schrieb. Galilei versprach sein Bestes zu tun, was die Linsen anging, aber riet vom Versand eines kompletten Teleskops nach Straßburg wegen der unruhigen Zeiten und seiner Größe ab. In demselben Brief berichtete er von einem Besuch Elseviers in seinem Hause und dessen Absicht, die Discorsi zu veröffentlichen.

Galilei korrespondiert sogar mit dem König von Polen, Ladislaus IV. (1595–1648), in Warschau. Dieser Brief vom Juli 1636 wurde von einem Päckchen mit drei Paar Linsen für Erd- und Himmelsbeobachtungen begleitet. Er erklärte dem Monarchen, dass er wegen Irrlehren über das Weltsystem, die er in diesem selben Brief als verderblicher als die Schriften Luthers und Calvins verdammte, bestraft worden sei (vermutlich, um sich zu decken, sollte die Korrespondenz abgefangen werden).

Im August 1636 schrieb Galilei an die Niederländischen Generalstaaten und berichtete über seine Methode, den genauen Längengrad eines beliebigen Ortes zu ermitteln, die er der Öffentlichkeit zugänglich machen wollte. Er schlug vor, diese Methode von bedeutenden Wissenschaftlern ihrer Wahl untersuchen zu lassen, da er selbst aus gesundheitlichen Gründen und wegen Beschränkungen aus dem Schuldspruch seines Verfahrens nicht in der Lage wäre zu reisen. Am Schluss des Briefes bat er um eine Art Kompensation für seine Bemühungen.

Galilei empfing auch Besucher; unter ihnen so prominente Personen wie Thomas Hobbes (1588–1679) und John Milton (1608–1674), und später nach 1641 seinen Schüler Benedetto Castelli (1478–1643).

Schon lange litt er an Augenproblemen und wurde im Jahre 1638 vollständig blind. Es wird spekuliert, dass das das Ergebnis seiner ungeschützten Sonnenbeobachtungen in früheren Jahren war.

Abb. 16.1: La Villa Il Gioiello, Galileis letzter Zufluchtsort in Arcetri heute (© Cyberuly).

Letzte Bemühungen

Viviani blieb bei seinem Meister als Privatsekretär und Assistent bis Ende des Jahres 1641, bevor er durch Evangelista Torricelli ersetzt wurde. Die Verzweiflung Galileis über seine Blindheit wird deutlich in einem Brief an Diodati, den er seinem Assistenten am 6. Juni 1647 diktierte, in dem er sich über seine Unfähigkeit zu lesen oder zu schreiben oder weiterhin den Jupiter zu beobachten und die zugehörigen mathematischen Tabellen zu revidieren beklagte. Er hatte diese Bemühungen zusammen mit der passenden Beschreibung, wie man einen Längengrad exakt bestimmen konnte, dem holländischen Mathematiker Martin Hortensius (1605–1639) versprochen. Aber Galilei verzweifelte nicht vollständig. In einem weiteren Brief an Diodati vom 7. November desselben Jahres bat er seinen Korrespondenten, seine „helfende Hand auszustrecken", um ihn von seinen Sorgen zu befreien, sodass er frei sein würde, sich wieder gegenüber seinen Gegnern mithilfe all seiner verstreuten physikalischen und mathematischen Schriften zu verteidigen.

Zwei Tage vorher, am 5. November, hatte er ähnliche Klagen an Micanzio geschrieben, aber dass er immer noch zuversichtlich sei und dabei wäre, ein Register all seiner vergangenen und gegenwärtigen astronomischen Beobachtungen zu erstellen.

Viviani erzählt die folgende Episode im Zusammenhang mit Galileis Blindheit:

Da er nicht mehr in der Lage war, die Veröffentlichung seiner neuesten astronomischen Beobachtungen zu betreuen, übergab er das Material einem anderen Schüler, Vincentino Renieri (1606–1647), der später Mathematiker in Pisa wurde, um seine Tabellen zu revidieren. Renieri veröffentlichte einige Tabellen über die Positionen der Jupitermonde im Jahre 1639. Aber das Gros der Briefe und Aufzeichnungen, die er erbte, verschwanden nach seinem Tod und wurden wahrscheinlich gestohlen.

Nach Viviani schenkte Galilei die Discorsi zusammen mit Kopien seiner anderen Schriften über Bewegung (Motu) dem Grafen von Noailles (1584–1645), der auf seiner Rückreise von Rom vorbeikam und diese in Leyden drucken ließ. Viviani erzählt dann weiter über die Entstehung der Discorsi und die Rolle, die er und sein Nachfolger Torricelli gespielt hatten, als ihr Meister ihnen seine Gedanken diktiert hatte. Nach Viviani hatte Galilei noch weitere Projekte vor, die er aber vor seinem Tod nicht mehr abschließen konnte. Unter ihnen befanden sich zusätzliche Theoreme und Vorschläge, Widerlegungen von Sätzen und Meinungen von Aristoteles und über den Stoß. Galilei beschäftigte sich mit Musiktheorie, Malerei, Skulpturen und Architektur.

Schließlich ergab sich wieder die Frage nach dem richtigen Weltmodell in einem Brief an den Florentiner Delegaten Francesco Rinuccini (1603–1678). In diesem Brief begann Galilei gleich zu Anfang mit der Behauptung, das Kopernikanische System sei völlig falsch, und es sollte keine Zweifel an dessen Falschheit geben, da Theologen dieses auf Grund der Heiligen Schrift bewiesen hätten. Andererseits hielt er sich nicht zurück, gleichzeitig zu behaupten, dass sowohl die Spekulationen von Ptolemäus als auch von Aristoteles ebenfalls unzureichend als Begründung ihrer eigenen Weltmodelle waren. Und im Übrigen deutete er an, dass alle weiteren Argumente pro und contra in seinem glücklosen Dialogo zu finden seien.

Galilei starb am 8. Januar 1642 in Arcetri, noch bevor er irgendein neues Werk nach den Discorsi geschaffen hatte.

Die feierliche Beerdigung in einem pompösen Grab, die sich der Großherzog vorgestellt hatte, wurde verhindert. Der Großherzog hatte Galilei mehrfach auf seinem Krankenbett besucht. In einer kurzen Note von Giorgio Bolognetti (1595–1686), dem Apostolischen Nuntius in Florenz, an Barberini vom 12. Januar 1642, informierte Bolognetti seinen Korrespondenten über die Absicht des Großherzogs, ein monumentales Grab für Galilei ähnlich dem für Michelangelo und genau dem gegenüber zu errichten. Barberini reagierte und wies Muzzarelli in einem Brief vom 25. Januar an, dieses zu verhindern, da dies die Gefühle eines jeden wahren Katholiken verletzen würde. Jede Inschrift auf dem Grab sollte sorgfältig Schaden am Ansehen des Inquisitionsgerichts vermeiden.

Zunächst wurde Galilei anonym in Santa Croce in Florenz begraben. Erst 30 Jahre später wurde das Grab durch eine Inschrift gekennzeichnet.

Ein Blick zurück in Raum und Zeit

Im allgemeinen Verständnis umfasst das Europäische Mittelalter eine Zeitspanne vom 4ten bis zum 15ten Jahrhundert. Die Bezeichnung „Mittelalter" führt irgendwie zu einer Fehlinterpretation von Geschichte. Einige wenige Gelehrte der frühen Neuzeit hatten damit angefangen, die vorausgehende Kultur als ziemlich minderwertig gegenüber ihrer eigenen zu betrachten. Indem sie von Griechischer und Römischer Antike fasziniert waren, betrachteten diese Humanisten ganz Europa im Licht dieser alten Zivilisationen, gefolgt von einem langen Zeitraum von Barbarei, in dem Finsternis und Verachtung des Schönen vorherrschten. Kurz gesagt, in deren Augen bedeutete das Mittelalter eine „mittlere" Epoche des Verfalls zwischen zwei blühenden Zeitaltern der Antike und deren Wiedergeburt während der Renaissance. Das „mittlere Alter" wurde als so unbedeutend betrachtet, dass sogar seine wichtigsten Errungenschaften lediglich abfällig als „gotisch" bezeichnet wurden, ein Ausdruck, der von der Bezeichnung eines barbarischen Stammes, den Goten, hergeleitet war.

Das Mittelalter unterscheidet sich grundsätzlich von allen anderen Epochen durch die absolute Verbindung zwischen Kirche und Gesellschaft. Gesellschaft verstand sich selbst im Mittelalter als „Ecclesia". Diese Bezeichnung, die durch den Begriff „Kirche" nur unzulänglich übersetzt wird, bedeutet eine christliche Gemeinschaft, welche gänzlich mit Blick auf die Ewigkeit lebt. Moderne Konzepte von Glauben und Religion reichen nicht aus, solch eine Gesellschaft zu beschreiben. Glaube unterstellt eine Art Wahl, die aber im Mittelalter nicht vorhanden war.

Um mittelalterliche Dynamik zu beschreiben, haben Wissenschaftler das Mittelalter in kleinere Abschnitte unterteilt. Man redet von Hoch- oder Spätmittelalter, frühes Mittelalter oder frühe Renaissance. In deutschem und englischem Kontext ist die Terminologie ähnlich. Die Zeitspanne zwischen dem 11ten und 13ten Jahrhundert heißt Hochmittelalter. In französisch sprechenden Kulturen verschieben sich alle Zeitgrenzen um zwei Jahrhunderte nach vorne. Die Zeitspanne zwischen dem 5ten und 8ten Jahrhundert ist dabei nicht das frühe, sondern schon das Hochmittelalter. Der Zeitraum zwischen dem 14ten und 15ten Jahrhundert heißt bereits Spätmittelalter.

Raum und Zeit, Leben und Tod, Himmel und Hölle, Kosmos und Erde – alles war mit Maßstäben begriffen und gemessen worden, die sich radikal von denen der Antike unterschieden. Dabei handelte es sich um einen langsamen Prozess, und die Messung von Raum und Zeit bedeutete gleichzeitig deren Beherrschung. Erde und Himmelskörper waren Gottes Schöpfung, und in Übereinstimmung mit ihnen war die gesamte Schöpfung auf Antagonismen aufgebaut: oben und unten, Zentrum und Peripherie, geistlich und fleischlich. Oben befindet sich Gottes Königreich, unten das Gefilde von Menschen und der Vergänglichkeit. Das Zentrum ist gut, die Peripherie ein Ort der Unsicherheit, wenn nicht gar des Bösen. Die Weltkarte bildet die christlichen Regionen – hauptsächlich Westeuropa – im Zentrum ab. Die Ränder der Welt sind von Heiden, Monstern und Phantasiegeschöpfen besiedelt.

Schulen boten einen formalen Rahmen der Wissensvermittlung. Mittelalterliche Schulen kann man nicht mit denen vergleichen, die zu griechischen oder römischen Zeiten praktiziert wurden. Sie lagen in der Nähe von Kathedralen und im Innern von Klöstern und dienten der Erziehung von Klerikern und einigen ausgewählten Laien. Erziehung und Klerus vermischten sich im Laufe der Zeit. Die Dom- und Klosterschulen blieben kulturelle Hochburgen bis weit ins 12te Jahrhundert hinein.

Klerikaler Unterricht baute auf Vernunftmethoden auf, um die Offenbarung und Schöpfungswunder zu ergründen – in dem Bewusstsein, dass dem menschlichen Verstand die wahre Erkenntnis Gottes nicht zugänglich war. Diese Konzeption änderte sich langsam vom 12ten Jahrhundert an mit dem Aufkommen der Universitäten. Ursprünglich bedeutete die Bezeichnung „Universitas" einfach nur eine Körperschaft. Bruderschaften, Gemeinden und Gilden waren alle solche „Universitas", wogegen im allgemeinen Sprachgebrauch nur eine ausgesuchte „Universitas" gemeint ist: „die Universität von Meistern und Studenten". Dieses Modell wurde während des 12ten Jahrhunderts in Bologna, Oxford und Paris entwickelt und verbreitete sich in ganz Italien, England, Spanien und Portugal, später im 14ten Jahrhundert im ganzen Deutschen Reich und Ungarn. Könige und Herrscher spielten eine bedeutende Rolle bei der Gründung von Universitäten, weil sie zu Wissenszentren wurden, die ihren eigenen Interessen dienten.

Der akademische Grad des „Bakkalaureats" öffnete die Tür zu höheren Fakultäten wie Theologie, Recht und Medizin. Ein Doktorgrad krönte die Erforschung eines wissenschaftlichen Spezialgebiets. Universitäten waren geschlossene Körperschaften und wachten über ihre Privilegien. Als Franziskaner und Dominikaner sich ihnen anschlossen, blieben sie zunächst ihren Orden gegenüber loyal, aber erweiterten schon bald den intellektuellen Horizont von Universitäten, indem sie nicht-christliche Philosophen wie Aristoteles, Maimonides (1138–1204) oder Avicenna in den Lehrplan aufnahmen.

Das war die Welt am Ende des Mittelalters, als Galilei an der Schwelle zur Moderne gestanden hatte.

René Descartes

Spirituelle Veränderungen gingen Hand in Hand mit politischen. Nikolaus von Kues (Cusanus), Erasmus und Calvin hatten das Terrain vorbereitet, genau wie Copernicus, Paracelsus (1493–1541) und Kepler. Calvinistische Hochschulen verbreiteten den Rationalismus ungehindert. Der Mensch, als Träger der Vernunft, nahm seinen Platz im Zentrum des spirituellen Wettbewerbs ein. Wegen seiner Vernunftfähigkeit fand er Kriterien, an bisherigen Dogmen zu zweifeln. Der Zweifler selbst wurde zum Maßstab aller Dinge. Unabhängig von Offenbarungen machte er es sich zur Aufgabe, Wahrheiten für die gesamte Menschheit zu finden. Die Vorstellung von Glaube wurde durch Ideologie ersetzt.

Renatus Cartesius (Abb. 16.2) wird für den Begründer des modernen Rationalismus, der durch Spinoza (1632–1677), Malebranche (1638–1715) und Leibniz weiterentwickelt wurde, gehalten. Cartesianismus ist ein anderes Wort für rationales Denken. Er prägte die berühmte Aussage: „Cogito ergo sum" („Ich denke, also bin ich"), die zur Grundlage seiner Metaphysik wurde. Er entwickelte auch sein Konzept von den zwei Substanzen, die miteinander wechselwirken: Geist und Materie, heute als Cartesischer Dualismus gegenüber der dualistischen Naturphilosophie von Newton, der die Wechselwirkung von aktiven immateriellen Naturkräften mit der absolut passiven Materie lehrte, bekannt. Descartes begründete die analytische Geometrie, die Algebra und Geometrie verbindet.

Abb. 16.2: René Descartes.

Descartes' Name bleibt für immer verbunden mit dem weltweit am häufigsten gebrauchten Koordinatensystem: das Cartesische orthogonale Koordinatensystem. Es war Descartes, der seinen Gebrauch in zwei oder drei Dimensionen zuerst popularisierte. In zwei Dimensionen sind die beiden Richtungsachsen senkrecht orthogonal aufeinander gerichtet im 90° Winkel. Die Koordinatenlinien sind in konstanten Abständen voneinander geordnet. Die horizontale Achse heißt Abszisse, die vertikale Ordinate. Das Wort Ordinate ist etymologisch verwandt mit der kirchlichen Ordination, die die Einführung einer Person in ein klerikales Amt bezeichnet. Es lebt weiter im französischen Wort für Computer: „Ordinateur", das tatsächlich noch eine quasi-religiöse Bedeutung mit sich trägt. Das Wort, statt die bessere Übersetzung „calculatrice", wurde von IBM France nach einer Beratung mit dem Lehrer Jacques Perret gewählt, der „Ordinateur" vorschlug, also ein theologischer Begriff, der so viel bedeutet wie: „Derjenige, der die Dinge in die richtige Ordnung bringt". Also kam die Theologie irgendwann im 20ten Jahrhundert zurück in die Mathematik.

Es gibt keine direkte Kommunikation zwischen Galilei und Descartes, aber in Descartes' Korrespondenz finden sich verschiedene Anspielungen an den „Fall" Galilei.

Ende November 1633 schrieb Descartes an Marin Mersennes (1588–1648) in Paris. Mersennes war ein französischer Theologe und Mathematiker und machte die Bekanntschaft mit Descartes am Collège Henri-IV. Er wurde Mitglied des Ordens des Heiligen Paulus. Während er zunächst scholastischen Lehren folgte, wechselte er später die Seiten und wurde ein Kritiker des Aristoteles. Im Jahre 1623 besuchte er Galilei und Descartes und wurde so zum Vermittler von Kontakten zwischen einigen der bedeutendsten Gelehrten und Wissenschaftler seiner Zeit. In diesem Brief schreibt Descartes über sein eigenes Weltsystem, das er immer noch nicht vervollständigt hatte, aber er hatte von Galileis Weltsystem (im Dialogo) gehört, das er sich in Leyden zu beschaffen versuchte, da offensichtlich alle italienischen Exemplare verbrannt worden waren. Ihm waren Galileis Tribunal und dessen Ergebnis wohl bekannt. Da er selbst, Descartes, ein ähnliches Weltmodell mit einer sich bewegenden Erde vertrat, hatte er nicht die Absicht, Passagen in seinem Buch, die diesen Aspekt behandelten, zu unterdrücken. Er würde lieber gänzlich auf die Veröffentlichung seines Buches verzichten, statt eine verstümmelte Version herauszugeben. Dann bat er ironischerweise um ein weiteres Jahr der Geduld, bevor er seinen Traktat Mersennes zeigen würde, und hoffte zwischenzeitlich, dass sein Korrespondent davon absehen würde, einen Gerichtsvollzieher zur Konfiskation seiner Schriften zu schicken. Tatsächlich wurden alle Werke von Descartes später im Jahre 1663 auf den Index gesetzt.

Descartes schrieb im Februar 1634 eine weitere Botschaft an Mersennes von Amsterdam aus, in der er auf sein Werk Bezug nahm, und dass er kurz davor stand, es gänzlich zu vernichten angesichts von dem, was Galilei zugestoßen war, um seinen Gehorsam der Kirche gegenüber zu beweisen, aber er bat Mersennes um dessen Einschätzung der Meinung in Frankreich. Er bezog sich auch auf die Rolle der Jesuiten bei Galileis Verurteilung und das Buch von Pater Scheiner. Tatsächlich glaubte Descartes, nachdem er es gelesen hatte, dass Scheiner selbst im Innersten ein Anhänger von Copernicus sein müsste, obwohl der es bestritt.

Ein halbes Jahr später hielt Descartes endlich ein Exemplar des Dialogo in seinen Händen, das ihm für gut 30 Stunden von Isaac Beckmann (1588–1637), einem holländischen Philosophen und sein Freund geliehen worden war. Seine Kritik in einem weiteren Brief an Mersennes im August 1634 drehte sich im Wesentlichen um Galileis Erklärung der Gezeiten, aber brachte außerdem einige Zweifel an der Exaktheit der Berechnungen des freien Falls und weiterer theoretischer Bewegungsexperimente zum Ausdruck. Ganz allgemein beklagte er sich über die Darstellungsweise, die er ab und zu für zu abschweifend befand.

Auf einer Reise nach Endegeest am 31. März 1641 berichtete Descartes Mersennes, dass er in Kontakt mit Antoine Arnauld (1612–1694) gewesen war, einem Gelehrten und Lehrer an der Sorbonne und Vertreter der katholischen Reformbewegung, der sowohl den Jesuiten als auch den Protestanten kritisch gegenüberstand und einige Beanstandungen gegen seine philosophischen Schriften hatte. Descartes war überzeugt, dass seine Schriften in keinem Widerspruch zur katholischen Lehre standen, und dass er nicht die gleichen Konsequenzen wie Galilei erleiden würde. Er behauptete, dass Galileis Gegner lediglich Aristoteles mit der Bibel verquickt und auf dieser Basis ihre Argumentation konstruiert hatten. Er hoffte, dass die Menschen an der Sorbonne ein günstiges Urteil über seine eigenen Schriften abgeben würden.

Descartes Schriften, unter ihnen sein wichtigstes Werk „Discours de la méthode pour bien conduire sa raison a chercher la verité dans les sciences ..." („Abhandlung über die Methode des richtigen Vernunftgebrauchs und der wissenschaftlichen Wahrheitsforschung"), und die von kognitiver Wissenschaft, Ethik, Metaphysik und Physik handelten, wurden alle nach seinem Tod im Jahre 1650 im Jahre 1663 verboten. Noch vor seinem Tod musste er seine Wahlheimat Holland verlassen und aus Furcht vor Verfolgung nach Frankreich und England fliehen.

Der rigorose Rationalismus von Descartes und Erasmus verbreitete sich nur mühsam über den Rest von Europa. Im Jahre 1703 wurde Issac Newton zum Präsidenten der Royal Society ernannt. Er behielt dieses Amt bis zu seinem Tode 1727. In seinen späten Jahren lebte er zurück gezogen in einem Haus in London, wo er ein kleines Observatorium betrieb. Seine Lieblingsstudien umfassten dann alte Geschichte, Theologie und Mystik. John Maynard Keynes (1883–1946) nannte Newton nicht „den Ersten der Aufklärung", sondern „den letzten Magier". Keynes hatte einen Teil des schriftlichen Nachlasses, den ursprünglich nach Newtons Tod dessen Nichte Catherine Barton (1679–1739) geerbt hatte, bei einer Auktion bei Sotheby's im Jahre 1936 erworben. Der Großteil dieser Manuskripte handelte von alchemistischer Forschung.

Galileis konkrete Leistungen

Es gab Erfindungen und Entdeckungen, es gab Haltungen und Lehre, und es gab posthumer Ruhm gewachsen auf Kontroverse und Leid, zugefügt durch die Mächte der damaligen Zeit. Letzteres wurde bereits ausführlich betrachtet. Seine konkreten Leistungen müssen im Licht der technologischen und wissenschaftlichen Ressourcen seiner Zeit gewürdigt werden.

Galilei werden die folgenden wichtigen Erfindungen zugeschrieben:
- hydrostatische Waage
- Galileis Pumpe
- Pendeluhr
- Sektor
- Galileis Thermometer
- Teleskop.

Seine Erfindungen zeigen nicht nur sein Genie als Wissenschaftler, sondern beweisen auch seine ingenieurmäßigen Fähigkeiten. Obwohl er sicherlich Handwerker für den Bau seiner Geräte engagierte, legte er bestimmt auch selbst Hand an, um seine Instrumente fertig zu stellen. Auf jeden Fall entwickelte und überwachte er die in Frage kommende Technologie. Das trifft auch für die Verbesserung solch einfacher Laborgeräte wie die schiefe Ebene zu. In einigen Fällen erschloss er sich mit seinen Ingenieurleistungen nebenher zusätzliche Geldquellen. Andererseits wurden ihm Erfindungen zugeschrieben, die er nicht ganz allein getätigt hatte.

Die hydrostatische Waage wurde von der Geschichte über Archimedes' Entdeckung des spezifischen Gewichts inspiriert. Und seine Pumpe, für die er ein Patent in Venedig erhielt, basierte auf der Archimedischen Schraube. Als Erfinder der Penduluhr wird allgemein Christiaan Huygens, der ihre Funktion im Jahre 1657 nach Galileis Tod veröffentlichte, genannt. Viviani jedoch berichtete, dass sein Meister bereits im Jahre 1641 an so einem Gerät arbeitete, aber wegen seiner Blindheit nicht in der Lage war, seine Studien dazu fortzusetzen. Einzigartig ist die Erfindung seines Sektors oder „Compaso". Seine Entwicklung eines Thermometers vor dem Vorhandensein absoluter oder relativer Temperaturskalen kann als wichtiger Durchbruch betrachtet werden, obwohl sein Apparat besser „Thermoskop" genannt werden sollte.

Die Geschichte des Teleskops ist allgemein bekannt. Galilei war einer unter mehreren, die frühere Bauweisen verbesserten, aber der sicherlich das Verdienst für dessen Anwendung in der Astronomie und die daraus resultierenden Entdeckungen neuer Himmelskörper hat. Das bringt uns vom Ingenieurwesen zur Wissenschaft selbst.

Seine wichtigsten Veröffentlichungen sind bereits ausführlich diskutiert worden. Es gibt keinen Zweifel, dass sie die Grundlage für seine Bekanntheit schon zu seinen Lebzeiten belegen – lange vor seinem Konflikt mit den kirchlichen Autoritäten, der den Werdegang seiner Glorifizierung auslöste. Galilei war als herausragender Wissenschaftler in vielen Feldern, die von der Philosophie, zur Physik, bis zur Astronomie und anderen reichten, bekannt. Damals waren Wissenschaftler universell und in der Lage, eine Weltsicht zu entwickeln, die fast alles einschloss, etwas, was man heute in einer Zeit der Spezialisten einem so genannten Querdenker im eigentlichen Sinne des Wortes zuschreibt. Galilei war nicht der Einzige, der diese Art von Qualifikation besaß. Viele seiner zeitgenössischen Kollegen waren ähnlich begabt.

Die wirklich greifbaren und außergewöhnlichen Leistungen bestanden in seinen astronomischen Entdeckungen, an erster Stelle die Entdeckung der Jupitermonde, und seine Beobachtungen der Mondoberfläche. Hätte es zu der damaligen Zeit so etwas wie einen Nobelpreis für Physik gegeben, Galilei wäre deswegen mit Sicherheit ein Kandidat dafür gewesen.

Eine andere Geschichte ist sowohl die Diskussion über Aristoteles und Bewegung als auch der Wettbewerb zwischen den beiden Weltsystemen. In diesen Angelegenheiten vertritt Galilei nicht eine einzigartige Stellung. Viele andere Gelehrte seiner Zeit waren tief in die Streitereien verwickelt; keiner von Ihnen hatte selbst das heliozentrische System vorgeschlagen, auch nicht Galilei. Es lag vor, und man konnte es annehmen oder lassen. Aber die Zeit war reif. Unglücklicherweise und wegen seines schon fest etablierten Ansehens in der wissenschaftlichen Welt und in der Gesellschaft hatte sein Wort ein erheblich anderes Gewicht als das von Personen in untergeordneten Stellungen. Aber sein Ansehen in der Gesellschaft und Verbindungen zu höchsten kirchlichen Kreisen zwangen letztere nicht nur zu handeln, wie sie es taten, sondern schützten ihn letztendlich vor einem ähnlichen Schicksal wie das von Giordano Bruno.

Es gibt jedoch nach weitere, eher fundamentale Aspekte, die Galileis Beiträge zur modernen Wissenschaft betreffen. Er versuchte, die Wissenschaft zu popularisieren, indem er die Alltagssprache „Volgare" verwendete, statt jenes barocken Stils, den seine zeitgenössischen Kollegen bevorzugten.

Es ist unglücklich, dass sein Ansinnen nach einer Wissenschaft, die auf der reinen Anwendung des Verstands beruht, das von seinen Werken ausgestrahlt wird, überschattet wird von der niemals enden wollenden Diskussion über Moral, die heute als einzige Quelle und Grundlage für seinen Ruhm erscheint. Der Unterschied zwischen Galileis Ansatz und dem, der von einem Gelehrten seiner Zeit erwartet wurde, wird deutlich in einem Kommentar in einer Expertise, die für sein Tribunal entworfen wurde, und lautet sinngemäß: Der Autor behauptet, eine mathematische Hypothese diskutiert zu haben, aber gleichzeitig verleiht er ihr einen physikalischen Aspekt, etwas, das eine Mathematiker nie machen würde.

Natürlich dreht sich vieles in seinem Denken und Kämpfen während seiner gesamten Laufbahn um Aristoteles und dessen Anhänger. Es gibt keinen Zweifel daran, dass Galilei sich selbst als ebenbürtigen Pfeiler der Naturphilosophie, sowie Aristoteles angesehen wurde, sah. Er befand sich auf Augenhöhe mit dem Meister der Antike. Ursprünglich folgte er seinem florentinischen Lehrer Ostilio Ricci, der zu jenen Gelehrten gehörte, die die in scholastischen Kreisen vorherrschende Buchstabengläubigkeit ablehnten. Zu diesen Kritikern gehörten Leute wie Johannes Buridanus (1301–1358), Mitglied des Occam-(1285–1347) Kreises der Nominalisten, Nicolas d'Oresme (1323–1382), Bischof von Lisieux, und Albert von Sachsen (1320–1390), ein Schüler von Buridanus. Man nannte sie Hochscholastiker. Es war deren Impetustheorie, auf die Galilei zunächst aufmerksam wurde, bevor er anfing, seine eigene experimentelle mathematische Methode zu entwickeln, um die messbaren Eigenschaften der Bewegung zu studieren.

Eine weitere Quelle der Anregung kam von Giovan Battista Benedetti, ein Nachfolger der Buridanusbewegung, wie bereits im Kapitel 5 im Abschnitt über die Kritik an Aristoteles erwähnt.

In seinen späteren Jahren erschöpften sich seine Beiträge nicht nur darin, Gebiete zu erschließen, die bis dahin als unveränderbar und damit dem menschlichen Auge unerforschbar von einem mathematischen und physikalischen Standpunkt aus galten. Er ging weiter, indem er verlangte, dass auch andere Leute an seinen Beobachtungen und Berichten teilhaben sollten. Sein scharfes Auge und seine deduktiven Fähigkeiten, geschult an Experimenten mit der schiefen Ebene und schwingenden Pendeln, einfache und komplizierte Messinstrumente, ermöglichten es ihm, auch beobachtete Veränderungen am Himmel zu interpretieren. Das Ergebnis war ja bekanntlich der „Sidereus Nuntius".

Er war davon überzeugt, dass seine Methoden eine unbefangene Erforschung der Natur ermöglichten, wie er einst in einem Brief an Cesi bekannte. Als es später zur Krise kam, versuchte er seine Stellung gegen die Angriffe klerikaler Gelehrter zu verteidigen, indem er eine klare Trennung zwischen dem Bereich des Sublimen (eine

Formulierung von Nikolaus von Kues), d. h. des Göttlichen und der Offenbarung, und dem Bereich der Naturphänomene, in dem man die Wissenschaftler in Frieden lassen sollte, vorschlug. Kein Bereich sollte sich in den Bereich des anderen einmischen. In einem Schreiben an die Mutter des Erzbischofs, Christina di Lorena (1565–1637) erklärte er, dass die Theologie tatsächlich für sich beanspruchen konnte, die „höchste Autorität" zu sein, aber lediglich in ihrem Fachgebiet selbst. Sie sollte deshalb überhaupt nicht versuchen, von daher den Anspruch, im Besitz der absoluten Wahrheit zu sein, herzuleiten. Er stellte weiterhin fest:

> Daher sollten ihre Lehrer sich nicht die Autorität anmaßen, Anweisungen an Berufsstände zu geben, die sie weder praktiziert noch studiert haben.

Er verglich die Rolle der Theologie mit der eines absolutistischen Herrschers, der kein Interesse daran haben dürfe, sich mit den tag-täglichen Angelegenheiten von Ärzten oder Bauleuten zu beschäftigen, da er sonst Menschen und Gebäude wegen seines Mangels an Spezialkenntnissen gefährden würde.

Der Rahmen seines Denkens gründete auf einer wirksamen rationalen Basis. Im Dialogo verkündete er die Gleichheit von Bewegungen auf der Erde und am Himmel und leitet davon ab, dass Bewegungen auf der Erde ganz normale Erscheinungen wären – sogar bevor man sie mathematisch beschrieben hätte. Schließlich vollzog er den Übergang von einer spekulativen zu einer verifizierbaren Wissenschaft. Das abstrakte Konzept von Materie wurde durch die Idee ihrer experimentellen Objektivität in einem System von physikalischen Kräften ersetzt. Diese Vorgehensweise und ihre Herausstellung als eine Forschungsmethode in den Naturwissenschaften blieb ein durchgängiges Thema durch sein ganzes Werk und hat seither den Status genereller Gültigkeit erreicht.

Gegen Sarsi hatte er geschrieben:

> Philosophie ist in dieses großartige Buch geschrieben – Ich meine das Universum – das unserem Anblick kontinuierlich offensteht, aber es kann nicht verstanden werden, wenn man nicht zuerst die Sprache zu verstehen gelernt hat und die Buchstaben, in die es geschrieben ist. Es ist in der Sprache der Mathematik geschrieben, und seine Buchstaben sind Dreiecke, Kreise und andere geometrische Gebilde, ohne die es Menschen unmöglich ist, auch nur ein einziges Wort zu verstehen; ohne diese irrt man in einem dunklen Labyrinth umher.

Dieses war so früh geschrieben wie der Saggiatore, und es gibt Leute, die behaupten, dass der Saggiatore das erste Manifest der Naturwissenschaften war.

Geschichtliche Auswirkungen

Obwohl Galileis konkrete wissenschaftliche Ergebnisse niemals vergessen wurden und in gutem Gedächtnis blieben, ruft die Nennung seines Namens ausnahmslos meistens eine Sache in Erinnerung: seinen Konflikt mit der Kirche und somit das

Abb. 16.3: Scene aus Berthold Brechts „Das Leben des Galileo Galilei" (Bundesarchiv, Bild 183-K1005-0020 / Katscherowski (verehel. Stark), / CC-BY-SA 3.0).

Übel, das die Kirche der Wissenschaft und der Menschheit insgesamt angetan hat, und insofern wird sie als eine vernünftige Institution diskreditiert.

Während des 19ten Jahrhunderts und später wurde eine Reihe von Biografien und Aufsätze über Galilei geschrieben, von denen jede versuchte, ihn entweder als Symbol der Aufklärung oder für einen Anti-Klerikalismus unter moralischen oder negativen Vorzeichen einzuspannen. Ein bekanntes Theaterstück ist Brechts (1898–1956) „Leben des Galilei" (Abb.16.3), in dem die Hauptperson sowohl als wissenschaftlich besessen als später durch jene Mächte manipulierbar dargestellt wird. Brechts Drama ist genau so wenig historisch korrekt wie Schillers (1759–1805) „Wallensteins Lager".

Diese Logik wurde während der ganzen Entwicklung der Aufklärung beibehalten und ist noch heute ein Standardreflex.

Es gibt jedoch auch andere Stimmen, die eine etwas differenzierte Interpretation versuchen.

Galilei wurde am 2. November 1992 durch Papst Johannes Paul II. (1920–2005) rehabilitiert. Galileis Gerichtsakten wurden der Wissenschaft im Jahre 2008 zur Verfügung gestellt. Es gab einige interessante Schlussfolgerungen.

Zunächst scheint es, als wären beide Seiten im Irrtum: Galilei auf der Seite der Wissenschaft und die Kurie auf der theologischen. Die Inquisition hatte nicht erkannt, dass

242 Leben und Wirkgeschichte

242 — 16 Leben und Wirkgeschichte

der Widerspruch zwischen dem Heliozentrismus und der Heiligen Schrift nur ein scheinbarer war. Und Galilei war nicht in der Lage, wissenschaftlich zu beweisen, dass sein oder des Copernicus Weltmodell tatsächlich das richtige war. Die Inquisition hatte lange gebraucht, bis sie handelte und Galileis Abschwörung von seiner Überzeugung, dass die Sonne im Zentrum des Universums stand, zu verlangen. Aber das Zentralargument war nicht das offensichtliche. Das Offensichtliche war, dass für jedermann sichtbar jeden Tag die Sonne tatsächlich im Osten aufgeht und im Westen unter. Sie steht nicht still. Weiterhin war es offensichtlich, dass die Drehung der Erde einfach auch nicht Teil der täglichen Erfahrung ist.

Nach Copernicus' Veröffentlichung wurden beide Weltmodelle, von denen keines nach heutigem wissenschaftlichem Standard bewiesen war, z. B. im Jahre 1561 in Salamanca in Spanien gelehrt. Die Inquisition versuchte anfänglich, Galilei dazu anzuhalten, vorsichtiger mit seinen apodiktischen Behauptungen zu sein. Aber schließlich war Galilei zu stolz, diesen Rat anzunehmen, und somit kam es zu der offiziellen Anklage. Übrigens war das Urteil niemals ordnungsgemäß unterzeichnet worden.

Tatsächlich war das Kopernikanische Weltmodell nie ein ernsthaftes Problem für die Kirche und den Papst gewesen. Galilei versuchte, die Bewegung der Erde durch Rückgriff auf das Gezeitenphänomen zu beweisen. Aber Gezeiten waren ein schlechtes Beispiel und nicht geeignet, die Wahrheit abzuliefern. Das ist heute allgemein gültiges Wissen, und darum war die Inquisition in diesem Punkte im Recht. Galilei lehnte den Vorschlag ab, seine Ergebnisse als schlichte Hypothese zu kategorisieren, bis er sie dann tatsächlich vollständig zurückziehen musste. Diese Empfehlung von Bellarmin ist heute gängige Praxis: jede wissenschaftliche Behauptung muss zuerst als eine Hypothese betrachtet werden. Diese Auffassung war zuerst von Carl Popper (1902–1994) in seiner „Logic of Scientific Discovery" formuliert worden. Damals akzeptierte Galilei diese Idee nicht. Für ihn zeigte jeder Gedanke, der seinem Gehirn entsprang, bereits eine Art von Wahrheit auf, egal wie fremdartig er anderen Menschen erscheinen würde.

Im Jahre 1908 kommentierte der französische Physiker Duhem (1861–1916) zum Galilei-Verfahren, dass die wissenschaftliche Logik auf Seiten der Inquisition gewesen wäre. Er ging sogar so weit zu behaupten, dass – selbst wenn die Kopernikanischen Hypothesen alle bekannten Phänomene hätten erklären können – man daraus hätten folgern können, dass sie wahr sein könnten, aber nicht, dass sie kohärent wären. Dafür hätte man beweisen müssen, dass es kein anderes System gab, welches dieselben Phänomene genauso gut oder besser erklärt. Ein·Beispiel dafür ist die Relativitätstheorie.

Die Legende, die Inquisition hätte einen alten Mann gebrochen, der am Ende seines Lebens auf seinem Sterbebett die Worte „und sie bewegt sich doch" geflüstert hätte, ist eine Legende und nichts anderes. Sie stimmt einfach nicht.

Der österreichische Philosoph und Begründer des so genannten philosophischen Relativismus, Paul Feyerabend (1924–1994), schrieb im Jahre 1976 über Galilei, dass er Opfer von mittelalterlichem Obskurantismus geworden sei. Er verkündete, dass zu der Zeit die Kirche der Vernunft viel näherstand als Galilei selbst, indem er sich auf alle sozialen und ethischen Konsequenzen des Streits bezog. Feyerabend glaubte, dass das Urteil rational und gerecht war. Der Physiker Carl Friedrich von Weizsäcker (1912–2007) ging noch weiter. Er folgerte, dass Galilei einen Weg betreten hatte, der direkt zur Atombombe führte, da Galilei versuchte, für eine Wissenschaft ohne irgendwelche Schranken einzustehen. Die Inquisition wollte das nicht durchgehen lassen.

Schließlich gab der Vatikan zu, dass es damals „Fehler" auf seiner Seite gegeben hatte, dass sowohl der Papst als auch einige Kurienmitglieder das Ergebnis des Verfahrens guthießen. Plötzlich wurde Galilei ein Mann mit hohem Ansehen, der mit forschendem Eifer die Natur als Gottes Buch betrachtete. Aber es ist nach wie vor schwierig, den Mythos, der sich über Jahrhunderte als Ergebnis dieser ganzen Affäre angesammelt hatte, zu kompensieren. Es hatte sogar auch nichts genutzt, als im Jahre 1741 Papst Benedikt XIV. (1675–1758) die Drucklegung von Galileis vollständigen Werken ohne Restriktionen erlaubte.

Die Meinung der Kirche über das alte Genie heute ist etwas kleinlaut. Kardinal Brandmüller, der lange Zeit Präsident des Päpstlichen Komitees für Geschichtswissenschaft war, hält Galilei nach wie vor für einen eitlen, von sich selbst eingenommenen Gelehrten, der manchmal sein Konto überzog und sich sicherlich keine Zwänge antat, wenn es um die Behandlung seiner Kollegen und Wettbewerber ging. Brandmüller sagt, dass das Urteil wohl begründet war, einmal, weil Galilei sich die Druckerlaubnis für den Dialogo durch Betrug erschlichen hatte, und dann, wiederum, weil er nicht Willens war, seine Theorie als reine Hypothese darzustellen und nicht als eine exakte Beschreibung der Wirklichkeit. Er glaubt, dass die wirkliche Bedeutung Galileis in seinem letzten großen Werk, den Discorsi, liegt, mit dem er begonnen hatte, während er sich im „Kerker" im Palast des Heiligen Offiziums befand, und während dessen die beste Küche von ganz Rom genoss.

Die Rehabilitation von Simon Marius

Wie bereits zuvor bemerkt, hatte Simon Marius keine Schwierigkeiten mit kirchlichen oder weltlichen Autoritäten. Seine Probleme zu Lebzeiten und zunächst auch posthum hatten als Ursache die Plagiatsvorwürfe von Galilei. Doch zunächst ein kurzer Abriss über seine gesellschaftliche Position und Rezeption:

Im Mundus lesen wir in der Widmung an Markgraf Joachim Ernst einen „Dank an seine Hoheit für alle Wohltaten „... – ich besitze ja weder Geld noch Gold, und die Not fast aller Mathematiker ist eine sozusagen unausweichliche Begleiterscheinung ..."

und

alles „... ist auf Eure Kosten geschaffen und besorgt."

Er sei Autodidakt gewesen „..., der ich noch nie einen lebenden Lehrmeister gehabt habe."

Marius lebte von 1606 an in Ansbach von einem Jahresgehalt von 150 Talern. Er heiratete Felicitas Lauer, die Tochter seines Nürnberger Verlegers Johann Lauer, und hatte mindestens sieben Kinder mit ihr, von denen drei früh verstarben.

Er genoss in seiner fränkischen Heimat großes Ansehen. Seine Vaterstadt Gunzenhausen schenkte ihm 1612 einen kleinen Becher zu 6 ½ Gulden, gefertigt von dem Goldschmied Lienhart Heckel. Er wurde von Gelehrten seiner Zeit wie Petrus Saxonius (1591–1625) und Lucas Brunn (1572–1628) besucht und stand mit anderen Wissenschaftlern, wie David Fabricius, Johannes Kepler, Michael Mästlin und Odontius (1580–1626) in Kontakt.

Auch in seiner Vaterstadt Gunzenhausen genoss er hohes Ansehen. In der Stadtchronik lesen wir:

> 1598/97: 2 fl (Gulden) Simon Marius verehret wegen übergebung deß beschriebenen cometen auf befehl des vogts und etlich deß rathes. [43]

Bereits im Jahre 1606 hatte es ein Festessen zu seiner Ehre für mehr als 8 Gulden gegeben. Und weiterhin für 1618: ein Geldgeschenk von 5 Gulden.

Simon Marius starb nach kurzer Krankheit am 26. Dezember 1624 in Ansbach.

Seine Rehabilitation als unabhängiger Entdecker der Jupitermonde fand erst relativ spät statt. Untersuchungen von Oudemans (1827–1906) und Bosscha (1831–1911) im Jahre 1903 haben in ihrer Veröffentlichung „Galilee et Marius" zweifelsfrei gezeigt, dass Marius durch selbständige Arbeit zu seinen Ergebnissen gekommen ist. Seine Daten für die Umlaufzeiten der Planeten waren sogar genauer als die Galileis. [4]

Zurück zur Ordnung der Dinge

Wir haben die Motive, die Johannes Kepler antrieben, den Weg, den er körperlich und geistig gegangen ist, und der in dem Vermächtnis, das er in seinen Hauptwerken hinterließ, untersucht. Kepler selbst war davon überzeugt, dass er Gottes Plan für die Harmonie seiner Schöpfung entziffert hatte. In dieser Beziehung befand sich Kepler auf dem Zenit aller vereinten Bemühungen der Wissenschaftsgeschichte. Bis heute wurde er von keinem anderen Wettbewerber in dieser Angelegenheit überholt. Praktisch jedoch bestand sein greifbares Vermächtnis in der Zusammenstellung der Tabulae Rudolphinae und seiner drei Gesetze über die Planetenbewegung. Alles andere löste sich schon bald auf.

Mach und andere

Johannes Kepler entwarf seine endgültige Harmonie innerhalb des geschlossenen Raumes unseres Planetensystems unter Vernachlässigung des großen Weltrestes darüber hinaus – mit Ausnahme eines beschreibenden Teils, der den Fixsternen gewidmet war. Die Fixsterne nahmen nach seinem Verständnis die Rolle von „Zuschauern" ein. Eine weitere Bedingung, die erforderlich war, damit Keplers System funktionierte, war die Annahme von absolutem Raum und absoluter Zeit, obwohl Kepler selbst dies nicht forderte, es aber anscheinend für selbstverständlich hielt. Newton war überzeugt, dies durch ein Gedankenexperiment, bekannt als Eimer-Experiment, bewiesen zu haben. Er schloss, dass man immer in der Lage sein würde, zu zeigen, dass Wasser in einem Eimer immer um die Achse relativ zum absoluten Raum rotieren würde, da in diesem Falle die Wasseroberfläche ein Rotationsparaboloid aufgrund der Zentrifugalkräfte bilden würde – unabhängig davon, ob der Eimer sich selbst drehen würde oder nicht.

Diese Schlussfolgerung hatte nicht für alle Zeiten Bestand und wurde zuerst von George Berkeley (1685–1753), einem anglikanischen Theologen und Philosophen, widerlegt. Dessen Argumentation wurde später im Jahre 1883 von Ernst Mach (1838–1916) (Abb. 16.4), einem österreichischen Physiker und Philosophen, übernommen. Mach argumentierte, dass Newton den Einfluss der gesamten Materie im Universum vernachlässigte. Newtons Schlussfolgerung würde nur in einem sonst leeren Universum stimmen. Das wurde später als das Machsche Prinzip bekannt und auf unterschiedliche Weise formuliert – unter anderem von Albert Einstein in seiner Allgemeinen Relativitätstheorie, obwohl es sich herausstellte, dass diese beiden Denkansätze letztendlich auch nicht miteinander vereinbar waren. Was übrig bleibt, ist die Annahme, dass alle Himmelskörper, wo immer sie sich auch befinden, Einfluss auf alle anderen ausüben, und dass dieses berücksichtigt werden muss.

Abb. 16.4: Ernst Mach.

Newton

Die Bewegung von Himmelskörpern konnte also mit einer gewissen Genauigkeit be-schrieben werden, aber die Erklärung dafür musste auf das Genie von Isaac Newton warten. Seine Bewegungsgesetze haben wir bereits in einem gesonderten Abschnitt in Kapitel 4 kennen gelernt.

Wenn wir mit Kepler den Höhepunkt von Ordnung, die perfekte kosmische Har-monie, gefunden haben, so trat Newton auf, diese wieder aufzulösen. Durch seine konsequente Anwendung der Gravitationsgesetze akzeptierte er den wechselseitigen Einfluss von Himmelskörpern aufeinander, was schließlich zum Mehrkörperproblem führt, dessen exakte Berechnung bis heute nur durch den Einsatz von numerischen Methoden und leistungsfähigen Computern möglich ist. Wegen des gegenseitigen Ein-flusses werden die Planetenbahnen zu idealisierten Bahnen, die in Wirklichkeit durch die Interferenzen mit anderen Planeten davon abweichen. Die Wirklichkeit scheint nunmehr zu komplex, um eine perfekte kosmische Ordnung zuzulassen.

Die Berechnung von Perturbationen geschieht durch angewandte Mathematik auf die Himmelsmechanik. Sie wurde ausgelöst im Jahre 1820 durch die Entdeckung, dass die Uranusbahn vom berechneten Pfad abwich. Der französische Astronom Ur-bain Le Vernier (1811–1877) wandte sie an, um die Bahn eines unbekannten Planeten zu berechnen, und damit die Abweichungen des Uranusorbits zu erklären. Zwei Jahre später entdeckte der deutsche Astronom Gottfried Galle (1812–1910) auf dieser Grund-lage den Planeten Neptun. Zu Beginn des 20sten Jahrhunderts wandten Percival Lo-well (1855–1916) und William Henry Pickering (1858–1938) die Perturbationsrechnung an, um den Orbit von Pluto, der erst Jahrzehnte später vom Lowell Observatorium entdeckt wurde, zu berechnen.

Also führt die Perturbation der Bahn eines Himmelskörpers zu einer Abweichung vom ursprünglich berechneten Kurs. Man kann zwischen unregelmäßigen Perturbatio-nen und periodischen Perturbationen, die Fluktuationen um einen Durchschnittswert beschreiben und langfristige monotone Änderungen bedeuten, unterscheiden. Für diese Perturbationen können beispielsweise Gravitationskräfte verantwortlich sein, die durch Änderungen eines Gravitationsfeldes oder den Einfluss anderer Himmelskörper entstehen, aber ebenso relativistische Effekte wie Zeitdehnung oder Raumkrümmung. Um Asteroidenbahnen zu beschreiben, müssen alle Gravitationskräfte, die durch die Sonne, den Mond und andere große Himmelskörper ausgeübt werden, berücksichtigt werden. Für einige Satelliten spielen Perturbationen durch das unregelmäßige Gravita-tionsfeld der Erde eine wichtige Rolle. Periodische Perturbationen werden auch durch den Einfluss von Mond und Sonne ähnlich wie bei den Gezeiten verursacht.

Sogar bis zum heutigen Tag hat man noch nicht vollständig verstanden, warum unser Planetensystem sich vor etwa 4,5 Milliarden Jahren mit stabilen Planetenbah-nen, wie wir sie immer noch beobachten, gebildet hat. Das bedeutet, dass Newtons Theorie nicht in der Lage ist, das zu erklären, was Keplers verschachteltes Polyedermodell konnte: die durchschnittlichen Abstände zwischen Sonne und Merkur, Venus, Erde, Mars, Jupiter und Saturn.

Aber heute bedeuten Schöpfung und Harmonie zwei völlig verschiedene Dinge. Die Idee eines Urknalls selbst schließt jede Assoziation mit Harmonie als solche aus. Newton selbst legte den Grund für eine andere Kosmologie als Keplers. Er war der erste, der die Überzeugung zum Ausdruck brachte, dass das Universum homogen und isotrop sei, d. h. das Universum würde einem Beobachter an irgendeiner Stelle mit Ausnahme von lokalen Unregelmäßigkeiten immer gleich aussehen. Immanuel Kant übernahm Newtons Konzept von Raum, Zeit und Gravitation, um sein kosmologisches Modell zu entwickeln, indem er von einem uranfänglichen Chaos ausging. Ein Gravitationskollaps wurde durch irgendwelche Abstoßungskräfte zwischen den Planeten vermieden.

Das Ende der Gewissheit

Gegen Ende des 19ten Jahrhunderts war die systematische Erforschung der direkt wahrnehmbaren Welt durch erfolgreich verifizierbare Theorien abgeschlossen. Der Raum in unmittelbarer Nähe der Erde war auf Basis der Newton-Keplerschen Mechanik verstanden worden. Im Jahre 1899 stellte der Leiter der US-Patentbehörde seinen Posten zur Verfügung, da nach seiner Erkenntnis keine signifikanten Erfindungen mehr zu erwarten waren. Der Physiker Albert Michelson war der Meinung, dass alles, was noch in der Wissenschaft am Ende des 19ten Jahrhunderts zu tun wäre, lediglich eine Verfeinerung des Existierenden wäre, da keine Neuheiten entdeckt werden würden. Philipp von Jolly (1809–1884), Professor für Physik an der Universität München, der von Max Planck um Rat gebeten wurde, teilte ihm mit, dass in der Physik fast alles schon erforscht sei, und die verbliebenen Aufgaben darin bestünden, unwichtige Lücken zu schließen.

Die nächsten Schritte wurden durch Zufallsentdeckungen ausgelöst: der Weg in den Mikrokosmos wurde eröffnet. Conrad Röntgen (1845–1923) hatte eine neue Strahlenart entdeckt, was Henri Becquerel (1852–1908) dazu veranlasste, weitere fluoreszierende Substanzen zu untersuchen. Reiner Zufall führte ihn zur Entdeckung der Radioaktivität, während er Uransalze auf versiegelten Fotoplatten lagerte. Für den Kernzerfall sind drei Arten von Strahlung bekannt: alpha-Strahlen ($_2He^4$), beta-Strahlen (e^-) und gamma-Strahlen (elektromagnetische Wellen). Zwei Jahre nach Becquerel entdeckte das Ehepaar Curie weitere radioaktive Substanzen: Radium und Polonium. Joseph J. Thomson (1856–1940) entdeckte das erste Elementarteilchen, das Elektron, und entwickelte eine erste Atomtheorie. Ernest Rutherford (1871–1937) klassifizierte die radioaktive Strahlung und entwickelte ein neues Atommodell mit einem Kern.

Und im Jahre 1900 hielt Max Planck seinen berühmten Vortrag vor der Deutschen Physikalischen Gesellschaft, in dem alle Karten neu gemischt wurden.

Max Planck und Albert Einstein

Max Karl Ernst Ludwig Planck wurde am 23. April 1858 in Kiel geboren und starb am 4. Oktober 1947 in Göttingen. Im Jahre 1878 bestand er das Staatsexamen fürs Lehramt in Mathematik und Physik an der Hochschule in München. Im Jahre 1880 wurde er außerordentlicher Professor an der Universität München, im Jahre 1885 außerordentlicher Professor für theoretische Physik an der Christian-Albrecht-Universität in Kiel, 1892 Professor für theoretische Physik in Berlin. Seit 1912 wurde er zum ständigen Sekretär der neu gegründeten Kaiser Wilhelm Gesellschaft zur Förderung der Wissenschaften (heute: Max-Planck-Gesellschaft) ernannt. Im Jahre 1914 wurde er Präsident der Universität.

Plancks wichtigste Erkenntnis war die Entdeckung, dass die spektrale Energieverteilung eines Schwarzkörpers nicht kontinuierlich, sondern in diskreten Frequenzen erfolgt. Die emittierten Wellen entsprachen quantisierten Energiezuständen. Unmittelbare Konsequenzen verlangten ein neues Denken: das Kontinuum war verloren, d. h. die Einsicht gewonnen, dass Naturereignisse in diskreten Zuständen beschrieben werden konnten – oder besser: auf diese Weise beschrieben werden mussten, und Eindeutigkeiten waren gleichfalls verloren, mussten durch Wahrscheinlichkeit ersetzt werden. Das war die Geburtsstunde der Quantenphysik.

Quantentheorie also verursachte den Verlust von Konzepten, die bis dahin der westlichen Denkweise nicht nur in der Wissenschaft, sondern auch im täglichen Leben teuer gewesen waren. Aber es sollte noch mehr kommen oder besser verloren gehen. Grund dafür war eine weitere Theorie, die nur fünf Jahre nach Plancks wegweisendem Vortrag aufkommen würde: Albert Einsteins Relativitätstheorie, die wir schon mehrfach erwähnt haben, und mit der der Verlust eines absoluten Raumes und der absoluten Zeit einherging.

Konsequenzen daraus sind: die Krümmung der Raumzeit ist proportional der vorhandenen Energiedichte. Die theoretischen Ergebnisse der Allgemeinen Relativitätstheorie haben Philosophie und Naturwissenschaft revolutioniert. Als Folge hat der Kosmos, das Universum, wiederum Anlass für den Entwurf völlig neuer Modelle gegeben.

Während der ersten Hälfte des 20sten Jahrhunderts wurden die Grenzen des Mikrokosmos und des Makrokosmos erweitert. Während der zweiten Hälfte des 20sten Jahrhunderts kam die physikalische Forschung an die Grenzen menschlicher Vorstellungskraft: das Universum und seine Entstehung und bis zu den kleinsten Teilchen, den Quarks; Theorien wurden immer komplexer und erweiterten die moderne Weltsicht fundamental.

Subjektivität und Objektivität

Wenn wir uns der Idee von „Wahrheit" aus einer philosophischen Perspektive nähern, wird das zu einer verwirrenden Angelegenheit, was die Möglichkeiten der Annäherung betrifft. Man kann bei Augustinus (354–430) anfangen oder sogar bei Plato, oder die Scholastiker befragen oder später Kant – man könnte durch die gesamte europäische Geschichte des Intellekts navigieren. An irgendeiner Stelle kommt dann der Sprung in die Postmoderne, die herausgefunden hat, dass es keine objektive Wahrheit gibt.

Zu Beginn der Neuzeit konnte die Naturwissenschaft einer solchen Annahme entgegenhalten, dass sie einen objektiven Zugang zur Wirklichkeit besäße – indem sie Wirklichkeit und Wahrheit der Einfachheit halber gleichsetzte. Aber selbst, wenn wir davon ausgehen, ist sich die Wissenschaft seit der Quantentheorie bewusst, dass sie nicht mehr über die vollständige Wirklichkeit verfügt. Der Eingriff eines Beobachters durch seine Beobachtung verändert die Wirklichkeit und somit gleichzeitig die Wahrheit einer Konstellation. Hierbei handelt es sich nicht um Spekulation, sondern um das Ergebnis von Experimenten.

Grundsätzlich führt uns diese Einsicht zurück zur Frühzeit menschlichen Nachdenkens, als in seinem Bewusstsein erstmalig die Trennung des Subjekts von seiner Umgebung stattfand. Letztendlich kann Wahrheit nur in externer Objektivität gefunden und dann interpretiert werden. Das bedeutet: die ganze Wahrheit kann niemals zweifelsfrei durch die Aufnahme externer Wahrheiten ergriffen werden, sondern lediglich als Annäherung mit subjektiven Methoden. Die ganze Wahrheit umfasst sozusagen Subjekt und Objekt.

Indem er dieses Dilemma zwischen Subjektivität und Objektivität aufnahm, formulierte der Theologe Dieter Hattrup eine These, die vielleicht für die weitere Diskussion nützlich scheint [44]. Sie lautet:

Wahrheit und Interesse stehen im ständigen Gegensatz zueinander.

Das basiert auf folgenden Hypothesen:

- Wahrheit und Interesse befinden sich in ständiger Konkurrenz zueinander;
- Nirgends kann es Wahrheit geben, was nicht irgendwie von Nutzen sein soll.

Vor diesem Hintergrund ist es Zeit, die philosophische Ebene zu verlassen und sie gegen die Alltagswelt einzutauschen, weil:

- Reduziert man Wahrheit auf Interesse, setzt sich die Rede von Wahrheit immer dem Verdacht aus;
- Im Alltag lassen sich Wahrheit und Interesse nicht trennen, aber im Denken lassen sie sich unterscheiden.

Somit hat Wahrheit zwar im weitesten Sinne auch mit Kommunikation (Sprache) zu, aber nicht nur. Andererseits hat aber Kommunikation immer mit Wahrheit oder eben deren Fehlen zu tun. Wahrheit selbst ist tolerant, aber um sie zu erkennen, benötigt sie einen Freiraum, der Irrtum und Richtigstellungen ermöglicht.

Dekonstruktion

In klassischen Kategorien ist nicht sehr viel von Keplers Vermächtnis übriggeblieben (mit der Ausnahme seiner drei Planetengesetze als klassische Näherung). Die Harmonie des Kosmos war in der ersten Hälfte des 20sten Jahrhunderts zerstört worden. Aber die Motivationsquellen, eine Ordnung der Dinge zu entwerfen und zu finden, waren damit noch nicht ausgetrocknet. Jetzt bestand die Aufgabe darin, die verstreuten Bruchstücke der Welt neu zusammen zu bauen und zu einem harmonischen Bau zu verbinden um die Prophezeiung von John A. Wheeler (1911–2008) zu erfüllen: „Someday a door will surely open and expose the glittering central mechanism of the world in its beauty and simplicity".

Man hat vier Fundamentalkräfte in der Natur identifiziert: Gravitation, Elektromagnetismus, die schwache und die starke Wechselwirkung. Im Elektromagnetismus wurden Elektrizität und Magnetismus durch James C. Maxwell (1831–1879) vereinigt. Die schwache Wechselwirkung und der Elektromagnetismus wurden formal als elektro-schwache Wechselwirkung durch Abdus Salam (1926–1996) und Steven Weinberg (1933–2021) in den 60ger Jahren des 20steh Jahrhunderts formal zusammengeführt. Mit dem Quarkmodell wurde die Quantenchromodynamik zum Standardmodell der Teilchenphysik entwickelt. Was in diesem Modell außen vor blieb, war die Gravitation. Sie spielt eine Hauptrolle in einem anderen Standardmodell, dem kosmologischen, welches auf der Allgemeine Relativitätstheorie beruht. Die Tab. 16.1 zeigt die vier Naturkräfte im Vergleich.

Tab. 16.1: Die vier Naturkräfte.

Kraft	Feldquant	Relative Stärke	Reichweite [m]
Starke Wechselwirkung	Gluon	1 (gesetzt)	10^{-15}
Schwache Wechselwirkung	Vector Boson	10^{-1}	10^{-18}
Elektromagnetismus	Photon	10^{-2}	∞
Gravitation	Graviton	10^{-39}	∞

Statt „Kraft" nutzt man in der modernen Physik den Begriff „Wechselwirkung". Kraft hat nur in der klassischen Physik eine Bedeutung. Die Feldtheorien lehren uns, dass Wechselwirkungen durch den Austausch von Feldquanten geschehen.

Lassen Sie uns zusammenfassen:

(1) Die elektromagnetische Wechselwirkung:
Ihre Feldquanten sind die Photonen.

(2) Die starke Wechselwirkung:
Ihr Feldquant ist das Gluon, das das Innerste – die Quarks – des Atomkerns zusammenhält.

(3) Die schwache Wechselwirkung:
Bei niedrigen Energien ist sie erheblich schwächer als die elektromagnetische Wechselwirkung und besonders im Vergleich mit der starken Wechselwirkung. Sie ist verantwortlich für den beta-Zerfall. Ihre Feldquanten sind die W- und Z-Bosonen.

(4) Gravitation:
Sie ist noch viel schwächer als die drei bisher Genannten. Die Anziehung zwischen einem Proton und einem Elektron aufgrund der Gravitation beträgt 10^{-39} der elektrischen Anziehung.

Das Standardmodell erklärt alle in der Natur beobachteten Phänomene – mit Ausnahme all jener, die durch die Gravitation verursacht werden. Das eröffnet eine physikalische Parallelwelt, die ihr eigenes Leben neben oder sogar gegen die Quantenphysik führt. Es gab viele Versuche, diese Lücke zu schließen – bisher ohne Erfolg.

Durch dieses ganze Buch war die Gravitation die übergeordnete Ursache für das, was Galilei, Kepler und Marius und deren Zeitgenossen zu beschreiben versuchten, obwohl der Begriff und seine Bedeutung zu deren Zeiten unbekannt waren. Heute setzt die gesamte Gravitationstheorie die Allgemeine Relativitätstheorie voraus. Aber der Gesamtzusammenhang ist größer als nur eine Abhandlung über eine Naturkraft. Gravitation oder die Allgemeine Relativitätstheorie öffnen das Tor zur Kosmologie und dem Ursprung des Universums.

Gegenwärtig zeigt sich die folgende Situation:

I.   Die Atomphysik ist eine etablierte Wissenschaft, deren Grundlagen alle gut verstanden sind. Heute besteht ihr Interessengebiet in der exakten Messung von Energieniveaus mit Hilfe von Laser-Technologien, um bestimmte Naturkonstanten noch besser zu bestimmen, die Einzeluntersuchung von Ionen und auch die Spektralanalyse von bestimmten Materialien.

II. Die Kernphysik hatte – wie wir alle wissen – eine wechselhafte Geschichte neben der Grundlagenforschung. Der Beweis der Richtigkeit ihrer theoretischen Basis wurde sowohl im militärischen als auch im zivilen Sektor bestätigt. Neben anhaltenden weiteren technischen Verbesserungen gibt es ein andauerndes Feld der Grundlagenforschung in der Elektronenstreuung, um mehr über die Struktur des Atomkerns zu erfahren.

III. Die Hochenergiephysik oder Elementarteilchenphysik hat bei weitem noch nicht ihren Kulminationspunkt erreicht. Das zeigt sich in den fortlaufenden Experimenten mit mehr oder weniger leistungsfähigen Beschleunigeranlagen.

IV. Moderne kosmologische Beobachtungen durch eine Anordnung von optischen und Radioteleskopen erweitern unseren Blick auf den Kosmos ständig und führen zu einer regelmäßigen Verifizierung kosmologischer Modelle und der Gültigkeit der Relativitätstheorie.

V. Es gibt zwei Aufgaben, die bis heute noch nicht gelöst sind:
    – die Vereinigung der vier bekannten Naturkräfte
    – die Synthese von Quanten- und Relativitätstheorie.

Eine neue kosmische Harmonie scheint also 400 Jahre nach Kepler weiterhin weit entfernt zu sein.

Rätsel

Wir müssen zwischen ungelösten Problemen und offenen Fragen, die angegangen werden, und Mysterien, deren Lösungen gegenwärtig im Bereich der Spekulation liegen, unterscheiden. Zwischen beiden Kategorien gibt es Übergänge. Hier einige Beispiele:
– Stringtheorie
– die kosmologische Konstante und dunkle Materie
– TOF: Theory of Everything oder die Vereinigung von allem
– der Big Crunch.

Kopernikanismus bedeutet die Entfernung des Menschen vom Zentrum unsers Planetensystems, danach die Entfernung der Sonne vom Zentrum der Welt, dann Entfernung unserer Galaxie vom Zentrum des Universums. Der letzte Schritt würde die Annahme sein, auch unser Universum sei nicht einmalig. Das Multiversum wäre die ultimative Kränkung von Johannes Kepler.

Es gibt eine Reihe offener Fragen, die zu dem Konzept eines Multiversums geführt haben – eine Welt, die selbst wiederum aus einer unendlichen Anzahl von parallelen Welten besteht. Der Anstoß kam aus der Quantenphysik mit ihrer Superposition von parallelen Zuständen, die sich nur z. B. durch eine Messung auflösen lässt. Je nach Messung öffnet sich eine eigene Verzweigung vieler möglicher Zustände: ein greifbares Universum aus einer möglichen Vielzahl. Diese Idee quantenphysikalischer Interpretation wurde von Hugh Everett (1930–1982) vorgeschlagen.

Die Erklärung für das Entstehen eines Multiversums wurde für die Hypothese der inflationären Ausdehnung des Universums kurz nach dem Urknall (nach 10^{-35} bis 10^{-33} s) durch Alan H. Guth geliefert. Diese Hypothese beantwortet mehrere kosmologische Fragen gleichzeitig, z. B. bzgl. der Homogenität des Universums und der kosmischen Hintergrundstrahlung, über die fehlende Krümmung des Kosmos oder über Dichtefluktuationen von Galaxien als Ergebnis von Quantenfluktuationen des inflationären Feldes.

Eine Konsequenz aus diesen Annahmen wäre, dass Expansionsblasen erzeugt worden sind, die nicht untereinander kommunizieren können. Andrei D. Linde hatte solch eine Blasentheorie und damit das Multiversum vorgeschlagen. Die Existenz eines Multiversums würde die gesamt Feinabstimmung erklären, die letztendlich erforderlich ist, intelligentes Leben im Kosmos hervorzubringen, sogar wenn man annimmt, dass in anderen Paralleluniversen solch eine Feinabstimmung nicht existiert. Weil alle potenziellen Universen möglich sind, muss eines wie das unsere zwangsläufig existieren. Das würde das Problem des Anthropischen Prinzips lösen.

Die Theorie des Multiversums ist noch eine Theorie, deren Beweis bisher noch nicht geliefert wurde, und der nicht im Rahmen der Theorie selbst geliefert werden kann, da keine Möglichkeit besteht, Signale von einer Parallelwelt in eine andere zu senden. Ansonsten wären sie keine Parallelwelten, sondern lediglich Teile ein und desselben Universums.

Wiederherstellung von Harmonie

Die Suche nach der großen Vereinigungstheorie geht weiter. Die Vereinigung würde die elektromagnetische, die starke und die schwache Wechselwirkung umfassen. Sie nimmt an, dass diese drei Kräfte kurz nach dem Urknall gleich waren, d. h. vereint in einer einzigen Kraft. Eine Möglichkeit, das zu prüfen, wäre der Protonzerfall, der jedoch bis heute noch nicht beobachtet wurde. Alles, was wir haben, ist eine Obergrenze für seine Halbwertszeit, die ungefähr das Alter des Universums ausmacht.

Schon Albert Einstein suchte eine vereinigte Feldtheorie, wenn auch zu seiner Zeit lediglich für die Vereinigung von Gravitation und Elektromagnetismus, da die anderen beiden Naturkräfte damals noch nicht bekannt waren. Schon im Jahre 1926 erklärte er in seiner Rede zur Entgegennahme des Nobelpreises sinngemäß, dass der Geist, der eine integrierte Theorie sucht, nicht zufrieden damit sein könnte, dass es zwei verschiedene Felder geben soll, die in der Natur vollständig unabhängig voneinander sein würden.

Obwohl er schon damals über die Feldtheorie nachdachte, fing er in Princeton im Jahre 1945 ernsthaft wieder mit der Arbeit daran an. Er wurde dabei von einem alten Freund aus den Züricher Jahren, Hermann Weyl (1885–1955), unterstützt. Einstein wollte das Quantenproblem nicht dadurch lösen, dass er zuerst eine klassische Vereinigungstheorie entwickelte und sie dann mit der Quantentheorie verflocht. Seine Theorie sollte in der Lage sein, die Ergebnisse der Quantentheorie überhaupt erst zu reproduzieren. Aber sein Äquivalenzprinzip zeigte ihm lediglich, wie Gravitation in der Raumzeit-Struktur identifiziert werden konnte. Er konnte seine Suche nach einem physikalischen Prinzip, welches die Grundlage für die geometrische Beschreibung aller wechselwirkenden Kräfte und damit die Schaffung einer vereinigten geometrischen Feldtheorie, nicht vollenden. Einer von den Gründen könnte ein fehlendes Verständnis für die Quantenwelt als solche gewesen sein, wie der Physiker Brian Greene sinngemäß meinte, also, dass Einstein nicht genug über die grundlegenden Prozesse und Prinzipien der Welt mikroskopisch kleiner Teilchen wusste, um den nächsten Schritt zu tun.

Ein anderer Ansatz würde die Vereinigung von Gravitation und Elektromagnetismus im Zusammenhang mit der Relativitätstheorie sein und dann später zur Quantenfrage zurückzukehren [45]. Der erste Schritt könnte durch die Schaffung von zwei Fundamenten erreicht werden:

– Konstruktion einer fünf-dimensionale Mannigfaltigkeit mit drei Raum-Koordinaten und einer Zeit-Koordinate, wobei die fünfte Koordinate durch den Affinparameter q/m (Ladung/Masse) dargestellt wird
– Formulierung eines erweiterten Äquivalenzprinzips:

„Wenn sich ein Beobachter in einem (speziellen) Inertialsystem (z. B. einem Faraday'-schen Käfig) bewegt, kann er aufgrund der Beschleunigung eines Referenzrahmens, der er ausgesetzt ist, weder unterscheiden, ob er sich in einem Gravitations- oder einem elektromagnetischen Feld, oder irgendeinem anderen Feld bewegt."

Dann gibt es folgende Kriterien für eine echte Vereinigung von Gravitation und Elektromagnetismus:

I. Beide Wechselwirkungen müssen durch dieselbe Feldgleichung beschrieben werden.
II. Auf geometrischer Basis müssen alle Kräfte durch die Kopplung eines einzelnen Hauptquellterms an die Geometrie ersetzt werden.
III. Alle Dimensionen einer fünf-dimensionale Mannigfaltigkeit müssen auf irgend-eine Weise physikalisch beobachtbar sein.

Die Gravitationskraft wird durch die Kopplung der Krümmung einer Raumzeit-Mannigfaltigkeit an einen Energiequellterm ersetzt. Konsequenterweise muss die elektromagnetische „Kraft" auch durch eine Kopplung einer Mannigfaltigkeits-krümmung zu einem Energiequellterm ersetzt werden. Sowohl die Mannigfaltig-keit, in der etwas stattfindet, als auch die Quelle müssen beide Gravitations- und elektromagnetischen Vorgänge abdecken. [45]

Was auch immer das endgültige Ergebnis all der gegenwärtigen Bestrebungen für die Formulierung einer GUT (Grand Unified Theory) sein wird, es gibt keinen Grund, sich damit zufrieden zu geben. Der konsequente nächste Schritt führt zu TOE (Theory of Everything), die alle vier Kräfte oder Wechselwirkungen in der Natur umfasst und somit die Lücke zwischen Quantentheorie und Relativitätstheorie schließt. Die Welt-formel ist bis jetzt noch nicht gefunden worden. Es mag angezweifelt werden, ob sie jemals gefunden werden kann, indem man weiterhin an diesen beiden Zweigen der modernen Physik festhält (Quantentheorie und Relativitätstheorie), oder ob man sich nach einem vollständig anderen Ansatz umschaut.

Der Begriff „Weltformel" wurde zuerst von Werner Heisenberg (1901–1976) ge-prägt. Davor sprachen die Leute über die „Machina mundi" oder Weltmaschine. Es gab jemanden, der – bis vor kurzem – viel Energie darauf verwendete, einen solchen Mechanismus zu finden: Während der Mitte der siebziger Jahre des vergangenen Jahrhunderts gab Stephen Hawking bekannt, ihm werde es gelingen, die TOE inner-halb der nächsten 10 Jahre zu finden – auf jeden Fall früher als zwanzig Jahre nach dieser Ankündigung. Dann, nach weiteren zwanzig Jahren, dass die geplanten zwanzig Jahre gerade erste begonnen hätten. Hawking suchte nach TOE im Rahmen der Stringtheorie. Diese Theorie behauptet, dass ein Elementarteilchen so etwas wie eine Saite oder Schnur ist. Unterschiedliche Erregungszustände eines Strings stehen für unterschiedlich Elementarteilchen. Strings sind 10^{25}-mal kleiner als ein Atom, und sie schwingen in einer 10-dimensionale Raum-Zeit. Einige stringtheoretische Modelle beinhalten Quantengravitation, sodass die Gravitation endgültig Einzug in einer allgemeinen Weltharmonie gefunden hätte.

Hawkings Bemühungen hinsichtlich der TOE waren aber auf keinen Fall die ersten gewesen.

Der deterministische Laplace'sche Dämon war der Versuch, eine TOE auf Basis der Newtonschen Mechanik zu entwickeln. Pierre-Simon Laplace (1749–1827) erwähnte dieses Konstrukt im Vorwort von „Essai philosophique sur les probalilités" im Jahre 1814. Sein Dämon würde intelligent sein, der sowohl alle Kräfte als auch alle Positionen und Geschwindigkeiten im Kosmos berechnen könnte. Unter Zuhilfenahme der Newtonschen Gesetze würde dieses Wesen in der Lage sein, die Entwicklung des Universums nach vorne und nach hinten zu berechnen.

Heisenberg glaubte auch, dass er kurz davorstand, eine TOE formulieren zu können: Im Jahre 1958 gab er ein Radiointerview, in dem er behauptete, dass er und Wolfgang Pauli (1900–1958) (Abb. 16.5) in Kürze eine Weltformel auf Grundlage der Spinortheorie von Elementarteilchen veröffentlichen würden. Man müsste nur noch einige geringfügige technische Details lösen. Aber Pauli verließ das Projekt dann, weil er es für undurchführbar hielt. Pauli schrieb einen Brief an den in Russland geborenen Physiker George Gamow (1904–1968). Dieser Brief enthielt ein leeres Rechteck und sinngemäß den Kommentar, dass damit der Welt gezeigt werden soll, dass er genauso gut wie Titian malen könnte; es fehlten lediglich noch einige technische Details.

Pauli selbst hatte einen Aufsatz über Kepler geschrieben, in dem er sein Verständnis einer Weltformel erläuterte. Auch für Pauli stellte eine Weltharmonie oder Machina mundi ein Ordnungsprinzip der Natur, der Musik und anderer Dinge dar. Er nutzte den Begriff „Archetyp" für ursprüngliche mathematische Intuition (s. u.).

Das heute allgemein akzeptierte kosmologische Standardmodell haben wir bereits in Kapitel 11 beschrieben, sodass sich an dieser Stelle eine Wiederholung erübrigt. Natürlich gibt es modifizierte Versionen dieses Modells, die hier nicht weiter diskutiert werden sollen. Sie beinhalten Quantenfluktuationen, inflationäre Expansion, Perkolationstheorie für die Erzeugung von Hadronen aus einem Quark-Gluon-Plasma etc.

Angesichts des Ausgeführten warnt Harald Böttger, was die Leistungsfähigkeit der Physik im Allgemeinen und für die TOE im Besonderen angeht [40] Er zitiert den Physiker Paul Dirac, der feststellt, dass ein forschender Wissenschaftler, der eine Entdeckung gemacht hat, dafür Sorge tragen müsste, seinen augenblicklichen Standpunkt zu verteidigen und das Feld vor ihm zu überblicken. Seine Fragen sollten sein: Wohin gehen wir von hier aus? Worauf können wir die neuen Entdeckungen anwenden? Inwieweit können wir andere Probleme, die vor uns liegen durch die neuen Erkenntnisse beleuchten?

Abb. 16.5: Wolfgang Pauli.

Böttger zitierte auch Einstein, der gefragt hatte, ob überhaupt irgendetwas wissenschaftlich reproduziert sein könnte. Einsteins Antwort war: möglicherweise, aber das würde überhaupt keinen Sinn ergeben. Das würde zu einer Wiedergabe durch unzureichende Mittel führen, wie etwa die Nachbildung einer Symphonie von Beethoven durch ein Luftdruckdiagramm.

Böttger schließt damit, dass es enge Grenzen für den Spielraum und die Nützlichkeit von TOE gibt – sogar in der Physik selbst. Sogar Stephen Hawking glaubte schließlich nicht mehr an die Möglichkeit einer TOE wegen Gödels Prinzip über die Unvollständigkeit formaler Systeme, nach der kein Teil Rückschluss auf das Ganze ziehen kann. Also ist der Mensch als Teil der Natur nicht in der Lage, letzte Gewissheit über die Natur als Ganze zu finden.

Die Suche nach Harmonie geht weiter.

Was ist mit der Musik?

Keplers Harmonices Mundi ist im Wesentlichen ein Buch über Musik (der geometrische Teil ist eine Wiederholung aus dem Mysterium cosmographicum). Die Sphärenmusik wurde durch die von den umlaufenden Planeten erzeugte nicht-hörbare Harmonie ersetzt. Die Akkorde wurden aus dem Verhältnis der maximalen zu den minimalen Geschwindigkeiten auf deren elliptischen Bahnen abgeleitet. Heute interessiert sich niemand mehr für diese Annahme. So scheint es jedenfalls.

Gibt es überhaupt eine Verknüpfung zwischen Physik und Musik? Natürlich gibt es sie. Die Akustik ist eine eigenständige Physikdisziplin. Die Erzeugung von Geräusch und Musik kann durch physikalische Gleichungen erklärt werden. Aber kann man Mathematik auf musikalische Kunstwerke wie Symphonien oder sogar einfache Lieder anwenden? Interessieren sich Leute immer noch für eine Transkription von Musikstücken in mathematische Sprache und nutzen die Ergebnisse als ein Klassifikationswerkzeug? Die Antwort lautet: ja. Sogar 400 Jahre nach Kepler ist dieser Gegenstand noch nicht abgehandelt.

Im Jahre 2002 veröffentlichte C. Hartfeld mit anderen einen Aufsatz über die Rolle von Mathematik in der Musik [46]. Auf weniger als 60 Seiten deckten sie die mathematischen Geheimnisse von Kompositionen auf. Sie begannen mit einer Würdigung von Keplers Planetenmusik und einer Kritik an der Harmonielehre von Arnold Schönberg (1874–1951), bevor sie in die Details gingen. Zu diesen Details gehörte der Goldene Schnitt in der Musik. In dem Entwurf griffen die Autoren auf Fibonacci-Reihen, Intervalproportionen und Frequenzverhältnisse zurück und sogar auf das Verhältnis zwischen geometrischen und musikalischen Strukturen.

Einen weiteren Ansatz für die Klassifikation von Musik kann man aus der Statistik herleiten. Im Jahre 1962 veröffentlichte Wilhelm Fucks (1902–1990) einen Artikel über Musikanalyse von willkürlichen Sequenzen und brachte so Musik und Zufall zusammen [47]. In seiner Analyse behandelte er die Folge von musikalischen Elementen in einer Komposition genauso wie eine zufällige Wertefolge, die dann statistisch nach Frequenzverteilung oder Kreuz- und Autokorrelationen analysiert werden können. Dann ist es möglich, charakteristische Werte für ausgesuchte Komponisten zu entdecken. Aber weit entfernt von einem Gebilde neuer musikalischer Harmonie, ist diese Vorgehensweise ein weiterer Versuch von Dekonstruktion.

Die Grenzen der Welt und Johannes Kepler

Der französische Philosoph Michel Foucault schrieb in seinem Buch „Les Mots et les Choses" Folgendes über das Verhältnis Makrokosmos – Mikrokosmos:

Und hier finden wir, dass die allzu bekannte Kategorie, der Mikrokomos ins Spiel kommt. Diese alte Idee ist zweifellos während des Mittelalters und zu Beginn der Renaissance durch eine gewisse neo-Platonische Tradition wieder belebt worden. Aber im 16ten Jahrhundert gelang es ihr, eine fundamentale Rolle im Felde des Wissens zu spielen. Es spielt kaum eine Rolle, ob sie, wie einmal behauptet, eine Weltanschauung war oder nicht. Tatsache ist, dass sie eine, oder besser zwei, präzise Funktionen für die epistemologische Beschaffenheit der damaligen Ära hatte. Als eine „Denkkategorie" wendet sie das Zusammenspiel von doppelten Ähnlichkeiten auf alle Gebiete der Natur an; sie versorgt jede Untersuchung mit der Gewissheit, dass alles ein Spiegelbild finden wird und ihre makroskopische Rechtfertigung auf einer anderen und höheren Skala; sie bestätigt umgekehrt, dass die sichtbare Ordnung der höchsten Sphären in den dunkelsten Tiefen der Erde reflektiert wird. Aber, wenn man sie als eine „allgemeine Beschaffenheit" der Natur versteht, setzt sie dem unermüdlichen Hin-und-Her von Ähnlichkeiten, die einander ablösen, wirkliche und, wie es geschah, greifbare Grenzen. Sie deutet an, dass es eine größere Welt gibt, und dass dessen Umfassung die Grenzen aller geschaffenen Dinge definiert; dass am äußersten Ende dieser großen Welt eine privilegierte Schöpfung existiert, die, im Rahmen ihrer begrenzten Dimensionen, die gewaltige Ordnung der Himmel, der Sterne, der Berge, Flüsse und Stürme nachbildet; und dass das Zusammenspiel von Ähnlichkeiten zwischen den tatsächlichen Grenzen dieser konstituierenden Analogie stattfindet. Durch diese Tatsache, wie gewaltig die Entfernung von Mikrokosmos zu Makrokosmos auch sein mag, kann sie nicht unendlich sein; die Wesen, die in ihm wohnen, mögen ausgesprochen zahlreich sein, aber letztendlich können sie gezählt werden; und in Konsequenz beruhen die Ähnlichkeiten durch die Anwendung der Symbole, die für sie benötigt werden, aufeinander und mögen ihre endlose Flucht aufgeben. Sie besitzen eine perfekt geschlossene Domäne zu ihrer Unterstützung und Festigung. Die Natur, so wie das Zusammenspiel von Symbolen und Ähnlichkeiten, ist in sich geschlossen in Übereinstimmung mit der doppelten Form des Kosmos. [6]

Johannes Kepler, obwohl nicht arm in einem allgemeinen Verständnis, besonders, wenn man dieses Kriterium auf die Lebensumstände gewöhnlicher Leute seiner Zeit anwendet, wurde aber auch nie eine wohlhabende Person. Von früher Kindheit an war er von verschiedenen Krankheiten heimgesucht worden, war gezwungen, ein unstetes Leben zu führen, ohne einen Ort auf der Erde, den er seine Heimat nennen konnte. Zunächst waren die dauernden Umzüge seiner Eltern die Ursache für diesen Sachverhalt, später die Turbulenzen religiöser Streitigkeiten, die in den 30jährigen Krieg mündeten. Gleichzeitig musste er den Tod seiner ersten Frau und den einiger seiner kleinen Kinder ertragen, obwohl auch das in einer Zeit, in der die Kindersterblichkeit im Allgemeinen hoch war. Vor diesem Hintergrund (oder gerade wegen ihm) muss seine Lebensleistung als umso außergewöhnlicher bewertet werden.

Er wurde noch während seines Lebens in ganz Europa als Astronom anerkannt, und sein Rat wurde an vielen Orten angefragt. Er korrespondierte mit wichtigen Fachkollegen wie Galilei, Marius und Bernegger. Letztendlich führten sein Ruhm und seine Errungenschaften zu Sonderbehandlungen durch verschiedene Autoritäten, sogar während der schweren Zeiten der Gegenreformation. Die Tabulae Rudolphinae und seine drei astronomischen Gesetze dienten Newton als Grundlage für die Entwicklung seiner eigenen Theorie, die er in seiner „Philosophiae naturalis principia mathematica" niederlegte. Keplers Denken spielte eine zentrale Rolle in der Naturphilosophie von Friedrich Wilhelm Schelling (1775–1854) und Georg Wilhelm Friedrich Hegel (1770–1831). Er wurde bis weit in die Zeit der Romantik als Genius per Excellenz betrachtet. Aber Mitte des 19ten Jahrhunderts wurden Keplers Arbeiten und Methoden mehr und mehr Gegenstand der Kritik von Empiristen und Positivisten.

Zu Keplers außergewöhnlichen Qualitäten gehörte seine Fähigkeit des Querdenkens. Der Begriff „Querdenker" wird heute manchmal missbraucht, um eine Person als jemanden zu charakterisieren, der mit traditionellem Gedankengut im Konflikt steht und neue radikale Ansätze zur Lösung vorhandener Herausforderungen entwickelt. Die ursprüngliche Bedeutung von Querdenken bezieht sich jedoch zunächst auf die Fähigkeit, ein Problem auf unterschiedliche Weise anzugehen, d. h. Analyse- und Synthesemethoden unterschiedlicher Wissenschaftsdisziplinen anzuwenden, und dann diese Fragmente in einem insgesamt kohärenten Modell zusammen zu führen. Das war Keplers stärkste Eigenschaft: sich die Sterne anzuschauen und geometrische Formen zu entdecken und gleichzeitig der kosmischen Musik zuzuhören, während dessen er in Theologie und Mystik eingetaucht war. Vor und nach ihm wagte niemand mehr eine ähnliche Vorgehensweise oder gelang niemandem, so etwas Ähnliches aufzubauen, um die Welt zu beschreiben. Was die Fähigkeit des Querdenkens betrifft, so kam in jüngerer Vergangenheit vielleicht nur John Nash in die Nähe Keplers.

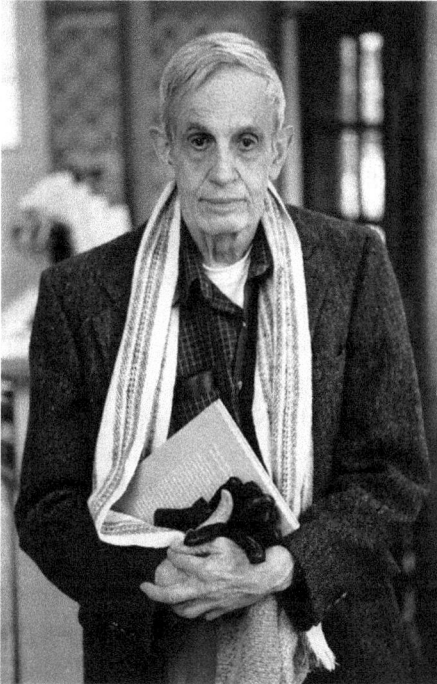

Abb. 16.6: John Nash.

John Nash

Der Mathematiker John Nash (1928–2015) (Abb. 16.6) leistete keinen direkten Beitrag zur Astronomie, aber er ist eines der seltenen Exemplare eines Querdenkers. Er besaß die Fähigkeit, eine Vielzahl von Gedankengängen zu prägnanten Lösungen von Problemen, die Wirtschaftswissenschaft, Spieltheorie und Strategie umfassten, zusammen zu fassen, und gleichzeitig Nebenprodukte zu erzeugen, die Auswirkungen auf die Beschreibung der Raumzeit hatten. Letztere Arbeiten über Mannigfaltigkeiten führten zu Konzepten in Algebraischer Geometrie, die bewiesen, dass Riemanns Mannigfaltigkeiten, wie in der Allgemeinen Relativitätstheorie angewandt, in den Euklidischen Raum eingebettet werden können. Trotz der Tatsache (oder deswegen?), das er an paranoider Schizophrenie litt, lieferte er einen enormen Beitrag zur Differentialgeometrie.

Keplers Vermächtnis

Es gibt keinen Zweifel an der Gültigkeit und Bedeutung der drei astronomischen Keplerschen Gesetze, die man heute in jedem Lehrbuch über Astronomie findet. Aber auch die Tabulae Rudolphinae, seine letzte große Leistung, bedeuteten einen wichtigen Beitrag zur praktischen Astronomie. Bis zum 18ten Jahrhundert dienten sie als Grundlage für die meisten astronomischen Berechnungen. Isaac Newton nutzte sie, um seine Theorie der Gravitationskraft zu formulieren. Und Adam Schall von Bell (1591–1666), ein deutscher Jesuit, der am Hof des Kaisers von China Xu Guangqi (1562–1633) arbeitete, vollendete die Reform des chinesischen Kalenders, die vorher von Johannes Schreck (1576–1630), ein weiterer deutscher Jesuit und Missionar, begonnen worden war, mit Hilfe dieser Tafeln.

Kepler hinterließ ein enormes Volumen von Veröffentlichungen (s. Kapitel 15). Unter den eher wissenschaftlichen, die nicht an Mystik grenzen, befindet sich eine, genannt Dioptrice, in der er die Grundlagen der Optik entwirft. Ohne Kenntnis der Beugungsgesetze, die später von dem holländischen Astronomen und Mathematiker Willibrord van Roijen Snel entwickelt und zuerst im Jahre 1703 von Christiaan Huygens veröffentlicht wurden, erklärte er die Brechung von Licht und optische Bildgebung. Als Nebenprodukt erfand er eine Verbesserung des Galilei-Teleskops unter Verwendung von zwei Sammellinsen, die ein umgekehrtes seitenverkehrtes Bild erzeugten. Heute befindet sich ein Raumteleskop mit dem Namen „Kepler" (Abb. 16.7), von der NASA gebaut und lanciert, zur Entdeckung von Exo-Planeten, die weit entfernte Sterne hauptsächlich in der Schwanen-Konstellation umkreisen, in Betrieb. Natürlich nutzt es weit anspruchsvollere Technologie als die zu Keplers Zeiten verfügbare, aber es wendet immer noch Keplers astronomische Gesetze an. Bis heute (2023) hat es mehr als 2600 Exo-Planeten gefunden.

Was den Rest des Keplerschen Werkes betrifft, so ist es wiederum Wolfgang Pauli, der in seinem Aufsatz „Der Einfluss archetypischer Vorstellungen auf die Bildung naturwissenschaftlicher Theorien bei Kepler" schreibt:

> Der Vorgang des Verstehens der Natur sowie auch die Beglückung, die der Mensch beim Verstehen, d. h. beim Bewusstwerden einer neuen Erkenntnis empfindet, scheint demnach auf einem zur Deckung Kommen von präexistenten inneren Bildern der menschlichen Psyche mit äußeren Objekten und ihrem Verhalten zu beruhen. Diese Auffassung der Naturerkenntnis geht bekanntlich auf Platon zurück und wird auch von Kepler in sehr klarer Weise vertreten. Dieser spricht in der Tat von Ideen, die im Geist Gottes präexistent sind und die der Seele als dem Ebenbild Gottes mit-ein-erschaffen wurden. Diese Urbilder, welche die Seele mit Hilfe eines angeborenen Instinktes wahrnehmen könne, nennt Kepler archetypisch. [48]

Aber das bedeutet im Wesentlichen, dass Kepler seine Ergebnisse anders als durch kausales Denken abgeleitet hatte. Das ist insofern nicht erstaunlich, da die Kausalität in den exakten Wissenschaften sich erst vom 18ten Jahrhundert an durchgesetzt hatte, beginnend mit der Newtonschen Mechanik.

Falls Kepler versucht hätte, so eine Art TOE zu finden, stellt sich die Frage, wie weit solche Konzepte gehen konnten. Offensichtlich überschritt sein Verständnis von

Abb. 16.7: Kepler Teleskop in der Vorbereitung © NASA.

Harmonie die Physik als solche, da sie Mathematik (Geometrie) und Musik umfasste, zusätzlich mit all den Einflüssen von Theologie. Theologie als eigenständiges Gebiet hat immer schon behauptet, dass sie alles, was mit der menschlichen Existenz zu tun hat, umfasst, somit also für eine Art Super-TOE steht. Aber sowohl Quantenphysik als auch Physik in ihrer reduktionistischen Sichtweise erheben denselben Anspruch – nur dass sie ihr Ziel bis jetzt noch nicht erreicht haben – im Gegensatz zur Theologie.

Eine weitere verbleibende Quelle von Ambiguität betrifft Keplers Verhältnis zur Astrologie. Obwohl er von seinen Prognostica und Horoskopen lebte, änderte er seinen Standpunkt, was den wissenschaftlichen Wert dieser Disziplin angeht, mehrmals in seinem Leben. In seiner Veröffentlichung „Tertius Interveniens" verteidigt er die

Astrologie gegen den Arzt Philipp Feselius (1565–1610). Er gab zu, dass viele berufsmäßige Astrologen Betrüger seien, aber das sollte kein Grund sein, die Astrologie als Ganze zu verdammen. In seinem „De fundamentis" – einem Prognosticon für das Jahr 1602 – versuchte er mit 51 Vorschlägen, die Astrologie auf eine haltbare wissenschaftliche Grundlage zu stellen. Nach einer Kritik an Aristoteles und der Behauptung von einer vollständig beseelten Natur, unterschied er unterschiedliche „Seelen", die für unterschiedliche Einflüsse empfänglich seien. Und dann verkündete er die Existenz einer Art Seele, die in der Lage wäre, die geometrische und harmonische Struktur des Kosmos zu empfangen. Ein wichtiger Gesichtspunkt, den er vorbringt, ist die Symmetrie zwischen Gott und dessen geschaffener Welt, indem er somit Gott zu einem Geometer erhebt. Letztendlich war Johannes Kepler vom wissenschaftlichen Wert der Astrologie überzeugt, aber er lehnte die Art und Weise ab, wie sie traditionell mit ihren abergläubischen Elementen praktiziert wurde.

Stehen wir wieder am Anfang?

Am 2. Februar 2019 erschien in der Frankfurter Allgemeinen Zeitung ein Artikel unter der Überschrift. „Neuer Blick auf das galaktische Monster" von Jan Hattenbach [49]:

> Mit einem Netzwerk von Radioteleskopen haben Astronomen einen detailreichen Blick auf die Umgebung des Schwarzen Lochs im Zentrum der Milchstraße geworfen. Die Ergebnisse der Wissenschaftler um Sara Issaoun von der Radboud-Universität im niederländischen Nijmwegen bestätigen, was Beobachtungen mit optischen Teleskopen vor kurzem andeuteten: Offenbar blicken wir direkt auf einen vom Loch ausgehenden Materiestrahl, in dem Gasmassen bis fast auf Lichtgeschwindigkeit beschleunigt werden. Die Arbeit von Issaoun und ihrem Team, darunter Forscher des Max-Planck-Instituts für Radioastronomie in Bonn, wurde in der Zeitschrift „Astrophysical Journal" veröffentlicht.
>
> Astronomen vermuten, dass jede große Spiralgalaxie ein Schwarzes Loch in ihrem Zentrum verbirgt. Im Falle der Milchstraße soll das Massenmonster rund vier Millionen Mal so schwer wie die Sonne sein. Aus einer Entfernung von rund 26 000 Lichtjahren erscheint es am irdischen Himmel nicht größer als ein Tennisball auf dem Mond. Die Astronomen kombinierten deshalb ein Dutzend Radioteleskope, die über fast den gesamten Erdball verteilt sind, darunter das Radioteleskop Effelsberg bei Bad Münstereifel. Durch ihren großen Abstand zueinander sehen die Teleskope in diesem „Very Long Baseline Interferometry"-Verbund (VLBI) so scharf wie ein einzelnes Teleskop von der Größe der Erde. Erstmals banden die Forscher auch das Antennennetzwerk Alma in der chilenischen Atacamawüste ein. Alma ist im Bereich der verwendeten Frequenz von 86 Gigahertz das empfindlichste Radioteleskop der Welt. Da es zudem als einziges Teleskop des Verbunds auf der Südhalbkugel der Erde steht, verdoppelte sich dank seiner Hilfe das Winkelauflösungsvermögen des Verbunds.
>
> Die rekonstruierten Bilder zeigen nicht das Schwarze Loch selbst, sondern einen diffusen Nebel aus Radiostrahlung. Dieser entsteht in der Umgebung des Lochs: Dort sammeln sich Gas und Staub in einer rotierenden Scheibe, bevor sie von Zeit zu Zeit in das Loch gezogen werden. Ein Teil der Materie entkommt in zwei entgegengesetzt gerichteten und senkrecht zur Scheibe stehenden Strahlungskegeln, sogenannten Jets. Diese Jets sind nach Auffassung der Astronomen die Quelle der vom Schwarzen Loch ausgehenden Radiostrahlung. Den VLBI-Messungen zufolge

hat die Strahlung eine kompakte und symmetrische Struktur, die sich am besten dadurch erklären lässt, dass einer der Jets direkt auf die Erde zeigt.

Gerne würden die Astronomen diesen Nebel durchdringen und dem Schwarzen Loch noch näher rücken. Mit ihrem „Event Horizon Telescope" (EHT) versuchen sie zurzeit, die „Schwärze" des Lochs vor dem Hintergrund der diffusen Radiostrahlung abzubilden und damit seinen Ereignishorizont sichtbar zu machen – also jene Grenze, hinter der es vor seiner Gravitation kein Entkommen gibt. Auch das EHT arbeitet mit der VLBI-Technik, jedoch bei höheren Frequenzen. Erste Resultate werden für dieses Frühjahr erwartet.

Im gleichen Monat schrieb Wolfgang Kundt, Prof. em. der Friedrich-Wilhelms-Universität Bonn einen Kommentar zu diesem Ereignis unter der Überschrift „Ziemlich bedeutungslose Ergebnisse" im General-Anzeiger Bonn. Kundt ist bekannt als Kritiker der ganzen Black-Hole-Theorie und hat dazu vielfach publiziert. Auf seiner Homepage schreibt er unter anderem, dass es Hürden für die Bildung von Black Holes gibt, wie z. B. zentrifugale, strahlungsmäßige und nuklear-explosive – also müssten sie sehr selten sein, und was vorgeschlagen wurde sei zu schwankend … . mittlerweile hätte man gezeigt, dass Black Holes das Ausmaß Null innerhalb einer Reihe von Gravitationskollapsszenarien aufweisen …. schlimmer noch: Black Holes würden keine feststehenden Objekte sein. Sie würde ihre Umgebung, ihre eigene Galaxie, in subkosmischer Zeit verschlucken. Wir Menschen (auf der Erde) schulden unser Leben ihrer Nicht-Existenz.

Und so fällt auch seine Antwort auf die gemeldete kosmische Entdeckung aus: es handele sich nicht um neues wissenschaftliches Verständnis, sondern um das Ergebnis von teuren Experimenten und für das Schicksal unseres Planeten bedeutungslos für die nächsten 100 Jahre.

Seit der „Erfindung" von Black Holes vor 50 Jahren durch Stephen Hawking und Roger Penrose und deren offizieller Ankündigung durch John A. Wheeler hätte es kein einziges Himmelsphänomen gegeben, von dem deren Existenz zuverlässig abgeleitet werden könnte …

Black Holes machten sich in der Physik bezahlt. Schon Max Planck hätte einst erkannt, dass unrealistische wissenschaftliche Ideen zwei Generationen benötigten, um auszusterben: die Generation ihrer Befürworter und die von deren Schülern. Aber sicherlich wäre unsere Wissenschaftsdisziplin ohne sie erheblich langweiliger.

Soweit Kundt.

Vielleicht sind wir wieder auf den Anfang zurückgeworfen. Irgendjemand wird mehr denn je benötigt, Ordnung in die Dinge zu bringen, die wieder auseinanderfallen – vielleicht jemand wie Galileo Galilei, Johannes Kepler oder Simon Marius.

17 Zeitleiste

Tabelle 17.1 enthält eine Zeitleiste, die wichtige geschichtliche Ereignisse, insbesondere der Wissenschaftsgeschichte, die für unsere Erzählung relevant sind, und die wir behandelt haben, auflisted. Hinzu kommen Detaildaten aus dem Leben von Galileo Galilei, Johannes Kepler und Simon Marius (die Daten von Marius wurden dem Buch „Mundus Jovialis – die Welt des Jupiter" [16] entnommen).

Tab. 17.1: Zeitleiste.

570 v Chr	Geburt des Pythagoras
490 v Chr	Geburt des Anaximander
384 v Chr	Geburt des Aristoteles
365 v Chr	Geburt des Euklid
310 v Chr	Geburt des Aristarch
287 v Chr	Geburt des Archimedes
273 v Chr	Geburt des Eratosthenes
100	Geburt des Ptolemäus
150	Der Almagest
165	Kanon der Heiligen Schriften
980	Geburt von Avicenna
1343	Gründung der Universität Pisa
1401	Geburt von Nikolaus Cusanus
1466	Geburt von Erasmus von Rotterdam
1473	Geburt von Copernicus
1475	Geburt von Michelangelo Buonarroti
1483	Geburt von Martin Luther
1492	Entdeckung von Amerika
1509	Geburt von Johannes Kalvin
1529	Belagerung von Wien
1530	Geburt von Ivan dem Schrecklichen
1533	Geburt von Elizabeth I.
1537	Rückkehr der Medici zur Macht in Florenz
1542	Geburt von Maria Stuart
	Initiation der Inquisition durch Papst Paul III.
1543	Veröffentlichung von „De revolutionibus orbium coelestium"
1545	Beginn der Gegenreformation
1546	Geburt von Tycho Brahe
1547	Geburt von Miguel Cervantes
1548	Geburt von Giordano Bruno
1550	Geburt von Michael Maestlin
1559	Erste Ausgabe des Index Librorum Prohibitorum
1562	Beginn der Französischen Religionskriege
1564	*Geburt von Galileo Galilei*
	Geburt von William Shakespeare
1571	*Geburt von Johannes Kepler*
1572	*Umzug von Galilei nach Florenz*

https://doi.org/10.1515/9783110762778-017

Tab. 17.1 (fortgesetzt)

	St. Bartholomäus Tag
1573	*Simon Marius' Geburt*
1575	*Kepler erkrankt an Pocken*
	Borro: „De motu gravium et levium"
1576	*Marius' Vater Reichart wird Bürgermeister von Gunzenhausen*
1578	*Galilei in Maria de Vallombrosa*
1579	*Umzug Keplers mit seinen Eltern nach Elmendingen*
1580	*Galilei beginnt sein Studium der Medizin in Pisa*
1583	Erste Kolonie in Kanada
1585	*Kepler besteht das Landexamen*
	Galilei beginnt seine Tutorien
1586	*Kepler beginnt sein Studium in Maulbronn*
	Galilei: „Theoremata circa centrum gravitates solidorum"
	Beginn des Besuchs der Fürstlichen Akademie in Heilsbronn durch Marius
1587	*Marius' Bruder studiert in Wittenberg*
1588	*Galilei: „Vermessung der Hölle nach Dante Alighieri"*
	Galilei: „La Bilancetta"
	Niederlage der Spanischen Armada
1589	*Kepler beginnt sein Theologiestudium in Tübingen*
	Galilei erhält den Lehrstuhl für Mathematik an der Universität Pisa
1591	*Kepler erhält seinen Magistergrad*
	Kepler tritt seine Stellung als Mathematiker in Graz an
1592	*Galilei vollendet „De motu antiquiora"*
	Ende von Galileis Vertrag in Pisa
1594	*Beginn der Ephemeridenaufzeichnungen durch Marius (verschollen)*
1595	*Kepler veröffentlicht sein „Mysterium Cosmographicum"*
1596	*Marius: „Darstellung meines Weltbildes" (verschollen)*
	Marius: Schrift über den Kometen von 1596
1597	*Kepler heiratet Barbara Müller*
	Geburt von René Descartes
	Marius' Gesuch um ein Stipendium in Königsberg (abgelehnt)
1598	Ende der Französischen Religionskriege
1599	*Einladung Tycho Brahes an Kepler, in Prag mit ihm zu arbeiten*
	Verlängerung von Galileis Auftrag in Padua
	Marius: „Tabulae Directionum Novae"
1600	Exekution von Giordano Bruno
	Reise von Marius nach Prag
	Treffen von Kepler und Tycho Brahe; Kepler tritt seine Stellung in Prag an
1601	*Tycho Brahes Tod; Kepler wird Hofmathematiker*
	Geburt von Keplers Tochter Susanna
	Beginn der Prognostica von Marius
	Marius' Studienbeginn der Medizin in Padua
1603	*Verlängerung von Galileis Vertrag in Padua*
	Geburt von Keplers Sohn Friedrich
1604	*Erscheinen einer Super Nova; Entdeckung durch Galilei und Marius*
1605	*„Un racconto e Dialogo de Cecco di Ronchetti da Bruzene: in perpuosito de la stella" (Galilei)*
1606	*Veröffentlichung von Keplers „Astronomia Nova"*

Tab. 17.1 (fortgesetzt)

	Marius nimmt Wohnsitz in Ansbach
	Marius heiratet Felicitas Lauer
1607	*Geburt von Keplers Sohn Ludwig*
1608	Lipperhey erfindet ein Teleskop
	Marius erhält Kenntnis vom Telekop durch Fuchs von Bimbach zu Mähren
1609	*Galilei konstruiert sein Occhiolino*
	Galilei führt sein Teleskop vor
	Marius erhält sein erstes Fernrohr; entdeckt die Jupitermonde
	Marius: Brief an Maestlin
	Marius: „Elementa Euclidis"
1610	Thomas Harriot entdeckt Sonnenflecken
	Galilei entdeckt Jupitermode, beobachtet Sonnenflecken
	Galilei: „Sidereus Nuntius"
	Galileis Berufung zum Ersten Mathematiker durch den Großherzog der Toskana
1611	*Galilei in Rom, Berufung an die Accademia dei Lincei*
	Kepler beschreibt sein Teleskop in „Dioptrice"
1612	Kaiser Rudolphs II. Tod
	Kepler tritt seine Stelle als Mathematiker in Linz an
	Kepler lernt Matthias Bernegger kennen
	Marius entdeckt den Andromeda-Nebel
	Anerkennung von Marius' Entdeckungen durch die Stadt Gunzenhausen
1613	*Kepler heiratet Susanne Reuttinger*
	Marius: Brief an Kepler
	Marius: „Mundus Jovialis"
1615	*Beginn des Hexenprozesses gegen Keplers Mutter*
1618	Beginn des 30jährigen Krieges
	Entdeckung von drei verschiedenen Kometen
1619	*Veröffentlichung von „Jannis Kepleri Harmonices Mundi Libri Quinque"*
	Freilassung von Keplers Mutter
	Marius: „Judicium über den Kometen von 1618"
	Marius: Brief an J. C. Odontius
1621	*Galilei zum Konsul der Accademia Fiorentina gewählt*
1623	*Galilei: „Il Saggiatore"*
1624	*Galilei trifft Papst Urban VIII. in Rom*
	Tod von Simon Marius
1625	New Amsterdam
	Veröffentlichung von Marius: „Gründliche Widerlegung der Position Circkel Claudij Ptolemaei"
1629	Geburt von Christiaan Huygens
1630	Die Pest in Italien
	Keplers Tod
1631	Michael Maestlins Tod
1632	*Galilei: „Dialogo di Galileo Galilei sopra i due Massimi Sistemi del Mondo Tolemaico e Copernicano"*
1633	*Galileis Abschwörung vor der Inquisition*
	Galilei in Arcetri
1634	Wallensteins Tod

Tab. 17.1 (fortgesetzt)

1635	Galilei: „Discorsi e Demonstrazioni Mathematiche intorno a due nuove scienze", veröffentlicht durch Elsevier in Latein
1641	Austausch von Viviani gegen Torricelli
1642	Geburt von Isaac Newton
	Tod von Galilei
1648	Ende der 30jährigen Krieges
1654	Viviani veröffentlicht deine Biografie von Galilei
1672	Beginn des Holländischen Krieges
1687	Newton: „Philosophiae Naturalis Principia Mathematica"
1798	Cavendishs Gravitationsexperimente
1842	Robert Mayer formuliert den I. Hauptsatz der Thermodynamik
1854	Veröffentlichung von „De motu antiquiora" durch Eugenio Alberi
1858	Geburt von Max Planck
1865	Rudolf Clausius formuliert den II. Hauptsatz der Thermodynamik
1879	Geburt von Albert Einstein
1881	Michelson-Experiment
1889	Geburt von Edwin Hubble
1900	Begründung der Quantenphysik durch Max Planck
1905	Spezielle Relativitätstheorie
1906	Eoetvoes' Gravitationsexperimente
1907	Rehabilitation von Simon Marius
1915	Allgemeine Realtivitätstheorie
1942	Geburt von Steven Hawking
1964	Gravitationsexperimente von Roll, Krotkoy and Dicke
1967	Landung von Venera 4 auf der Venus
1971	Die Raumsonden Mars2 und Mars3 erreichen den Planeten Mars
1985	Gründung von ZARM
1990	Inbetriebnahme des Hubble Teleskops
1992	Rehabilitation von Galilei
2008	Offenlegung von Galileis Gerichtsakten
2009	Inbetriebnahme des Kepler- Teleskops
2012	Entdeckung des Higgs Bosons
2018	Tod von Stephen Hawking

Quellenverzeichnis

[1]   W. Osterhage, Galileo Galilei – At the Threshold of the Scientific Age, Springer, Cham, 2018

[2]   W. Osterhage, Johannes Kepler – The Order of Things, Springer, Cham, 2020

[3]   C. F. v. Weizsäcker, Große Physiker, Hanser, 1999

[4]   P. Leich, Priorität, Rezeption und Rehabilitation von Simon Marius, in H. Gaab u. P. Leich (Hrsg.), Simon Marius und seine Forschung, Leipzig, 2016

[5]   H. Poicaré, La Science et l´Hypothese, Flammarion, Paris, 1902

[6]   M. Foucault, The Order of Things, Vintage Books, 1973

[7]   A. Einstein u. H. u. M. Born, Briefwechsel 1916–1955, Nymphenburger Verlagshandlung, München, 1969

[8]   M. Gessen, Perfect Rigor, Houghton Mifflin Harcourt, Boston/New York, 2009

[9]   J. Magueijo, A Brilliant Darkness, Basic Books, New York 2009

[10] E. Lohmann, Hochenergiephysik, Teubner, Stuttgart, 2005

[11] H. u. W. Hemminger, Jenseits der Weltbilder, uell, Stuttgart, 1991

[12] M. Carrier, Werte in der Wissenschaft, Spektrum der Wissenschaft, Februar, 2001

[13] P. C. Hägele, Das kosmologische anthropische Prinzip, Universität Ulm, Fachbereich Physik, Kolloquium für Physiklehrer, 11. 11. 2003

[14] J. P. Wolfers (Hrsg.), Sir Issac Newtons Mathematische Prinzipien der Naturlehre, Verlag von Robert Oppenheim, Berlin, 1872

[15] E. Hunger et al. (Hrsg.), Texte der Philosophie, Plato, Die Bildung zur Idee, Der Staat, Bayrischer Schulbuchverlag, München, 1966

[16] J. Schlör (Hrsg.), Simon Marius, Mundus Iovialis – Die Welt des Jupiter, Schrenk, Gunzenhausen, 1988

[17] D. Hermann, Antike Mathematik, Springer Spektrum, Heidelberg, 2014

[18] A. Mudry (Hrsg.), Galileo Galilei – Schriften – Briefe – Dokumente, Rütten & Loening, Berlin, 1985

[19] M. H. Shamos (Hrsg,), Great Experiments in Physics, Dover Publications Inc., New York, 1987

[20] https://www.leifiphysik.de/mechanic/freier-fall-senkrechter-wurf/geschichte/die-untersuchung-des-freien-falls-durch-galilei

[21] P. Leich, Im Zentrum des Weltsystemstreits – Simon Marius als Tychoniker, in H. Gaab u. P. Leich (Hrsg.), Simon Marius und seine Forschung, Leipzig, 2016

[22] P. Galluzzi, The Lynx and the Telescop, Brill, Leiden, 2017

[23] W. Osterhage, Eine Rundreise durch die Physik, Springer Spektrum, Berlin, 2018

[24] F. Krafft (Hrsg.), Johannes Kepler, Astronomia Nova – neu, ursächlich begründete Astronomie, Wiesbaden, 2005

[25] P. Leich, Johannes Kepler und Simon Marius – ein angespanntes Verhältnis, Regiomontanus Bote, Nürnberg, 4/2021

[26] J. Mansfeld, Die Vorsokratiker, Phillip Reclam jun., Stuttgart, 1999

[27] Handbuch der Astronomie (2 Bände) Dt. Übersetzung und erläuternde Anmerkungen von K. Manitius; Vorwort und Berichtigungen von O. Neugebauer, Teubner, Wiesbaden, 1963

[28] http://www.webexhibits/calendars/year-text-Copernicus.html

[29] J. Brockmann, Einstein, Frankenstein & Co., Scherz, Bern, 1990

[30] C. F. v. Weizsäcker, Die Geschichte der Natur, Vandenhoeck & Ruprecht, Göttingen, 1954

[31] G. Röschert, Ethik und Mathematik, Stuttgart, 1985

[32] https://www.simon-marius.net

[33] G. Mann, Wallenstein, Frankfurt am Main, 1971

[34] F. Brookmann et al., Nicht das Kindt mit dem Badt außschütten, Akademie aktuell 04, München, 2008

https://doi.org/10.1515/9783110762778-018

[35] W. Oberschelp, Bahnberechnung und Komputistik als Erkenntnisquellen in der Geschichte der Astronomie, Informatik Spektrum, Bd. 32, Heft 6, Dezember 2009

[36] H. Meschkowski (Hrsg.), Moderne Mathematik, München, 1991

[37] W. Osterhage, Mathematical Theory of Advanced Computing, Heidelberg, 2019

[38] D. Wiederkehr, In den Dimensionen der Zeit, Einsiedeln, 1968.

[39] J. Hübner, Die Theologie Johannes Keplers Zwischen Orthodoxie und Naturwissenschaft, Tübingen, 1975.

[40] H. Böttger, Harmonices Mundi, Magdeburg, 2005

[41] M. Camerota u. M. Helbing, Galileo and Pisan Aristotelianism,: Galileos "De Motu Antquiora" and the Questiones de Motu Elementorum of the Pisan Professors, Early Science and Medicine, Vol. 5, No. 4, pp. 319–365, Brill, 2000

[42] https://kepler.badw.de/kepler-digital.html

[43] W. Mühlhäußer, Gunzenhausen – Geschichte durch Jahrhunderte, Gunzenhausen, 1993

[44] D. Hattrup, Die Wirklichkeitsfalle, Herder, Freiburg, 2003

[45] W. Osterhage, Geometric Unification of Classical Gravitational and Electromagnetic Interaction in Five Dimensions, Z. Naturforsch. 35a, 302–307, 1980

[46] C. Hartfelt et al., Mathematik in der Welt der Töne, Magdeburg, 2002

[47] W. Fucks, Mathematische Musikanalyse und Randomfolgen, Musik und Zufall, Gravesaner Blätter, Vol. VI, No. 23/34, 1962

[48] W. Pauli, Der Einfluss archetypischer Vorstellungen auf die Bildung naturwissenschaftlicher Theorien bei Kepler, Jahresbericht 1947/48 des Psychologischen Clubs Zürich (S. 37–44)

[49] https://www.faz.net/aktuell/wissen/weltraum/radioastronomie-neuer-blick-auf-das-galaktische-schwarze-loch-16013081.html

[50] C. W. Misner et al., Gravitation, W. H. Freeman & Co., New York, 1973

[51] https://www.simon-marius.net/

Personenverzeichnis

Da die Namen von Galileo Galilei, Johannes Kepler und Simon Marius praktisch auf jeder Seite des Buches vorkommen, sind sie nicht mit ins Personnverzeichnis aufgenommen worden.

https://doi.org/10.1515/9783110762778-019

Sachverzeichnis

https://doi.org/10.1515/9783110762778-020

www.ingramcontent.com/pod-product-compliance
Lightning Source LLC
Chambersburg PA
CBHW061345210326
41598CB00035B/5890